长江流域干旱特征演变与综合评估方法研究及应用

许继军　姚立强　袁喆　孙可可　陈述 等　著

·北京·

内 容 提 要

本书简要阐述了干旱定量评价与旱灾风险评估的基本理论与方法，系统分析了长江流域气象水文要素和近期干旱特征，并对未来气候变化背景下长江流域干旱演变趋势进行了综合研判。在此基础上，针对近几年来典型区域的干旱特点，结合当前展开的干旱评价和旱灾评估等方面的最新研究成果，系统建立了基于流域水循环模拟的干旱综合评估、基于供需水适配关系的农业干旱评估、基于绿水资源模拟的生态干旱评估，以及基于灾害系统论的旱灾风险综合评估等实用技术方法。最后针对气候变化背景下长江流域未来旱灾风险，简要提出了综合应对思路。

本书对于认知干旱形成机制、模拟和预测干旱发展过程、评估旱灾风险、加强旱灾风险管理应对等方面具有一定的理论和实践指导意义，可供从事水文水资源与干旱研究相关工作的科研人员、大学教师和相关专业的研究生，以及从事水利规划和水旱灾害防治等专业的技术人员参考。

图书在版编目（CIP）数据

长江流域干旱特征演变与综合评估方法研究及应用 / 许继军等著. -- 北京 : 中国水利水电出版社, 2021.9
（长江治理与保护科技创新丛书）
ISBN 978-7-5170-9959-8

Ⅰ. ①长… Ⅱ. ①许… Ⅲ. ①长江流域－干旱－研究 Ⅳ. ①P426.615

中国版本图书馆CIP数据核字(2021)第189449号

审图号：GS（2021）2420 号

书　　名	长江治理与保护科技创新丛书 **长江流域干旱特征演变与综合评估方法研究及应用** CHANG JIANG LIUYU GANHAN TEZHENG YANBIAN YU ZONGHE PINGGU FANGFA YANJIU JI YINGYONG
作　　者	许继军　姚立强　袁喆　孙可可　陈述　等 著
出版发行	中国水利水电出版社 （北京市海淀区玉渊潭南路 1 号 D 座　100038） 网址：www.waterpub.com.cn E-mail：sales@waterpub.com.cn 电话：(010) 68367658（营销中心）
经　　售	北京科水图书销售中心（零售） 电话：(010) 88383994、63202643、68545874 全国各地新华书店和相关出版物销售网点
排　　版	中国水利水电出版社微机排版中心
印　　刷	天津嘉恒印务有限公司
规　　格	184mm×260mm　16 开本　15.5 印张　377 千字
版　　次	2021 年 9 月第 1 版　2021 年 9 月第 1 次印刷
定　　价	**125.00** 元

《长江治理与保护科技创新丛书》
编 撰 委 员 会

丛书序

长江是中华民族的母亲河，是世界第三、中国第一大河，是我国水资源配置的战略水源地、重要的清洁能源战略基地、横贯东西的“黄金水道”和珍稀水生生物的天然宝库。中华人民共和国成立以来，经过70多年的艰苦努力，长江流域防洪减灾体系基本建立，水资源综合利用体系初步形成，水资源与水生态环境保护体系逐步构建，流域综合管理体系不断完善，保障了长江岁岁安澜，造福了流域亿万人民，长江治理与保护取得了历史性成就。但是我们也要清醒地认识到，由于流域水科学问题的复杂性，以及全球气候变化和人类活动加剧等影响，长江治理与保护依然存在诸多新老水问题亟待解决。

进入新时代，党和国家高度重视长江治理与保护。习近平总书记明确提出了“节水优先、空间均衡、系统治理、两手发力”的治水思路，为强化水治理、保障水安全指明了方向。习近平总书记的目光始终关注着壮美的长江，多次视察长江并发表重要讲话，考察长江三峡和南水北调工程并作出重要指示，擘画了长江大保护与长江经济带高质量发展的宏伟蓝图，强调要把全社会的思想统一到“生态优先、绿色发展”和“共抓大保护、不搞大开发”上来，在坚持生态环境保护的前提下，推动长江经济带科学、有序、高质量发展。面向未来，长江治理与保护的新情况、新问题、新任务、新要求和新挑战，需要长江治理与保护的理论与技术创新和支撑，着力解决长江治理与保护面临的新老水问题，推进治江事业高质量发展，为推动长江经济带高质量发展提供坚实的水利支撑与保障。

科学技术是第一生产力，创新是引领发展的第一动力。科技立委是长江水利委员会的优良传统和新时期发展战略的重要组成部分。作为长江水利委员会科研单位，长江科学院始终坚持科技创新，努力为国家水利事业以及长江保护、治理、开发与管理提供科技支撑，同时面向国民经济建设相关行业提供科技服务，70年来为治水治江事业和经济社会发展作出了重要贡献。近年来，长江科学院认真贯彻习近平总书记关于科技创新的重要论述精神，积极服务长江经济带发展等国家重大战略，围绕长江流域水旱灾害防御、水资源节约利用与优化配置、水生态环境保护、河湖治理与保护、流域综合管理、水工程建设与运行管理等领域的重大科学问题和技术难题，攻坚克难，不断进取，在治理开发和保护长江等方面取得了丰硕的科技创新成果。《长江治理与保护科技创新丛书》正是对这些成果的系统总结，其编撰出版正逢其时、意义重大。本套丛书系统总结、提炼了多年来长江治理与保护的关键技术和科研成果，具有较高学术价值和文献价值，可为我国水利水电行业的技术发展和进步提供成熟的理论与技术借鉴。

本人很高兴看到这套丛书的编撰出版，也非常愿意向广大读者推荐。希望丛书的出版能够为进一步攻克长江治理与保护难题，更好地指导未来我国长江大保护实践提供技术支撑和保障。

长江水利委员会党组书记、主任 马建华

2021年8月

丛书前言

长江流域是我国经济重心所在、发展活力所在，是我国重要的战略中心区域。围绕长江流域，我国规划有长江经济带发展、长江三角洲区域一体化发展及成渝地区双城经济圈等国家战略。保护与治理好长江，既关系到流域人民的福祉，也关乎国家的长治久安，更事关中华民族的伟大复兴。经过长期努力，长江治理与保护取得举世瞩目的成效。但我们也清醒地看到，受人类活动和全球气候变化影响，长江的自然属性和服务功能都已发生深刻变化，流域内新老水问题相互交织，长江治理与保护面临着一系列重大问题和挑战。

长江水利委员会长江科学院（以下简称长科院）始建于1951年，是中华人民共和国成立后首个治理长江的科研机构。70年来，长科院作为长江水利委员会的主体科研单位和治水治江事业不可或缺的科技支撑力量，始终致力于为国家水利事业以及长江治理、保护、开发与管理提供科技支撑。先后承担了三峡、南水北调、葛洲坝、丹江口、乌东德、白鹤滩、溪洛渡、向家坝，以及巴基斯坦卡洛特、安哥拉卡卡等国内外数百项大中型水利水电工程建设中的科研和咨询服务工作，承担了长江流域综合规划及专项规划，防洪减灾、干支流河道治理、水资源综合利用、水环境治理、水生态修复等方面的科研工作，主持完成了数百项国家科技计划和省部级重大科研项目，攻克了一系列重大技术问题和关键技术难题，发挥了科技主力军的重要作用，铭刻了长江科研的卓越功勋，积累了一大批重要研究成果。

鉴于此，长科院以建院70周年为契机，围绕新时代长江大保护主题，精心组织策划《长江治理与保护科技创新丛书》（以下简称《丛书》），聚焦长江生态大保护，紧扣长江治理与保护工作实际，以全新角度总结了数十年来治江治水科技创新的最新研究和实践成果，主要涉及长江流域水旱灾害防御、水资源节约利用与优化配置、水生态环境保护、河湖治理与保护、流域综合管理、水工程建设与运行管理等相关领域。《丛书》是个开放性平台，随着长江治理与保护的不断深入，一些成熟的关键技术及研究成果将不断形成专著，陆续纳入《丛书》的出版范围。

《丛书》策划和组稿工作主要由编撰委员会集体完成，中国水利水电出版社给予了很大的帮助。在《丛书》编写过程中，得到了水利水电行业规划、设计、施工、管理、科研及教学等相关单位的大力支持和帮助；各分册编写人员反复讨论书稿内容，仔细核对相关数据，字斟句酌，殚精竭虑，付出了极大的心血，克服了诸多困难。在此，谨向所有关心、支持和参与编撰工作的领导、专家、科研人员和编辑出版人员表示诚挚的感谢，并诚恳欢迎广大读者给予批评指正。

《长江治理与保护科技创新丛书》编撰委员会

2021年8月

序

受东南和西南季风的影响，我国呈现出东南多雨、西北干旱的基本格局，同时又由于不同年份冬、夏季风进退的时间、强度和影响范围以及登陆台风次数的不同，致使降水量年际变化大，水土资源时空不匹配，加之三级阶梯状的地貌格局，从根本上决定了我国干旱频发和广发的基本背景。位于我国南方地区的长江流域虽然降水总体丰沛，但时空分布不均，且流域70%以上为山丘区，蓄水保水条件差，也容易发生干旱，伏旱问题尤为突出。进入21世纪以来，随着长江流域国民经济增长、人口规模扩大、城镇化与工业化加快，水资源需求不断增长，加之气候变化下极端气象水文事件增加，干旱发生更加频繁。在新的历史时期，深入认识长江流域干旱演变规律和变化趋势，评估旱灾风险，提升抗旱管理水平，是关系到长江流域、长江经济带乃至全国经济社会高质量发展的重大问题。

干旱是自然的气候和水文现象，有其孕育和发展的自然规律，且具有周期性特征；此外，旱灾形成是气候系统与经济社会、生态环境系统长期相互作用的结果。当前人们对干旱及其致灾机理的认知还不全面，有关干旱监测、评估和应对等方面的技术与管理手段还处于发展阶段。因此，加强干旱灾害基础理论研究、提升旱情监测预警与旱灾风险研判水平、强化旱灾风险管理，有助于减少干旱灾害损失，保障供水安全和粮食安全，具有重要科学意义和现实价值。

《长江流域干旱特征演变与综合评估方法研究及应用》一书阐述了当前干旱评价与旱灾风险评估的基本理论与方法，从不同时空尺度上揭示了长江流域干旱基本特征，系统建立了面向不同对象、不同需求的多套干旱定量评估技术，以及基于灾害系统论的旱灾风险综合评估技术，提出了长江流域旱灾风险综合应对思路及重点地区干旱应对策略，对于认知干旱及致灾过程、模拟和预测干旱发展、研判旱灾风险、提升旱灾风险管理水平等方面具有理论和实践指导意义。

该书作者长期从事长江流域干旱演变规律、干旱评估和预报技术研发、变化环境下旱灾风险评估与适应性对策等方面的研究工作。作者在系统总结前期成果的基础上，编著此书，对长江流域的干旱问题和旱灾管理进行了系统的探讨。该书的出版发行，有利于长江流域的抗旱减灾工作，对促进长江大保护，推动长江经济带高质量发展将起到积极的作用。特此为序。

中国科学院院士，武汉大学教授

2021年8月于武汉

前言

受季风气候影响，我国历史上旱灾就比较频繁。从“后羿射日”的蛮荒时代到现代社会，干旱始终是威胁农业生产和人类生活的主要自然灾害。以往旱灾多以华北、西北等半干旱半湿润地区为主，而近年来江南、华南和西南等湿润地区也频繁发生了严重干旱，更令人忧虑。由于独特的地理位置和气候条件，长江流域也是干旱灾害的高发地区：一方面，受季风气候影响，降水的年内和年际变化大，且在地区上分配不均；另一方面，长江流域70％以上的陆地为山丘区，较大的坡降导致降水迅速汇流出山口，蓄水保水能力差。近50年来，在以全球变暖为主要背景的气候变化下，降水时空分布异于以往，打破了原有的降水与蒸发产流、河道径流与防灾减灾体系、水供给与水需求之间的平衡关系；同时，随着社会经济的高速发展，流域需水和耗水量增加，进一步加剧了水资源供需矛盾，使得长江流域干旱发生频次、影响范围和影响程度都有所增加，严重威胁流域供水安全和粮食安全。例如，2006年重庆发生百年一遇旱灾，直接经济损失71.55亿元，农作物受旱面积1979.34万亩，815万人饮水困难。2007年长江流域遭遇50年来最严重的秋旱，上游来水偏少，中下游水位持续下落，严重破坏长江航道条件。2019年长江中下游发生较为严重的夏秋冬连旱，降水量较常年同期偏少5至9成，给生活和农业生产造成较大影响。未来15～30年期间，是长江经济带发展的关键时期，保障水资源-经济社会-生态环境协调发展、增强气候变化的适应能力、提升应急管理水平、强化旱灾风险防控、降低灾害影响和损失等，都对长江流域抗旱减灾工作提出了更高的要求。

干旱的定量评估和旱灾的风险预判，一直以来是干旱研究的重点和难点。发展干旱定量评价与旱灾风险评估方法，可为抗旱减灾工作提供有力的科技支撑，为此本书以长江流域多源数据资料为基础，以干旱与旱灾复杂巨系统为研究对象，揭示气象、农业、水文、生态等不同类型干旱的形成机理，并从干旱的不同表现形式和影响特征角度，创建了基于流域水循环模拟的干旱综合评估技术、基于供需水适配关系的农业干旱评估技术、基于绿水资源模拟的生态干旱评估技术，以及基于灾害系统论的旱灾风险综合评估技术等，并应用于长江流域典型地区干旱特征的识别、旱灾风险评估及风险图绘制等。全书共分为8章，其中，第1章主要介绍干旱的基本理论与评估方法；第2章和第3章主要介绍长江流域干旱基本特征以及未来气候变化背景下干旱演变趋势；第4章至第6章主要介绍干旱评价的新技术方法及其在长江流域的应用；第7章主要介绍旱灾风险的评估方法及其应用；第8章主要介绍长江流域旱灾风险综合应对思路。

本书的研究工作得到了国家自然科学基金项目（51179012、U2040212）和国家重点研发计划项目（2019YFC0408900）的共同资助。本书编写的具体分工如下：第1章由许继军和姚立强执笔；第2章由许继军、姚立强和袁喆执笔；第3章由姚立强和宋丽执笔；第4章由许继军和姚立强执笔；第5章和第6章由袁喆和陈述执笔；第7章由孙可可、姚立强和许继军执笔；第8章由许继军、姚立强和陈述执笔。全书由许继军、姚立强和袁喆统稿。

由于干旱的形成与发展过程极其复杂，且研究内容涉及现代水文学、水资源学、气象学、灾害学、系统科学、风险管理等多个学科，加之时间和水平有限，书中错误在所难免，敬请读者批评指正。

作者

2021年8月

目录

绪　论

目前，旱灾已经成为全球范围内最严重的自然灾害，其影响范围广、造成经济损失大。已有研究表明，在各类自然灾害造成的总损失中，气象灾害引起的损失约占85%，而干旱又占气象灾害损失的50%左右（Obasi，1994）。自1900年以来，全球干旱已导致1100多万人死亡，20亿余人受到影响（UNISDR，2009）。干旱不仅威胁供水安全与粮食安全，也会导致生态的退化和环境的恶化。尤其是气候变化背景下，区域降水量减少和全球气候变暖所导致的蒸发量增加，干旱的频次及强度均会随之增加，干旱化趋势将更加明显（Sheffield et al.，2012）。与此同时，随着人口增长、城市扩张、经济规模加大、温室气体排放问题会越来越严峻，未来干旱的影响范围将会进一步扩大（Yi et al.，2014）。已有研究结果显示，如果全球温室气体排放量持续增加，全球干旱半干旱区面积将会加速扩张，到本世纪末将占全球陆地表面的50%以上，其中全球78%的干旱半干旱区面积扩张将发生在发展中国家，并增加这些国家发生荒漠化的风险（Huang et al.，2015）。干旱已成为制约经济社会可持续发展的重大障碍性因素之一，如何科学评估、应对与管理成为当前亟待解决的问题。

1. 国内外干旱问题及其基本形势

全球干旱地区主要分布在亚洲大部地区、澳大利亚大部地区、非洲大部地区、北美西部和南美西部地区，约占陆地总面积的35%。每年有120多个国家和地区不同程度地遭受干旱威胁，且旱灾多发于非洲、北美洲、东亚、澳洲等地区（郑远长，2000；Wilhite和Glantz，1985）。近几十年来，非洲就发生过三次重大的旱灾。1968—1973年间，在西非的萨赫勒地区曾发生震惊世界的严重旱灾，非洲第四大湖乍得湖因水位降低而分成若干小湖，大片耕地龟裂，庄稼绝收，造成约20万人死亡。1983—1985年间，西非、非洲之角及南非地区均发生了不同程度的旱灾，约有20个国家的3000万人受灾，1000万人离家寻找水源和食物；受灾最严重的埃塞俄比亚有上百万人死亡，人口大规模向南部和西南迁移，造成严重的难民问题。1991—1992年非洲再次面临大旱的威胁，埃塞俄比亚南部和肯尼亚北部约有75%的牲畜死亡，南部非洲大多数国家谷物收成减半，约1800万人急需救济。21世纪以来，澳大利亚干旱灾害频率、持续时间、影响范围日益加重。2002年，澳大利亚遭遇百年一遇大旱，造成约1000万头牲畜死亡，直接经济损失约38亿澳元；2007年，澳大利亚遭遇千年一遇大旱，横跨澳大利亚的第一大河墨累-达令河也因降水不足导致河道来水减少，南部地区出现热浪、缺水等严重灾害问题，造成当年澳大利亚经济增长下降1个百分点；2018年，澳大利亚许多地区遭遇了严重干旱，尤其是东部、中部和西南部，其中东部出现了1965年以来最严重的干旱。美国是干旱灾害频发的国家，特别是持续性、破坏性的干旱灾害，并且自从20世纪90年代开始，干旱灾害日趋频繁。20世纪50年代，美国大平原和美国西南部地区的干旱长达5年；1987—1989年干旱覆盖了美国36%的面积，损失高达390亿美元；2002年，美国50%以上的地区发生了中等至严重干旱；2007年，美国再次发生严重的“尘盆”干旱。加拿大的多数地区也经常受到干旱灾害的影响，虽然近年来东部干旱灾害程度有所降低，但是北部由于干旱发生森林大火的频率却不断上升。墨西哥有超过85%的国土面积处于干旱或者半干旱地区，过去70年间，发生的严重持续性干旱灾害包括1950年干旱、1969—1979年干旱、1982年干旱、1998年干旱、2009年干旱等；其中2009年，墨西哥遭遇了近70年来最严重的干旱灾害，造成700万hm^2农田受灾，墨西哥城500万人断水。

我国也是世界上自然灾害较严重的国家之一，干旱灾害对我国社会经济发展具有重大影响和危害。我国干旱灾害频发与自然地理和气候背景条件密切相关。由于我国大部分地区受东南和西南季风的影响，形成东南多雨、西北干旱的基本格局。同时又由于不同年份冬、夏季风进退的时间、强度和影响范围以及登陆台风次数的不同，致使降水量年际变化大，水土资源时空不匹配，加之三级阶梯状的地貌格局，从根本上决定了我国干旱频发和广发的基本背景。根据我国学者对公元前180年至1949年期间自然灾害损失的研究数据表明，干旱灾害死亡人数占全部因灾死亡人数的40%左右，位居首位（刘彤和闫天池，2011）。中国气象局对较近资料进行的统计表明，气象灾害所造成的损失占所有自然灾害总损失的71%，而在气象灾害中，有53%的损失是由旱灾所造成的（陈云峰和高歌，2010）。《2011中国水旱灾害公报》和《全国抗旱规划》（2011）中的统计数据表明，近60年来，我国年均干旱受灾和成灾面积分别为21124.83千hm^2和9429.82千hm^2，分别占全国播种面积的18.5%（受灾率）和8.3%（成灾率），年均因干旱导致的粮食损失量达162.3亿kg，占同期粮食产量的4.7%左右，相当于1亿人一年的口粮。近20年来，年均因旱灾导致饮水困难人口为2707.7万，相当于重庆市的总人口（国家防汛抗旱总指挥部，2014；全国抗旱规划编制工作组，2011）。受气候变化影响，近50年来，中国存在一条由东北向西南延伸的干旱趋势带，东北、内蒙古中东部、华北、西北地区东部以及西南地区东部趋于干旱，而西北地区西部的北疆地区、青海中部以及西藏中北部等地呈显著变湿趋势。2000年以来，华北和西北地区东部干旱化状况较20世纪90年代有所缓解，而西南地区和江淮、江汉一带明显旱化。

2. 我国干旱灾害应对现状

中华人民共和国成立后，党中央国务院高度重视抗旱减灾工作，从国家到各级政府均采取了一系列卓有成效的工程、非工程措施对干旱灾害进行治理，极大地提升了我国干旱灾害的管理水平，具体体现在：

(1) 全国重点区域工程体系日渐完善，为抗旱提供了一定的工程保障。根据全国第一次水利普查数据，全国共有水库98002座，总库容9323.12亿m^3，其中，总兴利库容为4668.40亿m^3；全国设计灌溉面积30万亩以上的灌区共有456处，灌溉面积2.80亿亩。大型灌区集中分布在黄淮海平原、长江中下游平原、四川盆地、黄河上中游河谷及新疆地区。黑龙江、吉林、辽宁、河北、河南、山东、安徽、江西等粮食主产区省份的大型灌区规划面积占全国的37.7%；《全国抗旱规划》中的数据表明，全国六大区域应急（备用）水源工程行政单元共有569个，其中，地级以上行政单元101个，县级行政单元468个，此外，针对2020年的抗旱目标，确定抗旱规划的应急供水量为119.22亿m^3。

（2）自2010年西南大旱之后，国家进一步优化了抗旱的顶层设计。国务院2011年11月批复的《全国抗旱规划》为我国应急抗旱工作提供了顶层设计。规划的指导思想为：以保障城乡居民基本用水，增强区域抗旱减灾能力，减少旱灾损失为目标，加快构建与全面建设小康社会、和谐社会相适应的抗旱减灾体系，着力建设抗旱应急（备用）水源工程体系、旱情监测预警系统、抗旱指挥调度系统以及抗旱减灾保障体系，形成抗旱减灾长效机制，努力保障城乡饮水安全、国家粮食安全、生态环境安全，为我国经济社会平稳较快发展提供基础支撑，在遭遇特大干旱情形时最大限度地减轻灾害损失和影响，维持社会稳定。

（3）干旱管理模式由危机管理向风险管理转变。传统的干旱应对多采取危机管理的模式，是一种被动应对的方式，即在干旱灾害发生之后，国家给予受灾人群救助。但危机管理的模式依赖现有自然资源，缺乏前期的预警预报系统，因而会增加社会经济系统在干旱灾害面前的脆弱性。风险管理模式主要是通过各类减灾措施的实施来降低干旱事件的风险，重点在于前期旱灾的预测、规避与化解，是基于风险分析制定干旱政策、干旱预案和预防性的减灾策略，结合前期预警预报系统提高社会经济系统抵御干旱灾害的能力，减轻干旱灾害的影响。2003年国家防汛抗旱总指挥部提出了“两个转变”的新时期防汛抗旱减灾工作思路，即实现“由控制洪水向洪水管理转变，由以农业抗旱为主向城乡生活、生产和生态全面主动抗旱转变”。这一新的防旱抗旱战略思路的提出，标志着我国干旱管理模式由被动抗旱向主动防旱、科学防旱转变，从应急抗旱向常态化抗旱和长期抗旱转变。

3. 我国干旱灾害应对中存在的问题

尽管我国抗旱工作取得了初步的成效，但与国际上干旱灾害应对的先进经验相比，仍然存在着问题，主要体现在如下方面：

（1）经济社会发展的宏观布局未有效规避旱涝灾害风险。在我国经济社会布局中，人口、产业、固定资产集中区域多位于干旱事件的多发和群发区域，例如，我国耕地、经济林地、居民工业用地（简称“居工地”）位于干旱风险高和较高区域面积分别占其总面积的70%、75%和62%，而GDP和人口数量分布于干旱风险高和较高区域的比例分别占其总数量的66%和76%，这些区域往往在社会经济布局之初就未充分考虑干旱灾害风险，对包括生态在内的全面干旱灾害防治认识不足，当灾害发生时，高密度的社会经济布局难以开展大规模工程进行应对。

（2）干旱灾害应对未充分融合其孕育发展规律。干旱作为极端情景下的水循环过程，有其孕育和发展的自然规律，干旱及其灾害的发生必然是水循环过程中某一个或某几个环节出现了异常，旱灾从孕育到解除有其复杂的演变过程，这一过程受到气象水文条件、下垫面条件以及人类活动等因素的综合作用，属于复杂系统，当前相关方面的基础研究相对薄弱，对干旱发生的机理及其变化的复杂性认识不够。“就旱而论旱”的防灾方式并未充分遵循坡面-河道、地表-地下的立体水循环模式，也未能充分处理好随机事件应对中的“常态-极端”协同关系。

（3）预警预报和应急处置能力还有待进一步提高。完善的预警预报和应急处置能力是抗旱减灾的重要非工程措施。由于我国预警预报和应急处置起步较晚、基础较弱，因而也是干旱灾害应对的薄弱环节之一。一方面，我国干旱灾害监测站网仍是一个规模偏小、空间分布不均的站网，气象、水文等实测资料相对不足，气象水文监测网点布设不够，覆盖率不高且监测数据的时间序列较短。全国基本水文站网平均密度为3202km^2/站，仅仅达到世界气象组织（WMO）标准困难条件下的最稀站网密度，与之形成对比的是美国基本水文站网平均密度为1299km^2/站。与此同时，我国站网分布很不均匀，东、中、西经济区划呈现明显的由密至稀渐变规律。另一方面，适合我国特点的气象、水文模型开发不足。由于全球大气气团运动规律复杂多变，中长期气象预报水平较低，直接导致中长期水文预报不能充分采用气象预报信息，中长期水文预报模型的预报精度较低且效果不稳定，对于干旱等极值事件基本缺乏有效的预报能力。此外，在《中华人民共和国抗旱条例》《国家防汛抗旱应急预案》中缺少相关部门间规则化、标准化的联动机制，影响了救灾工作的时效性，增加了政府的运行负担，同时对政府行政人员的灾害相关专业知识需求较高，容易出现被动以及因决策失误而造成的不必要损失。

(4) 依法防灾与科学防灾支撑未能适应新时期的需求。随着依法治国理念的不断深入，一批抗旱减灾的法律法规相继颁布实施，灾害应急处置和保障能力已大幅提升，然而，随着我国经济总量的日益增长，干旱灾害造成的经济损失不断增大；在全球气候变化以及人类活动影响加剧的情景下，干旱灾害也不断呈现出新的趋势和特点，在这些情况下，就迫切需要提高依法防灾与科学防灾的支持保障能力。然而，当前依法防灾和科学防灾存在一些未能从根本上解决的问题。例如：现有的防洪抗旱法律法规中并未体现出旱涝灾害防治中全过程防灾、主动防灾、降低灾害发生风险的综合性集合应对思路，灾害防治思想还未摆脱“头疼医头、脚疼医脚”的桎梏，主动应对灾害、将防灾减灾融入社会经济布局和城市发展的理论方法远未成熟，尚需不断探索防灾减损的理论、技术、方法，为科学抗灾提供有效支撑。

综上所述，由于干旱产生、发展、致灾的机理极其复杂，人们对干旱的认识远不及其他自然灾害，针对干旱的监测、评估、管理等研究都处于发展阶段，在现有的技术条件和社会经济能力下，还难以从根本上预防和避免干旱造成的损失。与其他自然灾害相比，干旱灾害具有复杂的产生、发展和演变规律，以及持续时间长、覆盖面积广的特点，而且干旱灾害损失都是非结构性损失，难以定量评估。因此，加强干旱灾害基础理论研究，建立干旱定量监测评估预报预警方法，研发干旱防灾减灾新技术，强化旱灾风险管理，有助于减少干旱灾害损失，保障供水安全、粮食安全和生命财产安全，具有重要的科学意义和现实价值。

第1章

干旱基本理论与评估方法

1.1 干旱及旱灾基本概念

1.1.1 干旱的基本概念

1. 干旱的定义

干旱是一种经常发生的、普遍存在的自然现象。由于干旱并非明确事件，很难准确识别它的开始和结束，且影响因素复杂，因而难以对其进行明确、清晰、全面的界定。

关于干旱的定义，可以追溯到1894年，美国学者Abbe在*Monthly Weather Review*杂志上发表的论文中首次明确提出的干旱，即“长期累积缺雨的结果”。这种以降水为标志，强调干旱的自然属性，认为干旱是一种累积降水量比期望的“正常值”偏少的现象的思想一直影响至今。例如美国国家海洋和大气管理局的定义为“严重和长时间的降水短缺”；世界气象组织的定义为“一种持续的、异常的降水短缺”；联合国国际减灾战略机构的定义为“在一个季度或者更长时期内由于降水严重缺少而产生的自然现象”欧洲干旱中心（EDC）的定义为“一种持续性的、大范围的、低于平均水平的天然来水短缺事件”。

随着经济社会不断发展和对干旱认识的不断加深，人们逐渐意识到降水短缺已不能全面反映干旱的特征，加之全球气候变化影响下的水资源短缺问题日益突出，人们开始从水资源供需角度出发，认为干旱是一种供水无法满足正常需水的不平衡缺水状态，将干旱的归因由单纯的降水短缺向干旱缺水的自然与社会属性的综合影响转变。例如《气象词汇》（英文原书名为*Glossary of Meteorology*，由美国气象学会于1959年出版）一书中将干旱定义为：一段时间内异常的干燥天气引发的足够长时间的缺水，在受影响地区造成了严重的水文不平衡；《美国气象学会公报》中定义的干旱是气候变异不可避免的结果，这种变异常会导致在一段时间内（数月或数年），一个地区的供水量远远小于该地区的平均水平；《中国历史干旱（1949—2000）》将干旱定义为：供水不能满足正常需水的一种不平衡的缺水情势；《旱情等级标准》（SL 424—2008）将干旱定义为：因降水减少，或入境水量不足，造成工农业生产和城乡居民生活用水需求得不到满足的供水短缺现象。

然而，由于干旱是一种十分复杂的综合现象，不同区域影响干旱的水文气象条件和经济社会发展水平存在显著差异，各行各业从自身需求角度出发对干旱的认识亦不尽相同，因此至今尚缺乏一个准确和统一的干旱定义。从干旱的自然属性及随机特性出发，干旱是由于降水偏少或蒸发偏大等气象因素异常，导致水分收支或供需不平衡而形成的水分持续短缺现象。

2. 干旱的分类

关于干旱的分类亦未统一。目前被国际机构、政府部门和众多学术团体普遍接受的分类为美国气象学会理事会于 2003 年提出的 4 种干旱类型（BAMS，2003），即：气象干旱（meteorological drought），水文干旱（hydrological drought），农业干旱（agricultural drought）和社会经济干旱（socio - economic drought）（Wilhite 和 Glantz，1985；AMS，2004）。

广义的气象干旱在气象学上有两种含义：一种是气候干旱（climatic drought）或干燥（aridity），另一种是大气干旱（atmospheric drought）。一般情况下所说的气象干旱（meteorological drought）通常都是指后者（Santos，1983；Chang 和 Kleopa，1991；Eltahir，1992）。气候干旱或干燥是指在某一区域，蒸发量远大于降水量的一种气候现象，它是一种绝对的少雨状态，如我国西北地区的沙漠和戈壁。而气象干旱则是指某一区域，在某一具体时段内的降水量低于正常水平，水分支出大于水分收入而造成的水分短缺现象。由于是一定时序上的相对状态，因此气象干旱不仅会发生在干燥、半干燥气候区，还会时常发生在湿润和半湿润气候区。

水文干旱是指因降水长期短缺而造成某段时间内地表水或地下水收支不平衡，出现水分持续短缺，使得河川径流量、地表水、水库蓄水和湖水水位等低于其正常水平的现象（Dracup et al.，1980；Sen，1980；Zelenhasić 和 Salvai，1987；Chang 和 Stenson，1990；Frick et al.，1990；Mohan 和 Rangacharya，1991；Clausen 和 Pearson，1995）。水文干旱起源于气象干旱，是当前降水和前期降水经过下垫面调节作用后的产物，因此它的出现要滞后于气象干旱。虽然水文干旱讨论的是由于地表水或地下水收支不平衡造成的水分持续短缺现象，但是水文干旱的概念与枯季径流不同，前者反映的是一种自身的相对状态，而后者反映的则是一种与丰季相比的绝对状态。

农业干旱是指在农作物生长季节内，因长期无雨、少雨导致土壤缺水，农作物体内水分亏缺、生长发育受到抑制的现象（Palmer，1965；王劲峰，1993）。农业干旱涉及土壤、作物、大气等多方面综合因素，不仅是一种物理过程，而且也与作物本身的生物过程有关。对于农业干旱的程度，通常是通过土壤墒情和作物长势状况来判断的。

社会经济干旱是指自然系统与人类社会经济系统中，由于水资源供需不平衡而造成的异常水分短缺，从而影响生产、生活等社会经济活动的现象。气象干旱、水文干旱和农业干旱都会对社会经济产生影响，进而造成社会经济干旱，因此社会经济干旱是气象干旱、水文干旱、农业干旱的综合效应，它的产生与社会经济各部门对水资源的需求密切相关，具有显著的“社会”属性（AMS，2004）。

在四类干旱中，气象干旱是其他三类干旱的共同驱动力，水文干旱与农业干旱是气象干旱经过下垫面调节作用后的间接产物，而社会经济干旱则是其他三类干旱的综合效应。气象干旱与水文干旱主要反映的是干旱的自然属性，农业干旱在强调干旱的自然属性的同时又反映了干旱的社会属性，而社会经济干旱则关注的是干旱的社会属性。由于社会经济干旱受到人类活动深层次、多方位的影响，干旱发生的同时往往伴随着灾害损失，这就容易导致干旱与旱灾间的相互混淆，不利于干旱灾害的归因分析。在联合国 2011 年《剖析风险、重新定义的发展》报告中，提出用气象干旱、农业干旱与水文干旱这三种干旱类型来诠释干旱，而未将社会经济干旱列为干旱类型。因此，从灾害归因角度出发，在干旱定义与干旱分类上应强调干旱的自然属性为宜。

1.1.2 旱情的基本概念

由于干旱具有自然和社会的双重属性，因此广义的旱情不仅包括干旱历时、影响范围、累积缺水等干旱的自然特征的变化发展，而且还包括干旱作用于下垫面后对自然环境系统和社会经济系统的影响。

从自然角度出发，旱情是指干旱的发生发展过程和表现形式的变化。一次完整的干旱过程往往包括干旱发生、发展、持续、缓和、解除五个阶段。在整个干旱过程中，旱情的变化主要表现为干旱历时、干旱烈度、干旱范围等干旱特征的变化。干旱历时为干旱从开始到结束的时间，它是从受旱时间上来描述干旱的变化，可反映干旱所具有的持续性特点；干旱烈度为干旱造成的累积缺水量，它是从受旱程度上来描述干旱的变化，是干旱的本质反映；干旱范围是指干旱影响下的区域面积大小，它往往随着时间不断变化且难以界定。干旱历时越长、干旱烈度越高、干旱范围越广则反映旱情越严重。随着旱情的不断变化，气象干旱、水文干旱、农业干旱间也往往存在着相互转化。干旱的表现形式会随着干旱类型的变化从降水量的亏缺转化成河川径流量、地表水、水库蓄水的减少，土壤含水量的降低以及地下水位的下降。

从社会角度出发，旱情是指干旱对社会经济系统的影响的变化。《旱情等级标准》（SL 424—2008）中将旱情分为农业旱情、牧业旱情、城市旱情和区域综合旱情。农业旱情是指农作物受旱状况，即土壤水分供给不能满足农作物发芽或正常生长要求，导致农作物生长受到抑制甚至干枯的现象。牧业旱情是指牧草受旱状况，即土壤水分供给不能满足牧草返青或正常生长要求，导致牧草生长受到抑制甚至干枯的现象。城市旱情是指因旱造成城市供水不足，导致城市居民和工商企业供水短缺的状况。区域综合旱情是指某一区域内干旱对农牧业生产和城乡居民生活用水影响的综合状况。

旱情不仅包含了干旱自身的变化特征，而且也包含了对受旱对象的影响。旱情不同于灾情，旱情的发生并不就意味着旱灾的发生，受旱对象可通过自身或外在的抗旱能力调节，减轻或抵御干旱对其的不利影响从而维持正常水平。而灾情的产生往往意味着受旱对象已无法维持其正常水平，从而产生旱灾损失。

1.1.3 旱灾的基本概念

旱灾是自然灾害的一种重要类型，但具有区别于其他自然灾害的一些显著特点：其一，旱灾具有发生地域的不确定性。不同于地震灾害、洪水灾害、台风灾害一般会发生在明确的断层带、河谷或海岸线，旱灾可能发生在任何地方。其二，旱灾具有缓变发展的累积效应，它的持续时间相对较长，影响范围逐渐扩大，影响效应呈现累积和滞后的特点。其三，旱灾造成损失的方式不同于其他类型的灾害。它一般不会直接对人类社会造成人员伤亡以及建筑设施的毁坏，但由于其发生地域的不确定性和缓变发展的累积效应，对人类社会的影响和损失却有过之而无不及。

根据区域灾害系统理论，旱灾的产生是致灾因子、孕灾环境和承灾体三者相互作用的结果（冯宝平等，2012）。其中，旱灾的致灾因子是指区域内诱发旱灾的驱动因素，它与地形、水文、气候等自然属性因素有关；旱灾的孕灾环境是指包括孕育产生旱灾的自然环境与人文环境，它具有自然和社会的双重属性；旱灾的承灾体是指致灾因子作用的对象，即旱灾的载体，它是直接遭受旱灾影响和损害的物质文化环境，一般可划分为人类、财产和自然资源三类。

由于旱灾的驱动机制及作用机理往往相当复杂，因此至今还未形成一个统一准确的旱灾定义。《中华人民共和国抗旱条例》中定义旱灾为由于降水减少、水工程供水不足引起的用水短缺，并对生活、生产和生态造成危害的事件；《中国水旱灾害》（中国水利水电出版社，1997）中认为旱灾是干旱超过一定临界后，对城乡生活和工农（牧）业生产产生不利的影响；张强等（2009）定义旱灾是指某一具体的年份、季和月的降水量比同期多年平均降水量显著偏少，导致经济活动（尤其是农业生产）和人类生活受到较大危害的现象；唐明（2008）认为旱灾是因为干旱缺水对居民生活和工农业生产造成影响的现象。虽然针对旱灾的定义不尽相同，但是总体来说，旱灾是由于干旱发展到一定程度后，对自然和社会系统造成的不利影响及危害。

干旱和旱灾是两个不同的概念，两者的区别主要体现在形成机制上。干旱主要是由降水偏少或蒸发偏大等气象因素异常导致水分收支或供需不平衡而形成的水分持续短缺现象，属于自然现象；而旱灾则是由干旱与人类活动共同作用的结果，是自然环境系统和社会经济系统在特定的时空条件下相互作用的产物。从灾害系统和旱灾归因角度分析，干旱是旱灾系统的致灾因子，是产生旱灾的“因”；旱灾是干旱在孕灾环境下发展并作用于承灾体的“果”。干旱就其本身而言并非灾害，只有当干旱对人类社会或生态环境造成不利影响后才演变成旱灾。干旱是起因，但并不是旱灾形成的唯一条件；旱灾是结果，其成因除了与干旱（致灾因子）有关外，还与自然、人文环境条件（孕灾环境）及社会经济基础条件（承灾体）等密切相关。在相同危险程度的干旱作用下，旱灾影响会因不同孕灾环境下不同承灾体对干旱的不同反应而呈现出较大的差异。

1.2　干旱及旱灾形成的驱动机制

1.2.1　气象干旱形成的驱动机制

1. 驱动因素

气象干旱指水循环过程中降水和蒸散发均衡状态被打破后造成的一种水分异常短缺现象，主要受气候形成和变化的某些因素影响（安顺清和邢久星，1986）。气候系统演变的过程受内外两方面因素的影响，即自身动力学规律的影响，以及外部自然环境变化和人类活动影响，可归纳成四个因素的影响：太阳辐射、大气环流、下垫面和人类活动（肖金香，2009）。

（1）太阳辐射。太阳辐射是气候系统能量的主要来源和各类地区气候特征形成的根本因素。例如，太阳辐射的时空分布受纬度的制约，因而区域气候差异性及气候季节交替特征与纬度变化密切相关。太阳辐射决定着区域气候的干燥或者湿润，即常年水分短缺或富余现象。

(2) 大气环流。大气环流作为热量和水分的转移者，是太阳辐射不均导致空气大规模运动呈现出的一种状态。高低纬度之间、海陆之间的热量和水汽在大气环流作用下进行交换，全球热量和水分的分布也随之变化。不同的大气环流形势下可形成不同的气候类型。

(3) 下垫面。下垫面可通过影响辐射和环流来影响气候，以海陆分布、洋流和地形的影响最为显著。其中，海陆分布会影响地表温度的变化特征，如地表的升温和冷却过程，进而改变气压的分布；洋流所导致的海水上下翻动影响海面温度，进而改变大气层的变化；地形变化对气象因子（如太阳辐射、温度、湿度和降水等）均会产生影响，主要的地形因素包括海拔、坡向、地表形态等。例如，青藏高原的隆起是西北干旱气候形成的一个主要因素，太行山和燕山山脉在一定程度上导致华北地区干旱频发等。除上述因子之外，地表覆盖也会对气候产生影响，例如冰雪覆盖作为一种特殊性质的下垫面，不仅影响其所在地的气候，还会对其他地区大气环流、气温和降水产生显著的影响。已有研究表明（王同美等，2008)，青藏高原冰雪过程的热力作用会影响亚洲夏季风的爆发、演变及其伴随的降水过程。

(4) 人类活动。人类活动主要是通过改变下垫面性质来间接影响气候系统，如人工造林（草)、退耕还林还草、城市化等；此外，工业生产所导致的 CO_2 排放量增加也会对大气的成分造成影响。但人类活动对气候系统的影响较为复杂，其影响程度及范围还难以具体量化。

2. 形成过程

当区域气候系统出现异常，导致降水和蒸散发长期的均衡状态被打破后则容易发生气象干旱。区域气候系统具有复杂性和开放性两种特征，由“天”和“地”及其两者之间作用关系组成。在垂向上，“天”即上空的大气系统，通过降水（包括固态和液态）的形式向“地”（即下垫面系统）输送水分，而下垫面系统通过蒸散发以气态水的形式向大气层输送水分；在横向上，大气系统既能接受系统外输入的水汽，也能向系统外输入水汽，伴随着水的形态的转化，在一定的区域内形成了一种相对稳定的状态。

降水和蒸散发是两个相互联系的过程：降水作为下垫面水分的唯一来源，为各项蒸散发提供水分条件；蒸散发向大气中不断输送水汽又为降水的形成提供必需的水汽条件。气象干旱主要是受降水和蒸散发这两个过程的影响，大气系统和下垫面系统也是通过影响降水和蒸散发这两个重要的过程来驱动气象干旱。气象干旱形成过程可分为孕育、开始、缓冲、发展和解除五个阶段（图 1.1)。

孕育阶段：当大气环流出现异常时，水汽的输入和空气的垂直上升运动受阻，导致水汽不足，这一阶段为干旱的孕育期。

开始阶段：当出现降水偏少或无降水时，表明气象干旱的开始。

缓冲阶段：气象干旱发生初期，蒸散发主要受能量条件控制，下垫面蒸散发可能增加或者是维持正常，如若蒸散发形成的水汽能够及时向大气补充，则干旱可能会缓解。

发展阶段：当干旱持续一段时间后，蒸散发主要受水分条件的控制，降水的持续偏少导致下垫面蒸散发量减少，向大气输送的水汽不足，干旱继续发展。

解除阶段：异常环流退出或者输入水汽增加后，则气象干旱解除。

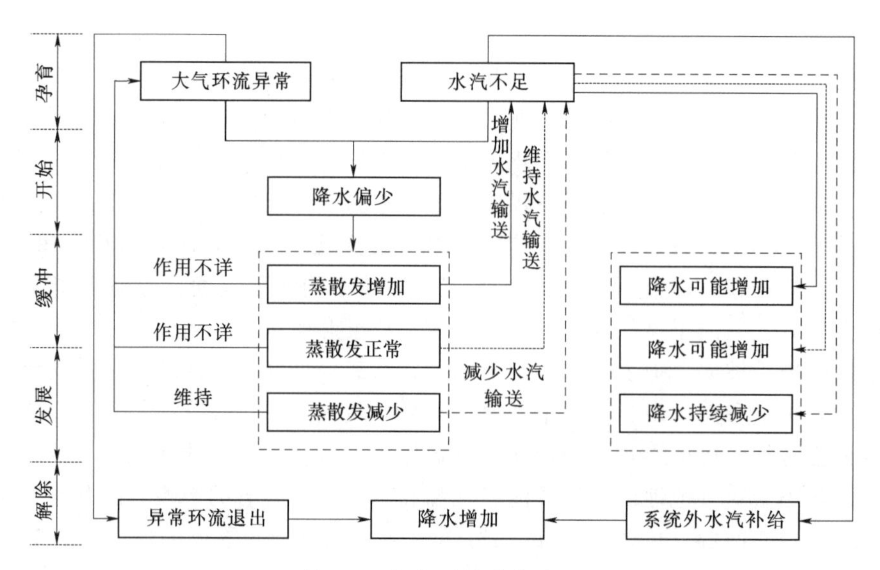

图1.1 气象干旱形成过程

1.2.2 水文干旱形成的驱动机制

1. 驱动因素

水文干旱是因气象干旱或者人类活动造成的地表、地下水收支不平衡而引起的江河、湖泊径流和水利工程蓄水量异常偏少以及地下水位异常偏低的现象，是针对流域或区域地表水及地下水而言的。对于流域/区域“自然-人工”复合水循环系统，地表水子系统水分收入项主要为降水，部分地区可能会有地下水排泄、外调水补给等，水分支出项主要为经济社会用水、外调水、蒸散发、土壤水和地下水的入渗补给等；对于地下水子系统水分收入项主要为降水入渗补给，同时也会有地表水和土壤水的入渗补给，水分支出项主要为人工开采、潜水蒸发和排泄。主要的驱动因素可概括为气候变化和人类活动两个方面，均是通过影响水循环的不同环节而作用的，具体则是通过影响地表水和地下水的收入或支出项来加剧或缓解水文干旱的。

（1）气候变化。气候变化是气象干旱发生的关键因素，而气象干旱则可能会导致水文干旱。当气象干旱发生时，降水和蒸散发之间的均衡关系被打破，进而影响地表水和地下水等水分输入项和支出项。在气象干旱持续的影响下，水分收入项减少，支出项增加，诱发水文干旱。

（2）人类活动。人类活动的影响体现在两个方面：其一是土地利用的变化，由于水文干旱的形成与发展受水循环各要素过程的影响，下垫面条件又是影响水循环过程（蒸散发、产汇流等）的关键因子，例如城市化进程加剧、退耕还林还草工程的实施、毁林开荒、过度放牧等正反两方面的因素均会对水循环过程造成影响，进而加剧或缓解水文干旱；其二是水资源开发利用，在当前经济社会高速发展的背景下，水资源的刚性需求不断增加，水资源系统受到人类扰动程度加大，地表水和地下水的开发利用直接导致水分支出增加，此外，产汇流条件也会受到水资源开发的影响，导致同等降水条件下产水量变化，间接影响水分收入项。

2. 形成过程

在气候变化和人类活动共同影响下，水文干旱形成过程分为孕育、缓冲、开始、发展和解除五个阶段（图 1.2），具体如下：

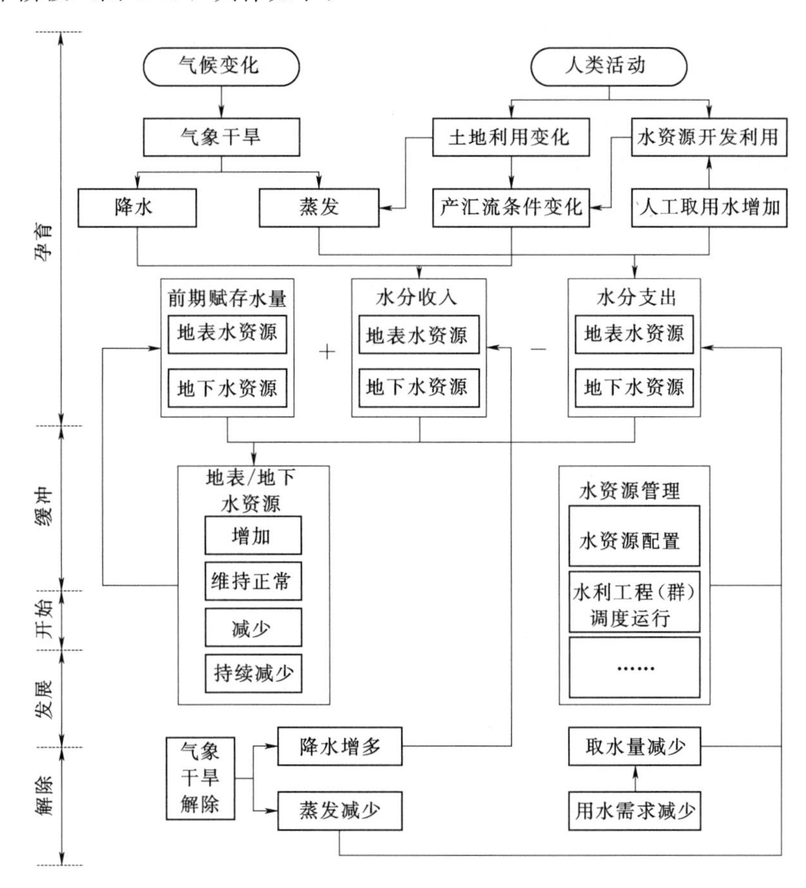

图 1.2　水文干旱形成过程

孕育阶段：气象干旱导致地表水和地下水系统水分收入减少，经济社会用水需求的增加会导致水分支出增多，此外，土地利用变化导致下垫面条件的改变也会对水分收支过程造成影响。某一时段内水资源量也受前期水资源量的影响，在上述多种因素综合作用下，地表水和地下水的水分收支过程受到影响。

缓冲阶段：面向干旱的水资源配置以及水利工程（群）的调度运行等措施的实施，在一定程度上可压缩干旱期的取水量；此外，一定时期的地表水与地下水量还与前期赋存水量有关，若地表水和地下水的水分收支过程恢复至正常范围之内，则认为没有发生水文干旱，将这一时期称为缓冲阶段。

开始阶段：若地表水或地下水的收支异常不均衡，则认为水文干旱发生。

发展阶段：若水资源量持续减小或者是人工取水量持续增加，导致地表水和地下水的水分收支过程持续偏离常态，则为水文干旱的发展阶段。

解除阶段：当气象干旱解除一段时间或者人工取用水减少，水文干旱才得以解除。

这一形成过程也解释了通常情况下水文干旱滞后于气象干旱的现象。

1.2.3　农业干旱形成的驱动机制

1. 驱动因素

农业干旱是因外界环境因素或人类活动引起的作物体内水分收支失衡而影响其正常生长的现象，是针对作物群落而言的，水分收入项主要是土壤水分，水分支出项主要是叶片蒸腾和代谢耗水。气候变化和人类活动都会影响作物水分收支过程，具体如下：

（1）气候变化。气候变化可能会导致降水减少和蒸散发增加，其中，降水减少将会影响土壤含水量，直接导致水分收入减少；蒸散发偏大会影响作物蒸腾，诱发农业干旱。

（2）人类活动。与水文干旱类似，人类活动对农业干旱的影响也体现在土地利用的变化和水资源开发利用两个方面。土地利用类型的变化会影响流域/区域的产汇流规律，导致原有的地表水、地下水对土壤水的天然转化规律发生改变，或者是影响灌溉水量；另外，种植结构的改变也会对作物蒸腾量造成影响，进而影响作物需水量。水资源的开发利用对农业干旱的影响具有两面性，例如，农田灌溉补水可人为促进地表/地下水向土壤水的转化，保障作物在干旱期的用水需求，但遇特大气象干旱，地表水资源锐减，灌溉水得到不到保障，也会发生农业干旱。若地下水长期超采，尽管缓解了当前的农业干旱，但也会加剧未来农业干旱的风险。此外，若地表和地下水开发量过大，改变了水的赋存状态和转化规律，影响了土壤水的入渗与补给，也可能诱发农业干旱。

2. 形成过程

农业干旱形成过程最为复杂，也可分为孕育、缓冲、开始、发展和解除五个阶段（图 1.3）。

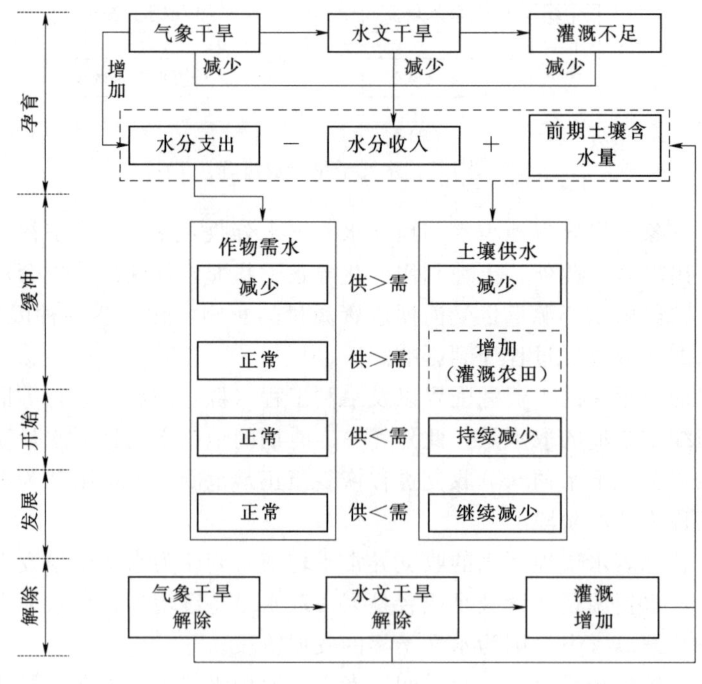

图 1.3　农业干旱形成过程

孕育阶段：当气象干旱发生时，降水对土壤层的补给量减少、蒸散发量增大；当水文干旱发生时，地表径流减少或地下水位下降，土壤包气带增厚，潜水蒸发补给土壤的水量减少，灌溉水量不足等，这一阶段为农业干旱的孕育阶段。

缓冲阶段：在土壤水分亏缺的初始阶段，由于作物群落系统存在一定的弹性，可承载某一范围内的水分亏缺，初始时段水分胁迫对作物影响较小，对于灌溉农业，如果及时灌溉，则土壤供水增加，可满足农作物正常需水，农业干旱得以缓解。

开始阶段：但当土壤水分持续减少，且超过了作物自身的水分平衡调节能力范围，则表明农业干旱开始发生。

发展阶段：当土壤水分亏缺量进一步扩大时，农业干旱继续发展，干旱的强度和范围也随之增大，作物生长受阻。

解除阶段：气象干旱或水文干旱解除一段时间后，或者灌溉水量增加，使土壤水得到有效补给，满足作物生长需水要求，农业干旱得以解除。

1.2.4　不同类型干旱的关联关系及致灾过程

一般来说，降水的减少和温度的升高是干旱发生的两个最主要因素，气象干旱是干旱过程的开始。对于某一特定的地区，干旱初期由于土壤的调蓄作用，土壤含水量不会立刻下降，而此时温度的升高，往往会导致蒸散发的增强，消耗土壤水，加剧干旱情势，出现土壤水干旱（通常也叫作农业干旱）。干旱发展中期，随着土壤水的继续消耗且得不到补充，河川径流的补给受到影响，水位下降，流速减慢，流量减少，发生水文干旱。随着干旱情势的继续发展，地下水开始补给河川径流，并最终消耗于蒸散发，河湖水位继续下降，地下水得不到补给，水位也开始下降，导致人们生产生活的取用水受到影响，产生社会经济干旱。在此过程中，蒸散发的减小导致空气湿度减小，空气将更加难以到达饱和状态，因而降水的可能性将会更小。降水的减少将进一步加剧干旱的蔓延。因而，干旱的发展过程是一个恶性循环，直到有外部的水汽输送，干旱情势才会缓解。在一些气候干燥地区，常年降水量稀少而且蒸散发量大，农业主要依靠山区融雪或者上游地区来水，如果融雪量或来水量减少，就会造成干旱。不同类型干旱的关联关系如图 1.4 所示。

在干旱发展的过程中，降水减少和气温升高，导致土壤水的消耗，河川径流减少，河湖水位降低。倘若该过程发生地区或者时间段，没有相应的承灾对象（例如发生在沙漠地区，或者发生在非作物生长期），也就是暴露性为 0，那么将不会产生旱灾损失。如果干旱作用于承灾体，承灾体对干旱干扰的脆弱性也会影响旱灾损失的规模。例如：同样程度的干旱对耐旱作物（例如小麦，谷子等）的影响要远远小于非耐旱作物（例如水稻）；同样程度的干旱对高耗水行业和低耗水行业的影响也会大不相同。最后，人类的抗旱活动也会直接影响干旱是否能够致灾。人类的抗旱活动主要通过减少干旱的危险性（例如人工降水——降低气象干旱的危险性；兴修水利，发展农田灌溉事业——降低农业干旱的危险性）和降低承灾体的脆弱性（例如改良耕作制度，选育耐旱品种，采用先进灌溉措施等）。

只有当干旱作用于脆弱的承灾体，虽然有人为抗旱活动的抵御，若干旱对承灾体的影响依然超过了承灾体的承受能力，才会最终产生旱灾损失。而干旱发展的不同过程，对应

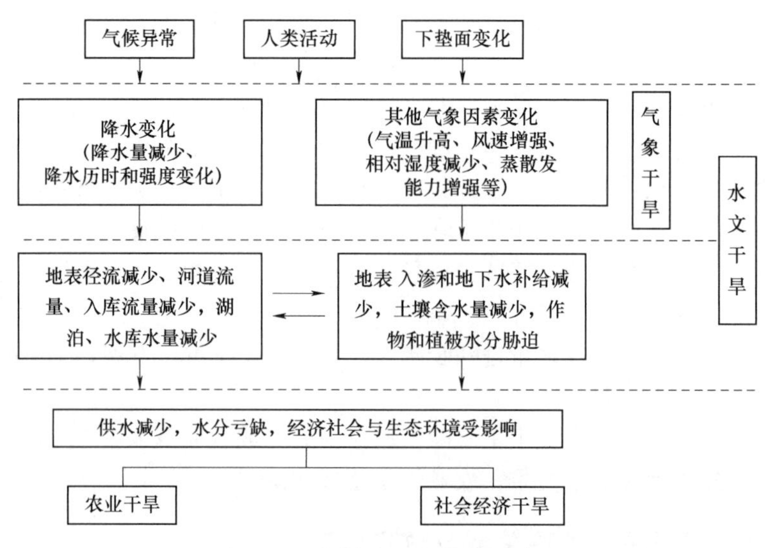

图1.4　不同类型干旱的关联关系

着不同的干旱类型和不同的承灾体，因而产生的旱灾损失类型也不同。农业干旱阶段受影响的主要是农作物和天然植被，相应的旱灾损失主要是农作物减产量和植被退化；水文干旱阶段受影响的主要是河湖和地下水，相应的旱灾损失有航运损失、水产养殖损失等；社会经济干旱阶段，旱灾损失则会扩展到社会经济的各个方面，甚至通过产业链传播，还会影响人们的身体健康；随着干旱的进一步发展，到极端干旱的情形，会导致粮食绝收、人员伤亡、社会动荡等。

由干旱到发生旱情，到最后产生旱灾，是一个缓慢发展过程。该过程的发生、发展、结束都受到气象的影响，不同类型干旱的演变和转化则蕴含于陆地水文过程。这个过程还与地势地貌、地质条件、土壤特性、植被种类等下垫面因素密切相关。而且人类活动对下垫面的改造，对气候的影响，以及直接的取用水活动等都会影响干旱的发生与发展。

1.3　干旱的定量评价方法

1.3.1　干旱指标分类

当前国内外采用的干旱指标很多，大致可以概括为四类，包括气象干旱类、农业干旱类、水文干旱类和经济社会干旱类（表1.1）。2006年11月我国颁布的《气象干旱等级》（GB/T 20481—2006）中，规定了5种监测干旱的单项指标和气象干旱综合指数 CI，5种单项指标为：降水量和降水量距平百分率、标准化降水指数、相对湿润度指数、土壤湿度干旱指数和帕默尔干旱指数，气象干旱综合指数 CI 则是以标准化降水指数、相对湿润度指数和降水量为基础建立的一种综合指数。该标准制定的气象干旱等级，适用于气象、水文、农业、林业、社会经济等行业从事干旱监测、评估的部门使用。但该标准对各地区下垫面条件和季节变化考虑得仍然不够充分。例如，对于降水距平百分比为－40%的同样降水条件，其出现在不同地区，发生在不同季节、不同土地利用方式条件下，所导致的旱情程度及影响会有明显差别：若是在北方冬季，持续两个月的降水偏少 40%，对冬小麦生长影响并无大碍，因为小麦在冬季不需要多少水，对社会其他方面的影响也不大；但若是在南方夏季，持续两个月的降水偏少 40%，若无灌溉，水稻将会枯萎，且对社会其他方面的影响也会很大。

表 1.1　国内外常用干旱指标分类

干旱指标分类	评估依据	指标名称
气象干旱类	降水、蒸发等气象观测值	降水量距平百分率（吴英杰等，2019），标准化降水指数（*SPI*）（Hayes et al.，1999），*Z* 指数（袁文平和周广胜，2004），相对湿润度（龙贻东等，2015），标准化降水蒸发指数（*SPEI*）（Hernandez 和 Uddameri，2017），勘察干旱指数（*RDI*）（Khalili et al.，2017），帕默尔干旱指数（*PDSI*）（Zhang et al.，2013）
农业干旱类	土壤水分状态 作物缺水状态	土壤相对湿度（王素萍等，2013），标准化土壤湿度指数（*SSWI*）（周洪奎等，2019），作物水分指数（*CMI*）（邓振镛等，2012），Palmer 土壤异常指数（Zhang et al.，2017）
水文干旱类	河道流量观测 地表水源状态	标准化径流指数（*SRI*）（吴杰峰等，2016），Palmer 水文干旱指数（*PHSI*）（Karl，1986），地表供水指数（*SWSI*）（Kwon 和 Kim，2010）
经济社会干旱类	社会缺水、灾害损失	水资源供求指数（任怡等，2017）

总而言之，目前采用的干旱指标和评估方法很多，大多数是从干旱成因条件（降水亏缺等），或者是旱情的特征表象（土壤含水量下降、地表径流减少等），或者是干旱的灾害损失等某一方面，来评估旱情严重程度。有些指标过于单一，没有体现旱情随降水亏缺及持续时间的发展变化，且难以反映旱情在地区间和季节上的差异。实际上这些指标并不是独立的，相互之间有着水文循环转化联系。

1.3.2　主要干旱指标

1.3.2.1　气象干旱指标

1. 降水距平百分率

降水距平百分率指某时期降水量与同期多年平均降水量的距平百分率，反映了该时期降水量相对于同期平均状态的偏离程度，是一个具有时空对比性的相对指标。其计算式如下：

$$M_i=\frac{R_i-\overline{R}}{\overline{R}}\times 100\% \tag{1.1}$$

式中：M_i 为降水距平百分率；R_i 为某年某时期降水量；$\overline{R}$ 为同期多年平均降水量。

降水距平百分率的优点在于意义明确、方法简单直观，但是其响应慢、敏感性低，反映的旱涝程度较弱，而且该指标未考虑底墒作用，对平均值的依赖较大，对降水时空分布不均匀地区不能确定一个统一的划分标准，即相同的指标值会对应不同程度的旱涝。

2. 标准化降水指数

标准化降水指数（*SPI*），主要用于干旱的判定与监测。利用雨量站历史资料，判定给定时段范围内的干旱程度，也可用于判断丰水期出现历时。*SPI* 的具体计算公式如下：

设某一时间尺度下的降水量为 x，则其 gamma 分布的概率密度函数为：

$$g(x)=\frac{1}{\beta^{\alpha}\Gamma(\alpha)}x^{\alpha-1}e^{-x/\beta}\quad(x>0) \tag{1.2}$$

$$\Gamma(\alpha)=\int_{0}^{\infty}y^{\alpha-1}e^{-y}dy \tag{1.3}$$

式中：α 为形状参数；β 为尺度参数，可用极大似然法进行估算；Γ 为 gamma 函数。

真实的降水量往往会有 0 值的存在，但 gamma 函数中剔除了 $x=0$ 的情况，此处的均值便取降水值中非零项的。若设降水系列长度为 n，为零的项数为 m，令 $q=m/n$，则一定时间尺度的累计概率计算如下：

$$H(x)=q+(1-q)G(x) \tag{1.4}$$

其中

$$G(x)=\int_{0}^{x}g(\omega)d\omega=\frac{1}{\Gamma(\alpha)}\int_{0}^{x/\beta}t^{\alpha-1}e^{-t}dt$$

将累计概率分布 $H(x)$ 转变成标准正态分布就可以得到对应的 SPI 值：

当 $0<H(x)\leqslant0.5$ 时，令 $k=\sqrt{\ln\left(\frac{1}{H(x)^{2}}\right)}$，则

$$SPI=-\left(k-\frac{c_0+c_1k+c_2k^2}{d_1k+d_2k^2+d_3k^3+1}\right)$$

当 $0.5<H(x)<1$ 时，令 $k=\sqrt{\ln\left(\frac{1}{(1-H(x))^{2}}\right)}$，则

$$SPI=k-\frac{c_0+c_1k+c_2k^2}{d_1k+d_2k^2+d_3k^3+1}$$

式中：$c_0=2.515517$；$c_1=0.802853$；$c_2=0.010328$；$d_1=1.432788$；$d_2=0.189269$；$d_3=0.001308$。

3. 标准化降水蒸发指数

标准化降水蒸发指数（$SPEI$）是在标准化降水指数（SPI）基础上衍化出来的干旱指数，以水分亏缺量代替单纯的降水量作为输入条件，以 log - logistic 概率分布函数代替 gamma 分布函数进行拟合，综合考虑了降水和气温两个驱动区域气候演变的主要气候因子，通过区域内水分亏缺变化反映降水和气温对旱涝演变的影响，可以反映不同取样频率下的干旱过程。

基于逐月蒸发量及降水量，构造不同采样频率下的累积水分亏缺序列 x，并计算其概率分布。采样频率可以取 1 个月、3 个月、6 个月、12 个月、18 个月、24 个月，即评估的时间尺度。某月累积水分亏缺量为前 $k-1$ 个月与当月水分亏缺量之和，k 为时间尺度，$k=1$，3，…，24。

$$x_i^k=\sum_{i-k+1}^{i}D_i \tag{1.5}$$

$$D_i=P_i-E_i \tag{1.6}$$

式中：D_i 为月水分亏缺量，mm；P_i 为月降水量，mm；$i=1,\cdots,n$，n 为时间序列的样本数；E_i 为潜在蒸发量，mm。

引入三参数 log-logistic 概率分布函数计算累积水分亏缺量序列的概率分布。log-logistic 概率分布函数为：

$$F(x)=\left[1+\left(\frac{\alpha}{x-\gamma}\right)^{\beta}\right]^{-1} \tag{1.7}$$

$$\beta=\frac{2\omega_1-\omega_0}{6\omega_1-\omega_0-6\omega_2} \tag{1.8}$$

$$\alpha=\frac{(\omega_0-2\omega_1)\beta}{\Gamma\left(1+\frac{1}{\beta}\right)\Gamma\left(1-\frac{1}{\beta}\right)} \tag{1.9}$$

$$\gamma=\omega_0-\alpha\Gamma\left(1+\frac{1}{\beta}\right)\Gamma\left(1-\frac{1}{\beta}\right) \tag{1.10}$$

$$\omega_s=\frac{1}{n}\sum_{l=1}^{n}\left(1-\frac{l-0.35}{n}\right)^{s}x_1 \tag{1.11}$$

式中：ω_s 为概率权重矩，$s=0$，1，2；l 为累积水分亏缺序列 x 的升序排列序号；Γ 为 gamma 函数。

根据以上公式估计各参数，并计算概率分布，在此基础上，对分布函数进行标准化处理。

令 $P=1-F(x)$，当 $P\leqslant 0.5$ 时，$W=\sqrt{-2\ln P}$，则

$$SPEI=W-\frac{W-(c_0+c_1W+c_2W^2)}{1+d_1W+d_2W^2+d_3W^3} \tag{1.12}$$

当 $P>0.5$ 时，$W=\sqrt{-2\ln(1-P)}$，则

$$SPEI=\frac{W-(c_0+c_1W+c_2W^2)}{1+d_1W+d_2W^2+d_3W^3}-W \tag{1.13}$$

式中：$c_0=2.515517$；$c_1=0.802853$；$c_2=0.010328$；$d_1=1.432788$；$d_2=0.189269$；$d_3=0.001308$。

4. 帕尔默干旱指标

帕尔默干旱指标（$PDSI$）以土壤水量平衡计算为依据，综合考虑水文循环的各项因子（如降水、蒸散发、径流、土壤含水量等），是一种被广泛应用于评估旱情的综合性干旱指标。

$$PDSI=k_i d \tag{1.14}$$

$$d=P-P_0=P-(\alpha_i PET+\beta_i PR+\gamma_i PR_0+\delta_i PL) \tag{1.15}$$

$$K_i=17.67K'/\sum DK' \tag{1.16}$$

$$K'=1.5\lg\{[(PET+R+R_0)/(P+L)+2.8]/D\}+0.5 \tag{1.17}$$

式中：k_i 为修正系数；P 为实际降水量；P_0 为气候适宜的降水量；PET、PR、PR_0、PL 分别为可能的蒸散发量、土壤水补给量、径流量、损失量；R、R_0、L 分别为实际的土壤水补给量、径流量、损失量；D 为各月水分距平 d 的绝对值的平均值；α_i、β_i、γ_i 和 δ_i 分别为各项对应的权重系数，其值取决于研究区域的气候特征。

1.3.2.2　农业干旱指标

1. 土壤相对湿度

土壤相对湿度是指土壤含水量与田间持水量的百分比。根据土壤相对湿润度（R）进行干旱等级划分：无旱（$R>60\%$）、轻度干旱（$50\%<R\leqslant 60\%$）、中度干旱（$40\%<R\leqslant 50\%$）、重度干旱（$30\%<R\leqslant 40\%$）、特别重度干旱（$R\leqslant 30\%$）。依据土壤相对湿度划分干旱等级因作物的不同而不同。

2. 作物水分胁迫指数

作物水分胁迫指数（$CWSI$）以作物群体冠层与大气温度差值（简称“冠气温差”）冠气温差作为主要计算因子，综合考虑了太阳辐射、植物、大气等各因素对作物水分状况的影响

$$CWSI=1-\frac{ET_d}{ET_p} \tag{1.18}$$

式中：ET_d 为作物实际蒸散发量；ET_p 为作物潜在蒸散发量。

基于 $CWSI$ 的干旱划分为：重旱（$CWSI>0.913$）、中旱（$0.765<CWSI<0.912$）、轻旱（$0.617<CWSI<0.764$）、正常（$0.322<CWSI<0.616$）、湿润（$CWSI<0.321$）。

3. 水分亏缺指数

水分亏缺指数（WDI）是以冠层温度为基础扩展而来的反映农作物旱情的重要指标之一，是基于能量平衡双层模型建立起来的。其计算式如下：

$$WDI=\frac{(T_s-T_a)-(T_s-T_a)_m}{(T_s-T_a)_x-(T_s-T_a)_m} \tag{1.19}$$

式中：T_s 为地表混合温度，即作物和土壤的混合温度；T_a 为空气温度；$(T_s-T_a)_m$、$(T_s-T_a)_x$ 分别为地表与空气温差的最小值和最大值。

1.3.2.3　水文干旱指标

1. 河道来水量距平百分率

河道来水量距平百分率（I_r）指计算期内河道流量与多年同期平均流量的差值；河道来水量距平百分率指河道来水量距平值与多年平均值的百分比。河道指研究区域内较大的河流。河道来水量距平百分率计算公式为

$$I_r=\frac{Q_i-\overline{Q}}{\overline{Q}}\times 100\% \tag{1.20}$$

式中：I_r 为河道来水量距平百分率；Q_i 为当前江河流量；$\overline{Q}$ 为多年同期平均流量。

基于河道来水距平百分率的干旱划分为：特重干旱（$I_r<-80\%$）、严重干旱（$-80\%\leqslant I_r<-50\%$）、中度干旱（$-50\%\leqslant I_r<-30\%$）、轻度干旱（$-30\%\leqslant I_r<-10\%$）。

2. 标准化径流指数

标准化径流指数（SDI）计算的基础资料是水文监测断面的历史月径流，标准化径流指数就是在计算出某时段内流量的 Γ 分布概率后，再进行正态标准化处理求得 SDI 值，SDI 具体计算步骤同标准化降水指数 SPI，最后用标准化径流累积频率分布来划分干旱等级。

3. 地表供水指数

地表供水指数（*SWSI*），是 1981 年为美国科罗拉多州开发的经验水文指数。R. A. Wilhite 等指出经验水文指数作为地表水状况的度量，弥补了 *PDSI* 未考虑降雪、水库蓄水、流量以及高地形降水情况的不足。*SWSI* 指标将水文、气象特性结合到简单的指标值中，类似 *PDSI* 指标。数据标准化处理后，在流域内可以进行比较。计算 *SWSI* 需要明确积雪厚度、河流流量、降水、库水位四项指标。由于 *SWSI* 与季节有关，计算冬季 *SWSI* 指标时，需要积雪厚度、降水、库水位数据；计算夏季 *SWSI* 指标时，用河流流量数据代替积雪厚度。

1.3.2.4 经济社会干旱指标

1. 水资源供求指数

基于水资源供需平衡的干旱评价方法，主要考虑可供水量与总需水量两大类因素。可供水量反映气象水文等自然因素和调蓄工程对干旱的影响［式（1.21）］；总需水量包括生活、生产和生态需水等，反映社会经济的影响［式（1.22）］，具体如下：

$$WS=\alpha_1 S_1+\alpha_2 S_2+\alpha_3 S_3+\alpha_4 S_4 \tag{1.21}$$

$$WD=\beta_1 D_1+\beta_2 D_2+\beta_3 D_3+\beta_4 D_4 \tag{1.22}$$

式中：S_1、S_2、S_3、S_4 分别为人均水资源拥有量、水资源模数、人均可供水量、万元 GDP 产值用水量的归一化值，反映区域水资源可供水量情况；α_1、α_2、α_3、α_4 分别为上述各量的权重系数，反映区域内水资源各要素的重要性程度；D_1、D_2、D_3、D_4 分别为人均需水量、单位面积需水量、人均生活需水量、万元 GDP 工业产值需水量的归一化值，反映区域水资源需求情况；β_1、β_2、β_3、β_4 分别为上述各量的权重系数，反映区域内水资源分配使用中各要素的重要性程度。

设水资源利用率为 k，若 $WD=kWS$，表示可供水资源量正好满足其需求量；若 $WD<kWS$，表示可供水资源量超过了需求量；若 $WD>kWS$，表示可供水资源量不能满足需求量，将出现旱情。定义用水紧张程度 WI 计算公式为

$$WI=\left(1-\frac{kWS}{WD}\right)\times 100\% \tag{1.23}$$

根据式（1.23）及表 1.2，可判断经济社会干旱等级。

表 1.2　　经济社会干旱等级评价

旱情等级	无旱	轻旱	中旱	重旱	特旱
WI	≤0	0～10%	10%～20%	20%～40%	>40%

2. 干旱经济计量指标

干旱经济计量指标是以作物产量、收益、价格、粮食供需情况等经济因子来评估干旱影响程度的指标，如在尼日利亚的干旱区，采用供给响应指数作为主要粮食作物小米对水分胁迫响应的指标。

$$Q_{mt}=\alpha_0+\alpha_1 RAIN_t+\alpha_2(RAIN)^2+\alpha_3 P_{mt-1}+\alpha_4 P_{st-1}+\alpha_5 T+U_t \tag{1.24}$$

式中：Q_{mt} 为 t 时段小米产量；$RAIN_t$ 为 t 时段降水指数，即该时段降水量与多年平均降水量之比；P_{mt-1} 为剔除通货膨胀后上一年的小米价格；P_{st-1} 为剔除通货膨胀后上一年的

高粱（竞争粮食作物）价格；T 为由于生产技术改变而产生的时间趋势项；U_t 为 t 时段随机误差；α_0、α_1、α_2、α_3、α_4 和 α_5 为各项对应的参数估计值。

降水量越少，干旱越严重，小米产量越低，供给量则越少。干旱经济计量指标考虑了人文、环境、社会等非农业因素，不能直接反映作物的实际干旱程度，同时，该指标滞后性大，对实际应对农业干旱效果不显著。

1.4　旱灾风险及评估模式

1.4.1　旱灾风险管理理论

1. 灾害管理与风险管理

灾害管理是灾害研究与实践工作中的基础工作和重要环节，是提高区域防灾减灾的重要部分。从管理学来看，管理活动指的是通过计划、组织、领导、奖惩等环节创造出一定的工作环境和条件，协调人力、物力和财力实现预定的工作目标和使命的过程。在灾害学领域，由于灾害系统的复杂性，因此灾害管理是一个跨学科的综合命题。一般来说，灾害管理并不是对“灾害”的管理，而是对“灾害防治工作”的管理，因此灾害管理也等同于“防灾减灾管理”，灾害管理就是管理人类社会的防灾减灾活动。

从灾害的系统论角度来看，灾害是复杂的地球表层系统与人类社会圈构成的区域条件相互作用过程中发生异变后产生的结果。因此，在灾害管理过程中，只有全面分析与认识灾害系统要素之间的相互作用的过程与耦合机制，这样才能制定出相应的防灾减灾策略。

灾害风险系统包括了致灾因子、孕灾环境、承灾体等要素。致灾因子包括地球表层系统一切可以引发灾害的风险源，孕灾环境是自然环境和人为环境中对灾害形成起到促进或者抑制作用的要素和条件的集合体，承灾体是灾害过程的作用对象，即灾害波及区域的人类社会经济主体。

从灾害管理的阶段来看，防灾减灾工作涉及了灾害风险的全过程，既包括灾害发生前国家职能部门和社会机构主导进行的灾害预防、预警与设防活动等风险危机管理，也包括了灾害发生过程中的为减轻人员伤亡和财产损失的灾害应急风险管理，还包括了灾害发生后的救灾与重建等灾后恢复过程。从灾害管理的内容来看，灾害管理包含了防灾减灾过程中的管理体制、法律法规体系、运行机制、能力建设与技术体系五大支持系统和灾害监测、灾害预警、灾害设防、灾害救助、受灾区恢复与受灾区重建六个基本环节。从支持系统来看，包含了灾害管理部门与政府部门采用的法律、行政、经济制约、宣传教育等手段，通过领导、组织、规划及引导等方式，确保各个部门及所有民众参与到防灾减灾行动的整个过程。

从管理环节来看，目前的灾害监测工作经常借助现代化灾害监测仪器以及卫星、遥感、无人机等手段进行，对灾害风险区的自然变化过程进行实时、大范围的监测，基于历史灾害发展的规律，提前对灾害的发生发展过程进行预判，为灾害预警工作提供数据支持。提前对灾害征兆进行分析和评估，并对灾害风险相对明显的地区进行重点监测，有助于发现灾情，从而为减轻灾害结果创造可能性。

灾害预警强调的则是在灾害发生前分析区域灾害发生的可能性大小，并对可能发生的灾害发出灾害警报。需要注意的是，灾害预警信息不等同于灾害预测，也不等同于灾害预报。灾害预测和预报是由权威专业灾害监测部门，结合灾害历史发生规律和现阶段的灾害征兆等综合评判出灾害发生的可能性，并通过媒体等传播手段向社会发布灾害可能发生的信息。相比灾害预测和预报而言，灾害预警要求的时效性更强，是灾害即将发生时或者灾害已经发生，国家灾害管理部门及其他政府机构利用通信或者媒体手段，迅速将灾害发生信号或者灾情信息发放给社会民众，以达到防灾减灾的效果的灾害管理行为。

灾害设防则主要指的是防灾减灾中的基础设施建设。为预防地震灾害、洪水灾害、台风灾害、旱灾等对社会经济以及人居环境造成威胁，灾害风险区域通常会利用工程措施修建防灾建筑，如针对洪水灾害修建的水利措施（水库、堤坝等）、在地震的高发区实行建筑物防震施工标准等。

灾害救助则是在灾害发生后，对受灾区域的受灾群体进行救援行动。灾害救助不仅仅是在紧急抢险救援时对受灾群体的救助，而是包括了灾害区恢复重建工作的整个救援和救助过程。灾害救助是系统工程，是灾害发生后国家政府机构、民政系统、通信部门、医疗机构等多个机构联合组织的救援过程，涉及了受灾群体的基本生活保障的方方面面，如经济补助、心理辅导、医疗救援、住房救助、教育救助等。另外在突发性灾害发生时，灾害救助工作的中心则主要是应急救灾，针对灾害的突然发生，国家迅速制定应急预案，在最短的时间内利用一切人力物力和财力尽力减少受灾地区的人员伤亡和经济损失。

受灾区恢复是在灾害发生后，对灾害造成的破坏和损失进行补救，帮助受灾区人民群众的基本生活和社会生产恢复正常状态。虽然受灾后，灾害区域的社会经济活动和人民生活无法迅速恢复到灾害发生前的状态，但是在社会范围内利用整个国家的力量可以基本保障受灾群众的生活和生产的顺利进行。灾害发生后，利用大型工业机械可以对灾害造成的废墟进行清理。另外需要迅速抢修受灾区的通信线路、交通道路、电力设施，并为受灾群众建立简易安置房。

受灾区重建是灾害防灾减灾工作的重要环节，也是持续时间最久的基础环节。受灾区恢复只能在较短的时间内，保证受灾群众的基本生活以及受灾地区基本生产活动的继续。但是受灾区重建，则是该区域未来较长时间内社会经济持续、健康、稳定发展的保障。受灾区重建，需要制定灾区发展规划，确保民众住房建设、基础设施建设、工厂建设和企业生产力重新布局、教育与文化事业以及第三产业、当地防灾减灾措施和体系的重构与完善等工作的顺利进行。通过受灾区重建工作，促使当地人类、经济与环境可持续发展。

2. 气象灾害管理

气象灾害是由各种天气现象和气候事件引起的自然灾害。相对其他自然灾害，气象灾害具有灾害频率高、类型多、范围广、损失严重等特点。随着人类社会中城市化过程的不断加快以及人类影响下全球气候的不断增暖，气象致灾因子的强度、孕灾环境的稳定性以及灾害承灾体的暴露性均受到显著影响，从而对区域社会生产造成较大的风险。由于气象灾害的复杂性和严峻性，气象灾害风险管理与研究，成为国家和区域应对气候变化的重点工作和基础内容。

自然灾害具有自然属性和社会属性。气象灾害的发生是自然环境与人类社会相互作用与反馈的过程。从气象灾害的发生与发展过程来看，气象灾害风险的形成不仅与地球表层系统中气候系统的异常变化有关，也与人类社会经济发展有重大关系。首先，从致灾因子来看，人类社会经济发展过程中城市化建设、温室气体排放等活动会引起气候系统的变化。其次，人类社会通过改变下垫面性质，间接参与气象灾害孕灾环境的变化过程，地形地貌条件、土壤水分条件、土地利用变化等均受到人类活动的影响。再者，人类社会是气象灾害的承灾体，是自然灾害的作用对象，气象突变过程只有作用于区域中人类社会经济体，才能产生“害”，成为灾害现象。

因此，研究气象灾害风险管理，需要以灾害系统论为理论支撑，以气候变化与人类社会活动为两个主线，综合系统分析由气候变化、人类活动共同作用导致的气象灾害致灾因子、孕灾环境、承灾体各要素，在灾害发生前、灾害发生时、灾害发生后的动态变化过程。在这个过程中，国家政府、灾害管理部门、经济部门及医疗、通信、保险等保障机构，是灾害风险管理的具体执行部门，民众是灾害管理的主要参与者，法律、行政、经济制约、宣传教育等则是管理手段，人类社会进行的灾害监测、预警、设防、救助、恢复、重建则是灾害风险管理的具体环节。灾害管理是国家减灾体系中不可或缺的重要工作。灾害管理既是国家政府行为，又是社会群体行为，灾害风险管理的意识和行动须贯穿在整个社会事务中，各级部门、组织机构、各个区域、社会民众均需要积极参与到整个灾害管理的流程中，才能最大限度地减少灾害风险，促进社会经济持续稳定发展。

气象灾害风险管理的基础工作是区域灾害系统分析和灾害风险评估。对区域致灾因子、孕灾环境、承灾体进行组成要素分析、演变机制研究，最终识别出重点灾害种类、敏感灾害时期、灾害风险区域。在区域气候演变规律和气象灾害演化机制的研究基础上，国家政府部门及灾害管理部门可以针对性制定防灾减灾规划以及法律法规文件，组织、安排和部署整个社会的防灾减灾工作。气候监测部门以及灾害研究部门利用卫星云图、天气雷达、通信等手段对气候变化过程进行实时监测，在气象灾害历史演变规律的研究基础上对灾害出现的征兆进行甄别和判断，对可能发生的灾害信号进行上报，由灾害管理部门进行分析和预警。随后，灾害管理部门组织进行气象灾害发生前的充分准备，并编制灾害应急预案，保障救灾物资储备、救灾知识宣传、紧急疏散通道设置、救灾人员与物资征调等备灾行动的顺利进行。灾害发生后，则需要第一时间将灾区生活必需品、医疗设施及医务人员、大型救灾机械等救灾物资运送至受灾区，迅速组织应急抢险，最大程度保证人员和财产安全，并在较短时间内恢复受灾区电力、通信、水源等重要生活设施条件。灾害救助完毕后，灾害部门则会通过灾害废墟清理、临时住所搭建、灾民心理疏导等工作，促使受灾地区人民生活及社会生产恢复正常状态。最后，当地政府在灾害管理部门的帮助和指导下，逐渐进行整个社会基础设施、产业结构、服务设施等方面的重新布局，完善区域防灾减灾体系，促进人类社会与自然环境的和谐共处。

与其他自然灾害不同，气象灾害的时空变化规律性较强，灾害预测预警信息更为准确。因此，备灾过程的针对性也相对较高。气象灾害的整个管理流程中，气候变化的实时监测是基础工作，利用区域气象风险评估结果对气象灾害的发生进行科学预判并利用灾害的实际发生进行验证，则是重要的理论和实践工作。重大灾害趋势判断方法的引入，可以对区域干旱灾害的未来趋势进行大致判断，因此为灾害风险评估提供了新的研究视角和思路。而当灾害过程结束后，对灾害风险评价结果进行重新审读和修订，并完善原有的防灾减灾实施方案，则可以不断提高区域防灾减灾效率。

3. 旱灾风险管理与调控技术

旱灾风险管理的行政管理体系建立和完善，是抗旱减灾管理工作顺利进行和发挥效率的重要保证。从旱灾的发生过程来看，行政管理部门需要统筹旱灾发生前、灾害发生时、灾害发生后的整个灾害过程；从旱灾的发生区域来看，灾害管理工作需要明确区分旱灾风险区与非风险区；从旱灾的影响来看，灾害管理需要明确界定受灾区、旱灾损失程度、人员伤亡等情况；从灾害涉及部门来看，行政管理部门需要统一协调和处理政府、企业以及社区在减灾过程中的作用，组织各政府机构、企业和社区实施防灾减灾行动；从旱灾的管理机制上来看，需要明确各级政府在灾害管理工作中的职权和分工。因此，在旱灾风险管理的行政管理体系逐步完善的基础上，灾害管理部门才可以统筹安排和配置灾害风险涉及的各个要素，干旱灾害风险管理体系才能进一步完善和发挥成效，从而确保整个社会防灾减灾能力的提升。

旱灾风险调控是指把旱灾损失风险控制在可容忍或可接受水平之内的各种措施的行动过程，以避免在干旱事件发生时造成难以承担的灾害损失。旱灾风险等级评价一般划分为可接受风险、可容忍风险、不可接受风险 3 个等级，这是进行旱灾风险动态调控的主要依据。可从减小致灾因子危险性、规避承灾体的暴露性、降低承灾体的灾损敏感性、增强防灾减灾能力方面，进行旱灾风险多维调控。

1.4.2 旱灾风险的概念及其构成

1.4.2.1 旱灾风险概念与特征

对于受灾区域而言，旱灾造成的结果是损失，属于纯粹风险。由于干旱是旱灾风险的致灾因子，区域旱灾风险又属于自然风险。灾害风险是由“不确定性”和“损失”共同产生的，所以旱灾风险可以简单地定义为旱灾损失的不确定性，包含旱灾损失发生及其规模的不确定性。

从区域灾害系统理论的观点出发，干旱是旱灾风险的致灾因子，干旱的时空规模，会影响旱灾风险的大小。而干旱并不会一定产生旱灾，只有当干旱严重到一定程度之后，才会产生旱灾损失。这个产生旱灾损失的干旱程度阈值，与承灾环境的特性有关，称为弹性。承灾环境会通过弹性影响旱灾损失的产生与否，也会影响旱灾损失规模对于干旱规模的敏感性。弹性和敏感性通过承灾环境暴露于干旱的要素才能体现出来，把承灾环境的这种特性称作暴露性。暴露性、弹性和敏感性综合反映了承灾环境在旱灾风险发生发展过程中的作用，把这三个特性统称承灾环境的脆弱性。承灾环境的脆弱性是旱灾风险产生的必要条件，是干旱和旱灾损失中间纽带。因此旱灾风险是具有危险性的干旱事件作用于脆弱的承灾环境导致承灾体产生损失的概率和规模。

旱灾风险的特征是由风险的自然属性、社会属性、经济属性所决定的，是风险的本质及其发生规律的外在表现，主要包括以下几点：①随机性，来源于干旱事件具有随机发生的特点；②确定性，一定强度的干旱后导致的特定承灾体的损失是确定的；③动态性，承灾体可以随时间动态变化，而自然因素相对稳定；④可规避性，通过发挥主观能动性，可降低或规避旱灾风险。

1.4.2.2　旱灾系统的构成

从系统论的角度看，旱灾可视为一个由致灾因子、孕灾环境与承灾体共同组成的地球表层系统，即旱灾系统。孕灾环境包含了致灾因子和承灾体。旱灾损失是在一定的孕灾环境下，由致灾因子的危险性，承灾体的暴露性和脆弱性，以及人为的抗旱能力共同决定的。

（1）致灾因子。旱灾系统的致灾因子是诱发干旱灾害的异变因子，决定了灾害的类型，主要包括降水、气温等气候要素。旱灾的致灾因子是由于气象系统异常造成的干旱，降水是决定干旱的主要因素，同时，其他因素如强风、烈日、高温等都可以加重干旱的强度和影响范围。因而，干旱的强度取决于水分的亏缺程度、持续时间和影响的空间范围。

（2）孕灾环境。旱灾系统的孕灾环境包括受旱区的水系、地形、植被、水土资源状况等自然环境和人口分布、产业结构、经济发展水平、资源利用状况等人文环境。

（3）承灾体。旱灾系统的承灾体不仅包括工业、农业等社会生产和人类、牲畜等社会生活，还包括生态环境等因素。

1.4.3　旱灾风险评估及表征

目前普遍认为，风险是不利事件、不利事件未来发生的可能性和不利事件所导致的损失这三要素组成的系统。值得指出的是，危险、危险性和风险三者是不相同的，危险是指不利事件，危险性是指不利事件发生的可能性分布函数，而风险是指不利事件未来发生的可能性分布函数和不利事件所导致损失的可能性分布函数的总称，其中不利事件所导致损失的可能性分布函数这一不确定性特征是风险的本质特征。从危险到危险性再到风险，反映了人类对风险世界认识的不断深化和提高过程。风险就是指各种不确定性因素给研究对象系统产生损失的可能性分布，自然灾害风险就是指致灾因子事件发生及其导致损失的可能性（张继权等，2012）。例如，倪长健（2013）把自然灾害风险定义为由自然灾害系统自身演化而导致未来损失的不确定性。

从区域灾害系统理论的观点出发，干旱是旱灾风险的致灾因子、是风险源，干旱的时空规模会影响旱灾风险的大小。而干旱并不一定会产生旱灾，只有当干旱严重到一定程度之后承灾体才会产生旱灾损失。旱灾风险是具有危险性的干旱事件经不稳定的孕灾环境传递、作用于承灾体而导致承灾体未来可能损失的规模及其发生概率，因此可把旱灾风险定义为干旱发生的可能性分布函数及干旱导致损失（旱灾损失）的可能性分布函数的总称。其中，干旱发生的可能性分布函数，称为干旱风险，它是狭义的旱灾风险，就像洪水风险一样都是属于自然属性的范畴；干旱导致损失（旱灾损失）的可能性分布函数，称为旱灾损失风险，它是广义的旱灾风险，属于自然属性与社会属性相复合的范畴，反映了旱灾风险的本质特征。旱灾风险若没有特别说明，一般指旱灾损失风险。

从自然灾害风险的一般定义和特性出发（张继权等，2012），旱灾风险可表达为：

$$R=f(P,C) \tag{1.25}$$

式中：R 为旱灾风险（risk）；P 为干旱发生的可能性（probability）；C 为因干旱所可能导致的不利后果（consequences），包括直接损失、间接损失等可定量化的不利影响，以及不可定量化的不利影响包括社会结构体系、受灾人员心理等，按行业划分，通常包括人饮、工业、农业、牧业、生态等方面。

根据自然灾害系统理论和自然灾害形成机制（史培军，1996；张继权，2012），从干旱灾害形成机制出发，旱灾风险是致灾因子的危险性（也称旱灾危险性）、承灾体的暴露（暴露是承灾体在时间和空间上与致灾因子的一种接触）、承灾体的灾损敏感性和承灾体的抗旱能力这 4 个要素相互联系、相互作用下形成的复杂系统，称之为旱灾风险系统：

$$R=f(H,E,V,A) \tag{1.26}$$

式中：R 为旱灾风险（risk）；H 为致灾因子的危险性（hazard），指干旱的程度、规模及其发生概率；E 为承灾体的暴露性（exposure），指孕灾环境中可能受干旱影响并产生损失的承灾体数量、价值及其时空分布，其大小与承灾体的抗旱能力有密切关系；V 为承灾体的灾损敏感性（vulnerability），指干旱强度与旱灾损失之间的函数关系，反映了承灾体受干旱影响产生损失变化的敏感程度，这种是狭义的脆弱性，其大小与承灾体的抗旱能力有密切关系，例如水稻的灾损敏感性就是指水稻不同生育期的干旱强度与水稻减产率之间的函数；A 为承灾体的抗旱能力（adaptive capacity），指研究地区在某一具体历史发展阶段下，以可预见的技术、社会经济发展水平为依据，人类为保证自身生存、维持正常生活生产秩序而具有的防御、减轻某种程度干旱缺水影响的水平（梁忠民等，2013）。

承灾体的暴露性和承灾体的灾损敏感性综合为旱灾脆弱性，旱灾脆弱性的大小取决于承灾体的暴露性、承灾体的灾损敏感性和承灾体的抗旱能力，即由这三因素相互作用而定。这种脆弱性是广义的脆弱性。旱灾脆弱性若没有特别说明，一般是指广义的旱灾脆弱性。旱灾风险系统中这四个要素中任一要素的变化，都会导致旱灾损失及其可能性的变化、产生不同的旱灾风险，所以理论上这四个要素均可成为风险控制和管理对象。一般而言，很难通过降低旱灾致灾因子的危险性来降低旱灾风险，而通过降低承灾体的暴露、承灾体的灾损敏感性，或提高承灾体的抗旱能力来降低旱灾风险，则是现实可行的，也是最有效的。

作为定量认识旱灾风险机理、控制和管理旱灾风险的重要基础性研究，旱灾风险评估就是通过识别和分析研究地区尚未发生的干旱出现的概率及可能产生的损失后果，估计研究地区干旱发生的可能性分布函数和旱灾损失的可能性分布函数，确定旱灾风险级别并决定哪些旱灾风险需要控制以及如何从减轻旱灾风险行动方案中选择最优方案的过程，它是把旱灾危险性与脆弱性紧密联系起来、并予以综合的重要途径，是风险分析技术在旱灾中的应用。它也是一项系统性、专业性、科学性和综合性很强的工作，是旱灾管理实现“预防为主、关口前移”的一项重要基础性工作和旱灾风险管理中的核心环节。

根据自然灾害风险分析的基本原理（黄崇福，1999；2011），旱灾风险评估方法论就是把干旱风险，经过旱灾脆弱性，转换到旱灾损失风险的一般过程，即：①确定某给定时间、给定空间的研究地区干旱强度的可能性分布函数，即干旱风险；②确定在一定抗旱能力条件下各干旱强度与承灾体系统各种破坏程度之间一一对应的定量关系；③确定承灾体系统各种破坏程度与各种损失之间一一对应的定量关系；④综合上述的①～③，得到某给定时间、给定空间的研究地区在一定抗旱能力条件下旱灾损失的可能性分布函数，即旱灾损失风险。其中旱灾脆弱性是把干旱风险与旱灾损失风险联系起来的桥梁。简言之，干旱风险、旱灾脆弱性和旱灾损失风险，分别是旱灾风险评估系统的输入、转换和输出。

根据旱灾风险评估方法论，参照综合风险评估基本模式（黄崇福，2008；2011），可以得出旱灾风险评估的一个基本理论模式为：

$$R(A)=H\circ V(A) \tag{1.27}$$

式中：R 为旱灾风险；A 为抗旱能力；H 为描述致灾因子危险性的函数族；V 为描述在一定抗旱能力条件下旱灾脆弱性的函数族；$\circ$ 为合成规则族。

式中的旱灾风险评估思想，就是建立致灾因子的危险性函数 H、旱灾脆弱性函数 V，确定这些函数的合成规则 $\circ$，并用致灾因子的危险性函数与旱灾脆弱性函数的合成来表征旱灾风险 R。显然，该基本理论模式与联合国人道主义事务部（1991）的风险定义是一致的。例如，取 H 为干旱强度的概率分布函数 $P(M)$，V 为抗旱能力 A 条件下各干旱强度与各旱灾损失之间的函数关系 $C(M,A)$，$\circ$ 为函数复合运算，则 $R(A)$ 即为在抗旱能力 A 条件下旱灾损失的概率分布函数 $P(C,A)$，$P(C,A)$ 就是在抗旱能力 A 条件下的旱灾损失风险曲线。

旱灾风险评价就是根据旱灾损失风险分析的结果，综合考虑研究地区的自然、社会、经济的实际情况和抗旱能力条件，把各种旱灾风险因素发生的概率、损失幅度以及其他因素的风险指标值，综合成单指标值，对旱灾风险给出等级评价，确定该地区的风险等级，或根据旱灾损失风险分析的结果直接判别该地区某时期的旱灾风险属于可接受风险、可容忍风险还是不可接受风险（毕军，1994），由此决定是否应该采取相应的减轻风险处理措施。根据旱灾损失风险分析和旱灾风险评价的结果，可清楚地掌握研究地区旱灾风险及其时空分布，并通过图谱形式直观反映风险，这些图统称为旱灾风险图。

综上可得旱灾风险的评估框架（图1.5）。

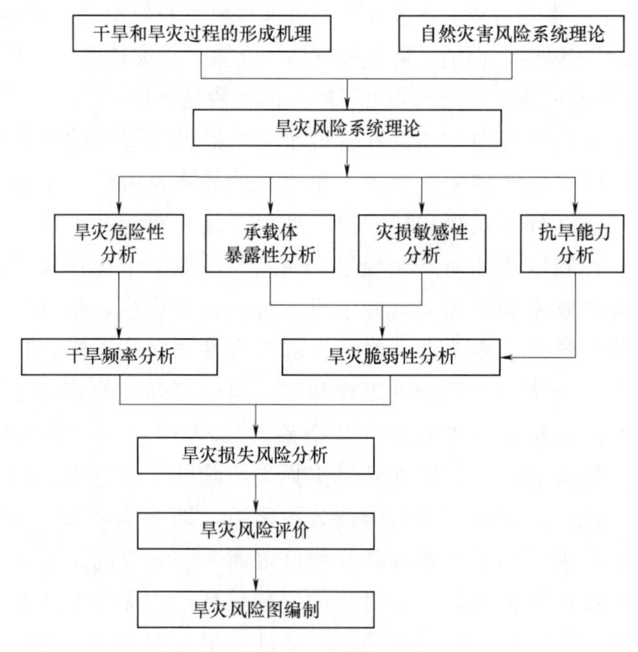

图1.5 旱灾风险的评估框架

第 2 章

长江流域干旱特征与近期变化

2.1 长江流域概况

2.1.1 自然地理概况

2.1.1.1 地理位置

长江发源于青藏高原唐古拉山脉主峰格拉丹东雪山西南侧，全长 6300 余 km，总落差 5400m 左右，横跨中国西南、华中、华东三大经济区。干流流经青、藏、川、滇、渝、鄂、湘、赣、皖、苏、沪等 11 个省（自治区、直辖市）注入东海（图 2.1）。支流流经甘、陕、黔、豫、桂、粤、闽、浙等 8 个省（自治区）。流域地理范围为 90°32′～121°54′E，24°28′～35°45′N，西以芒康山、宁静山与澜沧江水系为界；北以巴颜喀拉山、秦岭、大别山与黄、淮水系相接；东临东海；南以南岭、武夷山、天目山与珠江和闽、浙诸水系相邻；总流域面积 180 万 km^2，约占全国总面积的 18.75%。

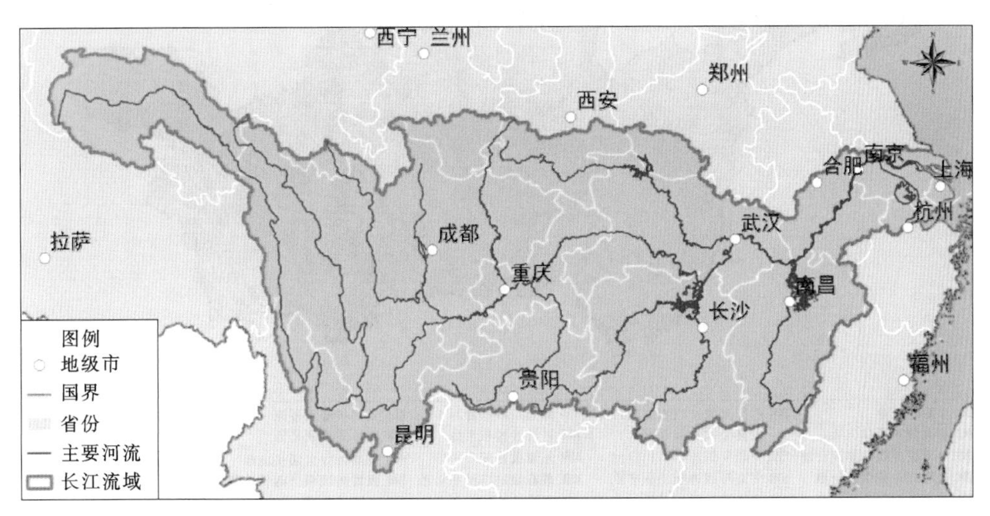

图 2.1 长江流域地理位置图

2.1.1.2 地貌特征

由河源至河口，整个地势西高东低，形成三级巨大台阶：第一级阶梯由青南、川西高原和横断山高山峡谷区组成，一般高程在 3500～5000m；第二级阶梯为秦巴山地、四川盆地和鄂黔山地，一般高程在 500～2000m；第三级阶梯由淮阳山地、江南丘陵和长江中下游平原组成，一般高程均在500m以下（图2.2）。流域内的地貌类型众多，有山地、丘陵、盆地、高原和平原（图2.3）。据统计，流域的山地、高原和丘陵约占84.7%，平原占11.3%，河流湖泊等水面占4%。

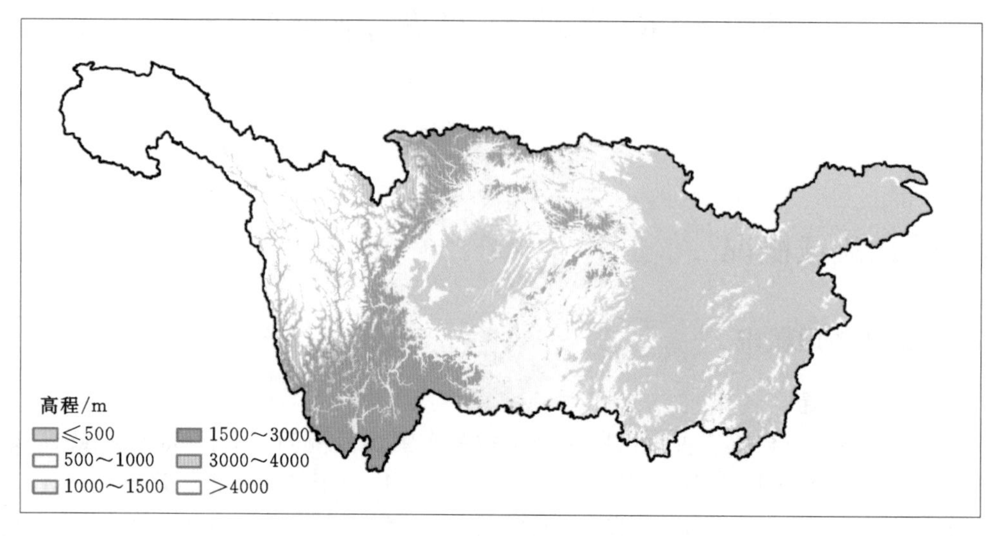

图2.2　长江流域数字高程

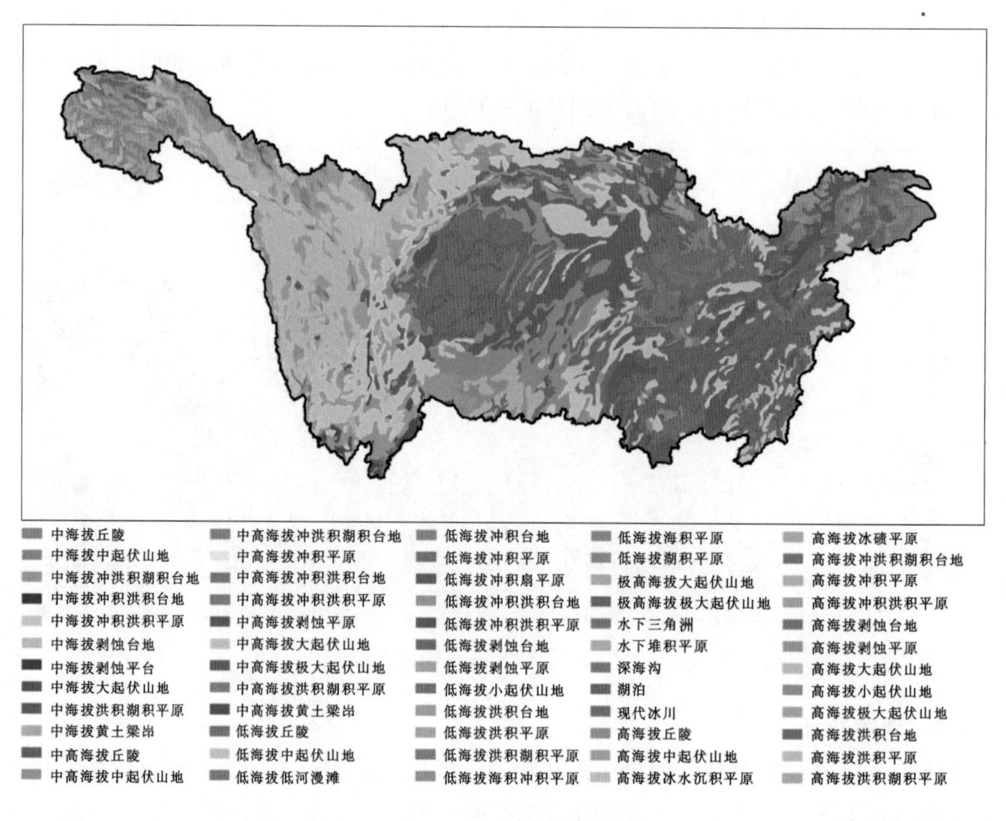

图2.3　长江流域地貌分类

2.1.1.3 河流水系

长江水系发育，由数以千计的支流组成，其中流域面积在 1000km² 以上的支流有 437 条，10000km² 以上的有 49 条，80000km² 以上的有 8 条（图 2.4），其中雅砻江、岷江、嘉陵江和汉江等大支流都超过 10 万 km²。支流流域面积以嘉陵江为最大，年径流量、年平均流量以岷江最大，长度以汉江最长。

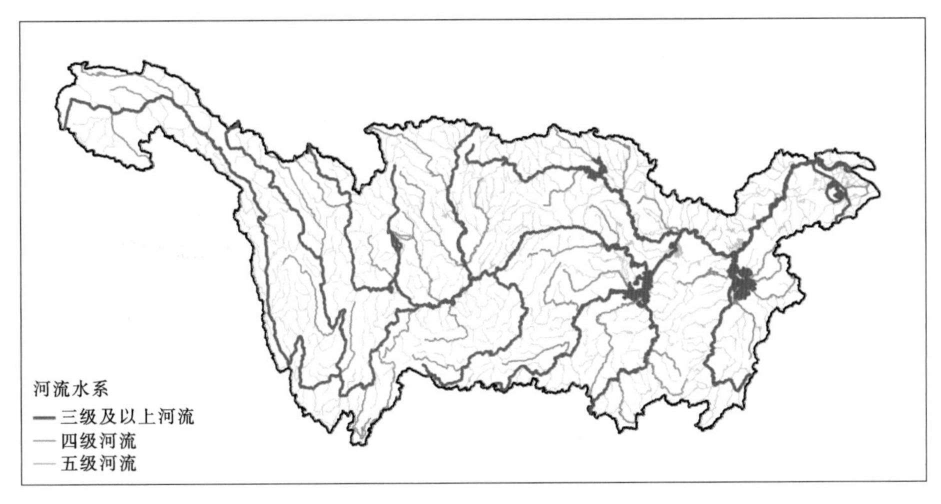

图 2.4 长江流域河网水系

长江干流宜昌以上为上游，长 4504km，为全长的 70.4%，控制流域面积 100 万 km²。宜宾以上称金沙江，长 3464km，落差约 5100m，约占长江干流落差的 95%，河床比降大，滩多流急，加入的主要支流有雅砻江；宜宾至宜昌长 1040km，加入的主要支流，北岸有岷江、嘉陵江，南岸有乌江；宜昌至湖口为中游，长 955km，流域面积 68 万 km²，加入的主要支流，南岸有清江及洞庭湖水系的湘、资、沅、澧四水和鄱阳湖水系的赣、抚、信、修、饶五水，北岸有汉江，自枝城至城陵矶为著名的荆江，南岸有松滋、太平、藕池、调弦（已堵塞）四口分水和洞庭湖，水道最为复杂；湖口以下为下游，长 938km，面积 12 万 km²，加入的主要支流有南岸的青弋江、水阳江水系、太湖水系和北岸的巢湖水系。

2.1.1.4 土壤类型

在气候、地质、地貌、生物和水热等陆面过程以及人类活动的影响下，长江流域主要形成了水稻土、红壤、紫色土、黄壤、黄棕壤、草毡土、棕壤、石灰（岩）土、黑毡土、暗棕壤、寒冻土、黄红壤、潮土、寒钙土、暗黄棕壤、黄褐土、薄草毡土、粗骨土、山原红壤等类型的土壤（图 2.5）。其中水稻土和红壤分布范围最广，分别占全流域面积的 12.9%和 12.3%，其次为紫色土、黄壤和黄棕壤，分别占流域面积的 8.3%、7.6%和 7.5%。

2.1.1.5 植被类型

长江流域主要包括针叶林、阔叶林、灌丛和萌生矮林、草原和稀树灌木草原、草甸和草本沼泽等自然植被，以及单（双）季稻连作喜凉旱作、一年水旱两熟粮作、双季稻或双季稻连作喜温旱作、一年一熟粮作和耐寒经济作物和一年两熟或两年三熟旱作等农业植被（图2.6）。其中，自然植被面积占比为77.2%，以灌丛和萌生矮林和针叶林为主，两

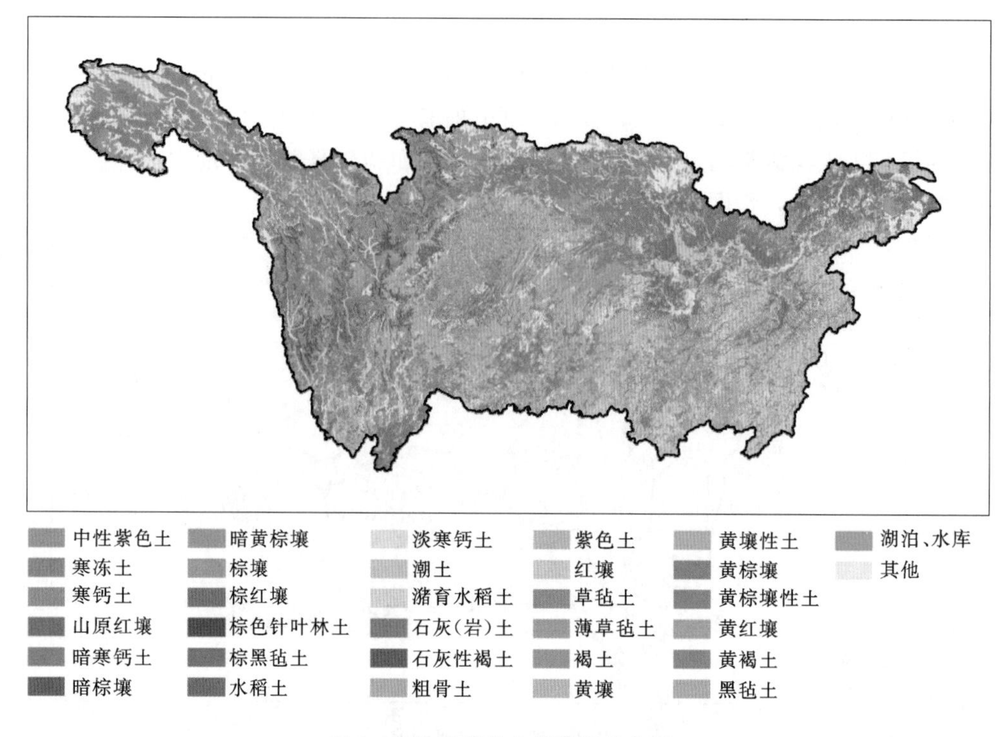

图 2.5 长江流域土壤类型分布图

注：图中仅列举面积占比前30位的土壤类型。

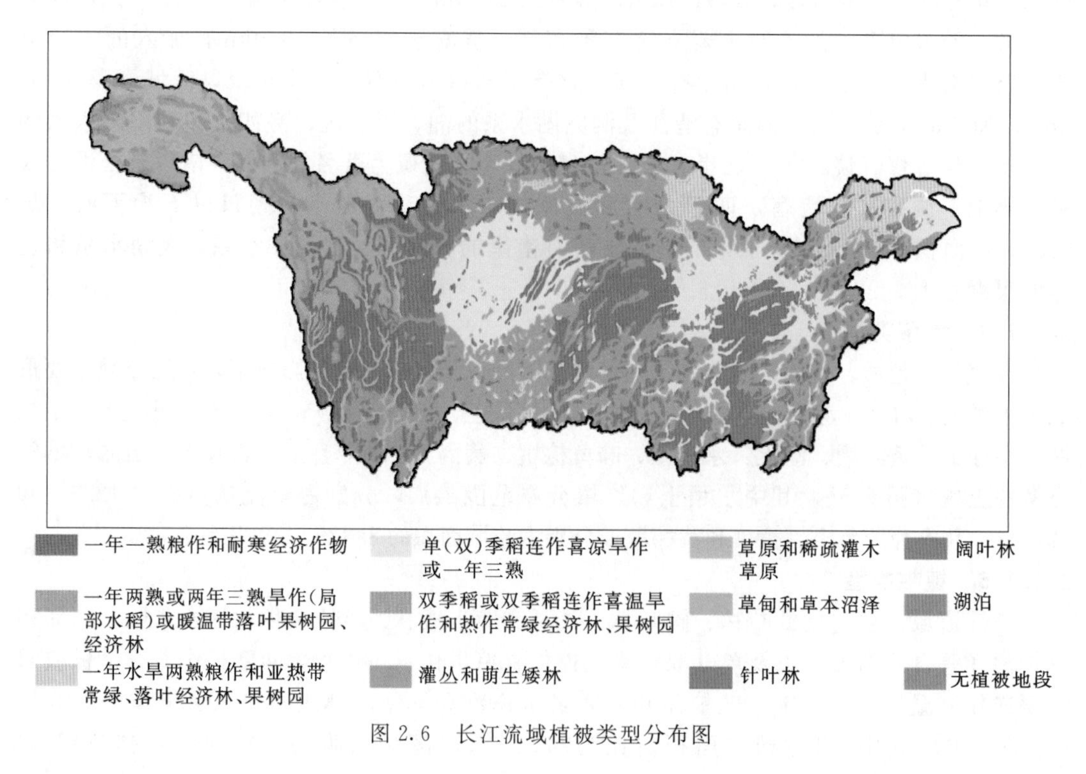

图 2.6 长江流域植被类型分布图

者分别占流域总面积的33.2%和22.5%，农业植被占21.6%，以单（双）季稻连作喜凉旱作，其面积占流域总面积的15.7%。

2.1.1.6 土地利用

长江流域土地利用类型分布（图2.7）的现状和特点反映了不同区域的自然地理条件、社会经济发展和生态环境状况。

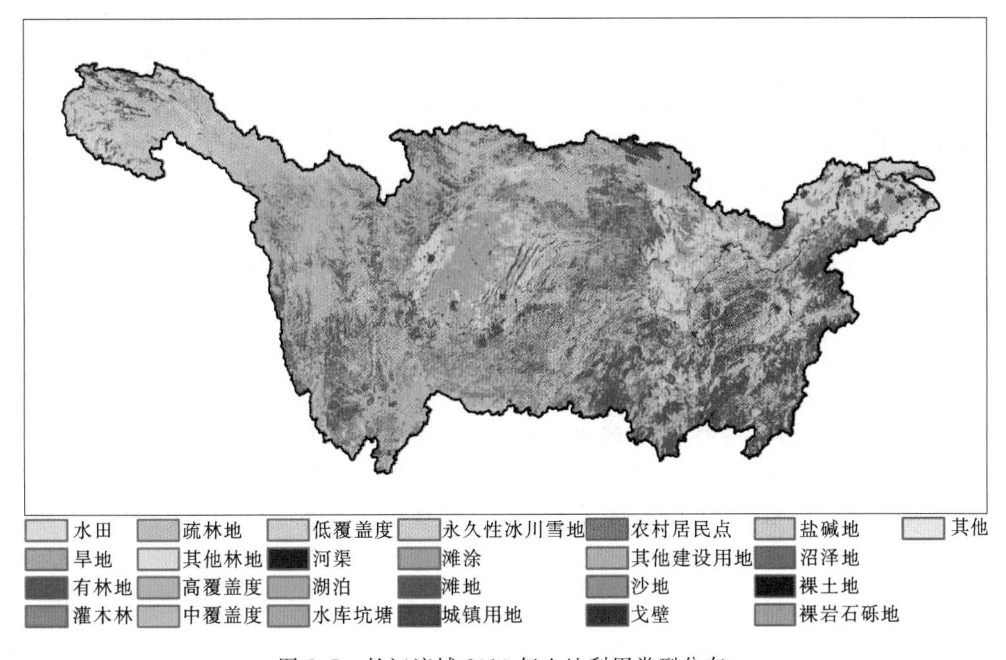

图2.7 长江流域2010年土地利用类型分布

（1）耕地可分为水田和旱地。旱地又因灌溉条件不同可分为水浇地和雨养农作旱地。长江流域土地开发历史悠久，平原地区垦殖指数较高，耕地面积占土地面积的50%以上。耕地绝大部分为水田，主要集中分布在四川盆地、洞庭湖平原、江汉平原、鄱阳湖平原、太湖平原、长江下游沿江平原，以及各大小河流沿岸和河谷盆地。这些地区以种植水稻为主，农作物可一年两熟至三熟，粮食产量水平居全国前列，一般粮食耕地单产400～500kg，部分县市高达600～700kg，是我国重要的粮食、棉花、油料生产基地。水浇地主要分布在旱地附近水利条件比较好的地区，南襄盆地有大片分布。旱地大多分布在长江沿岸的沙洲地、江心洲、丘陵地岗顶和边坡、山麓缓坡及沿河平原。山地丘陵地区水田、旱地兼有，集约化程度和产量水平均不高，特别是西南云贵高原，地势复杂，农业生产落后，耕地质量普遍较差，农作物单产大多低于全国平均水平，一般在200kg以下，耕地利用潜力较大。

（2）园地。流域内果园主要分布在四川盆地和长江中游丘陵地区，著名的水果品种有四川广柑、湖南无核蜜桔、江西南丰蜜桔等。茶园多分布在南方丘陵地区，湖南、四川、安徽是我国主要的产茶区。桑园多分布在长江下游平原和四川盆地，其生态条件优越，生产历史悠久，是我国最重要的蚕桑生产基地。

（3）林地约占流域总面积40%以上，西南山地和东南丘陵高于50%；长江三角洲和长江江源地区不到5%。林地中以用材林面积最大。西藏高原东南部的滇西和川西地区一带山地，是我国两个最大的天然用材林基地，其中又以各大河流及支流的谷坡地带最为集中。北亚热带常绿阔叶林和落叶混交林主要分布在长江中游和汉江上中游两侧的山地丘陵。中南亚热带的常绿阔叶林广泛分布在江南山地丘陵、河谷平原和四川盆地及周围山地、云贵高原等地。西南地区大河中上游的高山峡谷地区主要为高山针叶林。湖南、江西是经济林的主要分布区，面积均达100万hm^2以上。经济林中以油茶为主，是我国油茶的主要分布区，其他有油桐、乌柏（学名“乌桕”）、核桃、板栗、漆树等多种木本粮油林地。疏林、灌丛主要分布在鄂西、黔北、川南丘陵地区和西部农、牧交错地带，多是森林破坏后形成，经济和生态效益差。

（4）牧、草地。川西、青海南部高原，地带开阔，气候高寒阴湿，水草茂盛，主要为天然草地，是本区主要的畜牧业基地之一。长江中下游地区山地丘陵农林交错地带，多属天然草山草坡及稀疏草丛草地，大片分布较少。南方丘陵地区由于水热条件较好，牧草生长茂盛，产草量高，但草质较差。

（5）水域和湿地包括江河、湖泊、水库、池塘、沼泽等。长江中下游地区湖泊分布十分密集，鄱阳湖、洞庭湖、太湖、巢湖等均在这一地区。这些湖泊多与河流相通，对江河洪水有很好的调节作用，并为发展淡水养殖业提供了良好条件。

（6）非农业用地主要指城市及工矿用地、农村居民点用地、交通用地等。四川盆地及长江中下游平原地区集中了上海、南京、武汉、重庆、成都等大城市，人口密集，城乡居民点密布，居民点用地、工矿用地、交通用地所占比重较大。其基本趋势为：沿海向内地递减，平原向山地递减。

（7）其他土地。冰川和永久雪地主要分布在长江源头高山地区和川西贡嘎山地，海拔在5000m以上。川西北地区分布有地表砂质、植被覆盖极少的寒漠。长江源头地区有盐碱地分布。本区西部海拔4500m以上大多是石砾裸露、植被极少的高山裸露地。

2.1.2 经济社会概况

2.1.2.1 行政分区

长江干流自西而东横贯中国中部，干流流经青海、西藏、四川、云南、重庆、湖北、湖南、江西、安徽、江苏、上海11个省（自治区、直辖市），支流延伸至甘肃、陕西、河南、贵州、广西、广东、福建、浙江8个省（自治区）。长江流域所跨19个省（自治区、直辖市）中，行政区95%以上面积在长江流域范围内的有四川、重庆、湖北、湖南、江西、上海等6个省（直辖市）；行政区50%～70%的面积在长江流域范围内的有贵州；行政区25%～50%的面积在流域范围内的有陕西、安徽、江苏、云南；行政区10%～25%的面积在流域范围内的有青海、浙江、河海；西藏、甘肃、广西、广东、福建等5个省（自治区）只有较少面积在长江流域范围内。

2.1.2.2 人口和社会经济发展情况

中国科学院资源环境科学数据中心建立的中国1公里格网人口和GDP数据表明：①2015年长江流域平均人口密度为256人/km^2，是全国平均人口密度（145人/km^2）的1.76倍。流域内人口总数达4.6亿人，但各地区人口分布不均，人口密度相对较大的地区主要位于长江三角洲、成都平原和中下游平原等（图 2.8）；②2015 年长江流域平均 GDP 密度为 1296 万元/km^2，但区域间发展不平衡，空间分布特征与人口基本一致（图 2.9）。

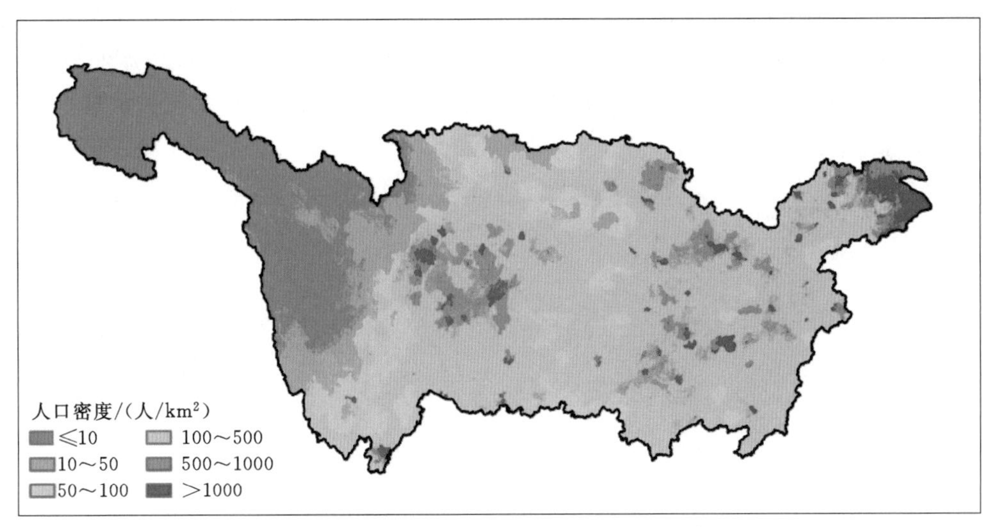

图 2.8　长江流域人口密度分布图（2015 年）

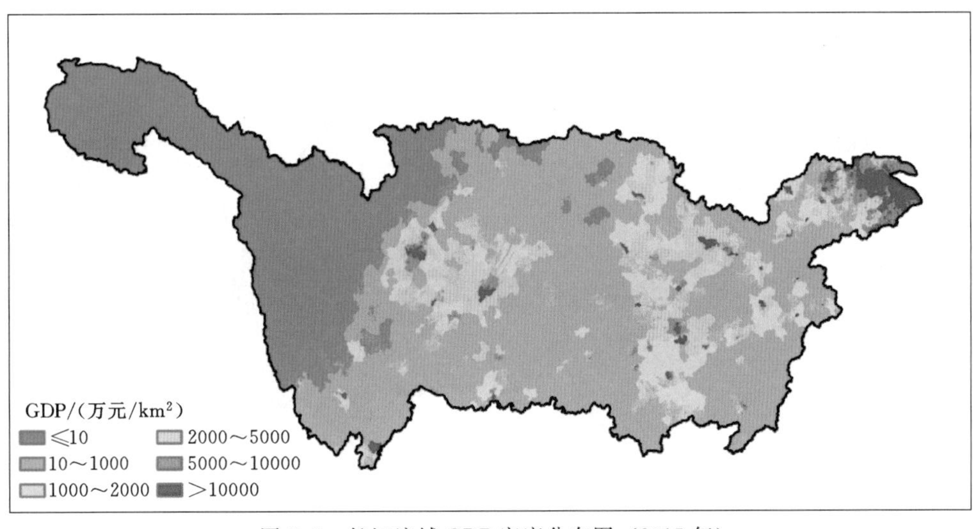

图 2.9　长江流域 GDP 密度分布图（2015 年）

2.1.3　水资源条件及水利工程概况

2.1.3.1　水资源量

根据 2007—2014 年《长江流域及西南诸河水资源公报》，2007—2014 年，长江流域多年平均水资源总量为 9482.8 亿 m^3，其中，地表水资源量占 98.7%，为 9361.4 亿 m^3，与地表水不重复的地下水资源量占 1.3%，为 121.4 亿 m^3。2007—2014 年长江流域水资源量变化见图 2.10。

全流域多年平均径流深为 526mm。在四川盆地边缘、大巴山南麓、清江澧水之间、资水中游、九华山、黄山等地带径流深均超过800mm。全江径流深最高值位于四川“雅安天漏”气候区内，荥经站达1682.4mm。小于200mm的地带主要位于金沙江上游及金沙江下游、汉江南阳盆地等局部地区（图2.11）。全江径流深最小值出现在江源楚玛尔河站，仅24.7mm。流域内11个二级区地表水资源量，以洞庭湖水系最大，为2011亿m^3；其次为金沙江和鄱阳湖，多年平均分别为1535亿m^3、1384亿m^3；太湖水系最小，多年平均为137亿m^3。

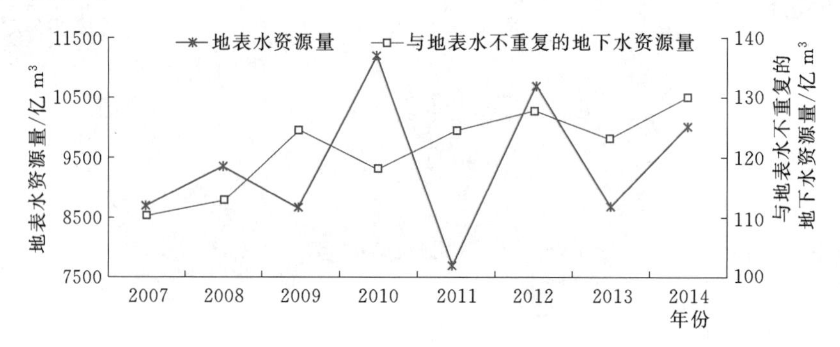

图2.10　2007—2014年长江流域水资源量变化

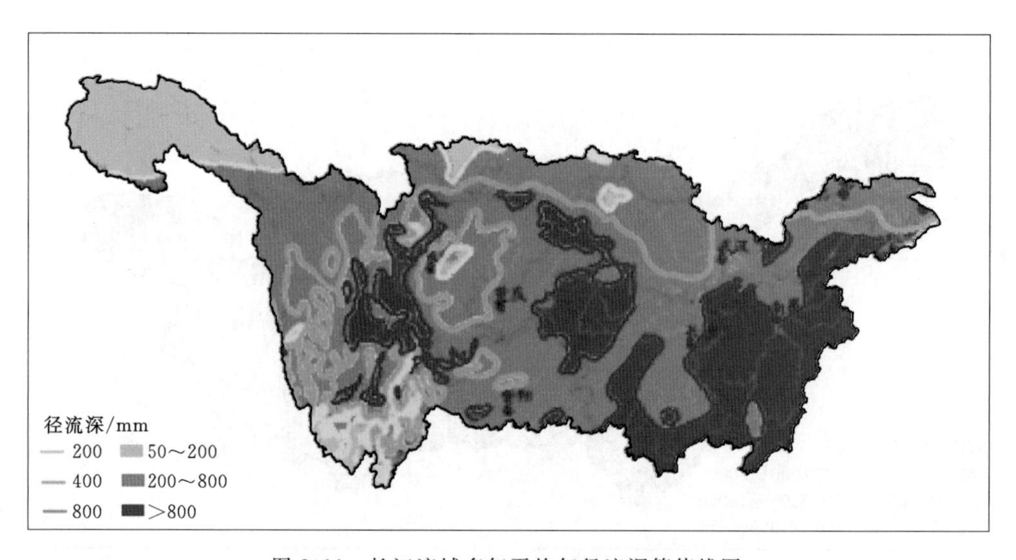

图2.11　长江流域多年平均年径流深等值线图

2.1.3.2　供水与用水

2007—2014年长江流域多年平均用水量为1990亿m^3，按生产、生活、生态环境三大类用水户统计，生产用水占89.8%，为1787.5亿m^3，其中第一产业用水（包括农林用水、草场灌溉及鱼塘补水和牲畜用水）占总用水量的50.0%，为995.7亿m^3；第二产业用水（包括工业和建筑业用水）占总用水量的37.1%，为738.6亿m^3；第三产业用水（包括商品贸易、餐饮住宿、交通运输、机关团体等各种服务行业的用水）占总用水量的2.7%，为53.2亿m^3；居民生活用水占9.2%，为182.9亿m^3，用水占1.0%，为19.6亿m^3（图2.12）。2007—2014年长江流域多年平均地表水源供水量为1900.2亿

m^3，占总用水量的95.5%；地下水源供水量为81.8亿m^3，占总用水量的4.1%；其他水源供水量为8.0亿m^3，占总供水量的0.4%（图2.13）。

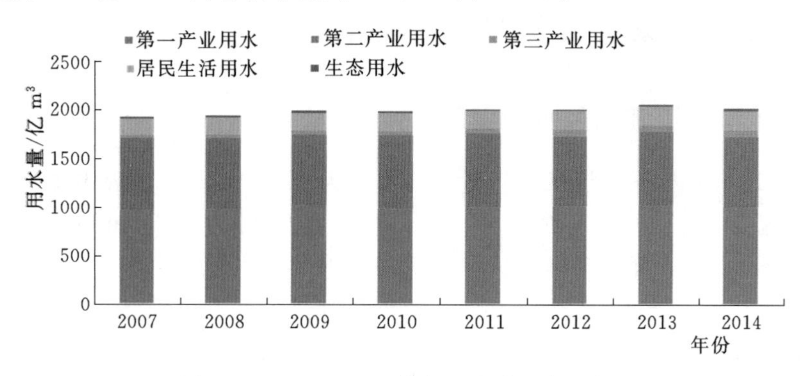

图2.12　2007—2004年长江流域用水量变化

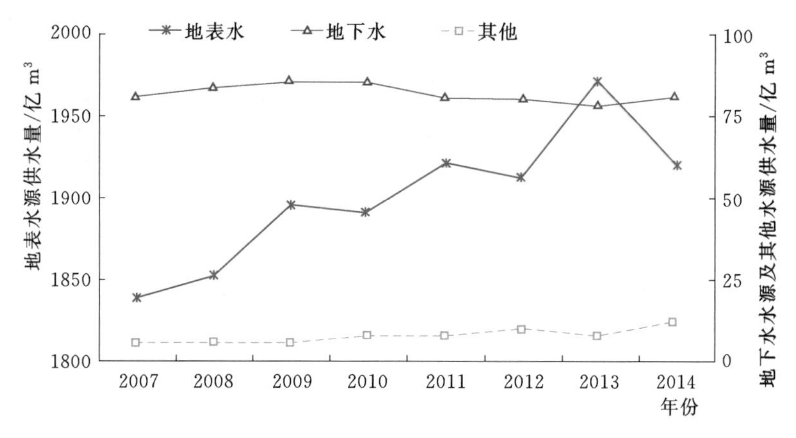

图2.13　2007—2004年长江流域供水量变化

2.1.3.3　水利工程建设

截至目前，长江干支流上已兴建起了一批具有防洪、发电、灌溉、供水、航运、生态等多种效益的水资源调配工程，形成了分别以防洪、发电、供水、生态为主的水库及引、提水水资源调配工程体系。长江流域已经建成各类水库4.8万座，总库容超过2300亿m^3，总兴利库容超过1200多亿m^3，其中大型水库166座，总库容1908亿m^3，总兴利库容966亿m^3。此外长江流域修建了塘、堰、坝等小型蓄水工程520多万处（座），容积约190亿m^3。长江流域已建成各类引水工程24.7处，年引水能力568.5亿m^3。共修建各类提水工程12.1万处，年提水能力767.9亿m^3。目前流域内农村分散的手工和机械井约700万眼，供水量45亿m^3，集雨工程约268万处，年利用水量5.3亿m^3。

长江干流水利工程有葛洲坝水利枢纽、三峡水利枢纽以及向家坝、溪洛渡、乌东德、白鹤滩等水电站，其余全部分布在支流上。长江上游地区主要有雅砻江的二滩，大渡河的龚咀、铜街子，白龙江的碧口、宝珠寺，乌江的东风、乌江渡等；长江中下游地区主要有清江的隔河岩，澧水的江垭，沅水的五强溪、凤滩，资水的柘溪，湘江的东江，汉江的安康、丹江口、鸭河口，修水的柘林，赣江的万安等，这些水利工程在防洪、发电、航运、灌溉等方面发挥了重要的作用。

2.2　长江流域气象水文要素演变规律

2.2.1　近60年长江流域降水演变规律

1956—2018年期间长江流域多年平均降水量为1063.0mm，呈现出由西向东逐渐增加的趋势，流域上、中、下游多年平均降水量分别为843.4mm、1233.6mm和1517.3mm（图2.14）。降水多集中在5—9月，占全年降水量的60%～80%。

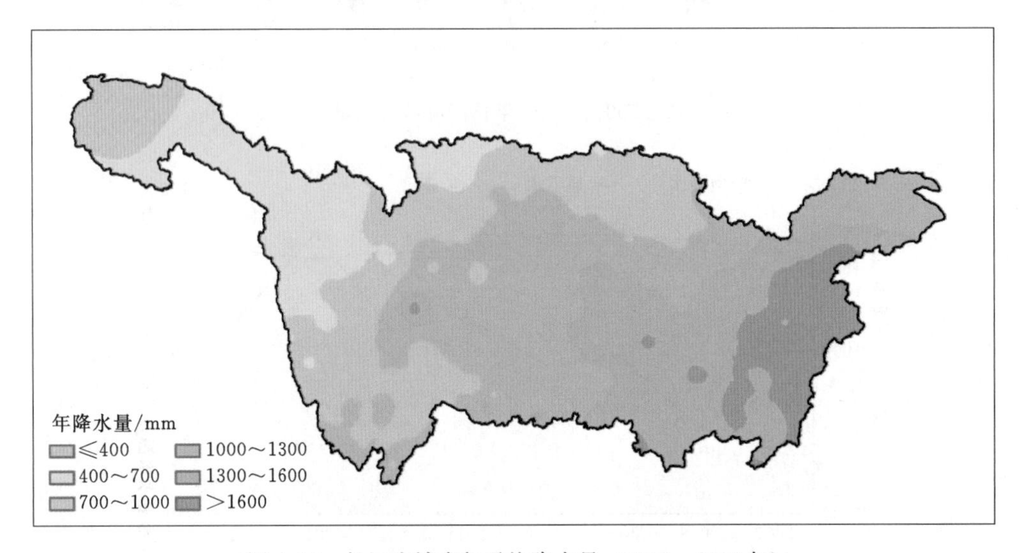

图2.14　长江流域多年平均降水量（1956—2018年）

1956—2018年长江上、中、下游以及整个长江流域面降水序列及其年代变化特征如图2.14和图2.15所示。由图表可知：①长江流域年降水量呈现出一定的增加趋势，1956—2018年期间降水变化倾向率为4.6mm/10年，但变化趋势未通过显著性检验，年代变化上表现出“增-减-增”的特点，整体变化不大，2011—2018年期间，降水最为丰沛，年均降水量为1097.4mm，而2001—2010年期间，降水量为年代最低值1035.8mm；②长江上游地区年降水量呈现出不显著的减少趋势，1956—2018年期间倾向率为−2.3mm/10年，近年来降水量明显增加；③长江中游地区年降水量呈现出不显著的增加趋势，1956—2018年期间倾向率为5.5mm/10年，近年来降水增加明显，1956—2018年期间年均降水量为1256.3mm；④长江下游地区年降水量则表现出显著增加的态势，1956—2018年期间倾向率为27.0mm/10年，变化趋势达到了$\alpha=0.1$的显著性检验，近年来降水增加明显。2011—2018年多年平均降水量相对于2000—2009年增加了11.6%（表2.1）。

对长江流域1956—2018年降水变化趋势进行分析可知：降水量变化倾向率呈现出较为明显的空间差异性，上游云贵高原和四川盆地降水量普遍减少，中游两湖地区和下游地区降水量普遍增加（图2.16），但从变化趋势的显著性来看，全流域降水显著变化的区域不到流域面积的15%，且主要是以降水显著减少为主，主要位于四川盆地（图2.17）。

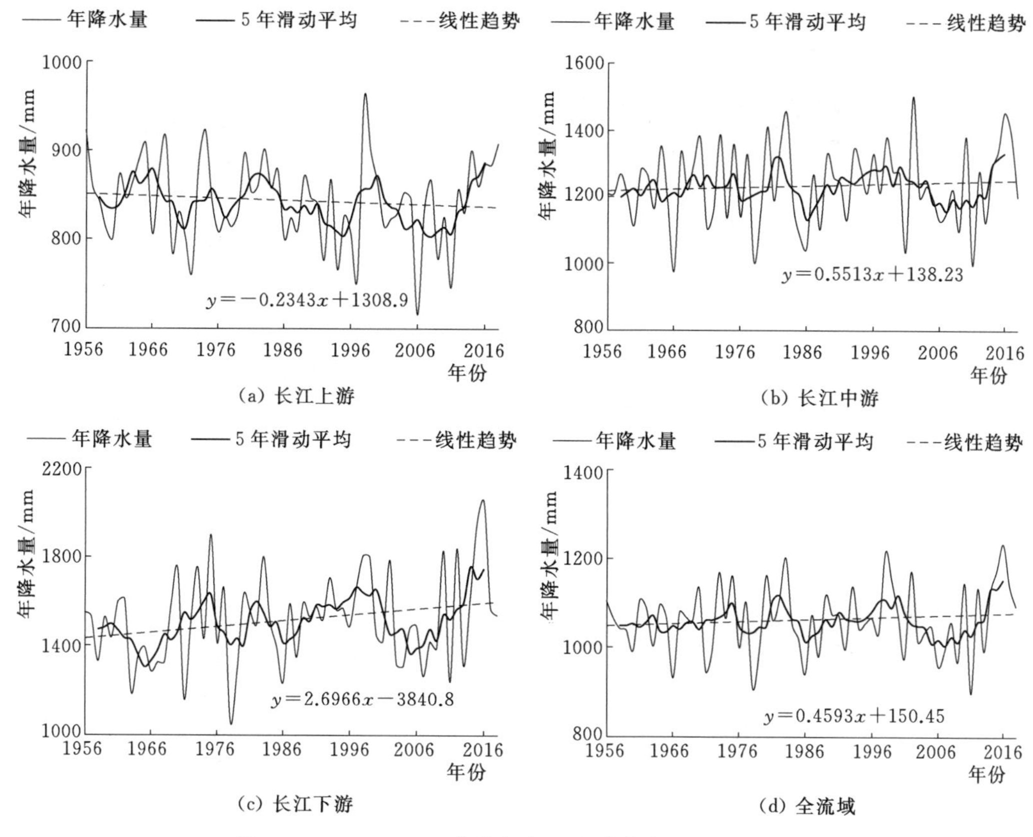

(a) 长江上游　(b) 长江中游　(c) 长江下游　(d) 全流域

图 2.15　1956—2018 年期间长江流域降水年际变化过程

表 2.1　长江流域降水量年代变化　单位：mm

时段 \ 流域分区	长江上游	长江中游	长江下游	全流域
1960 年以前	847.3	1199.0	1474.9	1048.4
1961—1970 年	859.5	1244.0	1440.6	1062.6
1971—1980 年	839.1	1217.9	1479.1	1050.0
1981—1990 年	850.3	1224.5	1506.0	1062.3
1991—2000 年	836.1	1267.0	1613.3	1083.8
2001—2010 年	818.3	1213.7	1470.1	1035.8
2010 年以后	858.4	1256.3	1640.5	1097.4

2.2.2　近 60 年长江流域气温演变规律

1956—2018 年期间长江流域多年平均气温为 12.9℃，呈现出由西向东逐渐升高的趋势，流域上、中、下游多年平均气温分别为 10.0℃、16.1℃和 16.8℃（图2.18）。

图 2.19 为长江流域 1956—2018 年长江上、中、下游以及整个流域 1956—2018 年气温变化序列，表 2.2 为其年代变化特征。综合分析可知，长江流域上、中、下游及全流域

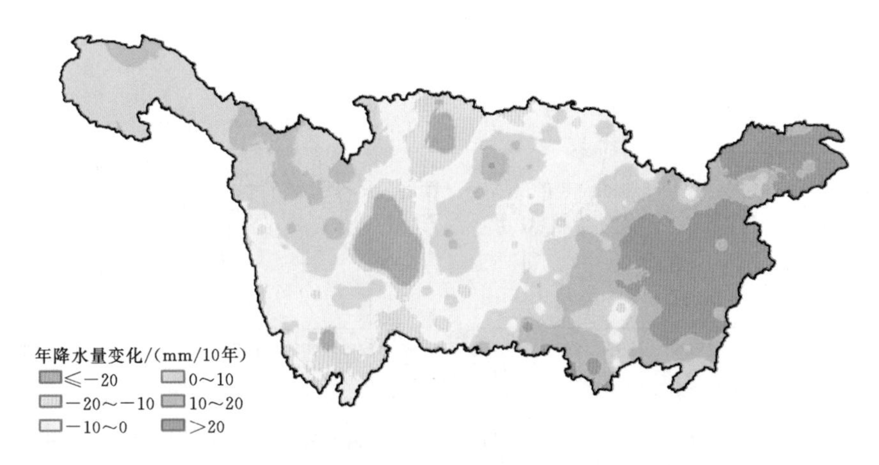

图 2.16 1956—2018 年期间长江流域年降水量变化倾向率

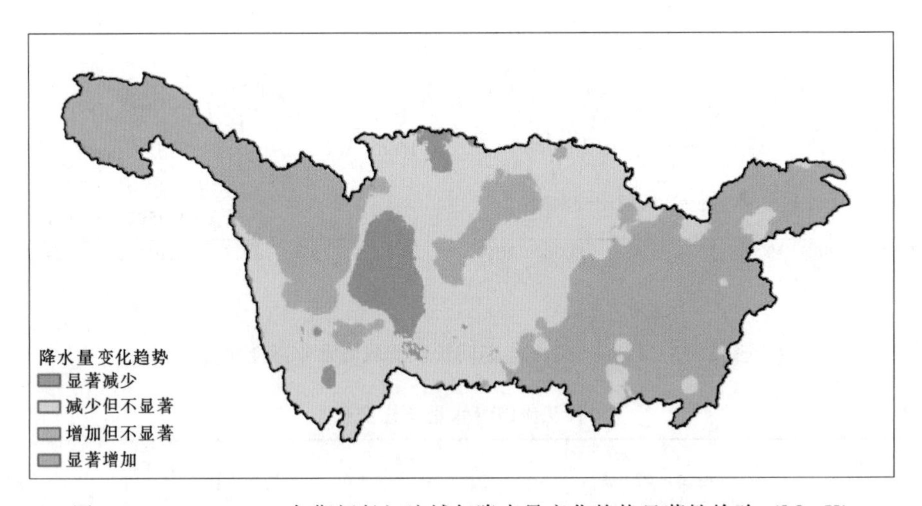

图 2.17 1956—2018 年期间长江流域年降水量变化趋势显著性检验（M-K）

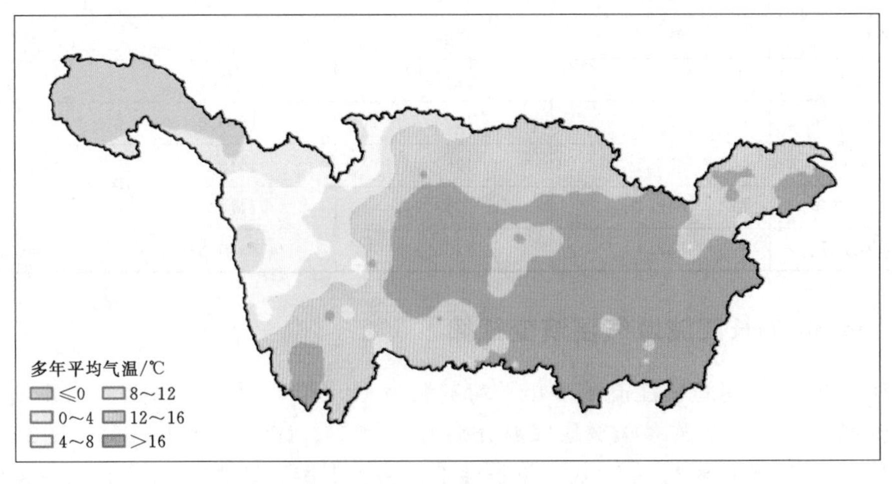

图 2.18 长江流域多年平均气温（1956—2018 年）

气温变化趋势基本一致，均达到了 $\alpha=0.01$ 的显著水平，1956—2018 年期间，气温变化倾向率分别为 0.17℃/10 年、0.16℃/10 年、0.21℃/10 年和 0.18℃/10 年，下游地区温升较为剧烈；近 20 年来，气温处于高位，上、中、下游及全流域 2000 年以后的多年平均气温相对于 2000 年以前分别增加了 0.83℃、0.72℃、0.93℃和 0.81℃。

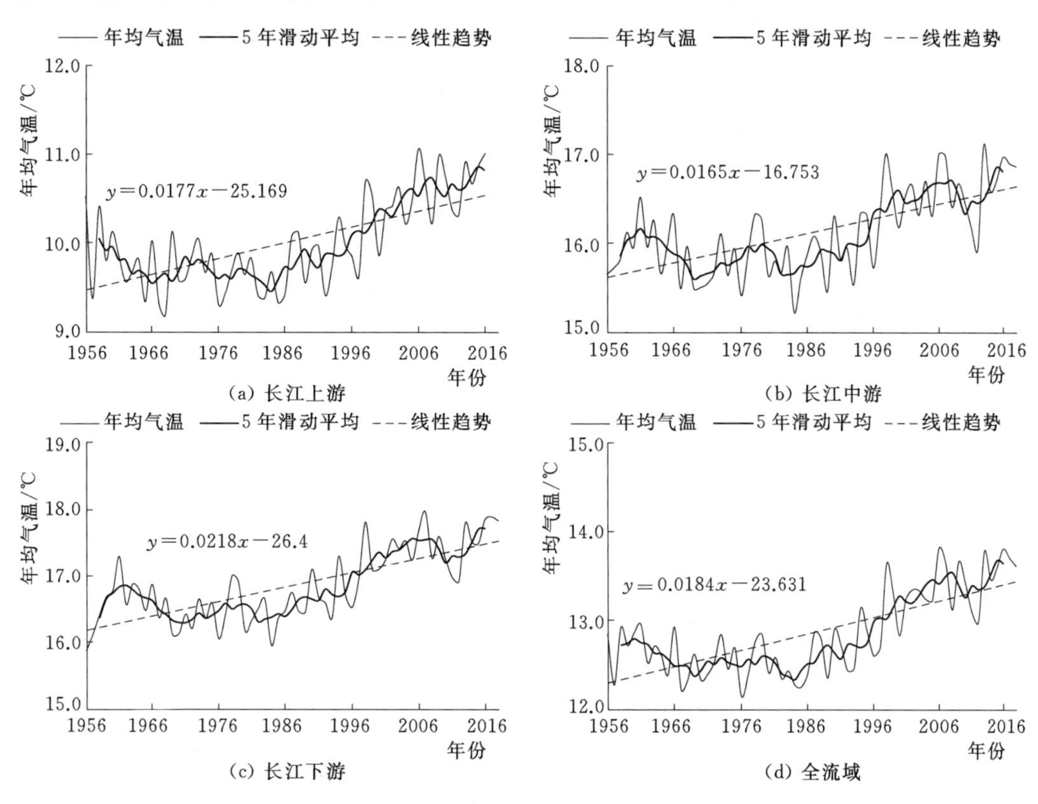

图 2.19 1956—2018 年期间长江流域气温年际变化过程

表 2.2 **长江流域气温年代变化** 单位：℃

时段 \ 流域分区	长江上游	长江中游	长江下游	全流域
1960 年以前	10.1	15.9	16.4	12.7
1961—1970 年	9.7	15.9	16.6	12.6
1971—1980 年	9.7	15.8	16.5	12.5
1981—1990 年	9.7	15.8	16.5	12.5
1991—2000 年	10.0	16.2	16.9	12.9
2001—2010 年	10.6	16.6	17.5	13.4
2010 年以后	10.7	16.7	17.5	13.5

图 2.20 和图 2.21 分别为长江流域各格点 1956—2018 年气温变化倾向率及趋势显著性检验结果：云南和江苏等地区气温增速普遍在 0.25℃/10 年以上；除川渝部分地区气温变化趋势不显著外，全流域其他地区气温普遍呈现出显著（$\alpha=0.05$）增加的态势。

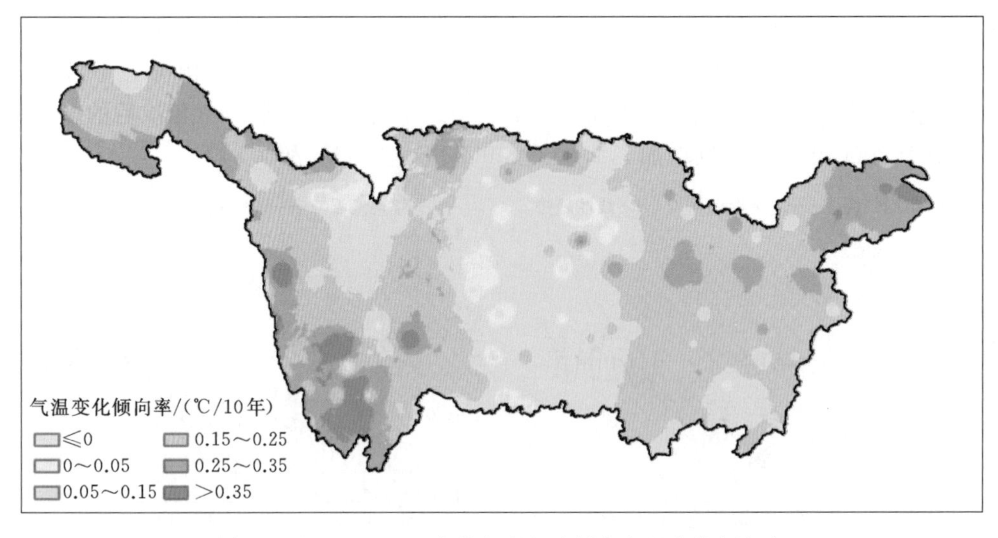

图2.20　1956—2018年期间长江流域年气温变化倾向率

图2.21　1956—2018年期间长江流域年气温变化趋势显著性检验（M-K）

2.2.3　近60年长江流域潜在蒸散发演变规律

1956—2018年期间长江流域多年平均潜在蒸散发量为1136.7mm，全流域潜在蒸散发量差别不大，上、中、下游多年平均潜在蒸散发量分别为1088.4mm、1193.5mm和1202.0mm（图2.22）。蒸散发能力较大的地区主要位于西南地区，年均潜在蒸散发量在1300mm以上，中游大部分地区潜在蒸散发量在1100～1200mm之间，上游长江源区潜在蒸散发量不到900mm。

图2.23为长江流域1956—2018年长江上、中、下游以及整个流域1956—2018年潜在蒸散发变化序列，表2.3为其年代变化特征。从图表中可以看出，长江流域潜在蒸散发能力呈现出增加的趋势，与气温的变化特征较为一致。其中，上游地区增加趋势达到了

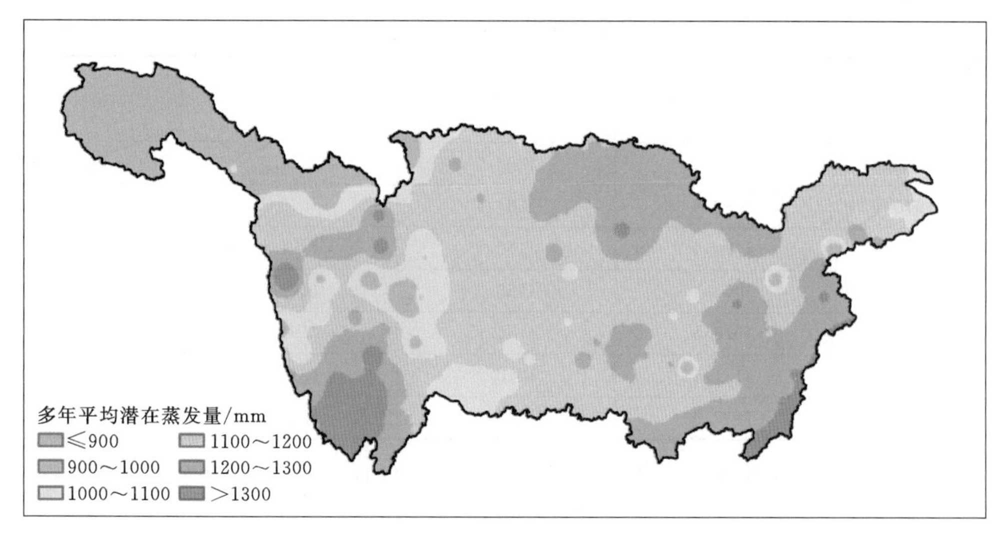

图 2.22 1956—2018 年期间长江流域多年平均潜在蒸散发量

$\alpha=0.05$ 的显著水平，中、下游地区增加趋势并不显著，但从全流域看，增加的趋势通过了显著性检验。2000 年以后，蒸散发能力高于 2000 年以前，但增幅并不大，2001—2018 年期间长江流域上、中、下游及全流域潜在蒸散发相对于 2000 年以前分别增加了 3.2%、1.6%、2.0%和 2.5%。

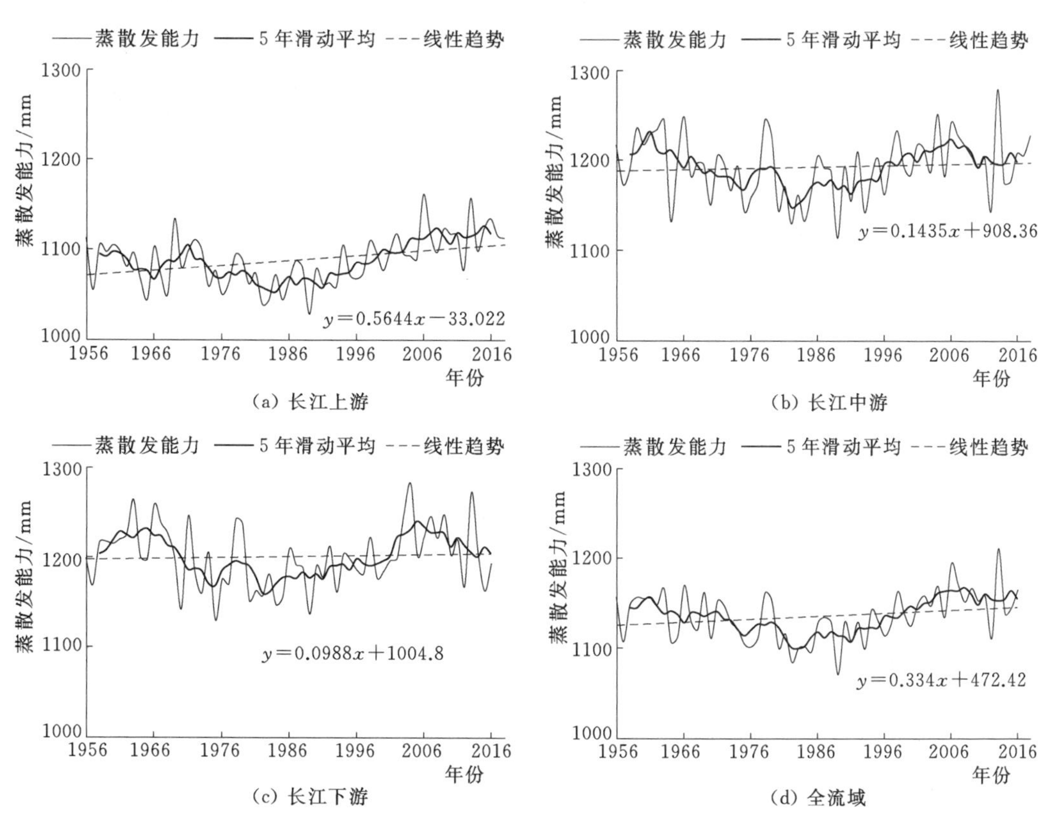

图 2.23 1956—2018 年期间长江流域蒸散发能力年际变化过程

表 2.3　　长江流域蒸散发能力年代变化　　单位：mm

时段＼流域分区	长江上游	长江中游	长江下游	全流域
1960 年以前	1095.4	1206.9	1204.4	1144.8
1961—1970 年	1082.8	1201.6	1218.2	1138.5
1971—1980 年	1080.6	1186.0	1191.0	1128.5
1981—1990 年	1061.5	1165.2	1172.9	1109.0
1991—2000 年	1078.8	1186.7	1191.4	1127.7
2001—2010 年	1111.6	1213.7	1227.9	1159.5
2010 年以后	1117.5	1202.9	1211.3	1157.0

图 2.24 和图 2.25 分别为长江流域各格点 1956—2018 年潜在蒸散发量变化倾向率及趋势性检验结果：云南和丹江口上游等地区潜在蒸散发量变化倾向率普遍在 10mm/10 年以上；金沙江流域潜在蒸散发量普遍呈现出显著（$\alpha=0.05$）增加的态势，其他地区潜在蒸散发量的变化趋势并不显著。

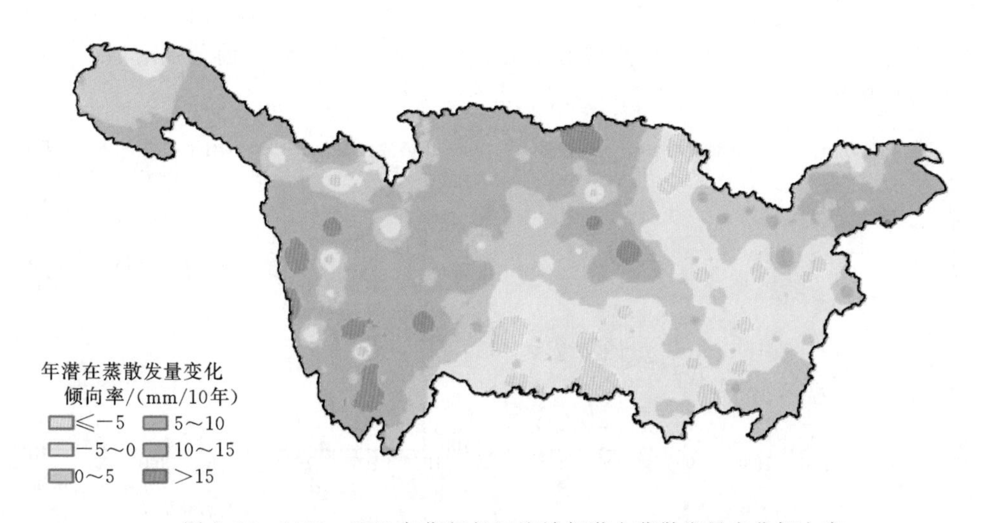

图 2.24　1956—2018 年期间长江流域年潜在蒸散发量变化倾向率

2.2.4　近 60 年长江流域干流径流变化特征及归因识别

2.2.4.1　长江流域径流变化特征

长江干流典型站点直门达、屏山、宜昌、汉口和大通等站的径流量年际变化过程如图 2.26 所示。直门达、屏山、宜昌、汉口和大通等站多年平均径流量分别为 130.7 亿 m^3、1426.8 亿 m^3、4257.7 亿 m^3、7083.8 亿 m^3 和 8944.2 亿 m^3。除直门达站以外，其他四个站点 2005 年以后年径流量均呈现出减少的趋势。具体而言，与 1956—2005 年多年平均径流量相比，2006 以后的多年平均径流量直门达站径流量增加 30.9%，屏山、宜昌、汉口和大通等站分别减少 11.6%、7.8%、9.9%和 7.8%。

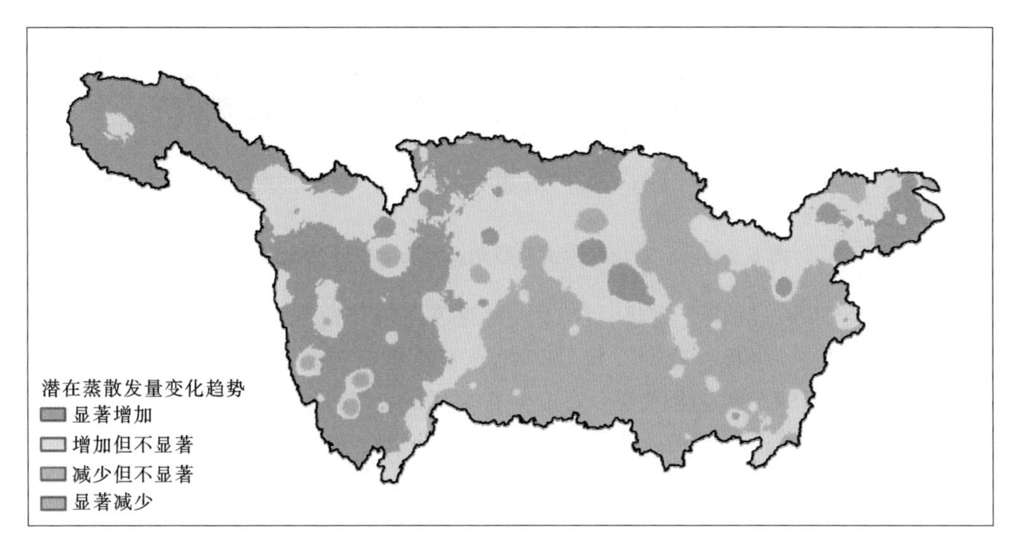

图 2.25　1956—2018 年期间长江流域年潜在蒸散发量变化趋势显著性检验（M-K）

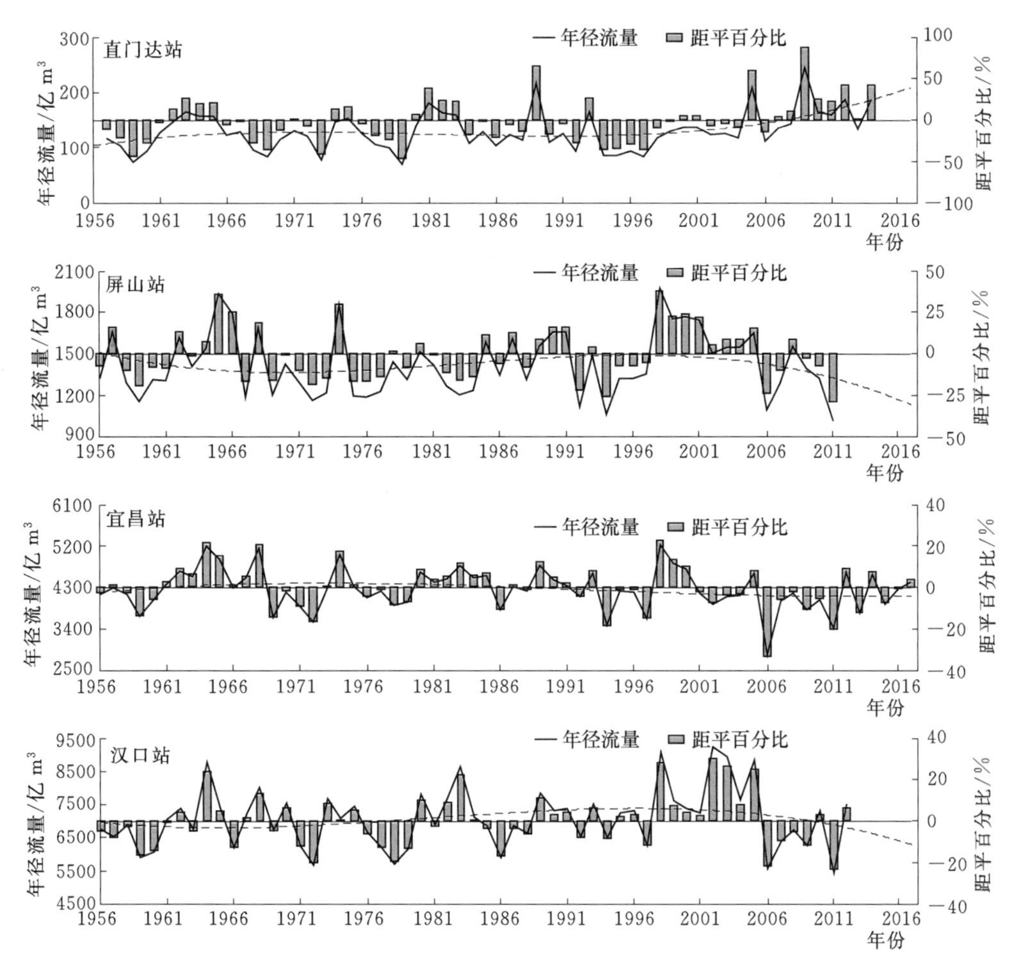

图 2.26（一）　长江干流典型站点径流量年际变化过程

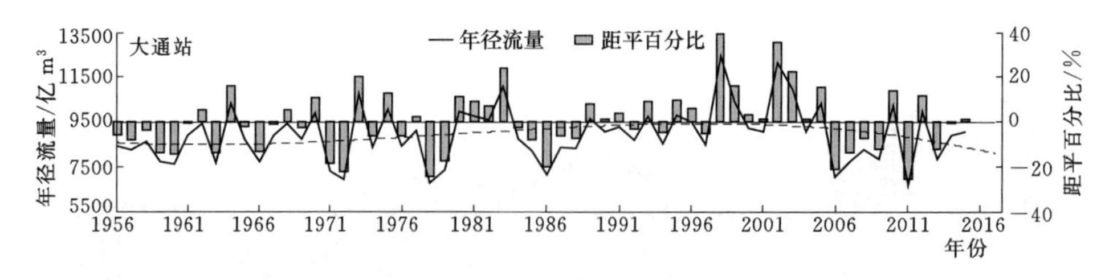

图2.26（二）　长江干流典型站点径流量年际变化过程

图2.27为直门达、屏山、宜昌、汉口、大通等站年径流变化突变性检验结果，从图中可以看出，直门达、屏山、宜昌、汉口、大通等站年径流量分别在2007年、1985年、2002年、1980年、1972年发生突变，突变年份之后的多年平均径流量相对于突变前分别变化了39.9%、4.6%、−6.5%、5.3%和7.0%。

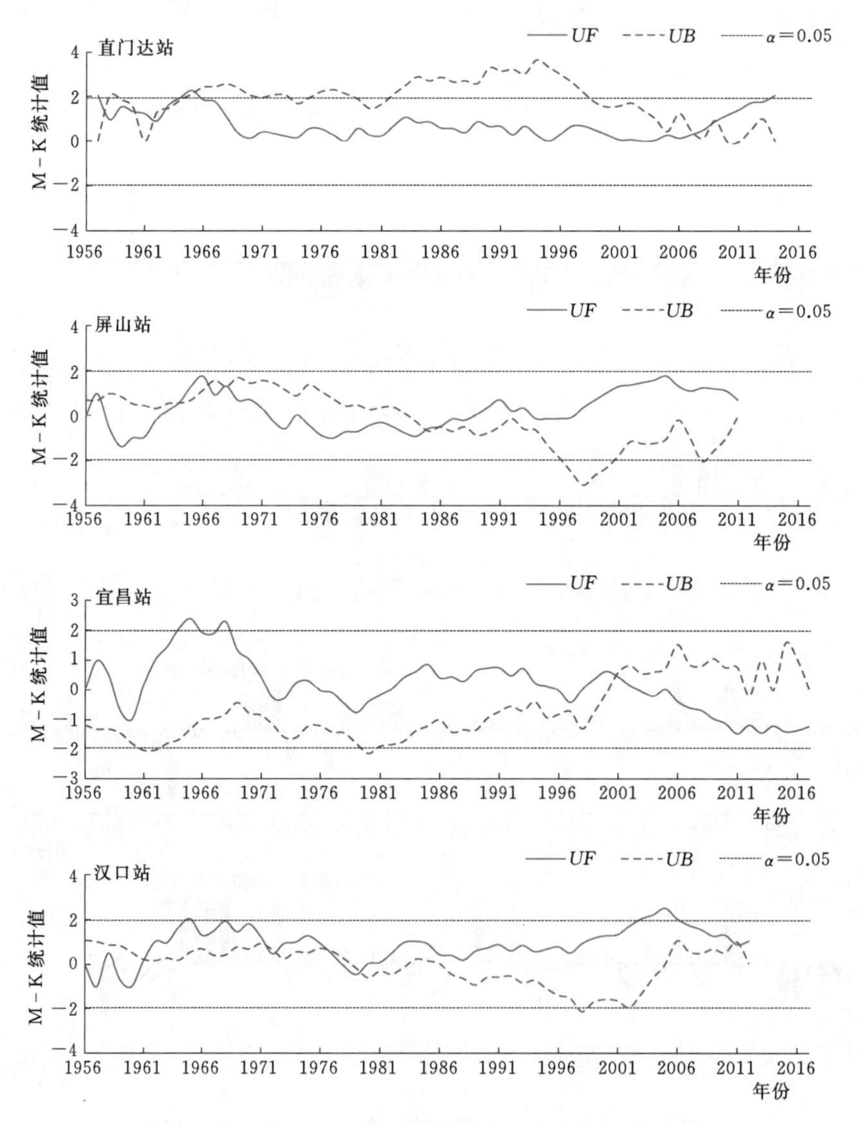

图2.27（一）　长江干流典型站点年径流变化突变性检验

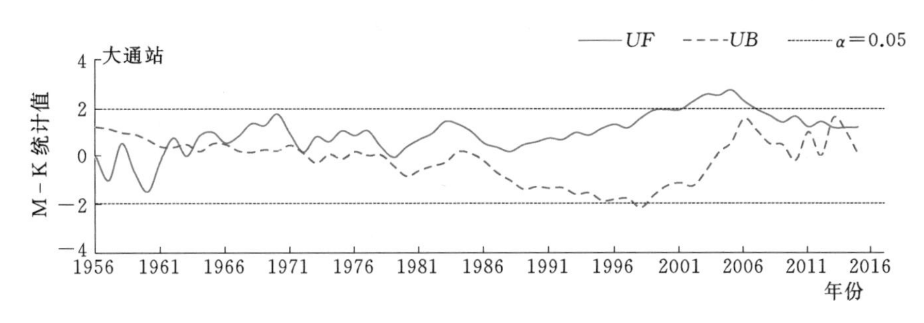

图 2.27（二） 长江干流典型站点年径流变化突变性检验

2.2.4.2 径流变化的气候弹性和下垫面弹性

径流的气候弹性定义为单位气候要素的变化导致的流域径流量的变化程度（Schaake，1990），如年降水量增加1%导致流域年径流量相对于多年平均值的变化百分比。类似地，径流的下垫面弹性可定义为，流域下垫面的单位变化导致的径流变化量。这里的流域下垫面变化主要是指，由于人类活动造成的下垫面变化。但是，目前还没有一个综合指标能够定量描述流域下垫面变化，因此，关于下垫面变化对流域径流影响程度的研究尚存在不足。虽然分布式水文模型可以定量模拟流域下垫面变化对径流的影响，但是由于模型的复杂性和不确定性，基于分布式水文模型的径流变化分析也受到质疑。

本书基于流域水分和能量耦合平衡原理，建立了能够反映气候和下垫面变化对径流影响的分析方法。在一定的气候和植被条件下，流域长期的水文气候特征服从水分和能量平衡原理（Yang，et al.，2008），这就是后来被国际同行命名为 Choudhury - Yang 公式（Roderick et al.，2011）的流域水热耦合平衡方程，表达式如下：

$$E=\frac{PE_0}{(P^n+E_0^n)^{1/n}} \tag{2.1}$$

式中：E 为长期平均的年实际蒸散发量；P 为长期平均的年降水量；E_0 为长期平均的年潜在蒸散发量；n 为反映流域下垫面特征的参数，流域下垫面特征包括地形、土壤和植被等（Zhang et al.，2001；Yang et al.，2007；Yang et al.，2009）。

认为式（2.1）中 P、E_0 和 n 是相互独立的变量，结合流域长期平均的水量平衡方程，即 $P=E+R$，年径流量 R 的变化可以表示为以下全微分形式：

$$\mathrm{d}R=\frac{\partial f}{\partial P}\mathrm{d}P+\frac{\partial f}{\partial E_0}\mathrm{d}E_0+\frac{\partial f}{\partial n}\mathrm{d}n \tag{2.2}$$

Schaake（1990）将径流的降水弹性系数（ε_P）表示为 $\varepsilon_P=\frac{\mathrm{d}R/R}{\mathrm{d}P/P}$。类似地，可以定义径流的潜在蒸散发弹性系数 $\varepsilon_{E_0}=\frac{\mathrm{d}R/R}{\mathrm{d}E_0/E_0}$和径流的下垫面弹性系数 $\varepsilon_n=\frac{\mathrm{d}R/R}{\mathrm{d}n/n}$。根据这些弹性系数的定义，将式（2.2）除以多年平均径流深 R，可以得到：

$$\mathrm{d}R=\varepsilon_P\frac{\mathrm{d}P}{P}+\varepsilon_{E_0}\frac{\mathrm{d}E_0}{E_0}+\varepsilon_n\frac{\mathrm{d}n}{n} \tag{2.3}$$

利用水热耦合平衡方差的微分形式，由弹性系数的定义，可以求出径流的降水弹性系数（ε_P）、径流的潜在蒸散发弹性系数（ε_{E_0}）以及径流的下垫面弹性系数（ε_n），令 $\phi=\frac{E_0}{P}$，分别如下：

$$\varepsilon_P=\frac{(1+\phi^n)^{1/n+1}-\phi^{n+1}}{(1+\phi^n)[(1+\phi^n)^{1/n}-\phi]} \tag{2.4}$$

$$\varepsilon_{E_0}=\frac{1}{(1+\phi^n)[1-(1+\phi^{-n})^{1/n}]} \tag{2.5}$$

$$\varepsilon_n=\frac{\ln(1+\phi^n)+\phi^n\ln(1+\phi^{-n})}{n[(1+\phi^n)-(1+\phi^n)^{1/n+1}]} \tag{2.6}$$

由式（2.4）～式（2.6），流域年径流的3个弹性系数可根据流域多年平均降水量（P）、多年平均潜在蒸发量（E_0）和多年平均的流域下垫面参数（n）来推求，这3个参数反映了流域多年平均的水文气候特征。

表2.4列出了计算得到的各站点水文气候特征值和径流对潜在蒸散发、降水以及地表参数的弹性系数。总体而言，径流与E_0、n呈负相关，但与P呈正相关。除直门达站以外，其余站点3个弹性系数的绝对值最大的为P，中间值为n，最小的为E_0。直门达站弹性系数与其他站点差异性较大，主要是因为该地区为高寒地区，气温对径流影响相对较大，因此E_0的弹性系数较大。屏山、宜昌、汉口、大通4个站点P的弹性系数范围为1.44～1.53，E_0的弹性系数范围为－0.53～－0.44，n的弹性系数范围为－0.97～－0.73。这表明，P、ET_0或n增加1%将导致1.44%～1.53%的径流量增加、0.44%～0.53%或0.73%～0.97%的径流量减少。

表2.4　长江流域气象水文变量特征值

水文站	集水面积/km²	P/mm	E_0/mm	R_0/mm	E_0/P	n	弹性系数		
							ε_P	ε_{E_0}	ε_n
直门达	137704	400.7	762.0	94.9	1.90	1.319	1.97	−0.97	−1.49
屏山	485099	678.3	1048.3	294.1	1.55	0.906	1.53	−0.53	−0.97
宜昌	1005501	843.4	1088.4	423.4	1.29	0.847	1.44	−0.44	−0.80
汉口	1488036	964.1	1121.3	476.0	1.16	0.920	1.48	−0.48	−0.77
大通	1705383	1045.2	1136.5	524.5	1.09	0.940	1.48	−0.48	−0.73

2.2.4.3 径流变化的归因分析

根据突变点将研究时段划分为两个子时段，时段1的多年平均径流深记为R^1，时段2的多年平均径流深记为R^2，从时段1到时段2年径流的变化可以用径流前后两时段的多年平均径流深之差来表示：

$$\Delta R=R^2-R^1 \tag{2.7}$$

径流深的变化（ΔR）来源于气象要素变化及流域下垫面变化的影响，可以将径流的变化写成：

$$\Delta R = \Delta R_c + \Delta R_l \tag{2.8}$$

式中：ΔR_c 为气候变化引起的径流变化；ΔR_l 为流域下垫面变化引起的径流变化。

本书将气象要素变化的影响进一步细化为降水变化引起的径流变化（ΔR_P）和潜在蒸散发变化引起的径流变化（ΔR_{E_0}）两部分。根据径流的气候弹性系数（ε_P 和 ε_{E_0}）和下垫面弹性系数（ε_n），可以分别估算出降水、潜在蒸散发和下垫面变化引起的径流变化如下：

$$\begin{aligned} \Delta R_P &= \varepsilon_p \frac{R}{P} \Delta P \\ \Delta R_{E_0} &= \varepsilon_{E_0} \frac{R}{E_0} \Delta E_0 \\ \Delta R_l &= \varepsilon_n \frac{R}{n} \Delta n \end{aligned} \tag{2.9}$$

其中，$\Delta P = P^2 - P^1$ 和 $\Delta E_0 = E_0^2 - E_0^1$ 分别为两个时段的多年平均降水量和潜在蒸散发量的差值。n^1 和 n^2 分别代表时段 1 和时段 2 的流域下垫面条件，可以分别基于两个时段的多年平均 P，E_0 和 E 由式（2.1）反算得到。

按照上述方法可对长江流域径流变化进行归因分析。气候变化（降水和潜在蒸散发）和下垫面变化（参数 n）对长江流域径流变化的影响程度如表 2.5 所示。由表 2.5 知，计算求得的径流深变化（$\mathrm{d}R'$）与实际径流深的变化（$\mathrm{d}R$）相差很小，这表明本研究在评估相关环境因素对径流变化的贡献时所用的方法有效，$\mathrm{d}R'$与 $\mathrm{d}R$ 的差值可认为是其他未考虑到的因素对径流变化的影响。降水量减少（或增加）和潜在蒸散发量的增加（或减小）以及下垫面特征参数 n 值增大对径流的减少有正（负）贡献。

由表 2.5 看出，长江流域在不同时期、不同流域降水、潜在蒸散发量的变化和人类活动对径流变化影响程度不同。人类活动期下垫面的变化均为径流变化的主导因素。除直门达站以外，其他站点下垫面的变化对径流的影响均大于 48%，且汉口和屏山站的年径流对下垫面的变化更为敏感。综上，下垫面变化是长江流域径流变化的主要影响因素，降水量变化次之，潜在蒸散发的影响较小。

表 2.5　　长江流域径流变化归因结果

站点	$\mathrm{d}R_P$	$\mathrm{d}R_E$	$\mathrm{d}R_n$	$\mathrm{d}R$	$\mathrm{d}R'$	$\mathrm{d}O$	C_P	C_E	C_n	Co
直门达	25.0	−3.7	12.1	36.1	33.4	−2.7	69.3	−10.3	33.6	7.5
屏山	1.5	−2.5	14.2	13.4	13.2	−0.2	11.4	−18.9	106.2	1.3
宜昌	−8.4	−6.1	−13.5	−27.8	−28.0	−0.2	30.1	22.1	48.5	−0.7
汉口	−8.2	0.5	32.4	24.6	24.7	0.1	−33.4	2.0	131.7	−0.4
大通	8.5	2.0	24.9	35.1	35.4	0.4	24.2	5.8	71.0	−1.0

注： $\mathrm{d}R_P$ 为降水量 P 引起的径流变化；$\mathrm{d}R_E$ 为潜在蒸散发量 E_0 引起的径流变化；$\mathrm{d}R_n$ 为下垫面 n 引起的径流变化；$\mathrm{d}R$ 为径流深之差；$\mathrm{d}R'$为计算得到的径流深变化，可认为是降水量 P、潜在蒸散发量 E_0 和下垫面 n 影响下的径流深变化；$\mathrm{d}O$ 为 $\mathrm{d}R'$与 $\mathrm{d}R$ 的差值，可认为是其他因素影响下的径流变化；C_P 为降水对径流变化的贡献率；C_E 为潜在蒸散发量对径流变化的贡献率；C_n 为下垫面对径流变化的贡献率；Co 为其他因素对径流变化的贡献率。

2.3　长江流域干旱基本特征及近期变化

2.3.1　近千年来长江流域旱涝频次统计特征

参照《中国科学技术蓝皮书　第5号　气候》列出了全国近千年（950—1988年）的旱涝型年表资料，将长江流域历年总体旱涝趋势整理为洪涝型、正常型和干旱型3级，并延长至1999年，得出近千年来长江流域每50年旱涝频次的时间分布（见表2.6）。

表2.6　近千年来长江流域每50年旱涝频次统计

时段	洪涝型	正常型	干旱型	时段	洪涝型	正常型	干旱型
950—999年	19	24	7	1550—1599年	23	15	12
1000—1049年	17	21	12	1600—1649年	10	26	14
1050—1099年	16	21	13	1650—1699年	18	16	16
1100—1149年	10	20	20	1700—1749年	19	19	12
1150—1199年	13	19	18	1750—1799年	19	17	14
1200—1249年	12	18	20	1800—1849年	16	20	14
1250—1299年	19	19	12	1850—1899年	12	21	17
1300—1349年	20	20	10	1900—1949年	14	17	19
1350—1399年	13	29	8	1950—1999年	16	16	18
1400—1449年	14	23	13	合计	332	416	302
1450—1499年	14	23	13	平均	15.81	19.81	14.38
1500—1549年	13	16	21	频率/%	31.62	39.62	28.76

由表2.6可见，从950—1999年的共1050年中，长江流域少雨干旱型年份共出现302（年）次，每50年平均14.38次，占28.76%，大约3～4年一遇，略少于洪涝型（共出现332次，每50年平均15.81次，占31.62%，大约3年一遇）。但各世纪或不同年代长江旱涝的频次分布极不均匀。以10年段来看，最多的洪涝频次达8次，最少为0次；而干旱频次最多为5次，最少也是0次。以50年段来看，洪涝频次最多为23次，最少只有10次；干旱频次最多为21次，最少有7次。以100年段来看，洪涝频次最多为39次，最少为23次；干旱频次最多为38次，最少为18次。总之，各种时段的洪涝频次都高于其相应的干旱频次，且时段越短，旱涝的频次分布差别越大。

长江流域洪涝和干旱频次在时序上的非均匀分布并非完全随机，在历史的长河中，它同各种时间尺度的气候变化相关联，表现出长短不同的准周期振动。其中主要的振动周期包括持续期为100年上下的大干湿气候期和40年左右的小旱涝期两种（表2.7）。

近千年来长江流域旱涝气候经历了5个大湿润气候期，4个大干旱气候期以及共计27个小旱涝期的交替变化。每一大干湿气候期都包含3个小旱涝期。大湿润气候期以小洪涝期开始，中间经历1个小干旱期过渡，至下1个小洪涝期结束而终止；大干旱气候期则相反，是从小干旱期开始，中间经历1个小洪涝期过渡，至下1个小干旱期结束而终止。大干

表 2.7　　长江流域近千年来大干湿气候期和小旱涝期变化

大干湿期						小旱涝期					
干湿期	起讫年	总年数	旱年数	涝年数	干湿指数*	干湿期	起讫年	总年数	旱年数	涝年数	干湿指数*
大湿润期	950—1064	115	22	42	2.39	小洪涝期	950—988	39	3	18	0.17
						小干旱期	989—1012	24	11	2	5.50
						小洪涝期	1013—1064	52	8	22	0.36
大干旱期	1065—1249	185	70	43	3.29	小干旱期	1065—1142	78	30	15	2.00
						小洪涝期	1143—1159	17	4	9	0.44
						小干旱期	1160—1249	90	36	19	1.89
大湿润期	1250—1429	180	35	68	2.63	小洪涝期	1250—1349	100	22	39	0.56
						小干旱期	1350—1375	26	8	4	2.00
						小洪涝期	1376—1429	54	5	25	0.20
大干旱期	1430—1549	120	42	30	3.20	小干旱期	1430—1489	60	21	12	1.75
						小洪涝期	1490—1519	30	6	15	0.40
						小干旱期	1520—1549	30	15	3	5.00
大湿润期	1550—1617	68	13	32	2.71	小洪涝期	1550—1580	31	6	21	0.29
						小干旱期	1581—1600	20	6	2	3.00
						小洪涝期	1601—1617	17	1	9	0.11
大干旱期	1618—1704	87	31	19	2.86	小干旱期	1618—1648	31	14	0	14
						小洪涝期	1649—1670	22	4	9	0.44
						小干旱期	1671—1704	34	13	10	1.30
大湿润期	1705—1870	166	46	61	2.84	小洪涝期	1705—1769	65	14	30	0.47
						小干旱期	1770—1821	52	20	12	1.67
						小洪涝期	1822—1870	49	12	19	0.63
大干旱期	1871—1930	60	23	15	3.03	小干旱期	1871—1895	25	9	5	1.80
						小洪涝期	1896—1917	22	7	9	0.78
						小干旱期	1918—1930	13	7	1	7.00
大湿润期	1931—1999	69	20	22	2.80	小洪涝期	1931—1957	27	5	8	0.63
						小干旱期	1958—1979	22	12	3	4.00
						小洪涝期	1980—1999	20	3	11	0.27
平均	大湿润期	120	27.2	45.0	2.67	洪涝		38.9	7.1	17.4	0.41
	大干旱期	113	41.5	26.8	3.10	干旱		38.8	15.5	6.8	3.99

*　干湿指数 $\alpha=(5a_1+3a_3+a_2)/N$，其中 a_1 为旱年数，a_2 为正常年数，a_3 为涝年数，$N=a_1+a_2+a_3$。

旱气候期和大湿润气候期最长分别为 185 年（1065—1249 年）和 180 年（1250—1429 年），最短为 60 年（1871—1930 年）和 68 年（1550—1617 年），平均分别为 113 年和 120 年。

因此，大干旱气候期和大湿润气候期的长短变化比较接近，且在时序分布上前后相应，即上1个大干旱气候期较长（短），则下1个大湿润气候期也会较长（短）。在大干湿气候期开始的初期或临近结束的末期，一般会出现一个相应的旱涝变化较频繁的小干旱期或小洪涝期。例如，在最近1个大湿润气候期的第1个小洪涝期（1931年和1957年），长江流域出现了两次流域性特大洪水灾害（1931年、1954年），而在第2个小洪涝期中（1980—1999年），又出现了1998年流域性大洪水灾害和频繁的区域性大水灾年（1991年、1995年、1996年和1999年），而在上1个大湿润气候期（1705—1870年）的后期，也出现了1870年长江上中游特大洪水灾害；而在大干旱气候期（1618—1704年）的第1个小干旱期（1618—1648年）中，长江流域近半数年份都是干旱年（占14/31），没有出现1个洪涝年。

与大干湿气候期比较，小旱涝期的变化更为剧烈。最长的小洪涝期可达百年（1250—1349年），期间出现39个洪涝年。最短的小洪涝期只有17年（1601—1617年和1143—1159年），分别出现9个洪涝年；最长的小干旱期为78年（1065—1142年），其中有30个干旱年。最短的小干旱期只有13年（1918—1930年），其中出现7个干旱年。小干旱期和小洪涝期平均分别为38.8年和38.9年。因此，小干旱期和小洪涝期的长短变化也是相近的。

2.3.2　近700年来长江流域干旱演变特征

Cook等（2010）利用327个树轮年表，重建了1300—2005年亚洲地区532个格点的夏季帕尔默干旱指数（Monsoon Asia Drought Atlas，MADA-PDSI）。在长江流域内分布有30个格点，如图2.28所示。本书利用MADA-PDSI数据对近700年来长江流域夏季干旱变化特征。

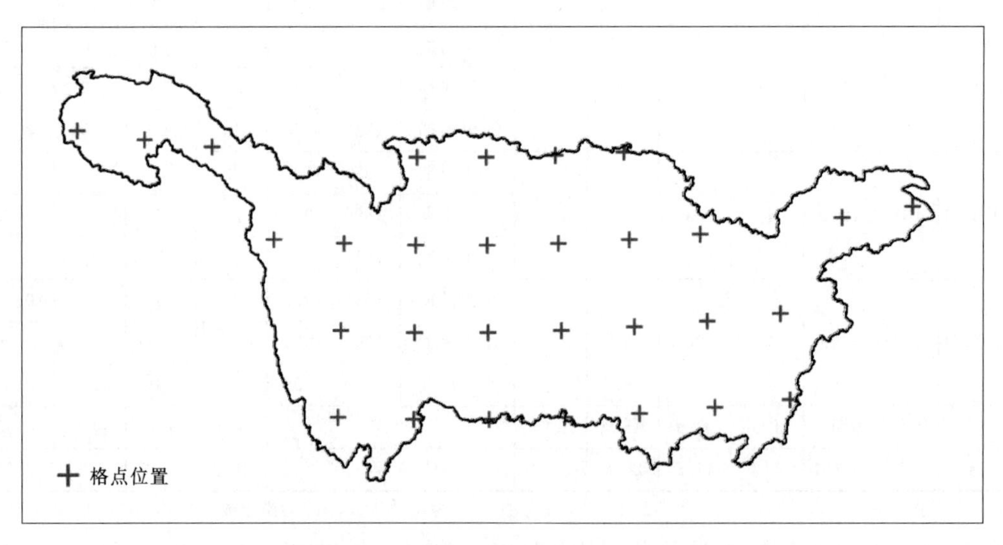

图2.28　长江流域所涉及的格点分布图

（1）干旱时间演变特征。本书采用干旱笼罩面积表示长江流域1300—2005年间历年发生干旱面积的时间变化特征（图2.29）。干旱笼罩面积在本次研究中采用干旱率来表示，即在一定的时间范围内，某地区干旱发生格点占总格点的比例（闫峰等，2010）。由图 2.30 可知，1300—2005 年期间长江流域干旱笼罩面积呈现出“增-减-增”的态势，1400—1499 年和 1900—2005 年期间，干旱率较大，期间多年平均值分别为 19.5%和 23.9%，是整个研究时段多年平均值的 1.1 倍和 1.4 倍。

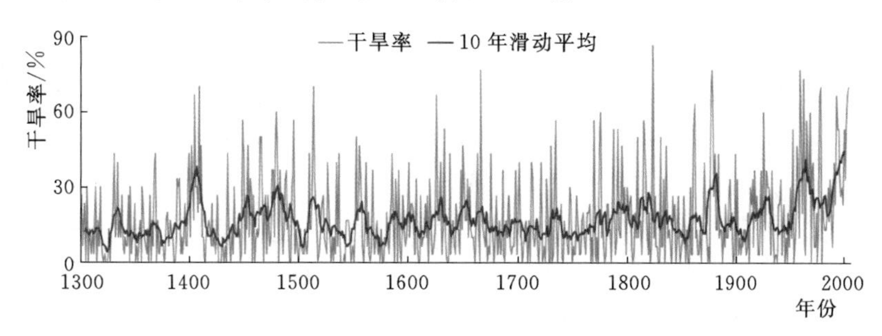

图 2.29 1300—2005 年长江流域夏季干旱率

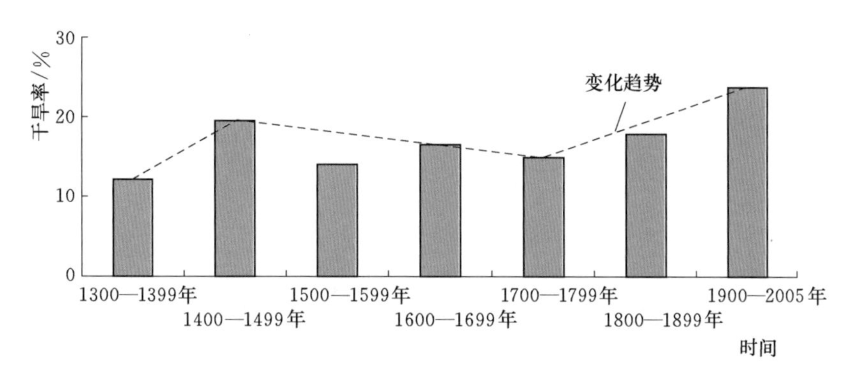

图 2.30 长江流域夏季干旱率世纪变化

（2）干旱空间演变规律。图 2.31 为 1300—2005 年期间，各世纪干旱频率空间分布情况。从图 2.31 中可以看出，1300—1399 年期间，干旱高频区集中在云南地区；1400—1499 年期间，四川、重庆、湖北、江西等地区干旱发生频率较高；1500—1599 年期间，长江下游地区属于干旱高频区；1600—1699 年期间，长江下游地区和云南地区干旱频率相对较高；1700—1799 年期间，干旱高频区范围相对较小；1800—1899 年期间，长江下游地区干旱呈现出广发的态势；1900—2005 年期间，干旱形势较任何一个年代都严峻，全流域（尤其是云贵川地区）干旱发生频率较高。

2.3.3 1950 年以来的大干旱事件

表 2.8 分别按受旱面积和成灾面积大小统计了 1950—1990 年期间长江流域发生的前 15 位的大干旱事件。1978 年是长江流域旱灾最严重的年份，特别是长江中、下游地区，几乎各省都列报为重点干旱年，可称是长江流域受旱面积广、持续时间长、灾害最严重的典型极旱年，当年流域内农田受旱面积为 16761.44 万亩，成灾面积为 8684.64 万亩（其中绝收 1089.60 万亩）。1959 年、1988 年是流域内受旱面积广、灾情较严重的重旱年，在 1959 年流域内农田受旱面积为 14249.90 万亩，成灾面积为 6448.42 万亩（其中绝收

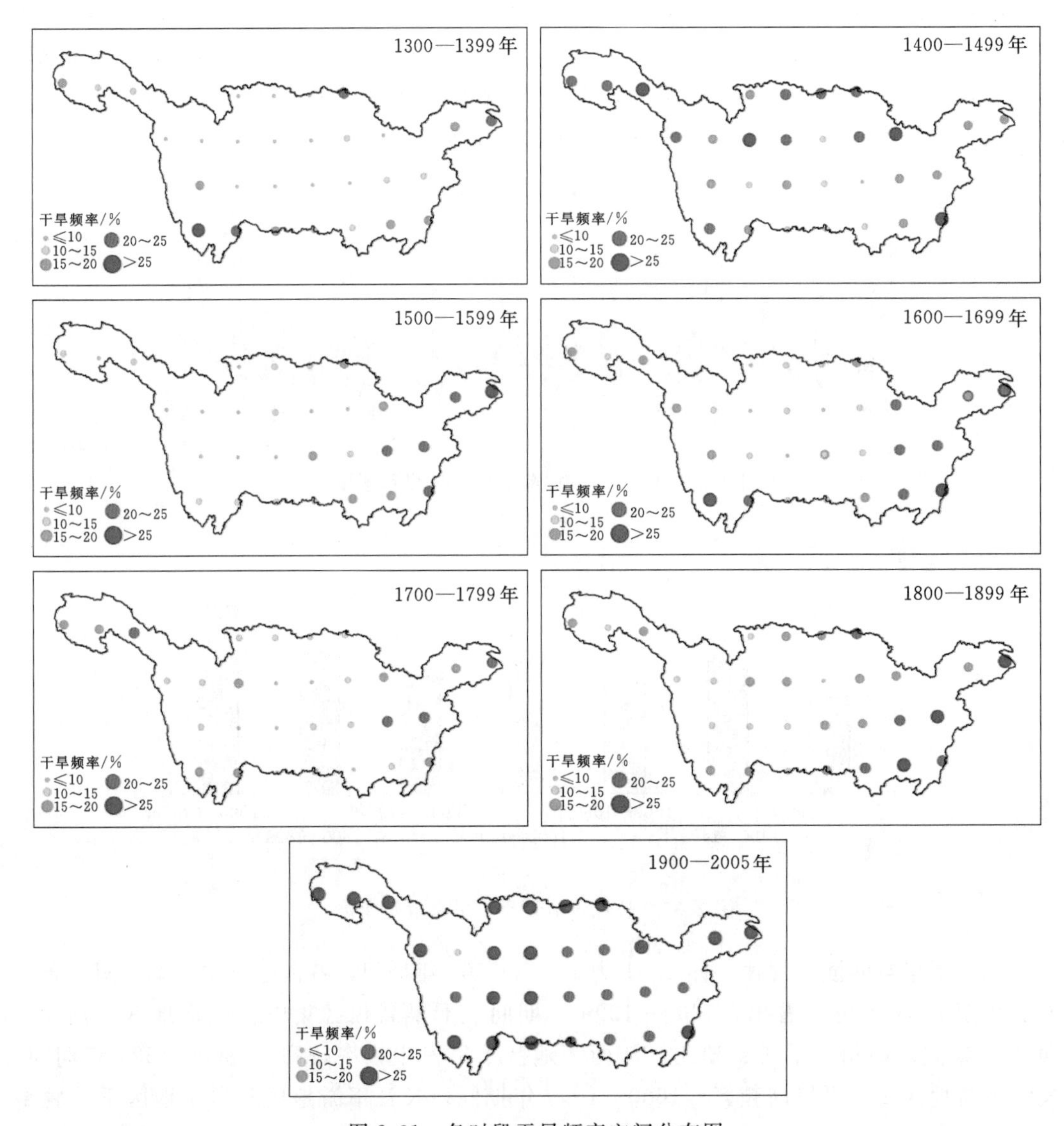

图2.31 各时段干旱频率空间分布图

1552.89万亩），在1988年流域内农田受旱面积为10081.37万亩，成灾面积为5593.97万亩（其中绝收641.36万亩）。1949—1990年期间，平均每年因旱灾而减产的粮食至少300万～500万t以上。

长江上游因干旱减产粮食以1960年、1961年最重，1978年次之，1990年居第3位。中游粮食减产以1978年最重，1963年次之，1959年、1960年居第3位。下游粮食减产以1959年最重，1978年、1967年减产量接近。可见上、中、下游因旱减产的严重程度并非同步，但1959—1961年及1978年均属重灾年，这是共同的。从全流域粮食减产看，1978年最严重，1961年次之，1960年居第3位，而1988年、1959年也是相对较严重的粮食减产年。粮食减产的轻重与全流域受旱率基本相呼应。

表 2.8　　1950—1990 年期间长江流域前 15 位干旱年序次表

序号	按受旱面积		按成灾面积		序号	按受旱面积		按成灾面积	
	年份	频率/%	年份	频率/%		年份	频率/%	年份	频率/%
1	1978	2.3	1978	2.3	9	1985	20.9	1990	20.9
2	1959	4.7	1959	4.7	10	1979	23.3	1985	23.3
3	1972	7.0	1963	7.0	11	1961	25.6	1979	25.6
4	1988	9.3	1988	9.3	12	1976	27.9	1976	27.9
5	1960	11.6	1961	11.6	13	1966	30.2	1977	30.2
6	1986	14.0	1960	14.0	14	1977	32.6	1981	32.6
7	1963	16.3	1972	16.3	15	1981	34.9	1966	34.9
8	1990	18.6	1986	18.6					

2.3.4　2000 年以来干旱出现的新变化

根据 2006—2018 年《中国水旱灾害公报》中各省（直辖市）受灾面积统计数据，对长江经济带主要省（直辖市）历年因旱作物受灾情况进行分析（表 2.9、图 2.32）。云贵高原、四川盆地、重庆山丘地区、湖南衡邵山丘区、鄂北山丘区和赣南山丘区等传统干旱高发区域干旱形势依旧严峻，且出现连续多年长历时干旱事件。例如 2009—2010 年西南地区的秋冬春连旱。在 2009 年入秋以来，西南大部分地区降水和来水持续偏少，蓄水严重不足，云南、贵州、广西、四川和重庆等省（自治区、直辖市）发生了严重干旱，其中云南大部、贵州西部和南部、广西西北部旱情十分严重，达到特大干旱等级。截至 2010 年 3 月 31 日统计，云南、贵州、广西、重庆、四川 5 省（自治区、直辖市）耕地受旱面积 9716 万亩，占全国受旱面积的 84%，作物受旱 7250 万亩（重旱 2539 万亩、干枯 1487 万亩），待播耕地缺水缺墒 2466 万亩；有 1939 万人、1189 万头大牲畜因旱饮水困难，分别占全国的 80%和 75%。

表 2.9　　2006—2018 年期间长江经济带主要省（直辖市）农作物受灾率

分区	云南	贵州	四川	重庆	湖南	湖北	江西	安徽	浙江	江苏
2006 年	17.2%	16.1%	26.2%	43.2%	4.5%	15.8%	4.3%	5.3%	3.5%	4.3%
2007 年	11.8%	4.0%	15.0%	7.5%	17.0%	11.9%	19.1%	0.1%	3.3%	1.0%
2008 年	7.7%	0.7%	1.1%	5.0%	6.4%	0.3%	2.4%	0.0%	0.9%	0.0%
2009 年	16.2%	10.0%	8.1%	4.4%	9.6%	8.1%	11.3%	9.7%	0.9%	8.1%
2010 年	45.4%	26.0%	5.4%	9.4%	6.0%	2.8%	0.0%	0.4%	0.1%	0.9%
2011 年	19.0%	2.2%	6.0%	12.0%	14.6%	16.2%	9.3%	7.3%	14.0%	6.4%
2012 年	16.1%	0.0%	2.4%	1.9%	0.0%	12.2%	0.0%	6.6%	0.0%	4.8%
2013 年	17.2%	20.7%	5.4%	6.9%	17.8%	16.5%	10.2%	4.3%	20.9%	3.7%
2014 年	4.9%	0.2%	6.2%	0.2%	0.0%	8.1%	0.0%	3.0%	0.0%	6.2%
2015 年	6.7%	0.0%	2.4%	0.2%	0.2%	2.2%	1.0%	0.0%	0.0%	0.2%
2016 年	0.7%	0.1%	1.2%	1.4%	0.1%	4.3%	0.6%	2.0%	0.0%	1.8%
2017 年	1.5%	1.0%	0.4%	2.4%	2.7%	7.9%	0.7%	2.5%	0.0%	0.5%
2018 年	0.6%	2.2%	1.9%	0.9%	1.9%	6.0%	3.6%	2.0%	0.0%	0.1%

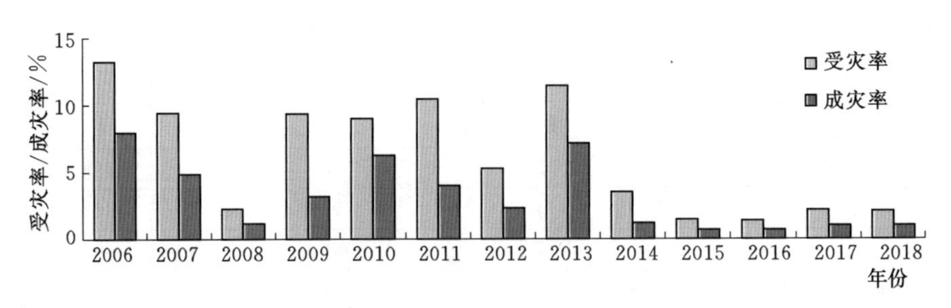

图2.32　2006—2018年期间长江经济带主要省（直辖市）农作物受灾情况

2006—2018年期间，长江经济带受灾率和成灾率分别以每年0.77%和0.42%的速度在递减，成灾率的减少速率小于受灾率的递减速率。2006—2013年期间干旱频发，年均干旱受灾和成灾面积分别为5546.02千hm^2和2902.20千hm^2，分别占播种面积的8.8%（受灾率）和4.6%（成灾率），是2014—2018年期间多年平均值的4.1倍和5.0倍。

近年来，干旱问题整体有所缓解，但局部仍然较为突出，尤其是长江流域大城市附近湖泊等天然水域水污染严重或者出现富营养化，许多大中城市特别是中、下游地区的城市主水（当地水）污染严重，严重依靠客水（上游水源），遇客水来量减少或者突发水污染事故，水质性缺水问题突出，如果遇当地干旱，会加重旱灾损失。

此外，自2000年以来，长江流域的旱涝急转事件逐渐呈现出频发态势，特别是中、下游地区，夏季气温较高，长期干旱之后，突然出现强降水的情况下，极易形成旱涝急转现象。旱涝急转所带来的破坏性灾害比单纯的干旱灾害或涝渍灾害更为严重。例如2011年，长江中、下游地区6省发生了严重的春夏连旱，受旱区域十分集中，旱情发生在该地区的主汛期，又是春播春插的关键期，给粮食作物生长带来极大影响，由于抗旱水源短缺，旱情影响范围逐步从农业发展到人畜饮水。长江中下游的湖南、湖北、安徽、江西、江苏等地区由于抗旱水源持续消耗，河湖水位下降，农业旱情及人畜饮水困难迅速发展。6月3日开始，长江中、下游旱区结束了少雨局面，出现连日强降水过程，造成湖南、江西、贵州、浙江等地出现旱涝急转现象，发生不同程度洪涝灾害。湖北长江支流陆水发生较大洪水，陆水支流隽水发生超历史纪录的特大洪水；湖南资水、湘江部分支流及江西修水、昌江上游发生超警洪水。长江干流监利以下江段及洞庭湖、鄱阳湖水位继续上涨，分别较前期最低水位抬升4m左右。

第3章

未来气候变化情景下长江流域气象干旱演变趋势

3.1 气候情景及气候模式

3.1.1 气候情景

未来气候预估是基于温室气体和气溶胶的排放情景所做的预估，其中，排放情景是对诸如温室气体、气溶胶等对辐射有潜在影响的物质在未来的排放趋势的表述。2011年以前，政府间气候变化专门化委员会（IPCC）分别于1992年和2000年发布了两套温室气体和气溶胶排放情景，分别为IS92（IPCC第三次评估报告）和SRES（IPCC第四次评估报告）。在2011年*Climatic Change*期刊中，介绍了新一代的温室气体排放情景——“代表性浓度路径”（representative concentration pathways，RCPs），该情景是IPCC在第五次评估报告中开发的新情景。其中，“representative（代表性）”表示多种可能性中的一种；用“concentration（浓度）”而不用辐射强迫是强调以浓度为目标；“路径（pathways）”是指达到某一个量的过程而不是单指这个量（Moss et al.，2010）。RCPs主要包括四种情景，分别为RCP2.6、RCP4.5、RCP6.0和RCP8.5，各情景的简单情况如下：

（1）RCP8.5情景：假定人口最多、技术革新率不高、能源改善缓慢，所以收入增长慢。这将导致长时间高能源需求及高温室气体排放，而缺少应对气候变化的政策。2100年辐射强迫上升至8.5W/m^2(Riahi et al.，2011)。

（2）RCP6.0情景：反映了生存期长的全球温室气体和生存期短的物质的排放，以及土地利用/陆面变化，导致到2100年辐射强迫稳定在6.0W/m^2(Masui et al.，2011)。

（3）RCP4.5情景：2100年辐射强迫稳定在4.5W/m^2(Thomson et al.，2011)。

（4）RCP2.6情景：把全球平均温度上升限制在2.0℃之内，其中21世纪后半叶能源应用为负排放。辐射强迫在2100年之前达到峰值，到2100年下降至2.6W/m^2(van Vuuren et al.，2011)。

3.1.2 气候模式

2008年9月，世界气候研究计划（WCRP）耦合模拟工作组（WGCM）与国际地圈生物圈计划（IGBP）的地球系统积分与模拟计划（AIMES）召开会议，决定联合推动第5阶段国际耦合模式比较计划（CMIP5）（Taylor et al.，2012）。在CMIP5中，共有50多个气候模式参与了历史和未来全球气候变化的数值模拟试验。本书研究选取的气候模式是由 ISI－MIP（The Inter－Sectoral Impact Model Intercomparison Project）提供的 5 套全球气候模式插值和订正结果。插值和订正方法分别为双线性插值和基于概率分布的统计偏差订正（Piani et al.，2010；Hagemann et al.，2011；Warszawski et al.，2014）。ISI－MIP 中 5 套全球气候模式的基本信息如表 3.1 所示。气候模式提供的气象要素包括：平均气温、最高气温、最低气温、降水量、太阳总辐射、平均相对湿度、地面气压和近地面平均风速，分辨率为 0.5°×0.5°，涉及的情景分别为：RCP2.6、RCP4.5、RCP6.0、RCP8.5，时间范围为 1960 年 1 月 1 日—2099 年 12 月 31 日。本书研究中，选取其中的 RCP2.6、RCP4.5 和 RCP8.5，分别表示低、中、高情景，研究时段选取 2050 年以前，对未来 2020—2050 年的干旱灾害风险进行预估。

表 3.1　ISI－MIP 提供的 5 套全球气候模式

研　发　单　位	国家	模式名称
Geophysical Fluid Dynamics Laboratory（GFDL）	美国	GFDL－ESM2M
Hadley Centre for Climate Prediction and Research，Met Office	英国	HADGEM2－ES
Institut Pierre－Simon Laplace（IPSL）	法国	IPSL－CM5A－LR
Technology，Atmosphere and Ocean Research Institute，and National Institute for Environmental Studies	日本	MIROC－ESM－CHEM
Norwegian Climate Centre	挪威	NORESM1－M

3.2 气候模式优选与效果评价

3.2.1 气候模式优选方法

本书采用概率密度函数的统计变量 *SS*（Skill Score）来评价 GCMs 对概率密度函数的模拟效果。*SS* 用以描述模拟概率分布与实测值的重叠程度（图 3.1）。

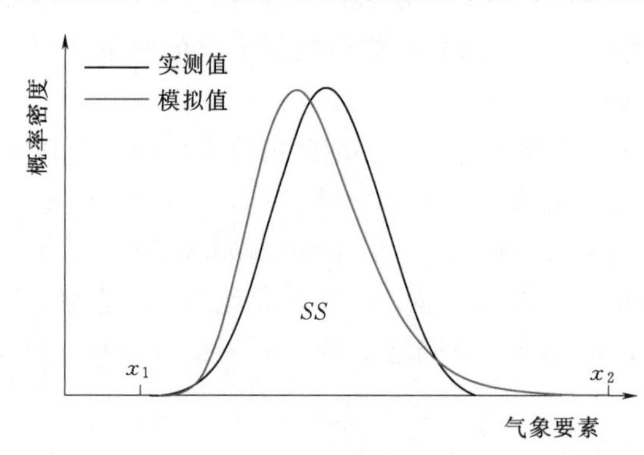

图 3.1　实测序列和模拟序列概率密度分布函数示意图

具体而言，以某一格点指定月份实测和模拟气象要素系列构成集合 A_O 和 A_S：

$$A_O=\{u_1,\ u_2,\ \cdots,\ u_n\}$$
$$A_S=\{v_1,\ v_2,\ \cdots,\ v_n\} \tag{3.1}$$

式中：u 和 v 分别为实测值和气候模拟模拟值；n 为样本容量。

选取合适的分布函数对实测和模拟的气象要素系列进行拟合，得到实测序列和模拟序列概率密度分布函数 $f_o(x)$ 和 $f_s(x)$。*SS* 值为 $f_o(x)$ 和 $f_s(x)$ 所围成的公共部分面积：

$$SS=\int_{x_1}^{x_2}\min[f_o(x),f_s(x)]\mathrm{d}x \tag{3.2}$$

SS 值介于 0～1 之间，当 $SS=0$ 时，说明实测值和模拟值的概率曲线完全没有重合

部分；而当 $SS=1$ 时，说明实测值和模拟值的概率曲线完全重合，SS 越大，说明模式模拟效果越优。以 SS 值为标准，对各模式的适用性进行评价，并筛选出相对最优模式，对未来气候模式预估数据进行拼插（图 3.2），利用拼插后的预估数据作为驱动，可预估气候变化背景下未来干旱特征变化。

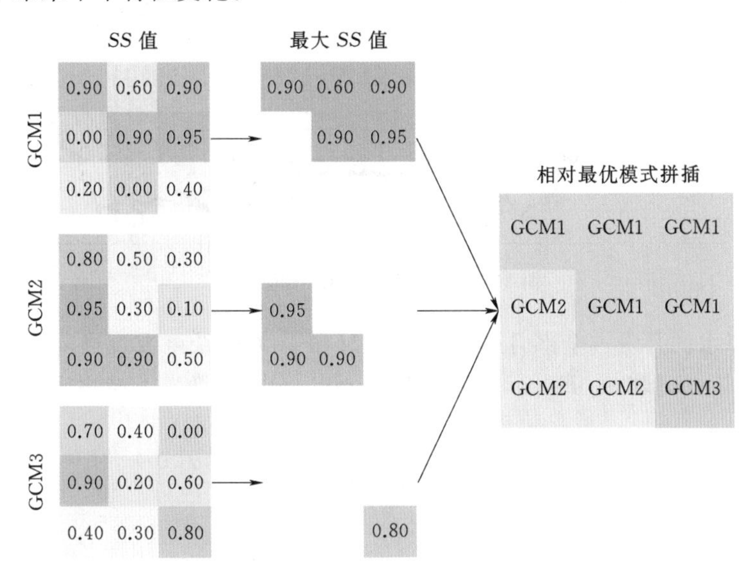

图 3.2　相对最优模式拼插示意图

用于评价气候模式的实测数据，选用的是中国地面降水日值 0.5°×0.5°格点数据集（V2.0）和中国地面气温日值 0.5°×0.5°格点数据集（V2.0），数据时段为 1961 年 1 月 1 日—2012 年 7 月 31 日，数据空间分辨率与 ISI - MIP 提供的 5 套全球气候模式一致，均为 0.5°×0.5°。该套数据集是以全国国家级台站日降水量/气温观测数据为基础，利用薄盘样条法（Hutchinson，1998a；Hutchinson，1998b），同时引入数字高程资料以尽可能地消除中国区域独特地形条件下高程对空间插值精度的影响。其中，用于插值的气象数据是全国 2474 个国家级台站近 50 年逐日降水量和气温资料，地形数据是由 GTOPO30 数据（分辨率为 0.05°×0.05°）经过重采样生产的中国陆地 0.5°×0.5°的数字高程模型（DEM）。数据集评估结果表明，格点分析值与观测值误差较小。具体的插值方法和数据评价结果可参见《中国地面降水 0.5°×0.5°格点数据集（V2.0）评估报告》（赵煜飞，2012）和《中国地面气温 0.5°×0.5°格点数据集（V2.0）评估报告》（沈艳，2012）。用于评价模式的格点分布如图 3.3 所示，长江流域内部及周边共计 873 个格点。

利用 1961 年 1 月—2000 年 12 月期间的实测和模拟的逐月降水/气温数据，采用概率密度函数的统计变量，对气候模式的适用性进行评价，具体如下。

（1）选取合适的分布函数对实测和模拟的月降水/气温数据进行拟合，其中，鉴于零降水月数的影响，月降水选用阶跃函数和两参数 gamma 分布函数组成的混合函数进行拟合［式（3.3）、式（3.4）］，月气温选用四参数的贝塔分布［式（3.5）］（陶辉等，2013）。

1）混合函数：

$$G(x)=(1-p)H(x)+pF(x) \tag{3.3}$$

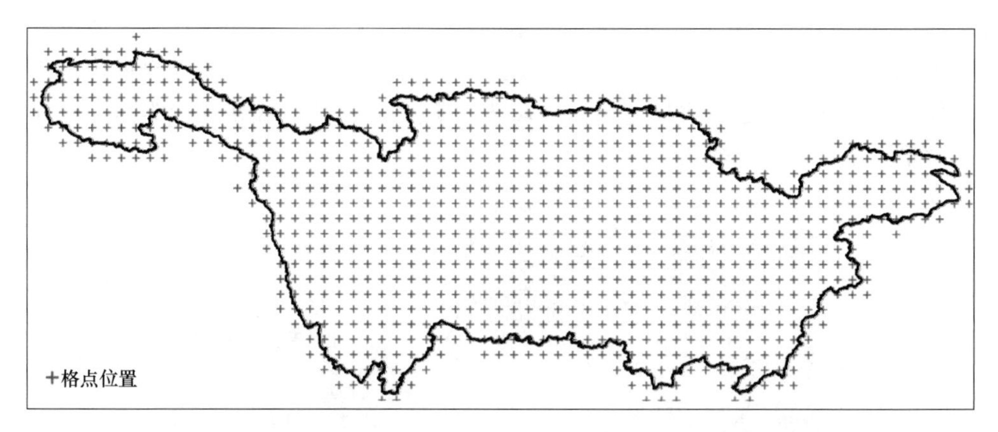

图 3.3　研究选取格点空间分布

式中：p 为有降水的月份占全部月份的比例；$H(x)$ 为阶跃函数，当降水量大于 0 时取 1，当降水量等于 0 时取 0；$F(x)$ 为两参数 gamma 分布函数，其概率密度函数为

$$f(x;k,\theta)=x^{k-1}\frac{e^{-x/\theta}}{\theta^k\Gamma(k)}\quad(x>0,k,\theta>0)\tag{3.4}$$

2）贝塔函数概率密度：

$$f(x;a,b,p,q)=\frac{1}{B(p,q)(b-a)^{p+q+1}}(x-a)^{p-1}(b-x)^{q-1}\quad(a\leqslant x\leqslant b;p,q>0)\tag{3.5}$$

（2）定义一个评分值 SS，用以定量化气候模式对降水和气温的模拟效果。SS 值的大小即为月降水或气温的实测值和模拟值概率密度曲线所围成的公共部分面积，SS 值越大，模式模拟效果越优，如图 3.4 所示。

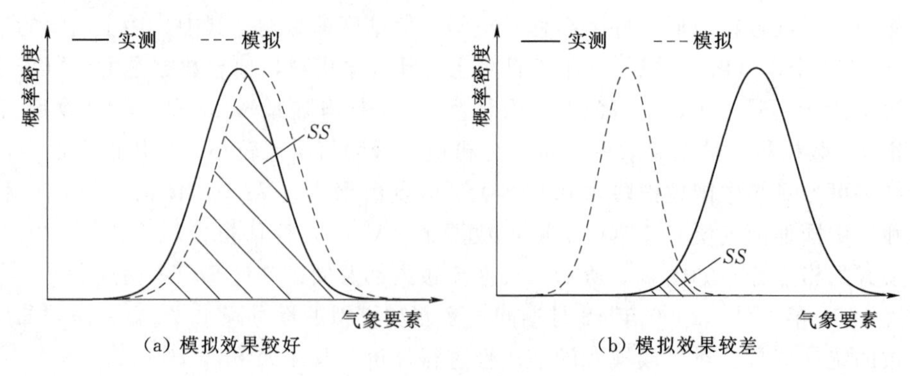

图 3.4　模式评价方法示意图

3.2.2　气候模式对降水模拟效果评价及相对最优模式筛选

图 3.5 为采用 3.2.1 节中的方法计算得到的各气候模式月降水模拟 SS 值空间分布情况，大部分气候模式 SS 值在 0.6 以上，尤其是长江中下游地区，普遍在 0.8 以上，说明

ISI-MIP 提供的 5 套全球气候模式降水插值和订正结果能重现历时月降水的概率分布特征。

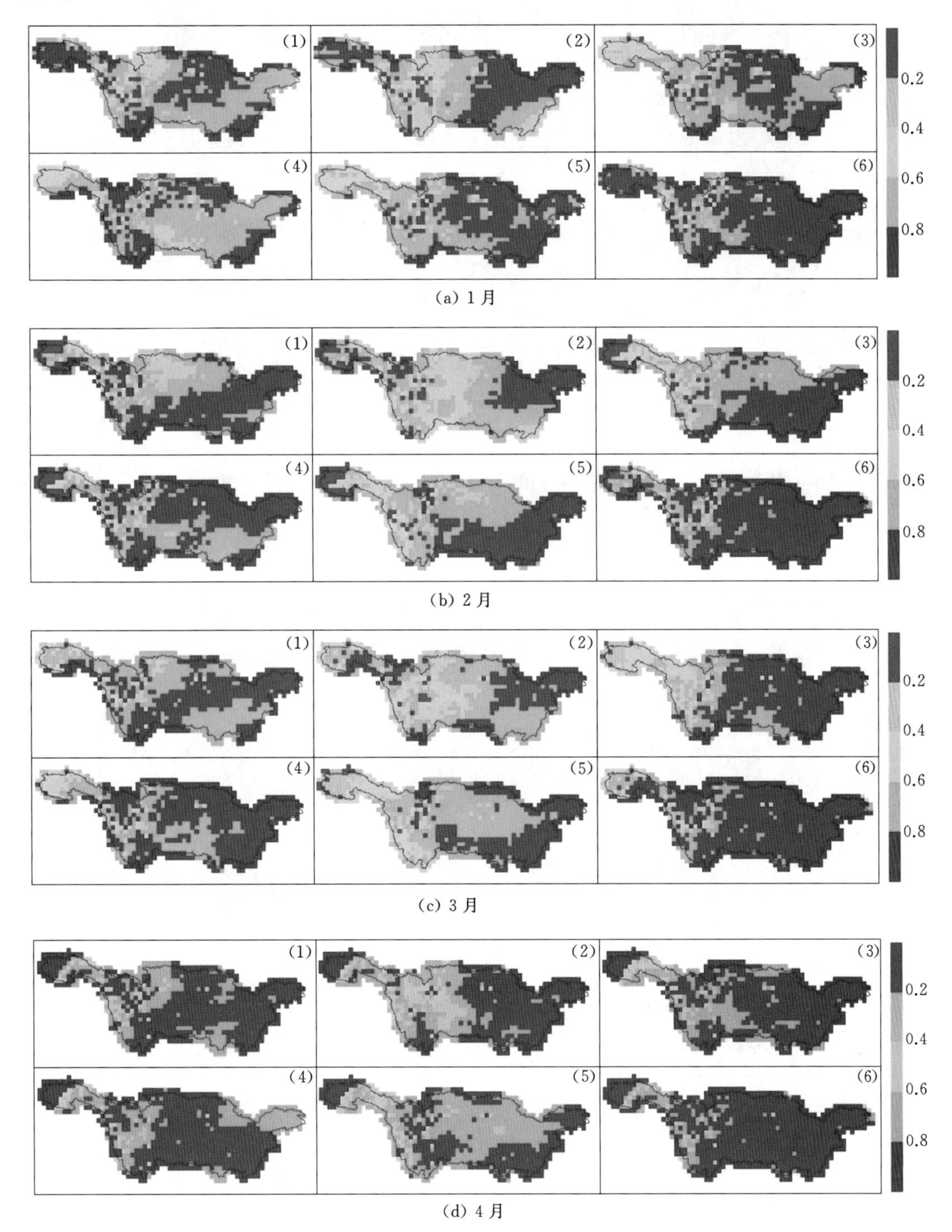

图 3.5（一） 各气候模式月降水模拟 *SS* 值空间分布情况

注：(1) ～ (5) 分别表示 GFDL-ESM2M、HadGEM2-ES、IPSL-CM5A-LR、MIROC-ESM-CHEM 和 NorESM1-M 模式下的 *SS* 值分布，(6) 表示相对最优模式下的 *SS* 值分布。

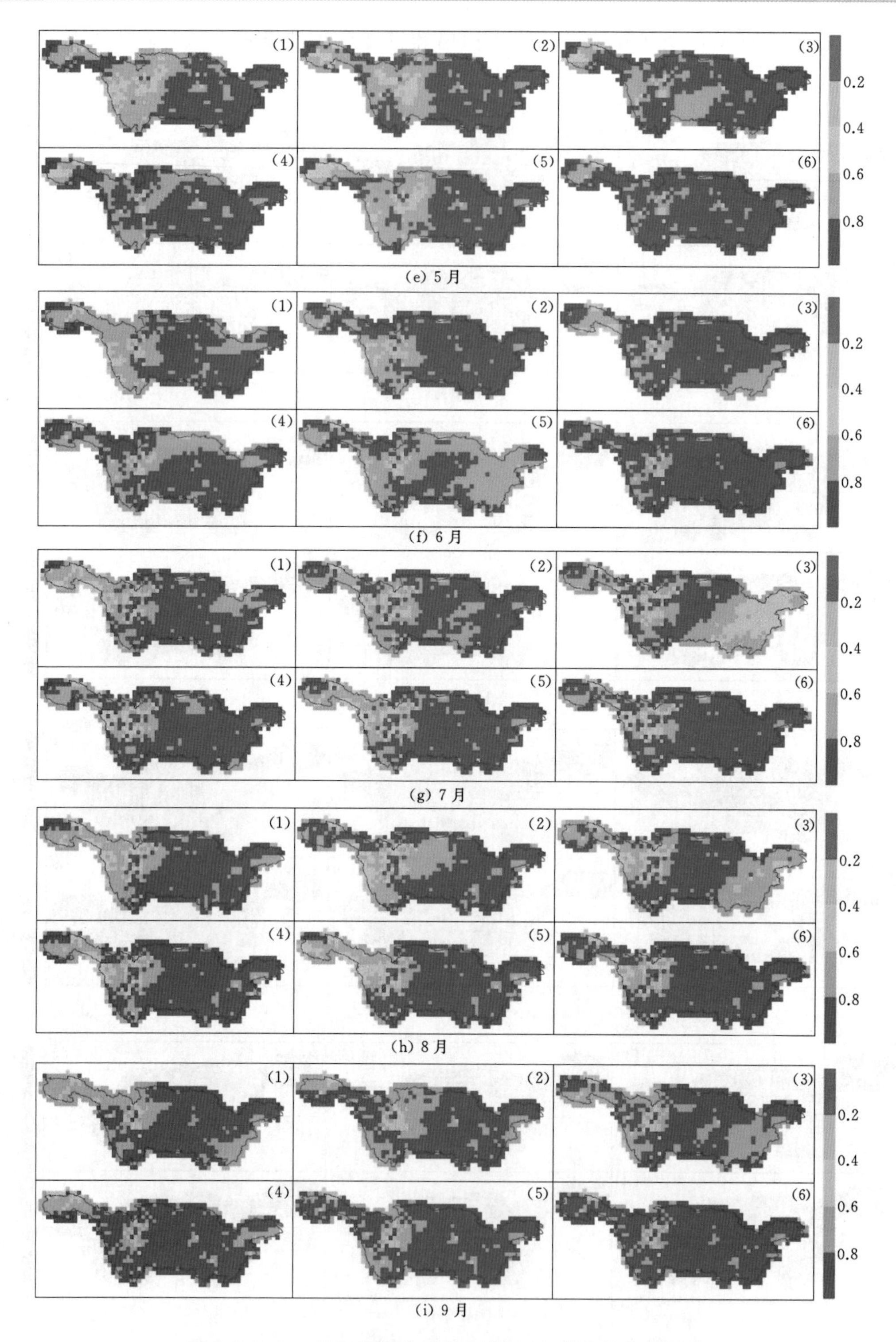

图 3.5（二） 各气候模式月降水模拟 *SS* 值空间分布情况

注：(1) ～ (5) 分别表示 GFDL - ESM2M、HadGEM2 - ES、IPSL - CM5A - LR、MIROC - ESM - CHEM 和 NorESM1 - M 模式下的 *SS* 值分布，(6) 表示相对最优模式下的 *SS* 值分布。

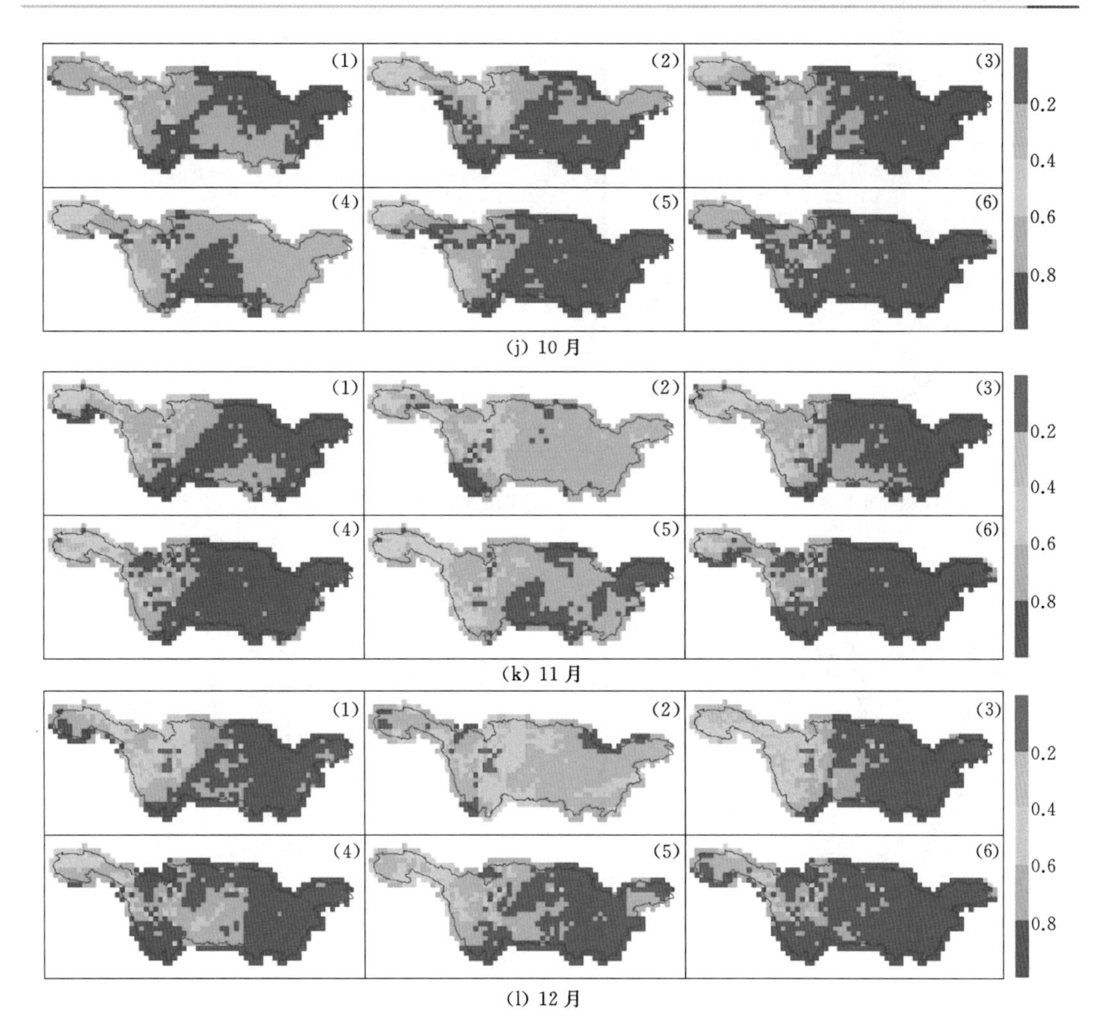

图 3.5（三） 各气候模式月降水模拟 *SS* 值空间分布情况

注：(1)～(5) 分别表示 GFDL－ESM2M、HadGEM2－ES、IPSL－CM5A－LR、MIROC－ESM－CHEM 和 NorESM1－M 模式下的 *SS* 值分布，(6) 表示相对最优模式下的 *SS* 值分布。

图 3.6 为气候模式对长江流域月降水模拟效果评价统计结果。从图中可以看出，本次研究所选取的 5 个模式对 4—11 月的模拟效果相对较优，*SS* 值普遍能达到 0.8 以上。利用相对最优模式进行集合后，模式的综合模拟效果有了较大幅度的提高，从流域平均 *SS* 值来看，1—12 月均能达到 0.82 以上；从 *SS* 值大于 0.8 以上的面积占比来看，1—12 月 $SS \geqslant 0.8$ 的面积均达 70%以上，4 月、5 月、6 月和 9 月更是达到 80%以上。

表 3.2 统计了在月降水的模拟中 GFDL－ESM2M、HadGEM2－ES、IPSL－CM5A－LR、MIROC－ESM－CHEM 和 NorESM1－M 为相对最优模式的区域站全流域的比例，该比例能在一定程度上反映某一月份内气候模式的普适性。从表 3.2 中可知，HadGEM2－ES 在 1 月具有较强的普适性，IPSL－CM5A－LR 在 5 月、6 月、10 月具有较强的普适性，MIROC－ESM－CHEM 在 2—4 月、7—9 月和 11—12 月具有较强的普适性。从单个模式来看，MIROC－ESM－CHEM 是所选 5 个模式中月降水模拟效果最优的。

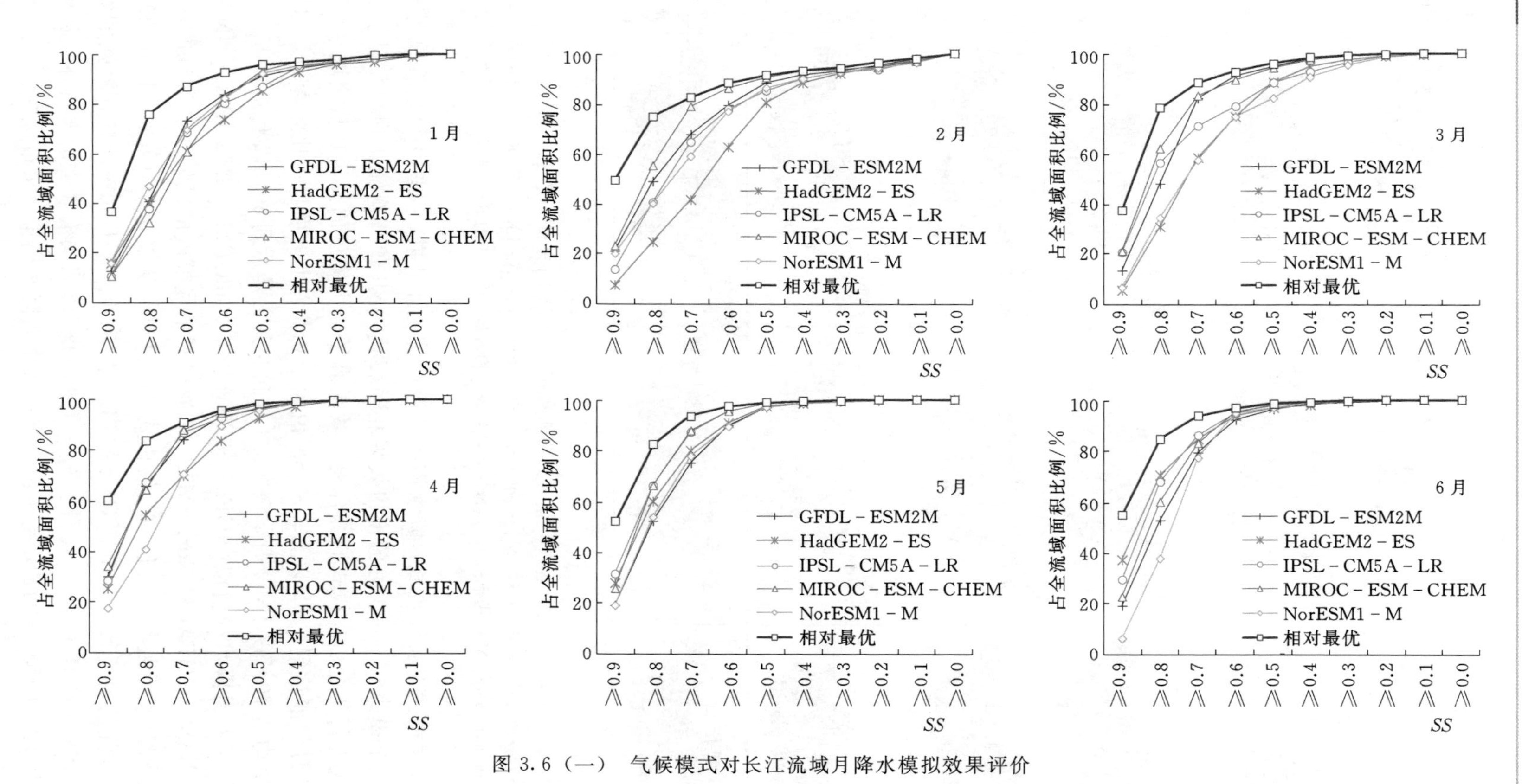

图 3.6（一） 气候模式对长江流域月降水模拟效果评价

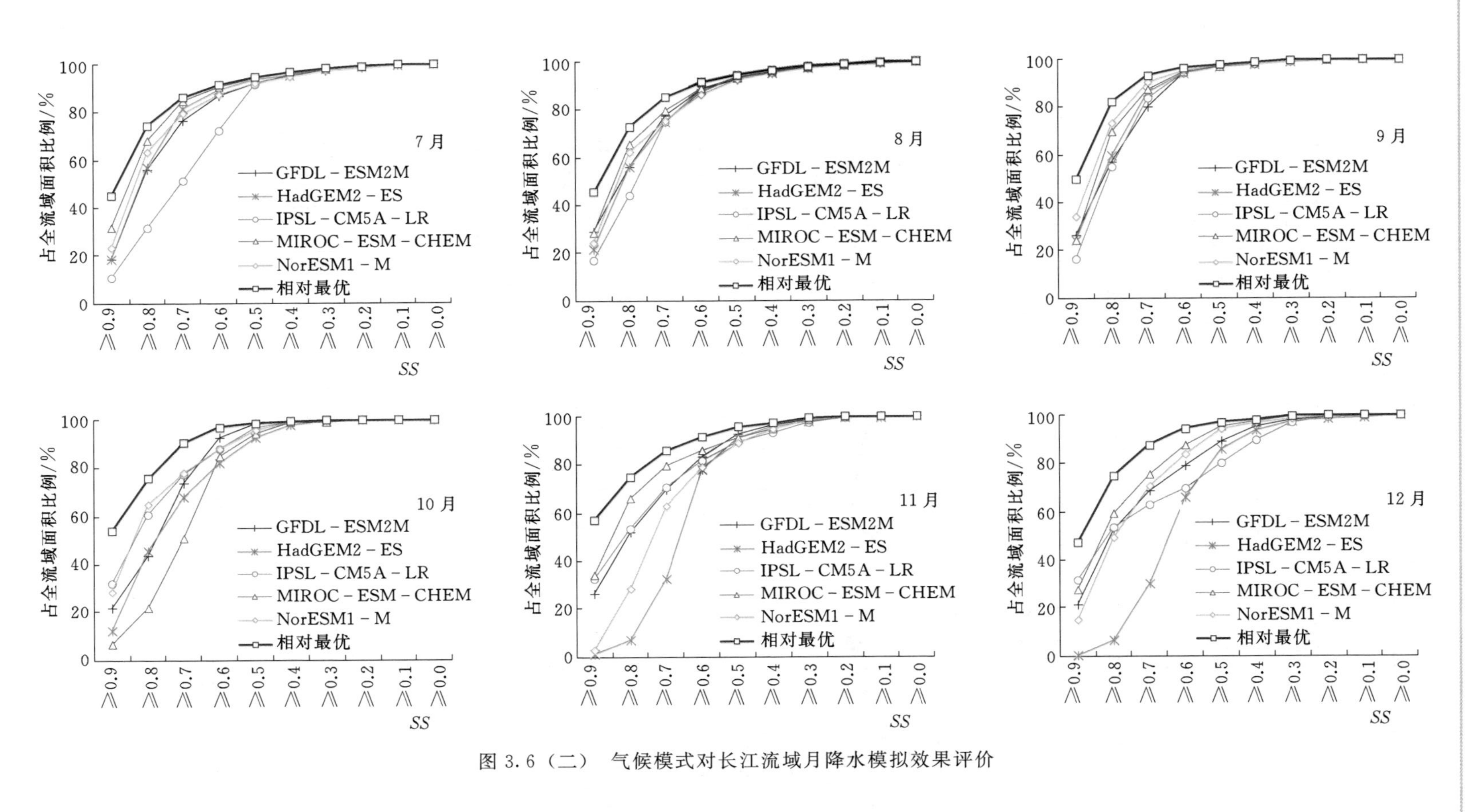

图3.6（二） 气候模式对长江流域月降水模拟效果评价

表3.2　　降水模拟相对最优模式占比　　单位：%

气候模式＼月份	1	2	3	4	5	6	7	8	9	10	11	12
GFDL - ESM2M	18.4	21.6	23.8	23.8	15.1	10.7	17.9	24.2	17.2	23.6	22.5	21.5
HadGEM2 - ES	29.0	10.1	11.6	12.3	20.5	31.5	14.3	20.6	17.0	15.8	12.4	7.6
IPSL - CM5A - LR	9.2	10.8	19.0	21.3	33.1	36.0	14.8	17.6	14.9	31.6	22.8	29.3
MIROC - ESM - CHEM	23.1	41.1	33.2	34.0	25.0	18.1	41.6	25.1	28.2	4.6	39.5	32.8
NorESM1 - M	20.3	16.4	12.4	8.6	6.3	3.8	11.5	12.5	22.8	24.4	2.9	8.8

3.2.3　气候模式对气温模拟效果评价及相对最优模式筛选

图3.7为各气候模式月气温模拟 *SS* 值空间分布情况。与降水模拟结果类似，所选取的5个气候模式能较好地重现长江中下游地区月气温的概率分布特征，此外，在长江源地区的效果也相对较优，其 *SS* 值普遍在0.8以上。但所选取的气候模式在川渝地区对于气温的重现能力较差，部分地区 *SS* 值在0.4以下。

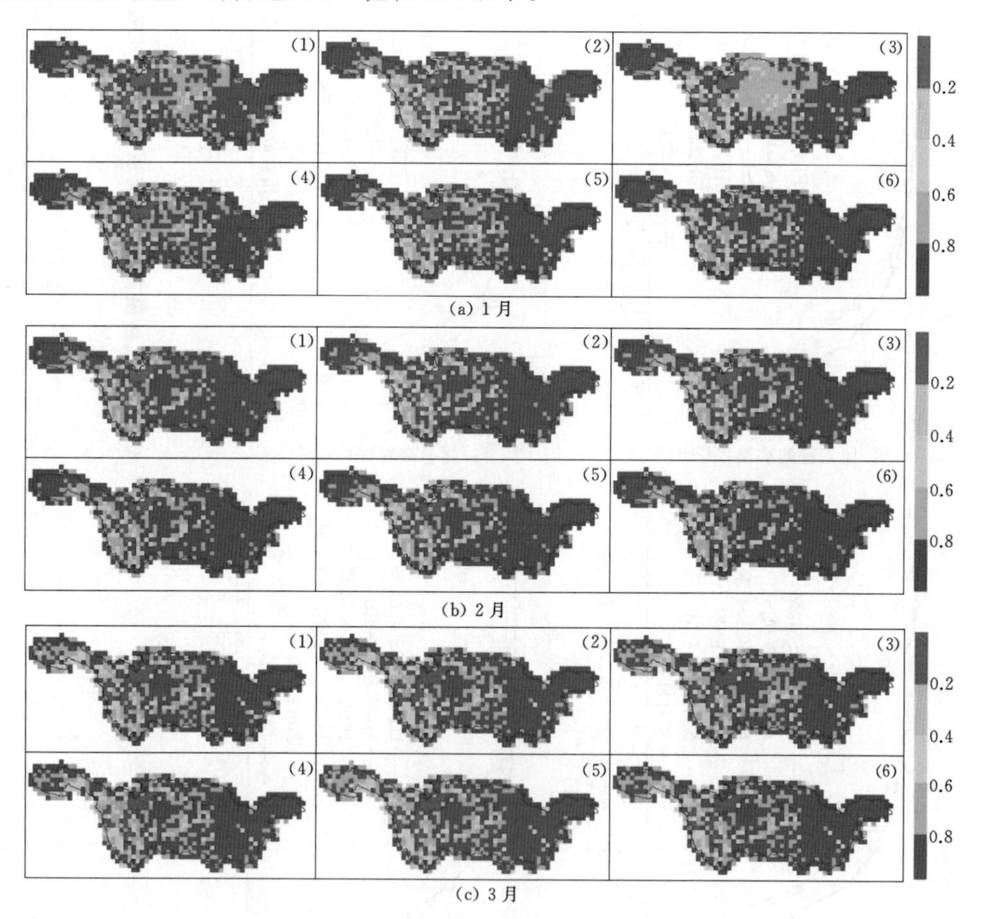

(a) 1月

(b) 2月

(c) 3月

图3.7（一）　各气候模式月气温模拟 *SS* 值空间分布情况

注：(1)～(5) 分别表示GFDL - ESM2M、HadGEM2 - ES、IPSL - CM5A - LR、MIROC - ESM - CHEM和NorESM1 - M模式下的 *SS* 值分布，(6) 表示相对最优模式下的 *SS* 值分布。

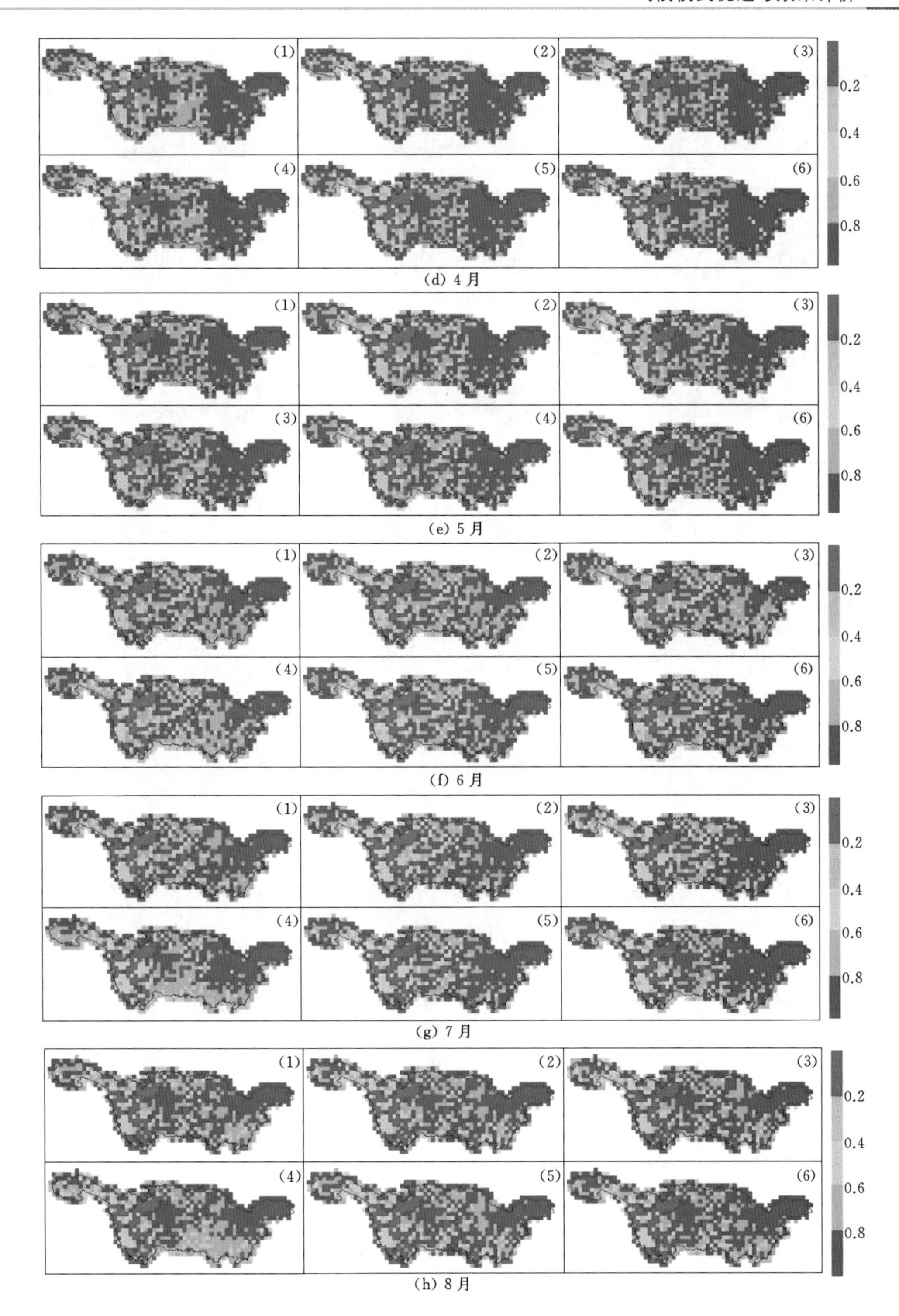

图 3.7（二） 各气候模式月气温模拟 *SS* 值空间分布情况

注：(1) ～ (5) 分别表示 GFDL - ESM2M、HadGEM2 - ES、IPSL - CM5A - LR、MIROC - ESM - CHEM 和 NorESM1 - M 模式下的 *SS* 值分布，(6) 表示相对最优模式下的 *SS* 值分布。

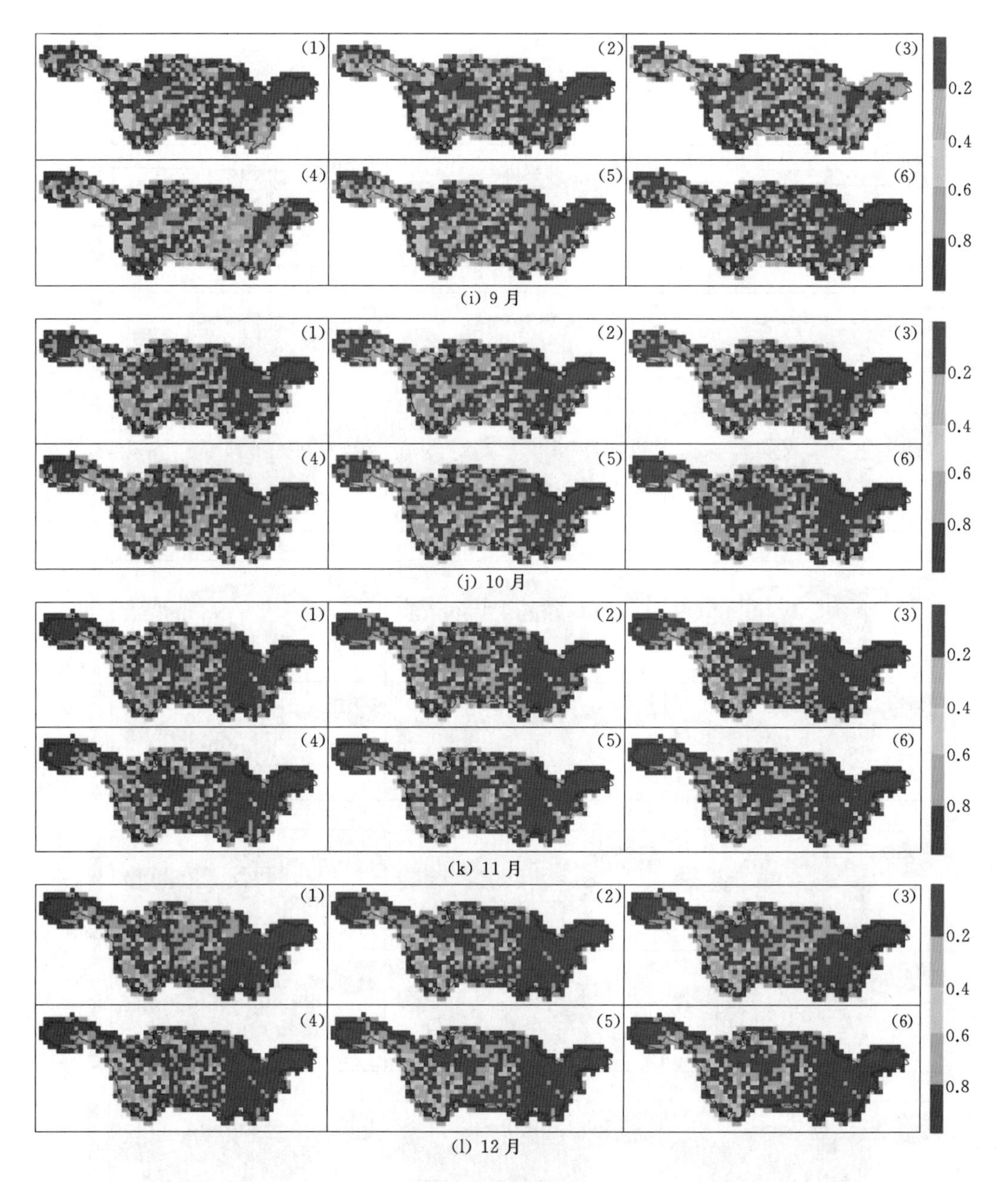

图 3.7(三) 各气候模式月气温模拟 *SS* 值空间分布情况

注:(1)~(5)分别表示 GFDL-ESM2M、HadGEM2-ES、IPSL-CM5A-LR、MIROC-ESM-CHEM 和 NorESM1-M 模式下的 *SS* 值分布,(6)表示相对最优模式下的 *SS* 值分布。

图 3.8 为气候模式对长江流域月气温模拟效果评价统计结果。从图中可以看出,所选取的各模式对月气温模拟精度差异性相对较小。利用相对最优模式进行集合后,流域平均 *SS* 值在 1—5 月和 10—12 月在 0.72 以上,但对于夏季气温的模拟效果较差,流域平均 *SS* 值在 0.66~0.69。从 *SS* 值大于 0.8 以上的面积占比来看,1—12 月 *SS* 值不小于 0.8 的面积均在 44%以上,其中 1—5 月、10—12 月达到 54%以上。

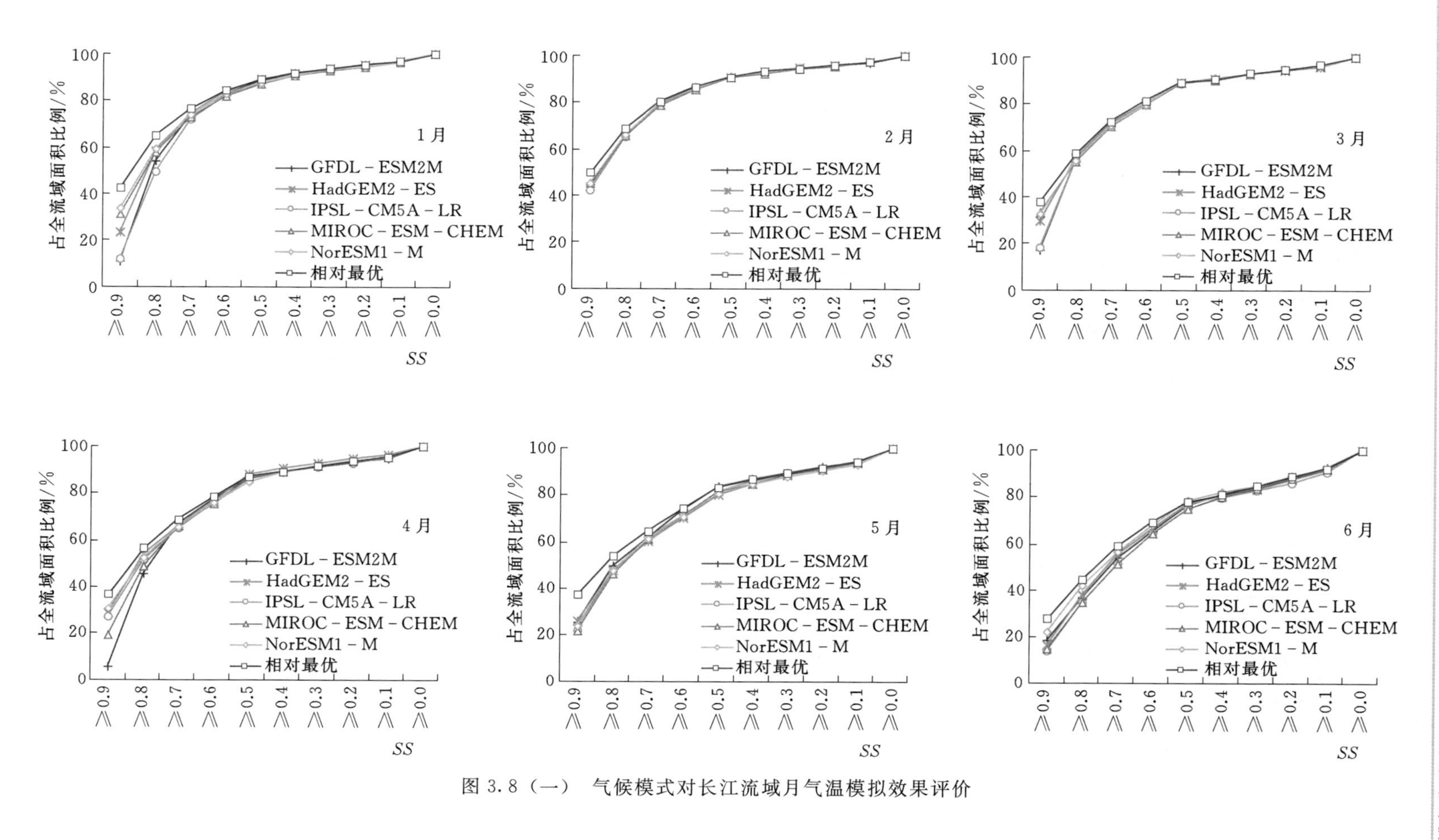

图3.8（一）　气候模式对长江流域月气温模拟效果评价

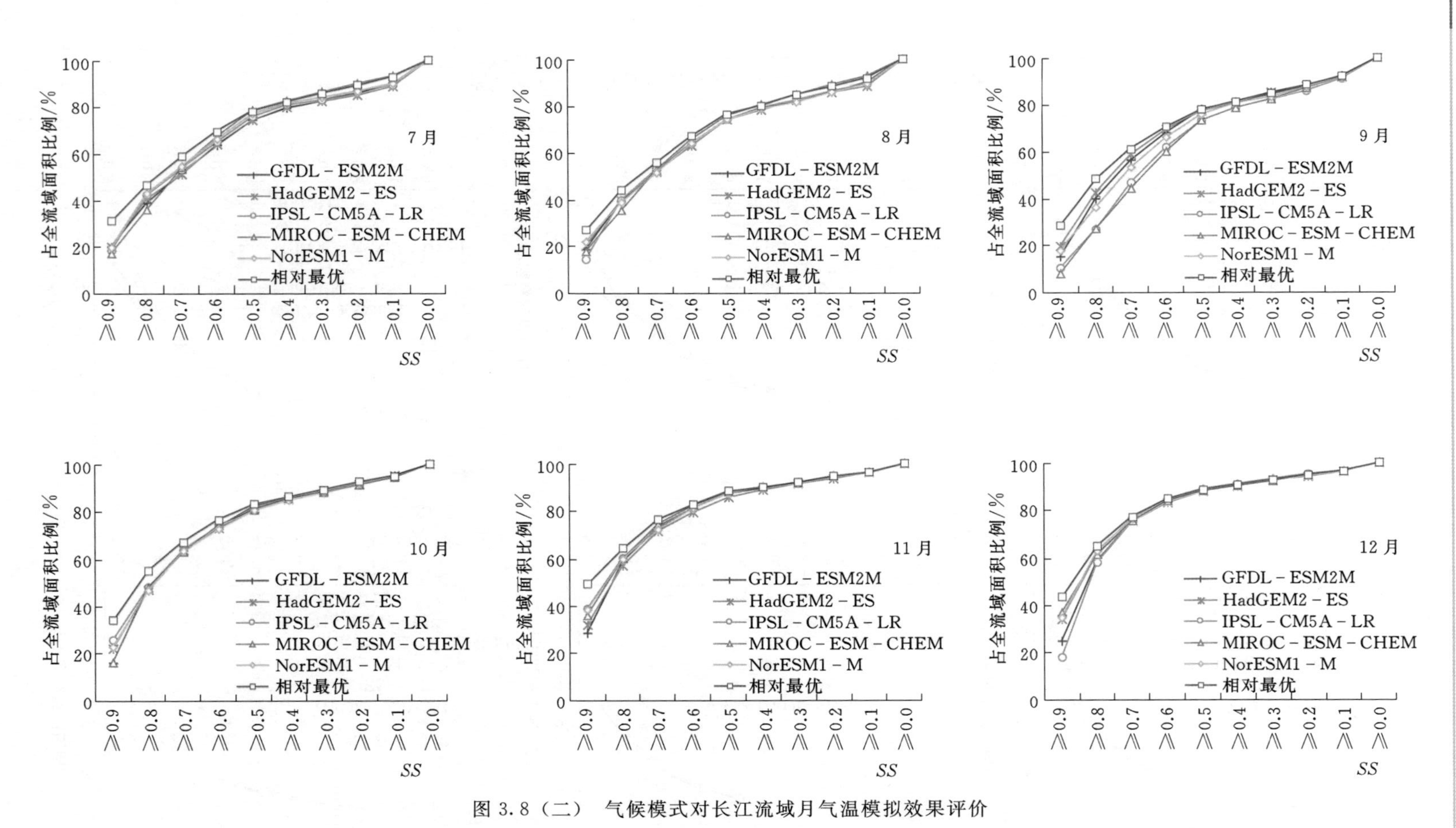

图 3.8（二）　气候模式对长江流域月气温模拟效果评价

表 3.3 统计了在月气温的模拟中 GFDL - ESM2M、HadGEM2 - ES、IPSL - CM5A - LR、MIROC - ESM - CHEM 和 NorESM1 - M 为相对最优模式的区域占全流域的比例。从表 3.3 中可知，GFDL - ESM2M 在 2 月、5 月和 8—9 月具有较强的普适性，HadGEM2 - ES 在 1 月和 9 月具有较强的普适性，MIROC - ESM - CHEM 在 7—8 月、10—11 月具有较强的普适性，NorESM1 - M 在 4 月、6 月 12 月具有较强的普适性。

表 3.3　　气温模拟相对最优模式占比　　单位：%

气候模式 \ 月份	1	2	3	4	5	6	7	8	9	10	11	12
GFDL - ESM2M	4.8	36.2	19.0	21.3	39.7	11.8	20.2	36.9	40.1	18.7	8.4	13.4
HadGEM2 - ES	41.1	28.1	22.9	24.2	16.0	17.5	17.8	9.4	35.7	18.1	26.3	16.5
IPSL - CM5A - LR	12.9	6.2	17.5	15.3	17.0	11.5	8.5	7.1	10.4	20.4	17.2	10.2
MIROC - ESM - CHEM	22.7	18.0	25.3	8.8	19.7	20.5	44.2	36.8	7.4	28.8	31.0	17.3
NorESM1 - M	18.4	11.6	15.2	30.4	7.6	38.7	9.4	9.9	6.3	14.1	17.1	42.6

3.3 未来长江流域气象要素变化趋势

3.3.1 降水

3.3.1.1 时间变化

经过模式优选，得到 RCP2.6、RCP4.5 和 RCP8.5 情景下长江流域未来降水变化过程（图 3.9）。从图 3.9 中可看出，长江流域年降水量多年均值在未来时段并没发生较为明显的变化。RCP2.6、RCP4.5 和 RCP8.5 情景下长江流域未来时段多年平均降水量分别为 1072.9mm、1063.6mm 和 1049.2mm，与历史时段相比，变化不超过±2%。

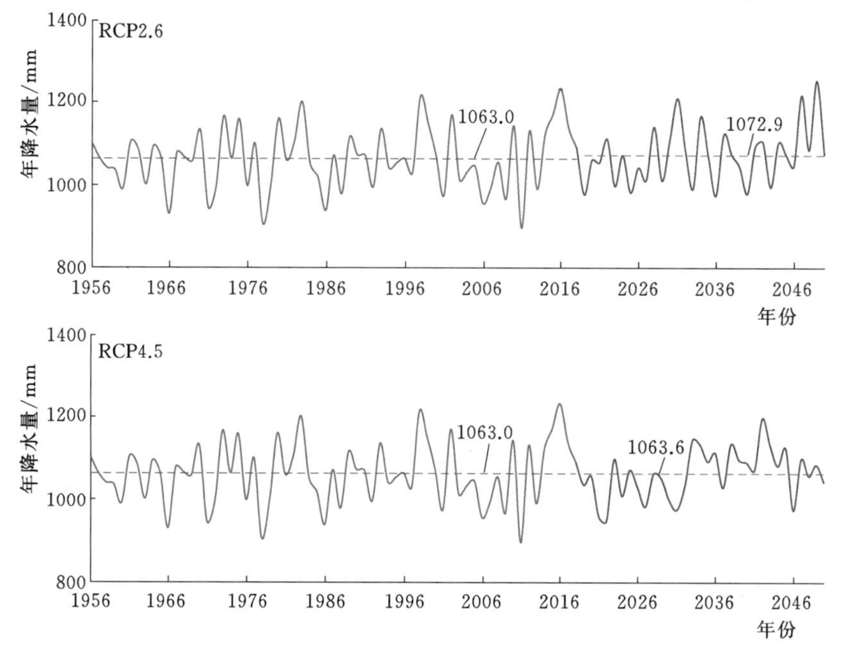

图 3.9（一） 1961—2050 年期间长江流域年降水量变化

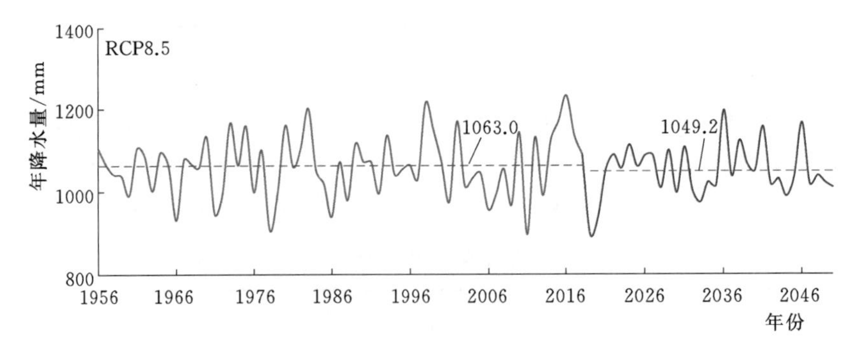

图 3.9（二）　1961—2050 年期间长江流域年降水量变化

3.3.1.2　空间变化

图 3.10 为未来不同气候情景下长江流域降水量格局及其空间变化特征。从图 3.10 中可看出，未来长江流域年降水量的空间分布格局并未发生明显变化，依然是由西向东逐渐增加。大部分地区未来降水量变化不超过±5%，年降水量增加幅度较大的地区主要位于金沙江流域，尤其是金沙江上游的长江源区，年降水量增幅普遍在 10%以上。

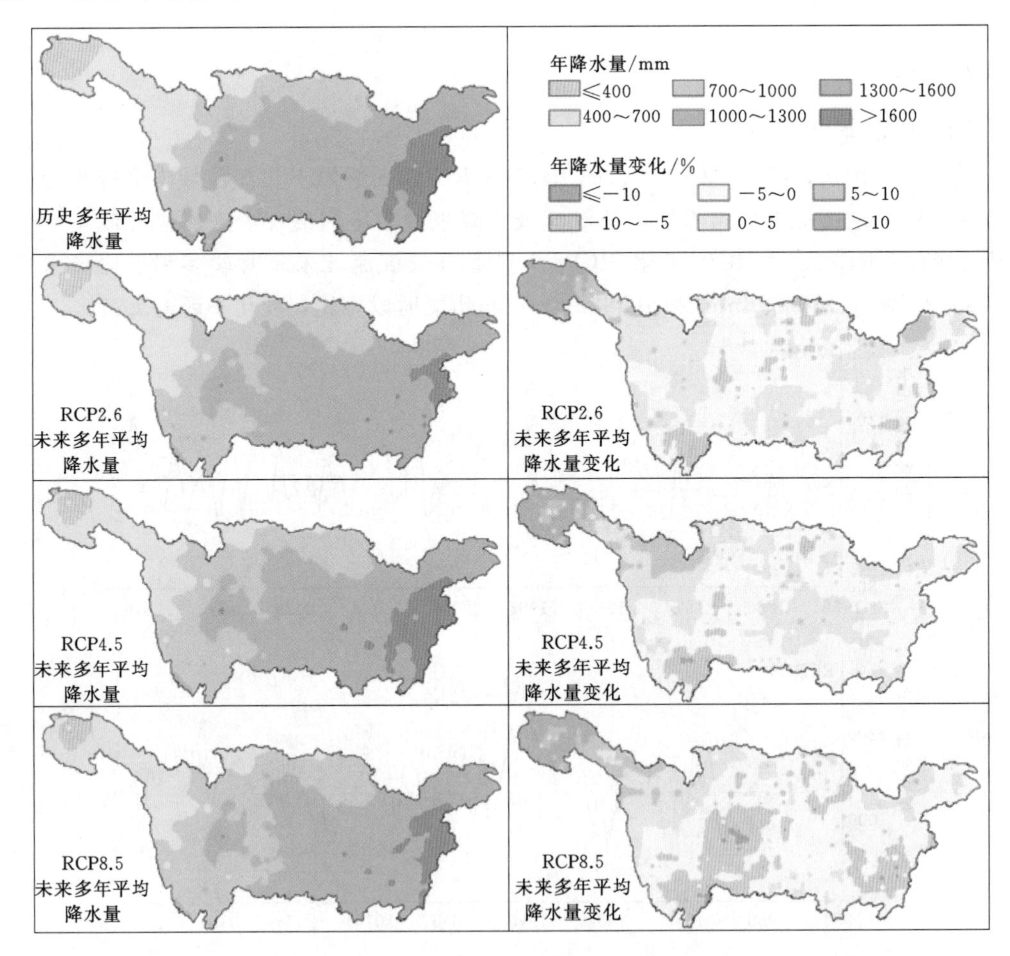

图 3.10　未来不同气候变化情景下长江流域降水量格局及其空间变化特征

3.3.2 气温

3.3.2.1 时间变化

经过模式优选，得到 RCP2.6、RCP4.5 和 RCP8.5 情景下长江流域未来气温变化过程（图 3.11）。从图中可看出，长江流域气温的多年均值在未来时段发生了较为明显的变化。未来气候变化情景下长江流域多年平均气温将达到 14.5～14.9℃，与历史时段相比，增加了 1.6～2.0℃。

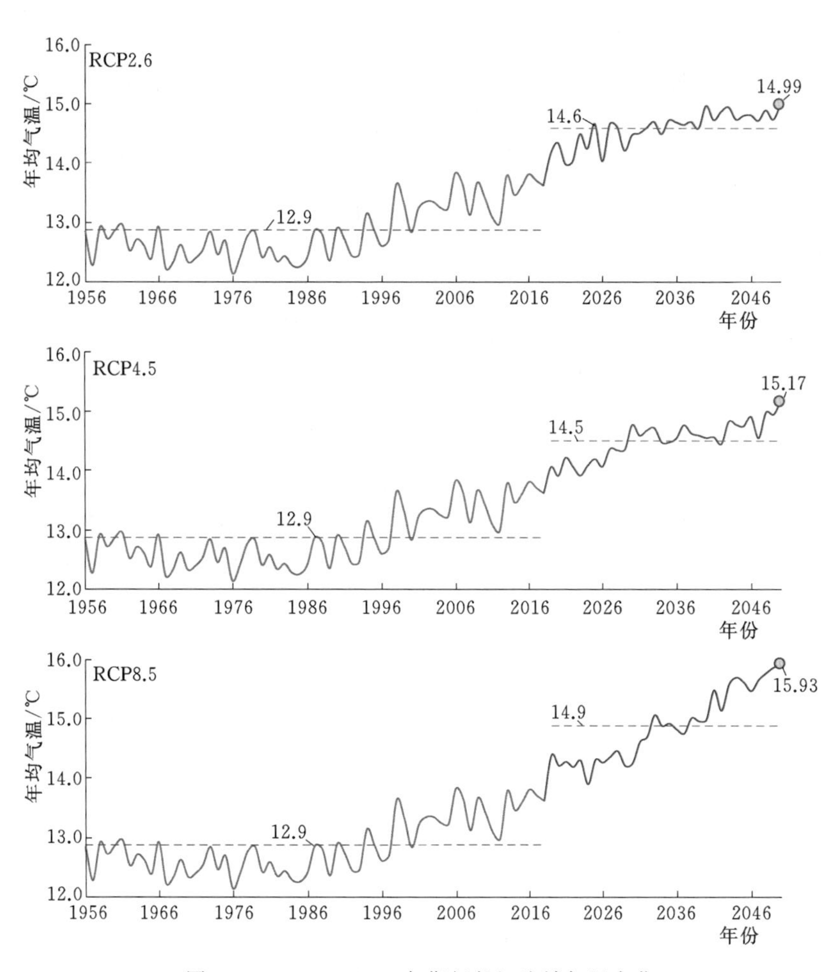

图 3.11 1961—2050 年期间长江流域气温变化

3.3.2.2 空间变化

图 3.12 为未来不同变化气候情景下长江流域气温格局及其空间变化特征。从图中可看出，未来长江流域年气温的空间分布格局并未发生明显变化，依然是由西向东逐渐升高。但全流域呈现出一致的升温趋势，绝大部分气温增幅在 1.2℃以上。与降水变化类似，气温增加幅度较大的地区主要位于金沙江流域，尤其是金沙江上游的长江源区，气温增幅在 1.5℃以上。

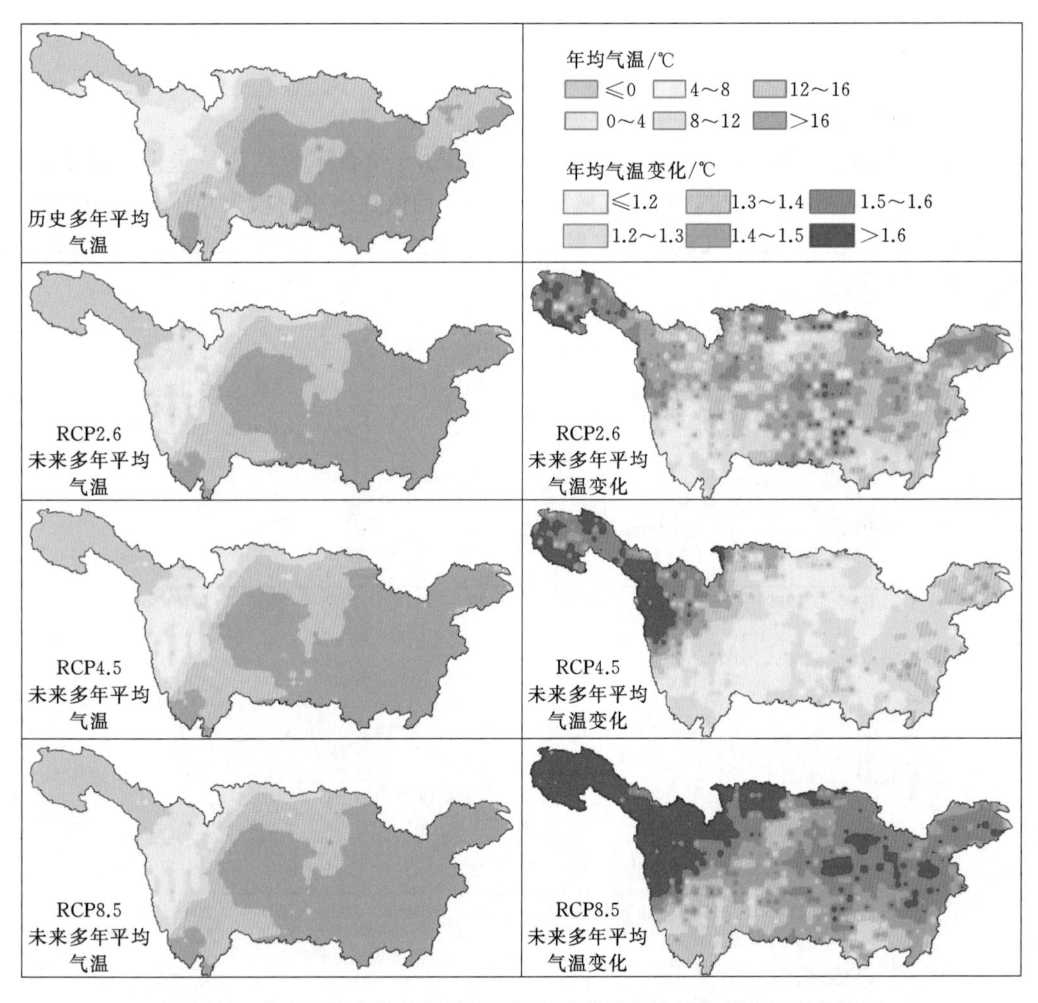

图 3.12 未来不同变化气候情景下长江流域气温格局及其空间变化特征

3.3.3 蒸散发

3.3.3.1 气温-蒸散发关系

本书基于历史实测数据，建立了蒸散发能力与气温的相关关系，应用气候模式预测气温推求未来不同气候情景下的蒸散发能力。利用历史观测数据插值得到长江流域 0.5°×0.5°格点（图 3.3，共计 873 个格点）1956—2018 年逐日实测气象数据系列，根据 Penman - Monteith 公式计算得到各站点逐日潜在蒸散发能力，经过统计建立了月气温 T_m 和月蒸散发能力 E_p 间的相关关系。

根据计算结果，气温与蒸散发具有很高的相关性：在不同时段在上半年（1—6 月）近似符合线形关系，下半年（7—12 月）近似符合指数关系，如：

$$E_p=\begin{cases}aT_m+b & (1—6\text{ 月})\\ \alpha e^{\beta T_m} & (7—12\text{ 月})\end{cases} \tag{3.6}$$

经过拟合得到的各格点气温-蒸散发能力关系参数见表 3.4，从表 3.4 中可以看出绝大多数格点拟合能得到的相关系数较高，1—6 月和 7—12 月相关系数超过 0.9 的格点比例分别为 91%和 99%，超过 0.95 的比例分别为 41%和 83%（图 3.13）。

表 3.4　　各格点气温-蒸散发能力关系参数（部分）

编号	经度/(°)	纬度/(°)	上半年（1—6 月）			下半年（7—12 月）		
			a	b	R^2	α	β	R^2
1	93.75	36.25	4.249	73.176	0.984	57.90	0.0637	0.980
2	90.75	35.75	4.192	74.056	0.983	58.94	0.0684	0.978
3	91.25	35.75	4.175	74.115	0.983	58.88	0.0692	0.978
4	91.75	35.75	4.150	74.090	0.983	58.79	0.0704	0.977
5	92.25	35.75	4.110	73.912	0.983	58.65	0.0721	0.977
6	92.75	35.75	4.057	73.606	0.982	58.55	0.0743	0.976
7	93.25	35.75	4.058	73.530	0.982	58.45	0.0739	0.976
8	93.75	35.75	4.173	73.553	0.983	58.15	0.0682	0.979
9	94.25	35.75	4.296	72.779	0.983	57.92	0.0615	0.980
10	94.75	35.75	4.380	71.837	0.982	58.04	0.0574	0.979
11	95.25	35.75	4.372	71.809	0.982	58.09	0.0577	0.980
12	90.75	35.25	4.189	74.210	0.982	59.04	0.0686	0.977
13	91.25	35.25	4.171	74.334	0.983	59.03	0.0695	0.977
14	91.75	35.25	4.149	74.391	0.983	58.98	0.0708	0.976
15	92.25	35.25	4.103	74.162	0.983	58.84	0.0729	0.975
16	92.75	35.25	4.004	73.367	0.982	58.66	0.0771	0.974
17	93.25	35.25	3.975	73.131	0.981	58.67	0.0782	0.972
18	93.75	35.25	4.106	73.592	0.983	58.37	0.0718	0.978
19	94.25	35.25	4.242	73.221	0.983	58.30	0.0653	0.981
20	94.75	35.25	4.272	72.687	0.983	58.19	0.0628	0.981
21	95.25	35.25	4.268	72.470	0.983	58.32	0.0627	0.981
22	95.75	35.25	4.255	72.245	0.982	58.57	0.0633	0.981
23	96.25	35.25	4.216	72.132	0.981	58.77	0.0642	0.980
24	90.25	34.75	4.205	74.201	0.982	59.13	0.0680	0.978
25	90.75	34.75	4.191	74.382	0.982	59.14	0.0687	0.977
26	91.25	34.75	4.176	74.609	0.982	59.19	0.0695	0.975

续表

编号	经度/(°)	纬度/(°)	上半年（1—6月）			下半年（7—12月）		
			a	b	R^2	α	β	R^2
27	91.75	34.75	4.161	74.862	0.982	59.27	0.0704	0.974
28	92.25	34.75	4.149	75.033	0.982	59.32	0.0712	0.972
29	92.75	34.75	4.098	74.389	0.983	58.98	0.0735	0.974
30	93.25	34.75	4.057	73.723	0.983	58.68	0.0750	0.975
⋮								
850	116.25	25.25	4.585	23.496	0.913	39.84	0.0497	0.935
851	100.75	24.75	4.942	48.212	0.655	49.32	0.0437	0.849
852	101.25	24.75	5.034	44.775	0.694	48.24	0.0447	0.871
853	101.75	24.75	5.078	40.477	0.740	45.73	0.0472	0.904
854	102.25	24.75	4.801	43.937	0.717	44.65	0.0487	0.906
855	102.75	24.75	4.654	45.005	0.711	44.54	0.0486	0.904
856	103.25	24.75	4.902	41.326	0.768	42.01	0.0522	0.928
857	110.75	24.75	4.659	13.984	0.950	35.87	0.0512	0.956
858	111.25	24.75	4.652	14.938	0.952	37.30	0.0498	0.957
859	111.75	24.75	4.665	15.591	0.952	37.48	0.0498	0.957
860	112.25	24.75	4.791	14.802	0.942	37.66	0.0503	0.947
861	113.75	24.75	4.547	16.604	0.934	38.14	0.0490	0.941
862	114.25	24.75	4.564	18.798	0.929	37.72	0.0500	0.938
863	114.75	24.75	4.520	23.020	0.925	38.62	0.0499	0.934
864	115.25	24.75	4.581	22.130	0.923	38.62	0.0501	0.936
865	115.75	24.75	4.584	23.801	0.913	39.89	0.0499	0.933
866	116.25	24.75	4.663	22.243	0.910	40.11	0.0493	0.930
867	102.25	24.25	4.905	43.006	0.703	43.93	0.0495	0.900
868	102.75	24.25	4.704	47.208	0.677	44.38	0.0496	0.893
869	111.25	24.25	4.673	14.251	0.950	38.11	0.0491	0.953
870	111.75	24.25	4.674	14.543	0.949	38.36	0.0489	0.953
871	112.25	24.25	4.697	15.171	0.948	37.47	0.0499	0.953
872	114.25	24.25	4.393	21.507	0.896	40.98	0.0473	0.914
873	114.75	24.25	4.474	20.966	0.906	39.16	0.0489	0.923

3.3.3.2 蒸散发能力时间变化

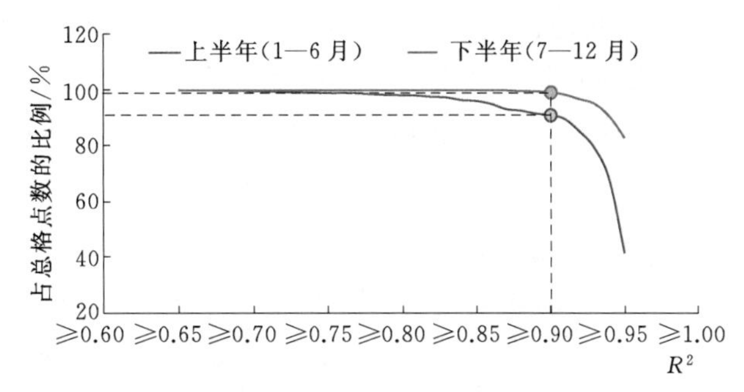

图 3.13 各格点曲线拟合 R^2 分布图

根据所拟合得到的月气温-蒸散发能力之间的关系，结合 RCP2.6、RCP4.5 和 RCP8.5 情景下长江流域未来气温变化过程，可推算长江流域未来蒸散发能力变化，其年际变化过程如图 3.14 所示。从图中可看出，长江流域蒸散发能力的多年均值在未来时段发生了较为明显的变化。未来气候变化情景下长江流域多年平均蒸散发能力将达到 1225～1252mm，与历史时段相比，增加了 10%左右。

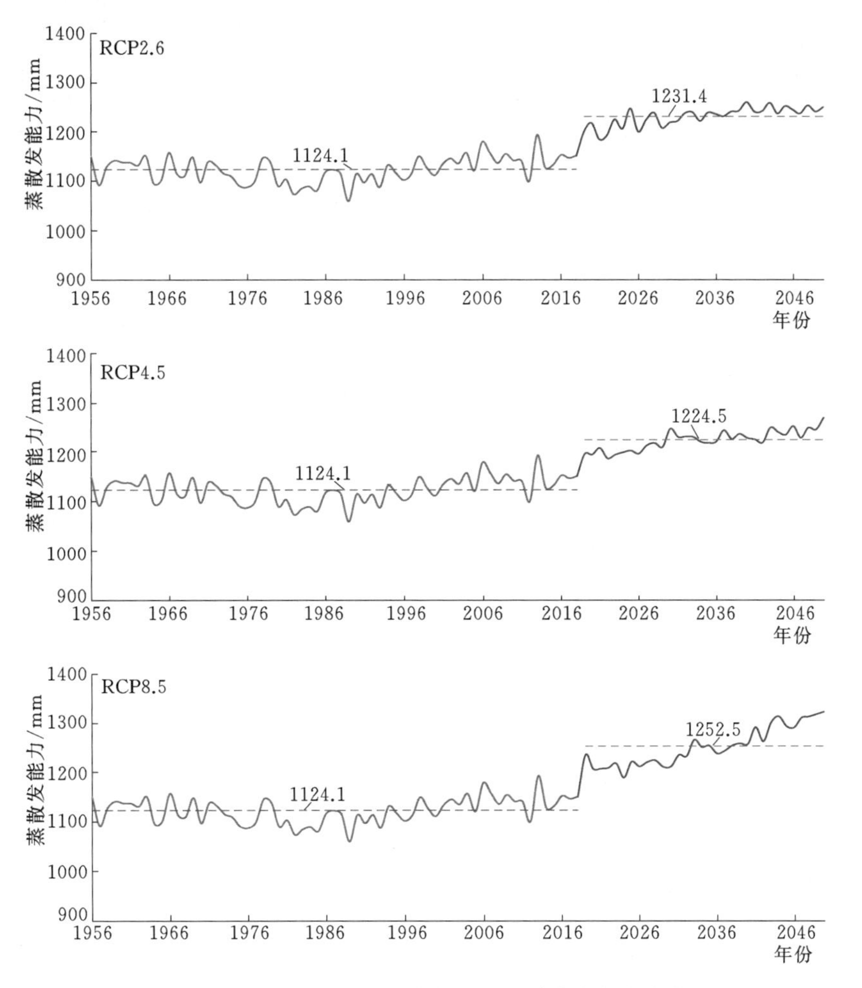

图 3.14 1961—2050 年期间长江流域蒸发能力变化

3.3.3.3 蒸散发能力空间变化

图 3.15 为未来不同变化气候情景下长江流域蒸散发能力格局及其空间变化特征。从

图3.15中可看出，未来长江流域年蒸散发的空间分布格局并未发生明显变化，依然是由北向南逐渐升高。全流域蒸散发能力变化与气温类似，均呈现出一致的增加趋势，尤其是长江上游地区，增加幅度较大，以长江源地区和四川盆地处蒸散发能力的增加最为明显。

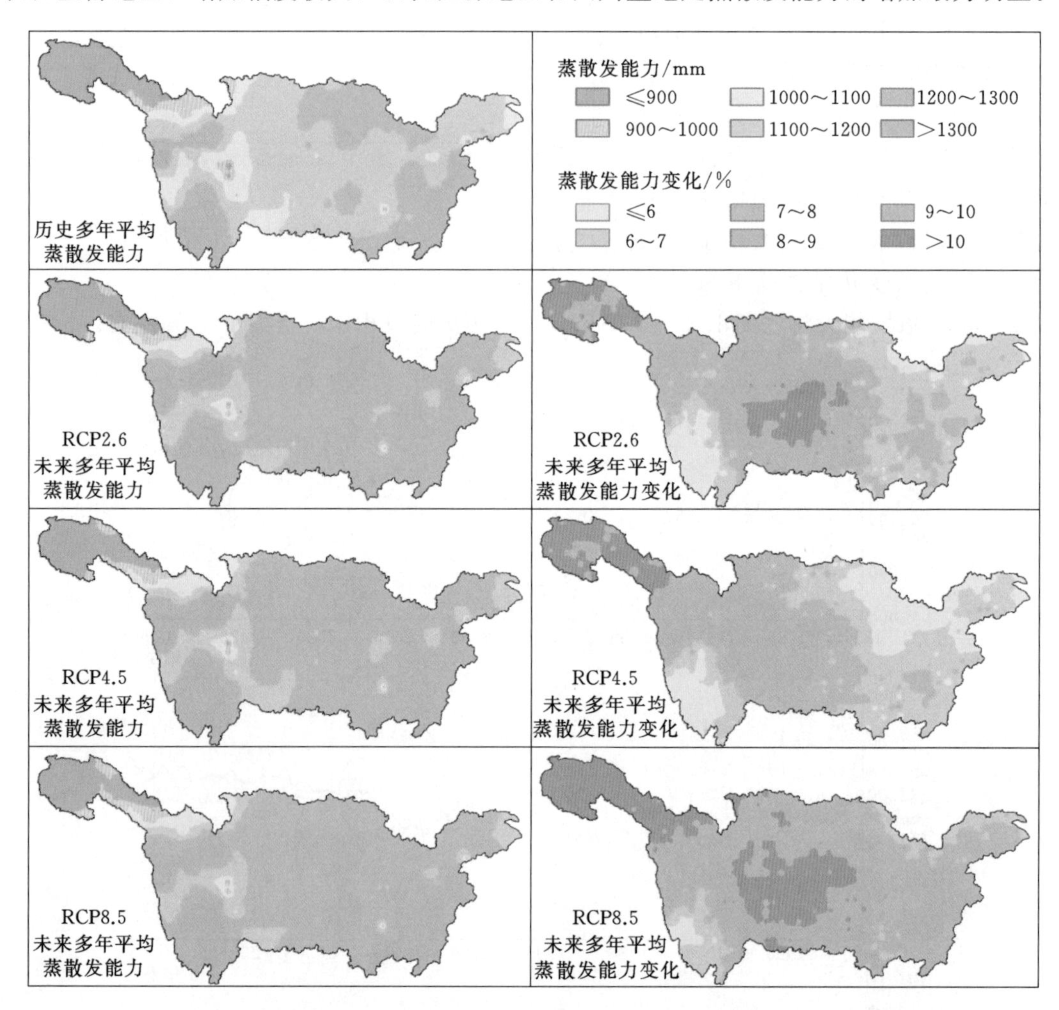

图3.15　未来不同变化气候情景下长江流域蒸散发能力格局及其空间变化特征

3.4　未来长江流域气象干旱特征演变趋势

3.4.1　未来时间变化

3.4.1.1　气象干旱笼罩面积

在RCP2.6、RCP4.5和RCP8.5情景下，2021—2050年期间长江流域多年平均气象干旱笼罩面积分别为74.1万km^2、75.7万km^2和126.4万km^2，分别占全流域面积的41.2%、42.1%和70.2%，是历史时段的1.4～1.7倍（图3.16）。各等级干旱笼罩面积变化中，以重度干旱笼罩面积增加趋势最为明显。由于未来降水变化趋势不大（±2%），气象干旱笼罩面积的增加主要是受气温升高的影响。

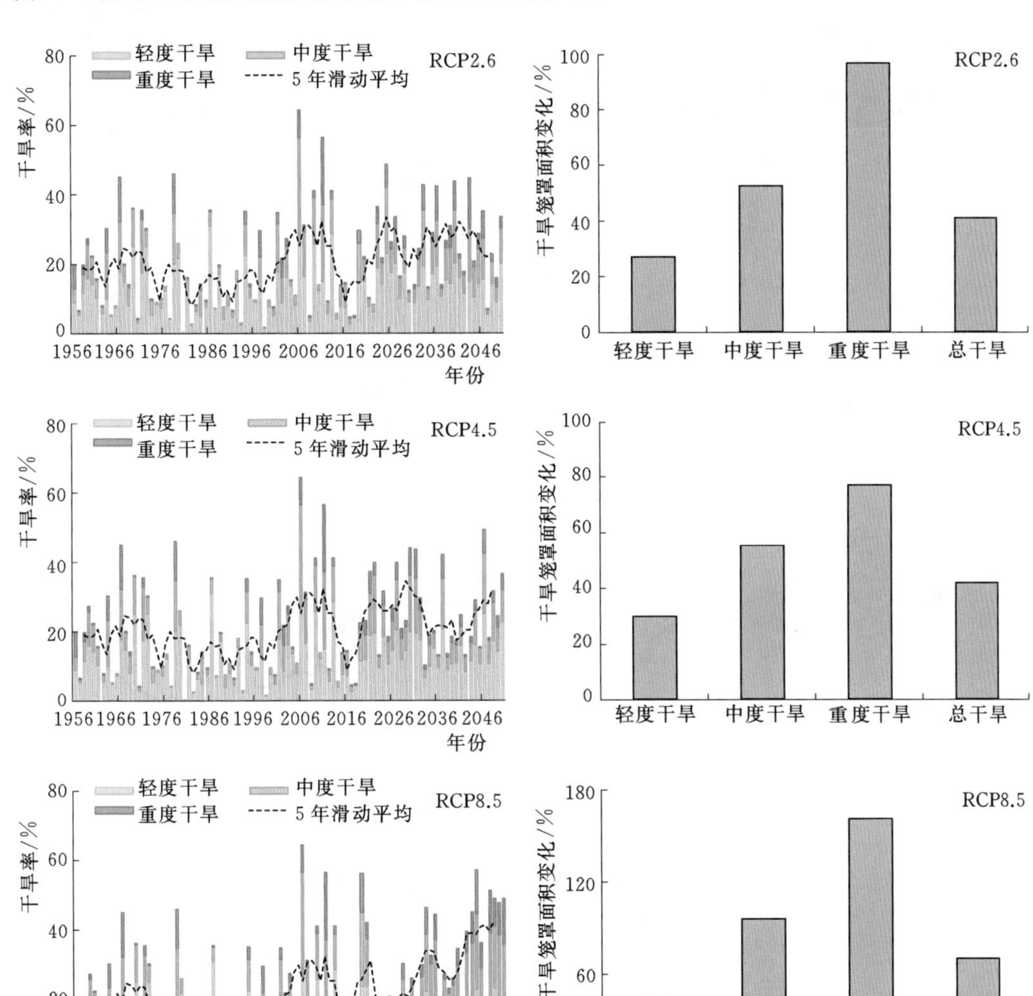

图 3.16 长江流域未来气象干旱笼罩面积变化趋势

注：图中用干旱率表征干旱笼罩面积。

3.4.1.2 气象干旱指数

1961—2050 年期间长江流域气象干旱指数变化趋势如图 3.17 所示。从图 3.17 中可看出，随着未来气温的逐渐升高，长江流域干旱指数呈现出普遍的增加趋势。从空间上看，上游地区干旱指数（绝对值）增加的速率要明显高于中下游地区，且以川渝地区和西南地区最为明显。1961—2050 年期间干旱指数变化趋势的空间格局特征与 1956—2018 年期间基本一致，只是在程度上有所加剧。

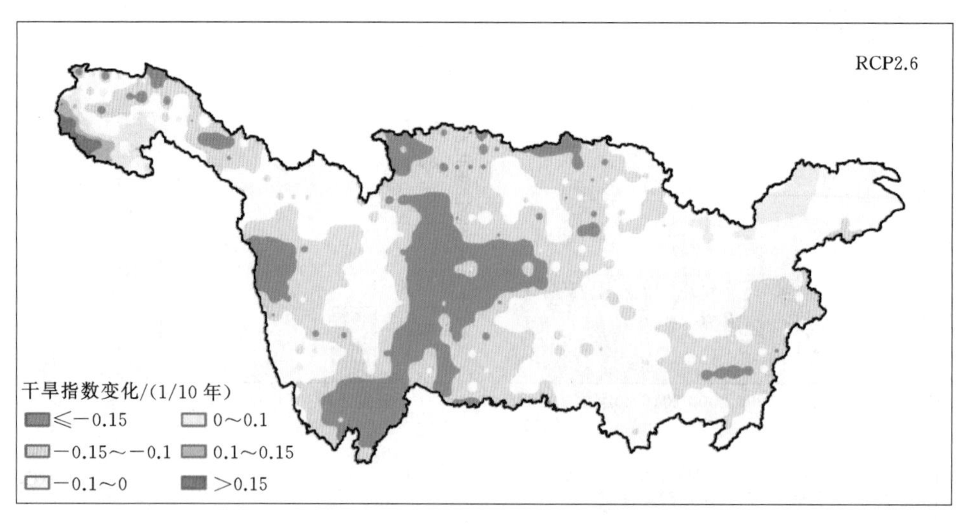

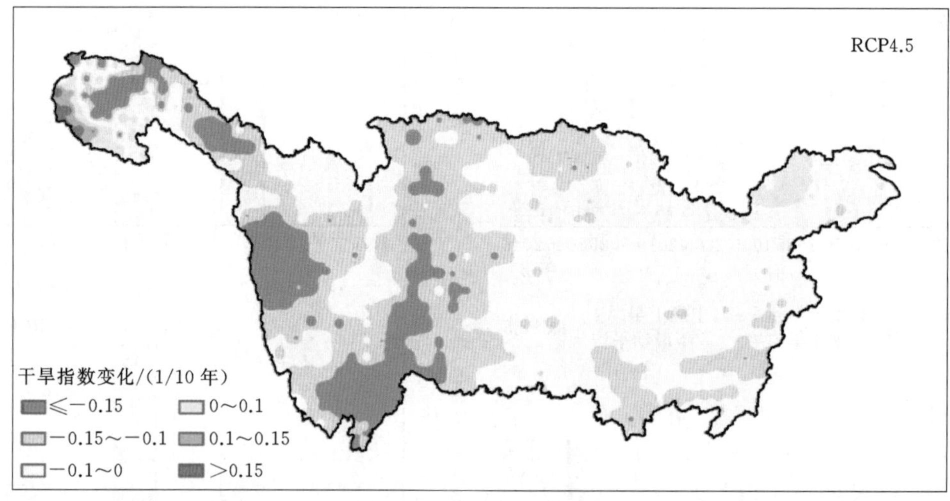

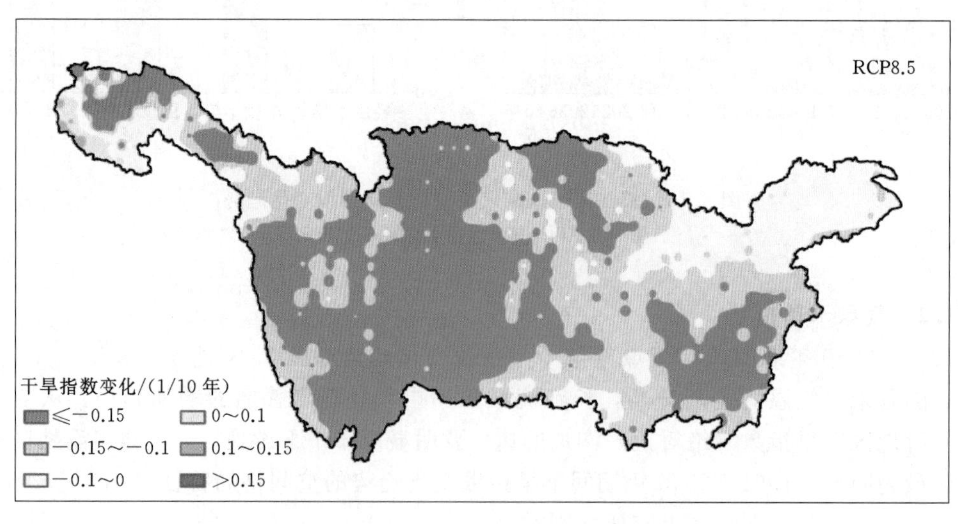

图 3.17　1961—2050 年期间长江流域气象干旱指数变化趋势

3.4.2 未来空间变化

3.4.2.1 气象干旱次数

根据游程理论识别场次干旱，并结合长江流域 2021—2050 年期间 1km×1km 网格上的 1 个月尺度的 *SPEI* 计算结果，对未来预估时段长江流域不同地区场次干旱进行判别，得到如图 3.18 所示的结果。经统计可知，未来预估时段长江流域上、中、下游气象干旱频次多年平均值分别为 1.1～1.2 次/年、1.0～1.1 次/年，1.0～1.1 次/年，上游地区干旱频次要高于中下游地区。与历史时段相比，未来预估时段上、中、下游干旱频次分别增加 38.4%～50.7%、33.7%～45.3%和 32.6%～49.6%，上游地区干旱频次增加幅度最大，尤其是长江源、西南和川渝地区。

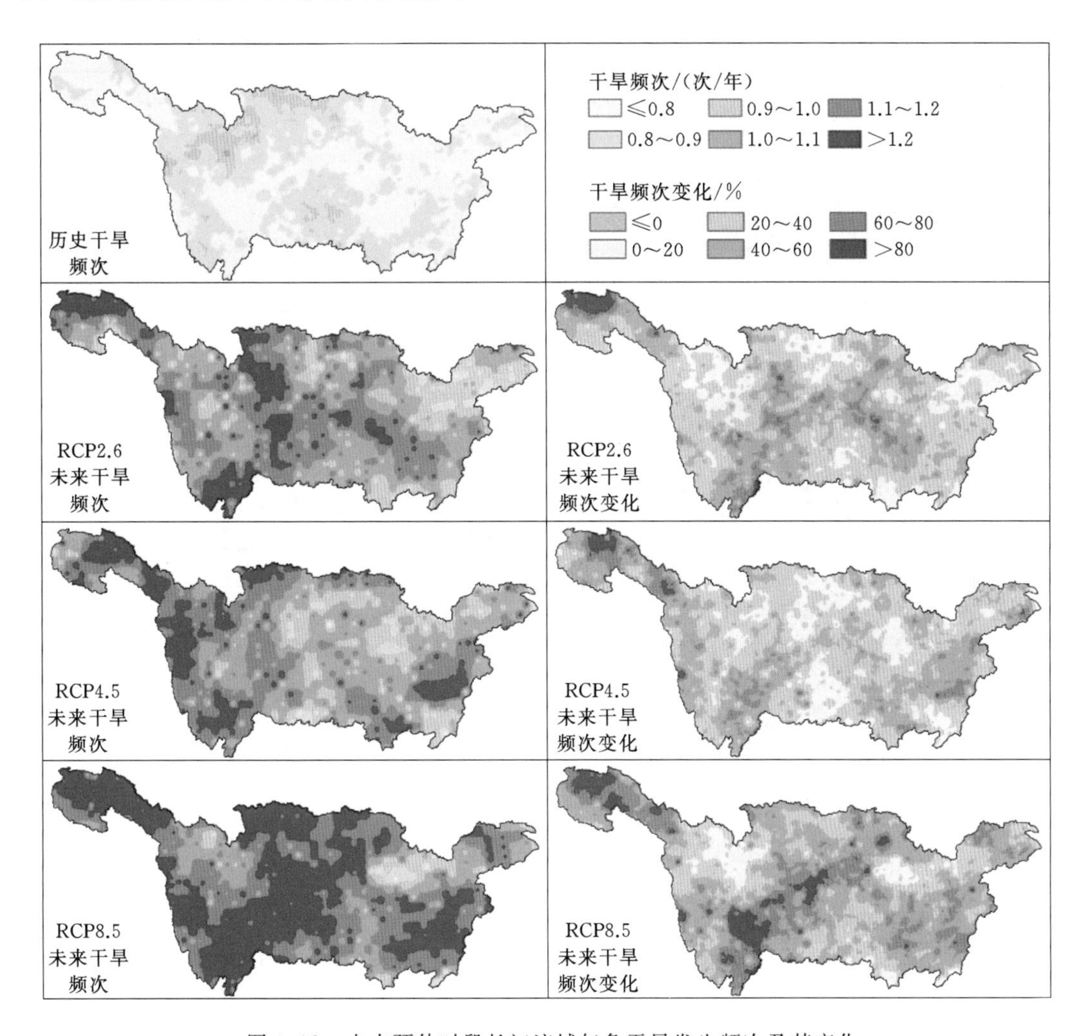

图 3.18 未来预估时段长江流域气象干旱发生频次及其变化

3.4.2.2 气象干旱强度

在识别 2021—2050 年期间场次干旱的基础上，可获取每场干旱事件的强度，进而得到未来预估时段平均场次气象干旱强度的空间分布情况，未来预估时段（2021—2050年）长江流域平均场次气象干旱强度及其变化如图3.19所示。从图3.19中可以看出，与历史时段类似，高强度的气象干旱事件多发生于金沙江中下游地区和成都平原地区，平均场次干旱强度在－1.70以上。经统计可知，未来预估时段长江流域上、中、下游气象干旱强度多年平均值分别为－1.68、－1.64，－1.60，与历史时段差别不大。

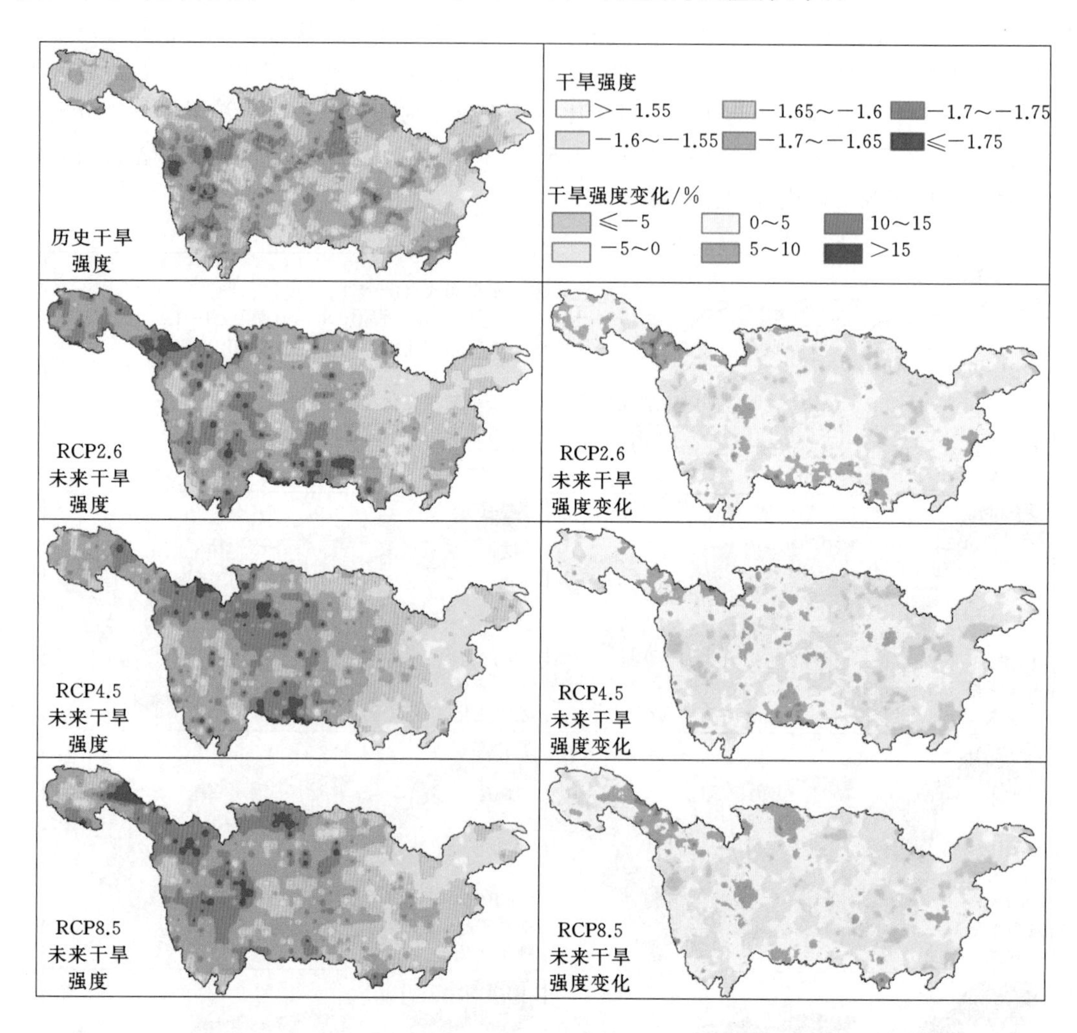

图3.19　未来预估时段长江流域平均场次气象干旱强度及其变化

3.4.2.3　气象干旱持续时间

2021—2050年期间长江流域平均每场干旱持续时间的空间分布图如图3.20所示。长历时的气象干旱多发地区主要位于长江源区和西南地区，大部分地区平均每场气象干旱的持续时间在2个月以上，与历史时段空间分布特征基本一致。经空间统计分析可知，上游地区平均每场干旱持续时间的空间均值分别为1.9个月，中下游地区为1.8个月，相对于历史时段略有增加。

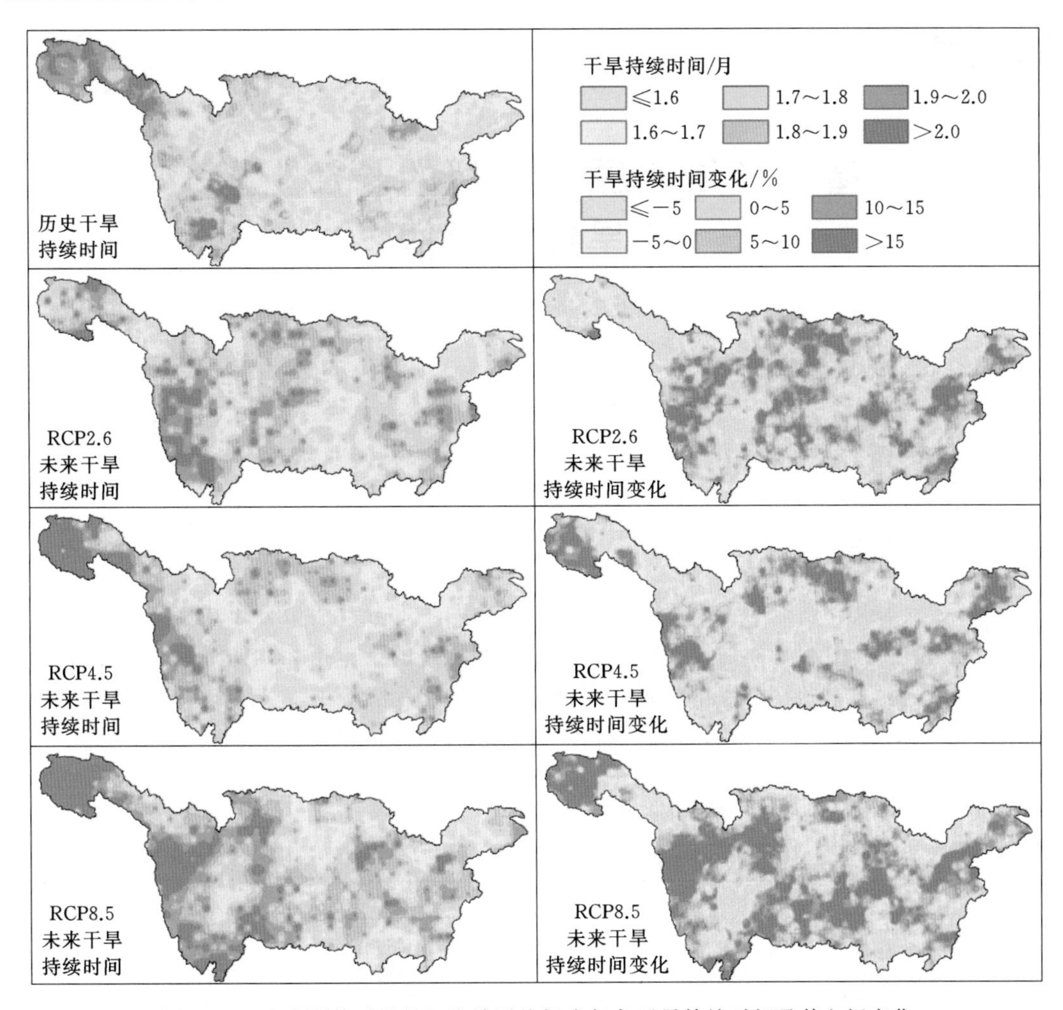

图 3.20 未来预估时段长江流域平均场次气象干旱持续时间及其空间变化

第 4 章

基于流域水循环模拟的长江上游干旱综合评估

4.1 技术简介

4.1.1 技术框架

基于流域水循环模拟的干旱综合评估技术包括两个部分：流域分布式水文模型和干旱评估预报模型。其中干旱评估预报模型既可以利用常规的干旱指标，如降水距平指标、干燥度指标、土壤含水量指标和径流距平指标等，对旱情等级进行评估，也可以利用 GBHM－PDSI 模型对干旱发展过程进行模拟推演，以实现干旱预报功能（图 4.1）。

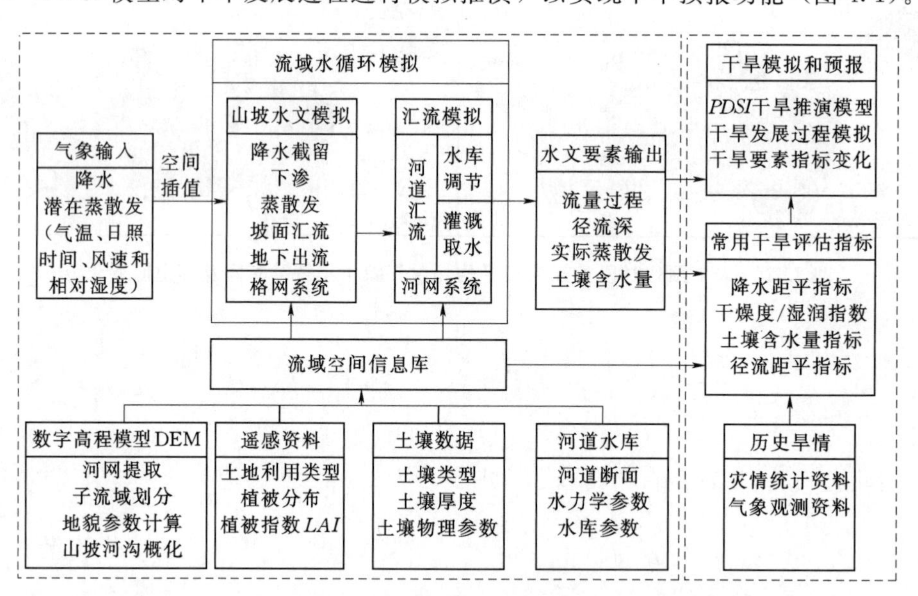

图 4.1　基于流域水循环模拟的干旱综合评估技术框架图

在干旱评估预报模型中，干旱推演预报的实现方式有两种：一是将气象预报信息作为 GBHM 模型的输入，通过分布式水文模拟获取各项气象水文要素，再运行 GBHM－PDSI 干旱推演模型来预测旱情，它的预见期主要取决于气象预报，一般可预测下一旬的干旱态势；二是将下一预测时段的多年气象观测数据统计值作为 GBHM 模型的输入，再运行 GBHM－PDSI 模型来进行干旱预测，它的预见期比较灵活，但可靠性差一些。

4.1.2 关键技术

4.1.2.1 分布式水文模型

流域分布式水文模拟采用基于流域地貌特征的GBHM模型，该模型利用面积方程和宽度方程将流域产汇流过程概化为“山坡-沟道”系统，一方面可以反映流域下垫面条件和降水输入的空间变化，另一方面还采用了描述产流和汇流过程机制的数学物理方程来求解，使模型既得到了简化又保持了分布式水文模型的优点。

GBHM模型是一个建立在DEM及ArcGIS基础上，以山坡为基本单元的分布式水文模型。模型由四个主要部分组成，如图4.2所示。

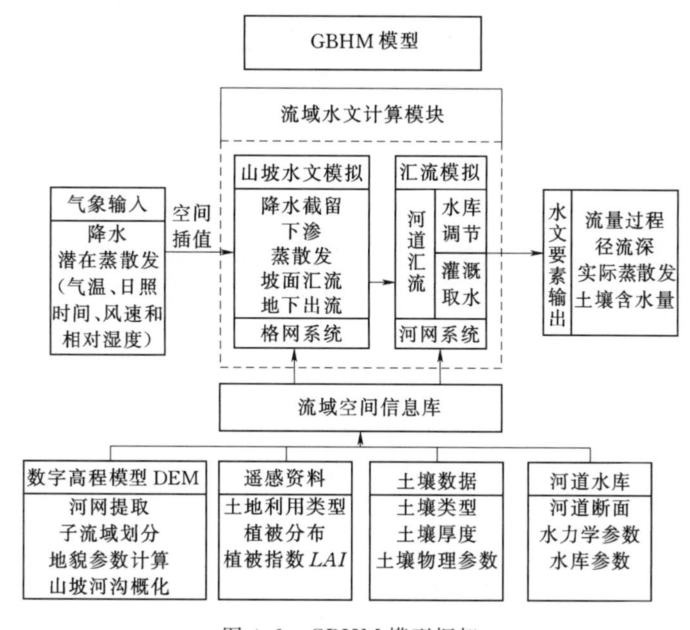

图4.2 GBHM模型框架

(1) 流域空间信息库。流域空间信息库是模型的支撑模块，首先是利用ArcGIS中的GRID工具，按照D8方法从DEM生成河网水系并进行子流域划分，然后提取描述流域地形地貌的参数，包括汇流面积、汇流长度、平均坡度和河网密度，并由此计算面积和宽度等。结合相关的下垫面地理信息数据，如土壤类型、土地利用方式及植被类型等，构建一个流域空间信息库。依据下垫面属性的空间变化，将流域在空间上离散为一系列山坡单元，并给每个单元的地形、土地利用、植被和土壤类型等参数赋值，这样形成一个流域空间上格网系统。最后利用生成的河网系统并结合相应的河道测量数据和水库参数，形成山坡-河网产汇流系统。

(2) 流域水文计算模块。在上述山坡-河网系统中每个离散的计算单元内，先进行基本的山坡水文模拟计算，包括降水截留、洼蓄、下渗、蒸散发和坡面汇流等。然后依据这些计算单元与所在子流域河系之间的拓扑关系，进行汇流计算得到各子流域出口的流量。最后进行河网汇流演算，得到整个流域的径流。流域水文计算模块是整个分布式水文模型的核心。

(3) 模型输入模块。模型的输入主要是气象数据，包括降水、气温、平均风速、相对湿度和日照时间等。由于目前的气象数据都是来源于气象站点，因此需要采用一定的空间插值方法将点的观测数据展布到每个离散的计算单元上。

(4) 模型输出模块。模型输出的结果，除了包括各子流域和干流的河道流量过程线以外，还可以输出每一时步、各计算单元水文要素的状态量：包括土壤水分、地表产流量、坡面滞蓄量、地下水位、实际蒸散发量等，这些状态量以空间分布的栅格数据形式输出。

4.1.2.2 干旱综合评估指标

(1) 降水距平指标。降水偏少是干旱发生的先决条件，有很多干旱指标就是以降水为基础的。降水距平指标是表征某时段降水量异常的常用方法之一，本书利用分布式水文模拟过程中输出的降水量（旬尺度、5km网格的栅格数据），在统计每个网格每旬多年平均降水量的基础上，对每个网格进行旱情等级判断。

(2) 干燥/湿润指标。用某时段内潜在蒸散发能力与实际降水量之比，来表示某时段内地表水分的收支关系，本书利用分布式水文模拟过程中输出的降水量和潜在蒸散发量（旬尺度、5km网格的栅格数据），对每个网格进行旱情等级判断。

(3) 土壤墒情指标。依据土壤水分平衡原理和水分消退模式计算各个生长时段的土壤含水量，并以作物不同生长状态下土壤水分的试验数据作为判定指标，预测农业干旱是否发生，本书利用分布式水文模拟得到的表层土壤相对饱和度（旬尺度、5km网格的栅格数据），来进行旱情等级判断。

(4) 径流距平指标。径流距平指标是表征某时段地表或河道径流异常的常用方法之一，包括河道径流距平指标和地表径流距平指标。本项技术利用分布式水文模拟得到的径流深（旬尺度、5km网格的栅格数据），先统计每个网格的每旬的多年平均径流量，然后对每个网格进行旱情等级判断。

(5) PDSI指标。PDSI根据水平衡方程的需求和供给计算得到，该方程综合了降水、蒸散发、径流和补给，建立起了干旱的严重程度与实际降水量和气候适宜的降水量之间的累计加权差异之间的关系。PDSI指标所涉及的水量平衡分项通过分布式水文模拟得到。

4.1.3 技术优势及特色

考虑到旱灾成因复杂、影响涉及广，仅依赖气象降水预报来进行干旱预报是不够的，需要从水文循环角度，借助必要的模型手段，在充分掌握降水产汇流过程、作物蒸散发、土壤水分收支、地表与地下水源补给等基础上，进行干旱评估和预报。本书采用基于物理性（或称机理性）的分布式水文模型，完整模拟流域水文循环过程，能够获悉流域内水的存在形式、分布状态和变化过程，为旱情评估和预报提供全面的气象水文要素信息。基于流域水循环模拟的干旱综合评价技术，一方面继承原PDSI模式的优点，能够综合反映水分亏缺量和持续时间因子对干旱程度的影响，描述干旱程度以及干旱发生、发展直至结束的全过程；另一方面，由于用分布式水文模型模拟结果取代原两层简化土壤模型来计算水量平衡各分量，不仅能够准确地计算各水文分量，而且能够充分体现下垫面条件，如土壤、土地利用类型和植被，在时间和流域空间上的变化；此外，还能够实现传统气象、农业、水文干旱的评估预报。

4.2 长江上游概况及数据整备

4.2.1 长江上游区域概况

长江干流宜昌以上为上游，长 4504km，流域面积 100 万 km^2，其中直门达至宜宾河段称金沙江，长 3464km。宜宾至宜昌河段习称川江，长 1040km。位于长江上游的雅砻江、岷江、嘉陵江和乌江四大支流的汇流面积均超过 8 万 km^2。长江上游是长江流域水能资源最为丰富的地区，是近期水电开发的重要基地，其中雅砻江、岷江和通天河还是规划中的南水北调西线工程的水源地。

包括川渝在内的长江上游，是长江流域干旱发生的主要地区之一，干旱事件发生的总频次远高于中、下游，而重旱以上的发生频次略高于中、下游。2006 年在重庆及相邻的四川盆地发生了有气象站记录以来最为严重的干旱（约 60 年一遇）。根据重庆市救灾办通报，截至 2006 年 8 月 13 日，全市 40 个区县不同程度受旱，特大干旱区县达 24 个。全市农作物受旱面积 1905.3 万亩，有 746.53 万人、684.32 万头牲畜饮水困难，旱灾造成直接经济损失达 24.6 亿元。

加强干旱评估和灾情预测水平，是该地区当前抗旱减灾所需要解决的重要研究课题，也是提高干旱季节水资源应急配置能力建设的重要非工程措施之一。

4.2.2 地理信息数据及处理

数字地形资料来自中国测绘局 25m×25m 网格的 DEM 数据，见图 4.3（a）。土地利用资料来源于美国地质勘探局（USGS）的全球土地利用数据库 2.0 版，该数据空间分辨率是 1km。依据长江上游的特点，将原 USGS 的 24 种土地利用类型重新归为 10 类，分别为水体、城镇、裸地、森林、灌木、农田、草地、湿地、坡地和冰川，见图 4.3（b）。其中四川盆地和乌江流域以灌溉农田为主，在东北和西南以灌木和森林为主，在西部（高程超过 3000m）主要以草地为主。上述土地利用类型的基本参数见表 4.1。

表 4.1 长江上游土地利用类型的基本参数

土地利用方式	植被覆盖率	最大叶面积指数	参考作物系数	根系层深度/m	土壤各向异性指数①	地表最大洼蓄/mm	地表糙率
水体	0.0	3.3	0.95	0.0	1.0	0.0	0.02
城镇	0.2	3.3	0.8	0.5	1.0	10.0	0.15
裸土	0.05	3.3	0.8	0.3	1.0	15.0	0.2
森林	0.8	8.0	0.75	1.0	5.0	25.0	0.4
农田	0.9	3.3	0.8	0.5	1.0	20.0	0.2
坡地	0.9	3.3	0.8	0.5	1.0	20.0	0.3
草地	0.8	3.3	0.8	0.3	5.0	20.0	0.3

续表

土地利用方式	植被覆盖率	最大叶面积指数	参考作物系数	根系层深度/m	土壤各向异性指数①	地表最大洼蓄/mm	地表糙率
灌木	0.7	4.8	0.75	1.0	3.0	20.0	0.3
湿地	0.5	3.3	0.85	0.5	1.0	10.0	0.1
冰雪	0.0	3.3	0.15	0.0	1.0	0.0	0.1

① 土壤各向异性指数是沿山坡方向的饱和导水率与垂直于山坡方向的饱和导水率之比。

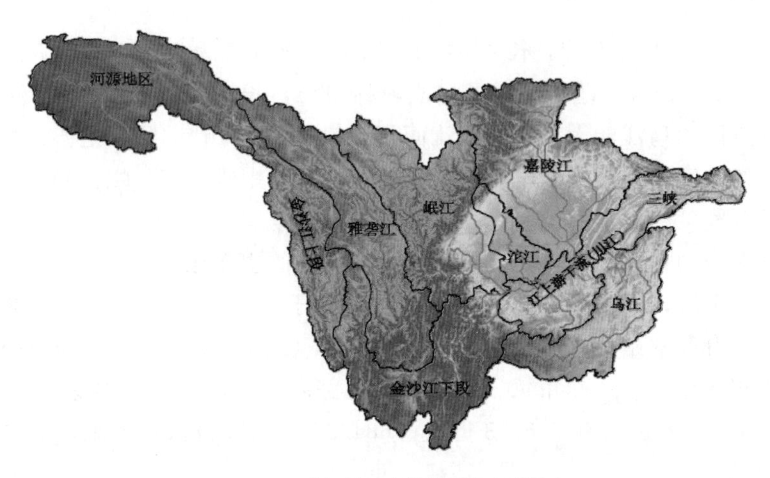

(a) 长江上游地形及水系分布

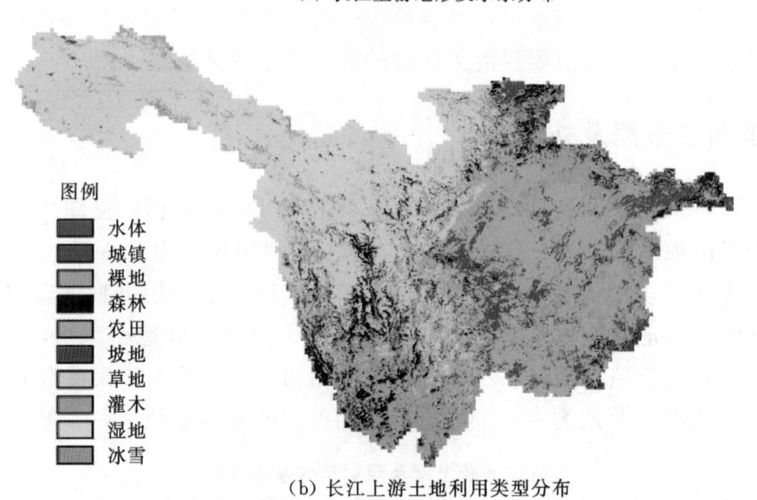

(b) 长江上游土地利用类型分布

图4.3　长江上游地形及水系与土地利用类型分布图

土壤分类采用了国际粮农组织和联合国教科文组织（FAO－UNESCO）的全球土壤分类法，土壤资料来源于中国科学院南京土壤研究所，数据空间尺度为2km×2km。在长江上游，共划分了81种土壤类型。

植被随季节的变化用逐月的叶面积指数（*LAI*）来表示，该指数根据逐月的*NDVI*数据（来源于NOAA卫星遥感影像，空间分辨率为0.1′弧度，在ArcGIS Work－station的GRID环境下重新采样为5km空间分辨率的网格数据）来估算，图4.4示例性地给出了 1982 年 2 月、5 月和 8 月的 *NDVI* 值，其空间分辨率虽然比较粗，但还是可以反映植被的季节变化。最早的 NOAA 卫星遥感影像是从 1981 年开始的，而在这之前就没有相关的卫星遥感资料，因此 1961—1980 年期间的叶面积指数只好用 1981—2000 年期间的来代替。

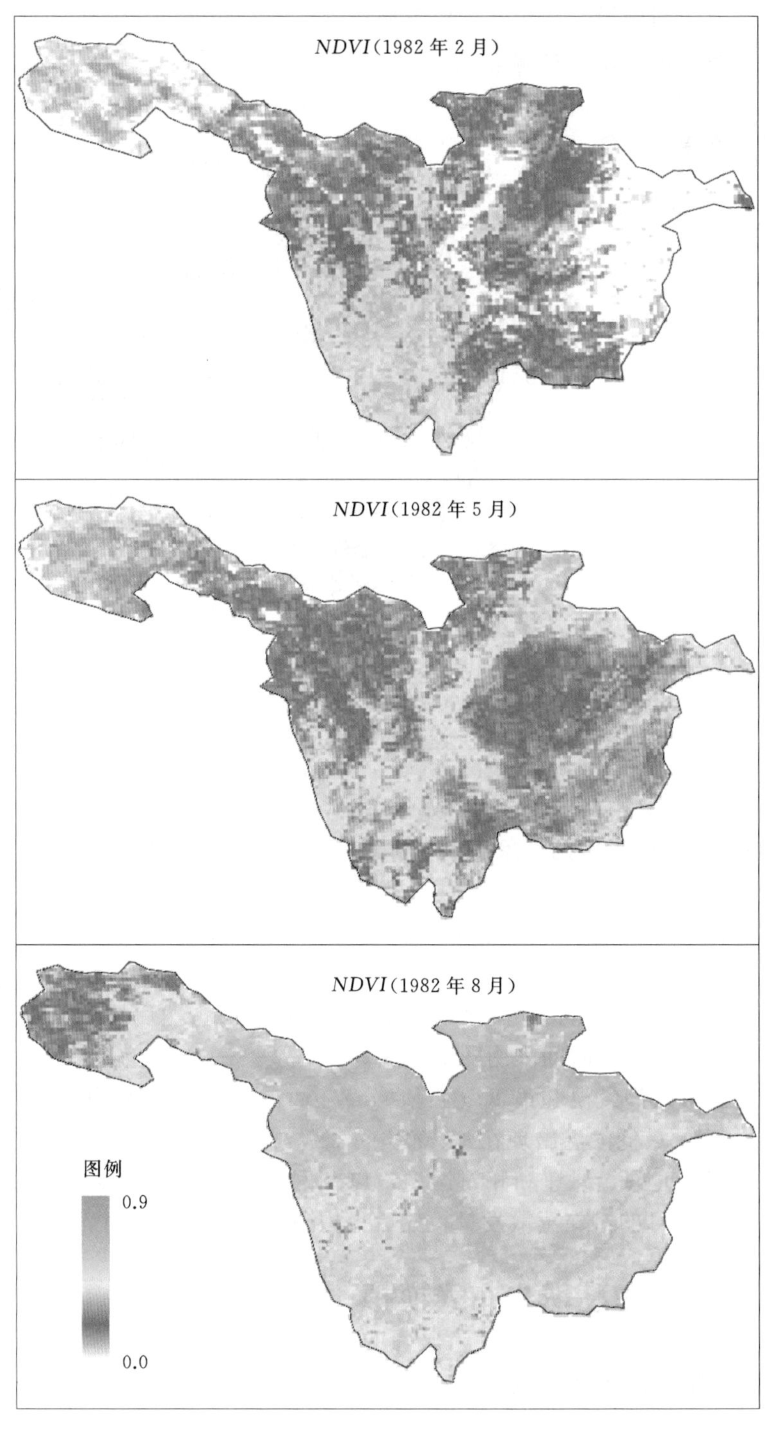

图 4.4 长江上游 1982 年 2 月、5 月和 8 月的 *NDVI* 值（NOAA）

4.2.3　气象数据及处理

气象输入数据来源于国家气象局主要站点的日观测数据，包括降水量、气温、平均风速、相对湿度、日照时间等。在长江上游及周边的气象站共计约120个，见图4.5。相对而言，长江源头地区的气象站点偏少。

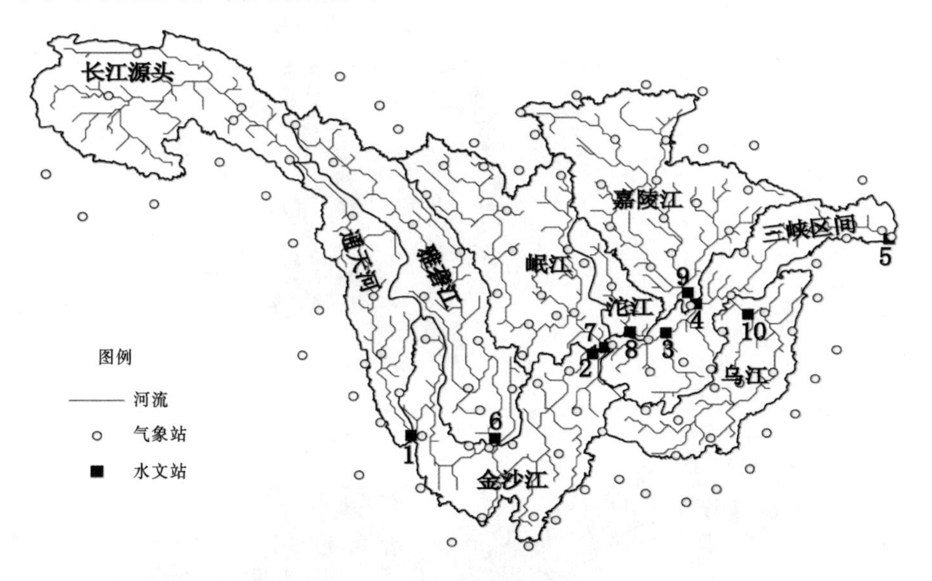

图4.5　长江上游及其周边地区气象站点分布图
1—石鼓站；2—屏山站；3—朱沱站；4—寸滩站；5—宜昌站；6—小得石站；
7—高场站；8—李家湾站；9—北碚站；10—武隆站

(1) 空间插值。采用距离方向加权平均法，将气象站点观测值插值到流域空间上（5km的网格）。其中考虑到气象站点与目标网格之间的高程差，对气温插值时还进行了高程修正。

(2) 时间插值。由于气象资料是逐日的，而本次计算时间步长为1h，因此需要将日气象数据在时间上进行插值。

在降水的时间插值中，根据日降水量大小确定降雨历时，然后按正态分布将日降雨量分配到逐时，日内降水开始时间采用随机生成。

逐时温度根据日最高气温和最低气温依sine/cosine函数分布来内插，并假设日最高气温出现在13：00，最低气温出现在1：00。

利用气温、日照时间、风速和相对湿度，以及网格的土地利用类型，采用Penman - Monteith公式计算逐日的潜在蒸散发量，然后平均到白天的每个小时。

4.3　长江上游水文过程分布式模拟

4.3.1　流域网格化及子流域划分

综合考虑地理信息数据的空间分辨率和计算机的计算能力，这里采用了5km×5km

网格单元将长江上游流域在空间上进行离散。

利用 ArcGIS 工具提取河网，采用巴西工程师 Pfafstetter 提出的河网分级编码方法来划分子流域，并对河网进行编码。该方法按汇流面积将河流分成干流和支流。在流入任一交汇点的两条河流中汇流面积较大的为干流，反之为支流。这样可以找出所有的支流，并选出 4 条最大的支流，然后从河口向上游依次编号为 2、4、6 和 8。河口与支流之间的干流部分编号为 1；支流 2 和 4 之间的干流部分编码为 3；以此类推，最上游的干流为 9，见图 4.6。按照同样的办法，可在第一级划分的基础上再进行第二级划分，第二级流域的编码采用两位数字，第一位数字是其上一级流域的编码，第二位数字表示在本级划分中的位置。如对于支流 4（嘉陵江）可以进一步划分为 42、44、46 和 48 的 4 条子支流，以及 41、43、45、47 和 49 的 5 条子干流。对于其中的二级子流域 44（渠江），可进一步地划分为 441、442、443、444、445、446、447、448、449。

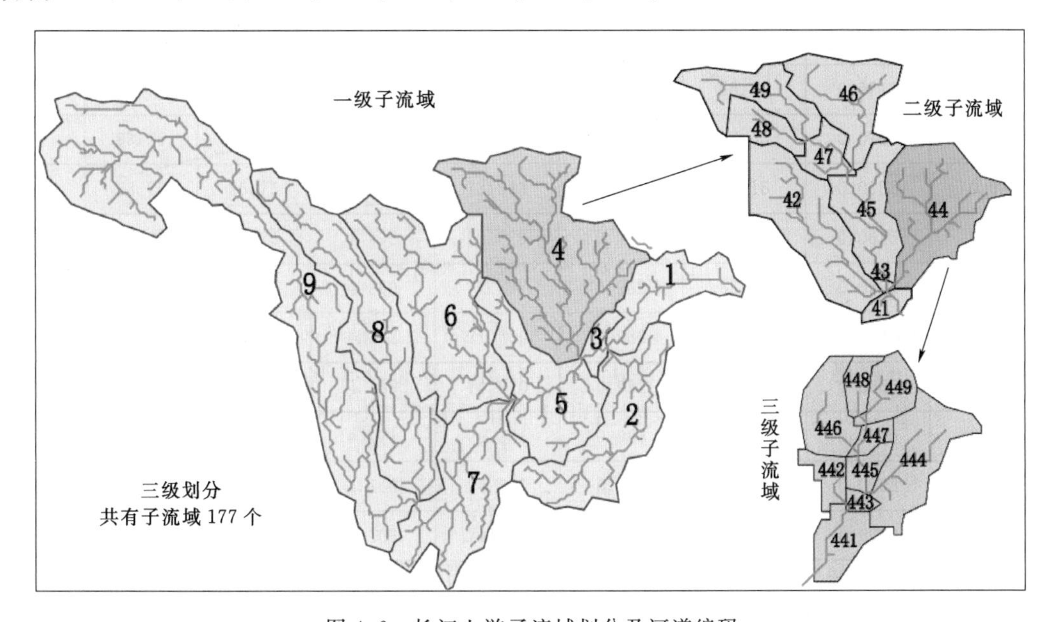

图 4.6 长江上游子流域划分及河道编码

本书对长江上游进行了三级河流划分，共有子流域 177 个。依据 Pfafstetter 分级方法划分的流域，河道汇流的顺序是唯一的。三级子河道 449 和 448 汇流叠加后流入子河道 447，子河道 447 和 446 汇流叠加后流入子河道 445，这样依次汇流叠加，通过子河道 441 汇流至二级子河道 44 出口，然后与二级子河道 43 汇合后，流入子河道 42，再经子河道 41 流出一级子河道 4 的出口，再与一级子河道 3 汇合后，流入子河道 2，最后经子河道 1 流至整个流域的出口。

4.3.2 网格内参数化

考虑到 5km 网格内的地形等下垫面条件差异性较大，因此必须对网格内的地形地貌、土地利用等下垫面条件进行有效描述，本书采用次网格的参数化方法来描述 5km 网格内下垫面条件的非均一性。如图 4.7 所示，对于图 4.6 中三级划分后的子流域 444，首先按照网格单元距河口的汇流距离，划分为一系列的汇流区间，这样同一汇流区间内的网格单元距河口的汇流距离相等。

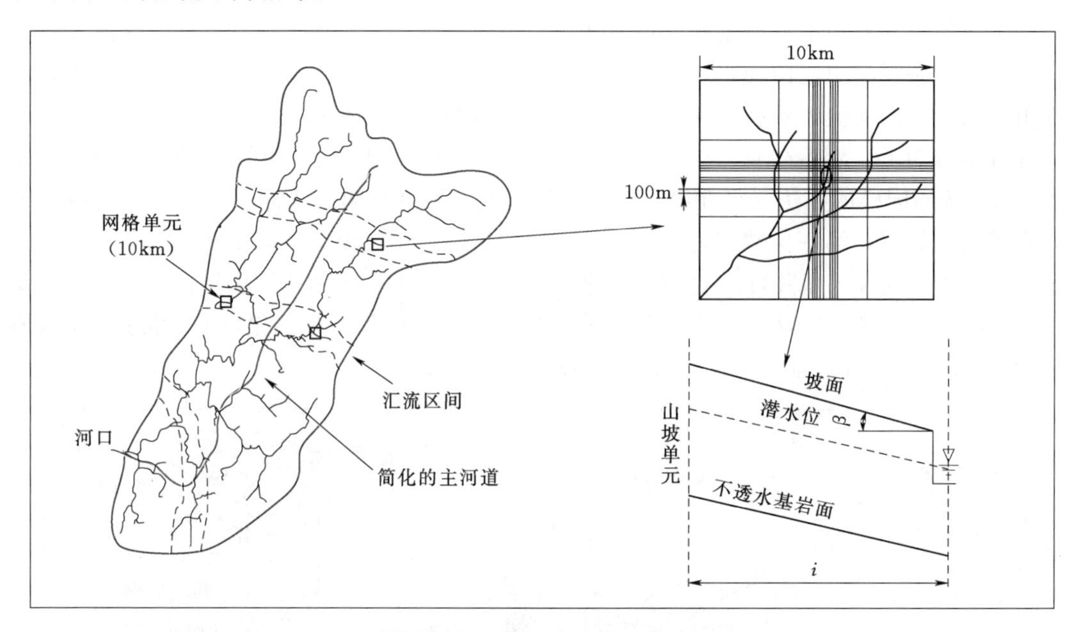

图 4.7 5km 网格内的山坡单元概化

可以看出，在此大网格单元内仍然存在着许多小的河沟及河沟两边的山坡。这里，假设在每个 5km 网格内的地形地貌是相似的，这样可以将其概化为一系列沿河沟两岸分布的山坡。利用 25m 分辨率的 DEM 数据可以估计出每个 5km 网格内的平均山坡长度和坡度。平均山坡长度由下式计算：

$$l=\frac{a(i,j)}{2\sum L} \tag{4.1}$$

式中：$a(i,j)$ 为网格单元的面积，由于研究中采用的是等长度的网格单元来离散流域空间，因此每一个网格的面积均为 25km^2；$\sum L$ 为网格单元内所有河沟的总长。

如前所述，在 5km 网格内仍有许多小河沟，它们的长度是依据 25m 分辨率的 DEM 统计而来的。山坡坡度 β 为 5km 网格范围内所有 25m 网格的坡度的平均值。每个 5km 网格内的河网被简化为一条沿主流向的单一河道；忽略山坡与河网之间的空间拓扑关系，将山坡沿河道均匀并排，每个山坡都直接汇流进入河道。

根据 1km 分辨率的土地利用图，统计在每个 5km 网格内的不同土地利用类型所占的面积百分比，然后按照土地利用类型将网格内的山坡划分成若干类型，同一土地利用类型的山坡为一个基本计算单元。

将土壤分类图重新采样为 5km 网格，这样每个 5km 网格采用同一种土壤类型，同一组土壤参数。在土壤水分参数中，考虑了饱和导水率的各向异性及随土壤深度的变化。

在每个 5km 的大网格内，饱和带以上的水文计算在不同类型的山坡中分别进行，将其下的饱和潜水层视为一个单元。一个网格内的水文量包括通量（如蒸散发）和状态变量（如土壤含水量）。垂向通量中，网格单元的实际蒸散发量是网格内所有类型山坡单元蒸散发量之和。状态变量中，土壤含水量是网格内所有类型山坡单元土壤含水量的面积平均值。

通过上述处理，山坡单元成了水文模拟计算中的最基本单元，一个5km网格的产汇流特性是该网格内所有山坡单元水文响应的综合，而同一个汇流区间注入河道的流量是该汇流区间里所有网格的产流之和，而子流域的出流是所有汇流区间的入流经河道汇流演算至河口处所得。再通过河网，按照Pfafstetter编码进行汇流演算，得到整个流域的出流。

4.3.3 山坡水文过程模拟

流域水文响应过程的最小单元是山坡。山坡单元在垂直方向划分为三层：植被层、非饱和土壤层、潜水层（图4.8）。在植被层，考虑降水截留和截留蒸散发。对非饱和土壤层，沿深度方向进一步划分为10小层，每层厚度约0.1～0.5m，在非饱和土壤层用Richards方程来描述土壤水分的运动，降雨入渗是该层上边界条件，而蒸发和蒸腾是其中的源汇项。在潜水层，考虑其与河流之间的水量交换。各水文响应过程的数学物理描述具体如下：

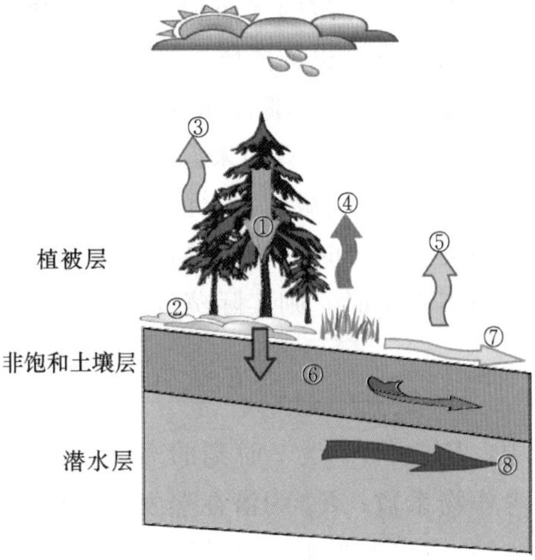

图4.8 山坡单元水文过程描述

①—降水截留；②—地表融雪；③—截留蒸发；④—叶面蒸腾；⑤—地表蒸发；⑥—土壤水分运动；⑦—坡面汇流；⑧—潜水出流

（1）植被冠层降水截留。植被冠层对降水的截留是一个极其复杂过程，难以用具体的数学方程来描述降水在植被叶面上的运动。因此在GBHM模型中，将该过程进行简化，仅考虑植被冠层叶面截留能力对穿过降水量的影响。植被对降水截留能力一般随植被种类和季节而变化，可视为叶面积指数LAI的函数：

$$S_{co}(t)=I_0K_vLAI(t) \tag{4.2}$$

式中：$S_{co}(t)$为t时刻的植被冠层的最大截留能力，mm；I_0为植被截留系数，与植被类型有关，一般为0.10～0.20；K_v为植被覆盖率；$LAI(t)$为t时刻的植被叶面积指数，该指数可依据遥感获得的$NDVI$值估算。

降水首先须饱和植被的最大截留量，而后盈出的部分才能到达地面。某一时刻的实际降水截留量由该时刻的降水量和冠层潜在截留能力共同决定的，t时刻的冠层潜在截留能力：

$$S_{cd}(t)=S_{co}(t)-S_c(t) \tag{4.3}$$

式中：$S_{cd}(t)$为t时刻的冠层潜在截留能力，mm；$S_c(t)$为t时刻冠层的蓄水量，mm。

考虑到降雨强度$R(t)$（mm/h），则在该Δt时段内的冠层实际截留量：

$$I_{actual}(t)=\begin{cases}R(t)\Delta t, & R(t)\Delta t\leqslant S_{cd}(t)\\ S_{cd}(t), & R(t)\Delta t>S_{cd}(t)\end{cases} \tag{4.4}$$

（2）地表融雪估算。在冬季或高寒地区，降水是以雪的形式出现并覆盖在地表，当地表气温高于雪的融点时，积雪开始融化为水，并参与水文循环。虽然用能量平衡模型估算融雪具有一定的物理基础，但对资料要求很高，而且有些物理量很难得到。因此融雪估算常用简单的温度指标法来进行，如下：

$$M(t)=M_f(T(t)-T_b)\Delta t \tag{4.5}$$

式中：$M(t)$ 为 t 时刻的融雪水深，mm；$T(t)$ 为 t 时刻的气温，℃；T_b 为融雪开始气温，℃；M_f 为融雪因子，mm/(℃·d)，采用如下经验公式计算：

$$M_f=0.011\rho_s \tag{4.6}$$

式中：ρ_s 为雪的密度，kg/m^3；由于正在融化时的积雪密度通常在 300～550kg/m^3，因此融雪因子 M_f 一般为 3.5～6.0mm/(℃·d)。

（3）实际蒸散发量估算。蒸散发是水转化为水蒸气返回到大气中的过程，包括植被冠层截留水量、开敞的水面和裸露的土壤的蒸发，以及土壤水经植物根系吸收后在冠层叶面气孔处的蒸发（也称蒸腾）。在 GBHM 模型中，实际的蒸散发量在考虑植被覆盖率、冠层叶面积指数、土壤含水量及根系分布的基础上，由潜在蒸发能力（采用 Penman - Monteith 公式）计算而来。它包括三个部分：

1）植被冠层截留蓄水的蒸发率计算。当有植被覆盖时，首先从植被冠层截留的蓄水开始蒸发。当 t 时刻的冠层截蓄水量满足潜在蒸发能力时，则实际蒸发量等于潜在蒸发量；当不满足时，则实际蒸发量等于该时刻的冠层截蓄水量，计算式如下：

$$E_{canopy}(t)=\begin{cases}K_vK_cE_p, & S_c(t)\geqslant K_vK_cE_p\Delta t\\ S_c(t)/\Delta t, & S_c(t)<K_vK_cE_p\Delta t\end{cases} \tag{4.7}$$

式中：$E_{canopy}(t)$ 为 t 时刻的冠层截留蓄水的蒸发率，mm/h；K_v 为植被覆盖率；K_c 为参考作物系数；E_p 为潜在蒸发率，mm/h。

2）由根系吸水经植被冠层叶面的蒸腾率计算。当植被冠层的截留蓄水量不能满足潜在蒸发能力时，叶面蒸腾开始。蒸腾的水量来自植被根系所在的土壤层含水。因此，蒸腾率除与植被的叶面积指数有关以外，还与植物根系的吸水能力有关，也就是与根系分布和土壤含水量相关。植被蒸腾率估算的数学表达式如下：

$$E_{tr}(t,j)=K_vK_cE_pf_1(z_j)f_2(\theta_j)\frac{LAI(t)}{LAI_0} \tag{4.8}$$

式中：$E_{tr}(t,j)$ 为 t 时刻植被根系所在 j 层土壤水分经根系至植被叶面的实际蒸腾率，mm/h；$f_1(z_j)$ 为植物根系沿深度方向的分布函数，概化为一个底部在地表的倒三角分布；θ_j 为 j 层土壤的含水量；$f_2(\theta_j)$ 为土壤含水量的函数，当土壤饱和或土壤含水量大于等于田间持水量时 $f_2(\theta_j)=1.0$，当土壤含水量小于等于凋萎系数时 $f_2(\theta_j)=0.0$，其间为线形变化；LAI_0 为植物在一年中的最大叶面指数。

3）裸露土壤的蒸发。当没有植被覆盖时，蒸发从地表开始。如果地表有积水，计算实际蒸发的表达式如下：

$$E_{surface}(t)=\begin{cases}(1-K_v)E_p, & S_s(t)\geqslant E_p(1-K_v)\Delta t\\ S_s(t)/\Delta t, & S_s(t)<E_p(1-K_v)\Delta t\end{cases} \tag{4.9}$$

式中：$E_{surface}(t)$ 为 t 时刻的裸露地表实际蒸发率，mm/h；$S_s(t)$ 为 t 时刻的地表积水深，mm。

当地表没有积水或地表积水不能满足潜在蒸发能力时，蒸发将发生在土壤表面，其蒸发率计算如下：

$$E_s(t)=[(1-K_v)E_p-E_{surface}(t)]f_2(\theta) \tag{4.10}$$

式中：$E_s(t)$ 为 t 时刻的土壤表面的实际蒸发率，mm/h；$f_2(\theta)$ 为土壤含水量的函数，当地表积水时 $f_2(\theta)=1.0$，当土壤含水量小于等于凋萎系数时 $f_2(\theta)=0.0$，其间为线形变化。

(4) 非饱和带土壤水分运动。地表以下、潜水面以上的土壤通常称为非饱和带。降水入渗和蒸发蒸腾都通过非饱和带。非饱和带铅直方向的土壤水分运动用一维 Richards 方程来描述：

$$\begin{cases}\dfrac{\partial\theta(z,t)}{\partial t}=-\dfrac{\partial q_v}{\partial z}+s(z,t)\\ q_v=-K(\theta,z)\left[\dfrac{\partial\Psi(\theta)}{\partial z}-1\right]\end{cases} \tag{4.11}$$

式中：z 为土壤深度，m，坐标向下为正方向；$\theta(z,t)$ 为 t 时刻距地表深度为 z 处的土壤体积含水量；s 为源汇项，在此为土壤的蒸发蒸腾量；q_v 为土壤水通量；$K(\theta,z)$ 为非饱和土壤导水率，m/h；$\Psi(\theta)$ 为土壤吸力，均是土壤含水量的函数。

其中土壤含水量与土壤吸力 $\Psi(\theta)$ 之间的关系，采用 Van Genuchten 公式来表示：

$$\left[\frac{1}{1+(a\Psi(\theta))^n}\right]^m=\frac{\theta-\theta_r}{\theta_s-\theta_r} \tag{4.12}$$

式中：θ 为土壤含水量；θ_r 为土壤残余含水量；θ_s 为土壤饱和含水量；a、n 和 m 为常数；$m=1/n$，这些参数与土壤类型相关，需要试验确定。

非饱和土壤导水率 $K(\theta,z)$ 的计算如下式：

$$K(\theta,z)=K_s(z)S_e^{1/2}[1-(1-S_e^{1/m})^m]^2 \tag{4.13}$$

式中：$K_s(z)$ 为距地表深度为 z 处的饱和导水率，m/h。

一般土壤的饱和导水率在垂直方向一般随深度增加而减小，这里用一个指数衰减函数来表示：

$$K_s(z)=K_0\exp(-fz) \tag{4.14}$$

式中：K_0 为地表的饱和导水率，m/h；f 为衰减系数。

进入土壤的入渗过程受上述的一维 Richards 方程控制。土壤表面的边界条件取决于降水强度，当降水强度小于或等于地表饱和土壤导水率，所有降水将渗入土壤，不产生任何地表径流。对于较大的雨强，在初期，所有降水渗入土壤，直到土壤表面变成饱和。此后，入渗小于雨强时，地表开始积水。该过程可以用下式表示：

$$\begin{cases}-K(h)\dfrac{\partial h}{\partial z}+1=R, & \theta(0,t)\leqslant\theta_s, \quad t\leqslant t_p\\ h=h_0, & \theta(0,t)=\theta_s, \quad t>t_p\end{cases} \tag{4.15}$$

式中：K 为土壤导水率，m/h；h 为压力水头，mm；R 为降水强度，mm/h；h_0 为土壤表面积水深，mm；$\theta(0,t)$ 为土壤表面含水量；t_p 为积水开始时刻。

采用有限差分方法来求解上述一维 Richards 方程，模拟非饱和带的土壤水分运动，时间步长取为 1h。

（5）坡面汇流计算。用上述Richards方程可以算出山坡单元的超渗产流和蓄满产流。当坡面地表积水超过坡面的洼蓄后，开始在山坡坡面产生汇流，采用一维的运动波方程来描述：

$$\begin{cases}\dfrac{\partial h}{\partial t}+\dfrac{\partial q_s}{\partial x}=i\\[2ex] q_s=\dfrac{1}{n_s}S_0^{1/2}h^{5/3}\end{cases}\tag{4.16}$$

式中：q_s为坡面单宽流量，$m^3/(s \cdot m)$；h为扣除坡面洼蓄后的净水深，mm；i为净雨量，mm；S_0为坡面坡度；n_s为坡面曼宁糙率系数。

在较短的时间间隔内，坡面流可直接用曼宁公式按恒定流来计算。

（6）潜水层与河道之间的流量交换。在GBHM模型中假设每个山坡单元都与河道相接，其中潜水层内的地下水运动可以简化为平行于坡面的一维流动。山坡单元潜水层与河道之间的流量交换，采用下列的质量守恒方程和达西定律来描述：

$$\begin{cases}\dfrac{\partial S_G(t)}{\partial t}=rech(t)-L(t)-q_G(t)\dfrac{1000}{A}\\[2ex] q_G(t)=K_G\dfrac{H_1-H_2}{l/2}\dfrac{h_1+h_2}{2}\end{cases}\tag{4.17}$$

式中：$\partial S_G(t)/\partial t$为饱和含水层地下水储量随时间的变化率，mm/h；$rech(t)$为饱和含水层与上部非饱和带之间的相互补给速率，mm/h；$L(t)$为向下深部岩层的渗漏量，mm/h；A为单位宽度的山坡单元的坡面面积，m^2/m；$q_G(t)$为地下水与河道之间地下水交换的单宽流量，$m^3/(h \cdot m)$；K_G为潜水层的饱和导水率，m/h；l为山坡长度，m；H_1、H_2分别为交换前、后潜水层地下水位，m；h_1、h_2分别为交换前、后河道水位，m。

4.3.4　河道汇流计算

鉴于“汇流区间-山坡单元”系统中难以确定复杂的河网与坡面位置，对河道汇流演进模型进行了简化。将子流域河网简化为一条主河道，并假定汇流区间内所有山坡单元的坡面汇流和地下水出流都直接排入主河道，在此河道中按照汇流区间距河口的距离进行汇流演进，采用一维运动波模型来描述：

$$\begin{cases}\dfrac{\partial A}{\partial t}+\dfrac{\partial Q}{\partial x}=q\\[2ex] Q=\dfrac{S_0^{1/2}}{n_r\chi^{2/3}}A^{5/3}\end{cases}\tag{4.18}$$

式中：q为侧向入流，$m^3/(s \cdot m)$，包括坡面入流q_s和地下水入流q_G；x为沿河道方向的距离，m；A为河道断面面积，m^2；S_0为河道坡度；n_r为河道曼宁系数；χ为湿周长度，m。

采用非线性的显性有限差分方法求解运动波方程。首先演算得到每个子流域出口处的流量，然后依据子流域与支流以及干流之间的河网拓扑关系，同样采用一维运动波方程，演算得到整个流域出口处的流量。

4.3.5 模型主要参数

模型参数包括四类：植被和地表参数、土壤水分参数、河道参数以及其他参数，见表4.2。从上述用来描述水文过程的数学物理方程来看，这些参数都具有明确的物理意义，因此一般都可以通过实测和试验确定。但在实际应用过程中，受条件限制，不可能全部轻易得到。因此在没有试验数据时，可以先依据常规对这些参数进行假定，然后利用已有的气象水文观测数据，通过反复模拟分析和参数反演来确定，这也就是所谓的参数率定。

表 4.2　　GBHM 分布式水文模型参数

分类	参　数	获　取　方　法
植被和地表参数	叶面积指数 LAI	根据卫星遥感的植被指数 $NDVI$ 估算
	参考作物蒸发系数 K_c	参考国际粮农组织“作物需水计算指南”（FAO，1998）
	地表洼蓄截流能力 S_n	取决于土地利用类型
	地表的曼宁系数 n_s	
	表层土壤的各向异性指数 r_a	
土壤水分参数	饱和含水率 θ_s	一般源于实测，本书参考 IGBP - DIS 全球土壤数据库
	残余含水率 θ_r	
	饱和导水率 K_0	
	土壤水分特征曲线和非饱和土壤导水率的经验关系式中的系数，例如 Van Genuchten 关系式中的常数 a 和 n	
河道参数	河道断面形状	可通过实测获得，本书将河道简化为矩形断面
	河道曼宁系数 n_r	依据有关手册估算
其他参数	融雪指数 M_f	可根据实测获得，本书需进一步率定
	降雪修正系数 C_s	
	地下潜水层传导系数 K_g	
	地下潜水层给水度 S_g	

通常分布式水文模型中每一个计算单元都需要一组计算参数，为了避免物理性水文模型的“过参数化”问题，GBHM 模型中的大多数参数都直接来源于已有的数据库，所需率定的参数只有几个，如融雪指数 M_f、地下潜水层传导系数 K_g 和地下潜水层给水度 S_g。

参数率定采用试错法。为了减少参数率定工作量，对于需要率定的参数，一般是按照计算单元所在的子流域归类调试，或者是按照参数的属性类别，并不是对每个计算单元的参数都进行率定。

4.3.6 模型参数率定和验证

模型计算时间步长为 1h，普通个人计算机（简称 PC 机）上模拟长江上游一年的水文过程所需计算时间约120min。模型输出结果包括各子流域出口流量，以及各网格单元径流深、实际蒸散发量和根层土壤含水量（以相对饱和度表示）等水文变量的空间分布栅格数据。选取位于上游干流和主要支流出口处的水文站日流量观测值作为参照，用Nash效率系数NSE和相对误差RE两个指标来评价河道径流模拟值与观测值的偏差。

模型采用的参数中，融雪指数M_f、地下潜水层传导系数K_g和地下潜水层给水度S_g以及降雪修正系数C_s等参数需要率定。

率定期选在1961—1965年，验证期为1966—1970年，主要是考虑当时大型水库还不多，人为因素影响相对较小。在率定和验证过程中，干流水文站流量的Nash效率系数$NSE>0.85$，相对误差RE在±5%以内；支流水文站流量的Nash效率系数$NSE>0.75$，相对误差RE在±6%以内（表4.3）。结果表明，该模型有足够的精度用于下阶段的干旱评估研究。

表4.3　率定期和验证期日径流量的模拟误差

干支流水文站	站点所在位置	汇流面积/km²	率定期（1961—1965年）		验证期（1966—1970年）	
			相对误差RE/%	Nash系数NSE	相对误差RE/%	Nash系数NSE
石鼓	金沙江上段	232700	−4.9	0.900	−2.4	0.883
屏山	金沙江出口	485100	0.4	0.899	−2.8	0.885
朱沱	上游干流	694700	−5.0	0.910	−1.5	0.867
寸滩	上游干流	866600	−1.4	0.917	−2.1	0.876
宜昌	上游出口	1005500	1.9	0.833	2.2	0.807
小得石	雅砻江	127000	−1.3	0.937	2.0	0.894
高场	岷江	135400	−2.9	0.875	1.1	0.866
北碚	嘉陵江	156100	4.0	0.821	−0.4	0.764
武隆	乌江	83000	2.6	0.796	6.0	0.751

在对该分布式水文模型进行率定和验证后，以1961—2006年期间的气象观测数据作为模型的输入，完整地模拟了整个长江上游1961—2006年期间的整个水文过程。输出结果包括：①各支流出口和干流控制点的日流量过程线；②流域面上每旬的实际蒸散发量栅格图（5km网格）；③流域面上每旬的径流深栅格图（5km网格）；④流域面上每旬的土壤相对含水量栅格图（5km网格）；⑤流域面上每旬的降水量栅格图（5km网格）；⑥流域面上每旬的潜在蒸散发量栅格图（5km网格）。这些输出的气象水文要素，将是干旱评估预报模型构建所需的基础信息。

4.4　基于水循环模拟的干旱综合评估指标

干旱的起因是降水偏少，但发展成为旱灾则是一个缓慢的渐进过程。持续的降水偏少后，就会出现土壤水分枯竭、河道径流量减少和地下水位下降等现象，发展到一定程度就会导致作物枯死、河道断流和水源枯竭，从而给社会带来灾害。因此旱情发生发展过程，实质上就是一个降水偏少条件下的水文演变过程。另外，前期的降水、地表径流、土壤水分和河道径流等气象水文要素，直接影响到后期的旱情发生发展及其程度变化。因此不能割裂地将干旱仅视为降水偏少的一种表象，而应该从连续完整的水文演变机理过程来动态评估和预报旱情。

4.4.1　水量平衡分量

首先利用长期的气象水文资料来统计水量平衡中各水文分量的实际值和可能值（也称为潜在值）。

在 PDSI 干旱模式中，Palmer 利用气象站点的观测数据，并采用一个简单的水量平衡模型来计算各水文分量，模型中将土壤分为上、下两层，如图 4.9 所示。上层有效持水量为 25mm 或 75mm，下层取为 125mm 或 150mm，这依赖于所在地区的土壤特性。只有当上层土壤完全失水或其持水量达到 25mm（或 75mm），下层土壤持水量才会发生变化。整个土壤有效持水量 AWC 为 150mm（225mm）（安顺清等，1985）。图中 S_s 为上层土壤的实际持水量，S_u 为下层土壤的实际持水量。此计算中涉及的水文分量包括：①实际降水量 P，采用气象站点观测值；②实际蒸散发量 ET，取决于可能蒸散发量与降水量及土壤含水量之间的关系；③可能蒸散发量 PE，采用 Thornthwaite 公式计算；④实际补水量 R，前后时段土壤含水量的变化；⑤可能补水量 PR，表示降水充足时土壤达到田间持水量所需的水量，$PR=AWC-(S_s+S_u)$；⑥实际径流量 RO，当土壤持水量大于 AWC 时才开始产生径流；⑦可能径流量 PRO，表示降水量与可能补水量之间的差，但由于可能降水量无法确定，在这里用土壤田间有效持水量代替，$PRO=AWC-PR=S_s+S_u$；⑧实际失水量 L，分两层计算，$L=L_s+L_u$，假设 PE 大于降水量 P，上层 $L_s=\min\{S_s,(PE-P)\}$，下层 $L_u=[(PE-P)-L_s]S_u/AWC, L_u\leqslant S_u$；⑨可能失水量 PL，表示降水为 0 时能够从土壤中取得的水量，分两层计算：$PL=PL_s+PL_u$，其中上层 $PL_s=\min\{PE, S_s\}$，下层 $PL_u=(PE-PL_s)S_u/AWC$，$PL_u\leqslant S_u$。

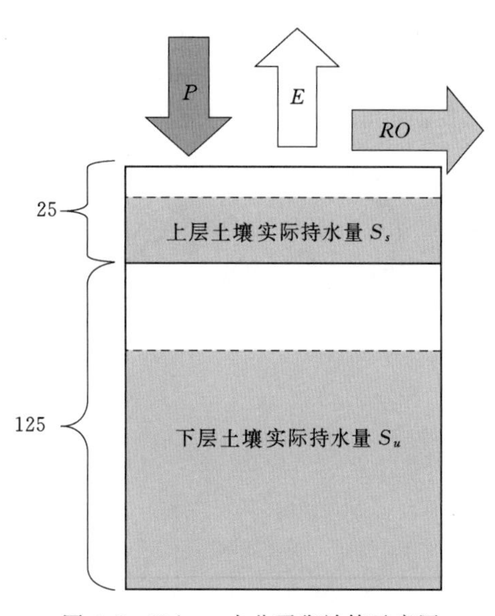

图 4.9　Palmer 水分平衡计算示意图

从水文角度而言，Palmer 在计算上述分量所采用的水量平衡模型，实际上是一个简单的概念性模型。另外需要说明的是，该模型是基于某城市或地区的气象站观测数据，也可以说是某点的水量平衡分析，并不是针对流域的水量平衡分析。

利用分布式水文模型 GBHM 模型可以模拟流域的水文过程，与此同时，不仅可以获得每个计算网格单元的气象水文参量，也可以获得以子流域为统计单位的气象水文参量。本书在这里没有采用图 4.9 所示的方法，而是利用分布式水文模型模拟得到的网格单元水文参量，来统计水量平衡中各水文分量的实际值和可能值，构建 GBHM-PDSI 干旱评估预报模型。

4.4.2 气候水文常数

本书首先在长江上游选择了27个具有代表性的地点或城市（以气象站点表示），其分布如图4.10所示。利用与这些气象站点所在位置相对应的网格单元的气象水文参量，来统计各气象水文常数，包括：①蒸散常数：$\alpha=\overline{ET}/\overline{PE}$，其中$\overline{ET}$、$\overline{PE}$分别为多年的旬平均实际蒸散发量和可能（潜在）蒸散发量；②补水常数：$\beta=\overline{R}/\overline{PR}$，其中$\overline{R}$、$\overline{PR}$分别为多年的旬平均实际补水量和可能补水量；③径流常数：$\gamma=\overline{RO}/\overline{PRO}$，其中$\overline{RO}$、$\overline{PRO}$分别为多年的旬平均实际径流量和可能径流量；④失水常数：$\delta=\overline{L}/\overline{PL}$，其中$\overline{L}$、$\overline{PL}$分别为多年的旬平均实际失水量和可能失水量；⑤气候特征常数：$k^*=(\overline{PE}+\overline{R})/(\overline{P}+\overline{L})$，其中$\overline{PE}+\overline{R}$表示多年的旬平均水分需要，$\overline{P}+\overline{L}$表示多年的月平均水分供给，这两者的比值能够反映出不同地区和时期的水分气候差异。

图4.10 长江上游代表性气象站

每旬的实际蒸散发量ET_i、可能（潜在）蒸散发量PE_i和实际径流量RO_i是直接利用第4章中的各网格单元的水文模拟结果，其他一些参量可以利用网格单元土壤含水量的模拟结果按下列的公式计算：

实际补水量：

$$R_i=\max\{0.0,(C_{i+1}-C_i)\times(\theta_s-\theta_r)\times S_d\} \tag{4.19}$$

可能补水量：

$$PR_i=(1-C_i)\times(\theta_s-\theta_r)\times S_d \tag{4.20}$$

可能径流量：

$$PRO_i=C_i\times(\theta_s-\theta_r)\times S_d \tag{4.21}$$

实际失水量：

$$L_i = \min\{C_i \times (\theta_s - \theta_r) \times S_d, \max\{0.0, ET_i - P\}\} \tag{4.22}$$

可能失水量：

$$PL_i = \min\{C_i \times (\theta_s - \theta_r) \times S_d, \max\{0.0, PE_i - P\}\} \tag{4.23}$$

式中：C_i 为某一时段土壤相对含水量，%；θ_s 为土壤饱和含水量，mm；θ_r 为土壤残余含水量，mm；S_d 为土壤层有效厚度，一般取 1.5～2.0m。

这样，就可以依据 1961—2000 年期间的分布式水文模拟结果，分别统计各参量多年的旬平均值，从而计算出上述气候常数 α、β、γ、δ、k^*。表 4.4 列出了部分站点所在地区的气候常数。

表 4.4　成都、重庆和昆明的气候常数

城市	常数	1月中旬	2月中旬	3月中旬	4月中旬	5月中旬	6月中旬	7月中旬	8月中旬	9月中旬	10月中旬	11月中旬	12月中旬
成都	α	0.448	0.449	0.453	0.424	0.355	0.407	0.460	0.370	0.327	0.386	0.393	0.408
	β	0.031	0.042	0.044	0.168	0.411	0.503	1.834	0.718	0.369	0.404	0.233	0.053
	γ	0.022	0.031	0.039	0.101	0.283	0.339	1.023	1.322	0.775	0.258	0.111	0.032
	δ	0.287	0.286	0.198	0.082	0.085	0.100	0.390	0.141	0.198	0.000	0.161	0.233
	k^*	1.735	1.630	1.670	1.321	0.975	0.819	0.483	0.386	0.463	0.772	0.989	1.672
重庆	α	0.386	0.354	0.368	0.391	0.382	0.417	0.434	0.403	0.374	0.406	0.402	0.404
	β	0.029	0.037	0.040	0.229	0.321	0.272	0.148	0.253	0.338	0.203	0.074	0.037
	γ	0.172	0.156	0.153	0.214	0.486	0.671	0.849	0.583	0.652	0.516	0.336	0.222
	δ	0.157	0.141	0.144	0.043	0.000	0.133	0.266	0.098	0.056	0.185	0.155	0.148
	k^*	1.165	1.640	1.641	1.093	0.754	0.705	0.800	0.991	0.607	0.607	0.751	0.995
昆明	α	0.434	0.319	0.209	0.189	0.224	0.393	0.481	0.535	0.549	0.605	0.593	0.527
	β	0.034	0.017	0.014	0.034	0.092	0.283	0.291	0.393	0.122	0.080	0.050	0.017
	γ	0.134	0.166	0.193	0.186	0.139	0.158	0.481	0.758	0.432	0.246	0.163	0.119
	δ	0.396	0.416	0.374	0.259	0.160	0.086	0.330	0.265	0.257	0.505	0.486	0.458
	k^*	2.078	3.119	4.338	4.485	2.359	0.838	0.754	0.649	0.807	1.088	1.254	1.669

4.4.3 气候适宜降水量

Palmer 认为一个地区的作物种类、生长周期以及相应的农业活动等习俗，都是与当地多年的气候特征相适应的，由此提出了一个气候适宜降水量，以考虑研究地区的气候状况。依据上面统计所得的各气候常数，可以计算出逐旬的气候适宜降水量，方法如下：

$$\hat{P}_i = \widehat{ET}_i + \hat{R}_i + \widehat{RO}_i - \hat{L}_i \tag{4.24}$$

式中：i 为旬数；$\widehat{ET}_i$ 为气候适宜蒸散发量，$\widehat{ET}_i = aPE_i$，mm；$\hat{R}_i$ 为气候适宜补水量，$\hat{R}_i = \beta PR_i$，mm；$\widehat{RO}_i$ 为气候适宜径流量，$\widehat{RO}_i = \gamma PRO_i$，mm；$\hat{L}_i$ 为气候适宜失水量，$\hat{L}_i = \delta PL_i$，mm。

4.4.4 降水距平值和距平指数

降水距平值 d_i（单位为 mm）表示该旬的实际降水量 P_i 与其气候适宜降水量 $\widehat{P}_i$ 之间的差值，计算方法如下：

$$d_i = P_i - \widehat{P}_i \tag{4.25}$$

由此可以初步求出各旬水分距平指数 z_i（即未经修正的 z 值），

$$z_i = k^* d_i \tag{4.26}$$

z_i 值反映的是水分亏缺状态，不但可以表示干旱，而且也可以表示湿润。若 z_i 值为负，表示气候为负异常，也就是处于缺水干旱状态；若 z_i 值为正，表示气候为正异常，也就是降水偏多。

按照式（4.25）和式（4.26），计算出长江上游 27 个代表性地点在 1961—2000 年期间的逐旬的 z_i 值，并据此统计这些地点在干旱比较严重时期的持续旬数和累积 z 值，见图4.11。

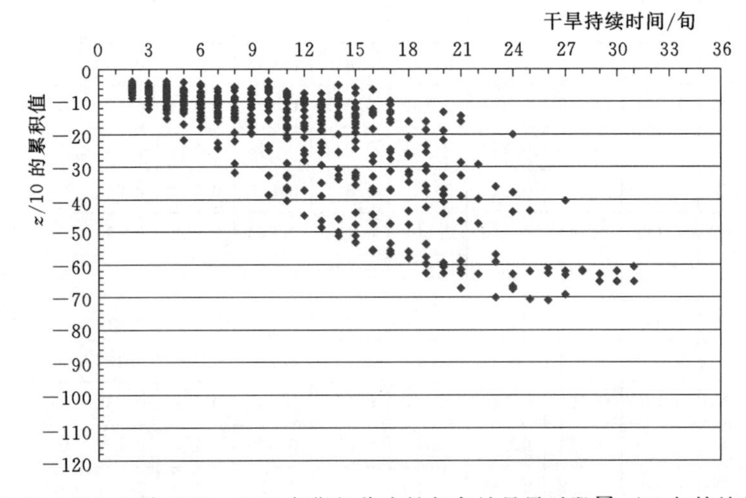

图 4.11 长江上游 1961—2000 年期间代表性气象站最旱时段 $\sum z/10$ 与持续旬数

4.4.5 旱情综合评估指标及分级

式（4.26）计算出的 z_i 值只是反映了当旬的水分亏缺情况，并不能直接作为干旱的评价指标，且没有考虑旱情的持续时间影响因子。因此接下来，需要确定一个评价指标，来明确干旱程度与水分亏缺 z 值和干旱持续时间之间的关系。

通常所谓的干湿程度只是对干湿状态的一个定性描述，为了能定量描述，Palmer 将干湿程度一共划分了 9 个级别，并采用了一个指标——PDSI 指数 x 来定量界定干湿等级，见表 4.5。下面将利用图 4.11 中的统计数据，来确定指标 x 与水分亏缺 z 值和干旱持续时间 t 之间的关系。

表 4.5 PDSI 的干湿等级划分

PDSI 指数 x	等　级	PDSI 指数 x	等　级
4.0	极端湿润	−1.00～−1.99	轻微干旱
3.00～3.99	严重湿润	−2.00～−2.99	中等干旱
2.00～2.99	中等湿润	−3.00～−3.99	严重干旱
1.00～1.99	轻微湿润	−4.00	极端干旱
−0.99～0.99	正常		

首先按照图 4.11 统计的各个地方最旱时期的持续旬数与累积的 z 值作图，并假定这些最旱时段为极端干旱，令 $x=-4.0$ 作图，将纵坐标按正常到极端分成四等份，作出另外三条直线，分别表示严重干旱、中等干旱和轻微干旱，相应的 x 值分别等于−3.0、−2.0和−1.0，见图 4.12。

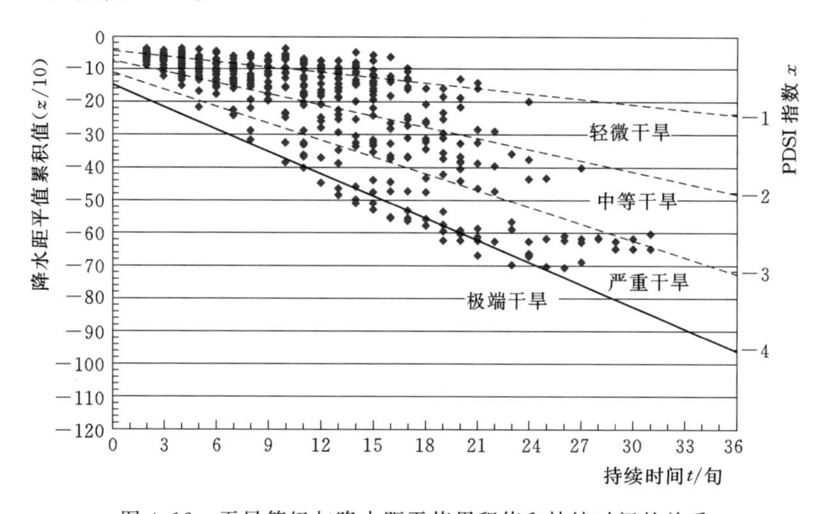

图 4.12　干旱等级与降水距平值累积值和持续时间的关系

这样根据图 4.11，可以确定 PDSI 指数 x 与水分距平值 z 和持续时间 t 之间的函数关系，如下：

$$x_i = \sum_{t=1}^{i} z_t/(5.692t + 37.1) \tag{4.27}$$

4.4.6 旱情推演预报

式（4.27）并不能立即应用，因为旱期起始时的累积值不同，甚至会出现这样的情况，即某两个旬的 z 值虽相同，但一个是出现在几个较湿旬之后，另一个出现在几个较干旬之后，很明显后者的干旱指数应大于前者。因此，必须确定每个旬的 z_i 值对干旱指标 x_i 值的影响（安顺清等，1985）。

令 $i=1$，$t=1$，式（4.27）则变成

$$x_1 = z_1/42.792 \tag{4.28}$$

假设这个旬是干旱期的开始，则

$$x_1-x_0=\Delta x_1=z_1/42.792 \tag{4.29}$$

如果要维持上个旬的旱情，那么随着时间 t 的增加，则水分距平值 z 的累积值必然增加。但 t 的增值是恒定的，即每旬增加 1。因此维持上个旬的旱情所需要增加的 z 值取决于 x 值，故令

$$x_i-x_{i-1}=\Delta x_i=(z_i/42.792)+Cx_{i-1} \tag{4.30}$$

式中的 C 为常数，当 $t=2$，$x_{i-1}=x_i=-1$，利用式（4.27）、式（4.28），则可计算 $C=-0.133$。代入式（4.30）得

$$x_i=0.867x_{i-1}+z_i/42.792 \tag{4.31}$$

式（4.31）是计算干旱指标的基本公式之一。由于该式是利用图 4.10 中的 27 个气象站建立的，用于流域其他地区不一定适合。从实际情况和统计角度考虑，显然不同地点、不同时间的距平值有不同的意义。可以比较某地不同年份同一旬的序列距平，而不能比较不同旬或不同地区的距平值。因为同样的水分距平值在一个地方表示水分严重短缺，而在另一个地方可能只是轻微短缺（刘巍巍等，2004）。所以需要对式（4.31）中的 z 值进行了正规化处理，这样才能使得式（4.31）计算出的干旱指标有较好的空间可比性。

考虑到长江上游大部分地区属于湿润地区，严重干旱的持续时间超过 8 个月（也就是 24 旬）很少见，因此这里假设某一年中 24 个旬都是严重干旱，$x=-4.0$，以及 $t=24$，代入式（4.28）可得 z 的累积值为-694.8。并假设这种情形对于任何地区都表示极端干旱，所以如果每个站实际资料计算的最干的 24 个旬的降水距平值 d 的累积为$\sum d$，则该站的权重因子为

$$\overline{K}=-694.8\Big/\Big(\sum_{1}^{24}d\Big) \tag{4.32}$$

气候特征常数 k^* 的估计值 K'取决于平均水分需要和平均水分供给的比值，在平均水分需要中除平均可能蒸散发量$\overline{PE}$和平均补水量 $\overline{R}$ 外，还应包括平均径流量$\overline{RO}$，此外 k^* 还与 $\overline{D}$（d 的绝对值的平均值）成反比。

根据前述 27 个站的结果，图 4.13 给出了 K'与（$\overline{PE}+\overline{R}+\overline{RO})/[(\overline{P}+\overline{L})\overline{D}]$ 之间的关系，进行回归拟合，其回归方程如下：

$$K'=1.812\ln\left[\frac{\overline{PE}+\overline{R}+\overline{RO}}{(\overline{P}+\overline{L})\overline{D}}\right]+6.173 \tag{4.33}$$

从空间比较性的角度来说，如果 K'值完全合理，则流域内每个网格的 $\sum_{1}^{24}DK'$ 值应相等。但实际上相差较大，从上述 27 个气象站来看，最高的是攀枝花气象站所在网格，为 1132.9，最低的是都江堰，为 543.9。全流域所有网格的平均 $\sum_{1}^{24}DK'$ 值为 796.4。如

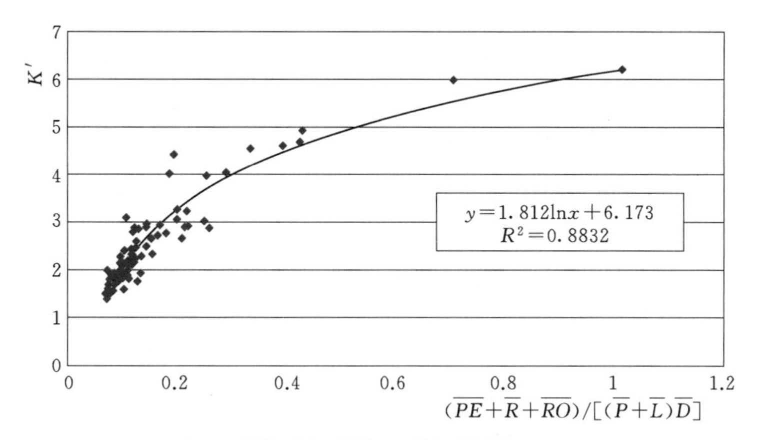

图 4.13 K'与 $(\overline{PE}+\overline{R}+\overline{RO})/[(\overline{P}+\overline{L})\overline{D}]$ 之间的关系曲线

果将权重因子订正到使所有网格的 $\sum_1^{24} DK'$ 值都为 796.4，则结果会更易比较。因此需要对 K'再作一次调整，才能得到最后的权重因子 K：

$$K=\frac{796.4}{\sum_1^{24}(DK')}K' \tag{4.34}$$

经过对权重 K 进行区域间的调整后，可以重新逐旬的计算水分距平值，并由此计算干旱指数，如下：

$$z_i=Kd_i \tag{4.35}$$

$$x_i=0.867x_{i-1}+z_i/42.792 \tag{4.36}$$

式（4.35）、式（4.36）就是 Palmer 干旱推演模型的最终计算表达式。

4.5 长江上游干旱综合评估预报模型系统及应用

4.5.1 干旱评估预报模型系统主要功能

基于 4.1 节中的体系框架，按照 4.3 节和 4.4 节中的方法、指标和等级标准，通过与分布式水文模型进行集成，形成了基于分布式水文模拟的旱情动态评估与预报模型系统，该模型系统的主要功能包括：

（1）能够提供时间尺度为日的河道径流过程，以及地表径流深、土壤含水量和实际蒸散发量等气象水文要素的空间分布（1～5km 网格）。

（2）能够提供时间尺度为旬、空间尺度为 1～5km 网格的旱情等级分布图，包括降水距平指数、湿润指数、土壤墒情、径流距平指数和 PDSI 指数等。

（3）能够定量地再现历史干旱事件和评估已发生的旱情等级，可以为抗旱减灾提供判断依据，也可以为防旱规划和水资源管理提供帮助。

（4）能够利用GBHM-PDSI推演预报模块，对干旱的形成和发展过程进行模拟演算，预测下阶段旱情变化，能够为防旱和抗旱决策分析提供技术支持。

4.5.2　长江上游干旱发生发展过程动态评估

首先采用常规的降水距平指标、干燥/湿润指标、径流距平指标、土壤墒情指标及其评价方法和旱情等级标准，对2006年整个长江上游地区的干旱/湿润状态进行了动态评估（时间尺度为旬，空间尺度为5km），评估结果见图4.14～图4.17。同时利用干旱综合评估模型GBHM-PDSI，完整地模拟了2006年期间整个长江上游的干旱发生发展过程，模拟结果见图4.18。

4.5.3　川渝地区干旱时空发展过程分析

在2006年1月，该地区降水较常年偏少25%以上，局部地区达到80%以上，整个长江上游面积超过60万km^2的川渝地区旱情都很严重，旱情主要体现在土壤墒情严重缺水。由于正好处于冬季枯水期，多年平均径流本身就很少，且径流大部分是由地下水出流贡献的，因此单从径流距平指标，水文干旱并不严重。

到了2月中旬，区域内降水增加，旱情有所缓解，四川盆地内的旱情轻微，川西高原及云南北部的旱情仍较严重，这种状态一直持续到3月中下旬。

到了4月，除了昆明、攀枝花和西昌一带的旱情进一步加重，长江上游其他地区的旱情逐渐解除。

到了6月上旬，昆明、攀枝花和西昌一带旱情也解除了，整个长江上游旱情基本解除，土壤墒情、径流都处于正常。

6月中下旬，区域内降水偏少，川北和重庆地区开始出现轻微干旱，主要体现在径流的减少，川北的土壤墒情较严重，而重庆地区的土壤墒情尚正常。

在7月中下旬，重庆地区降水连续偏少45%以上，这直接导致区域内径流大幅减少，而此时又逢高温天气，蒸散发能力强，土壤含水量也开始逐渐减少，用PDSI指标表示的重庆地区旱情开始由轻微干旱转变为中等干旱。

而在8月，川渝地区上、中、下三旬的降水仍然偏少45%以上，局部地区偏少80%以上，重庆、内江和南充一带由于高温天气，干燥指数达到10以上，属严重干燥程度。可以看出，8月持续的高温无雨天气条件，其直接影响是导致地表径流大幅减少，其次土壤含水量减少。用PDSI指标表示的重庆、内江和南充地区的旱情开始由中等干旱增强为严重干旱。

在9月上旬，川渝地区普降大雨，大部分地区的土壤墒情得到了缓解，但由于前期土壤干涸及地表缺水太严重，降雨并没有形成明显的径流，重庆及周边地区的径流仍严重偏少。用PDSI指标表示的重庆、内江和南充地区的旱情开始由严重干旱转变为中等干旱。

9月中旬，重庆、川北、川东和乌江地区的降水仍较常年偏少，9月下旬，重庆以北地区的降水正常，而以南地区降水偏少。该时期重庆地区的土壤墒情不严重，但径流仍然偏少。用PDSI指标表示的重庆、内江、成都和南充地区的旱情仍处于中等干旱。

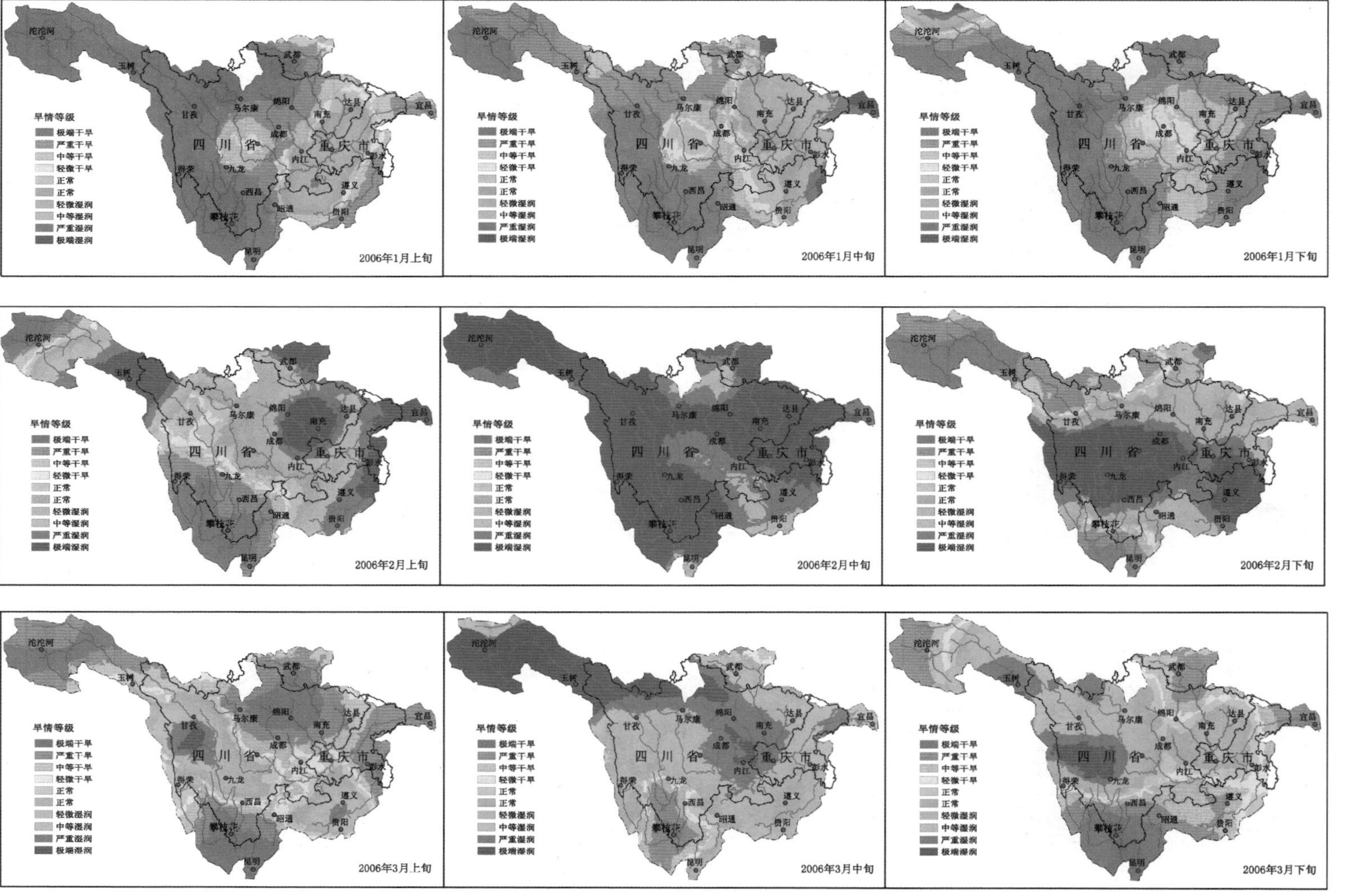

图 4.14（一）　2006 年干旱过程动态评估（降水距平指标）

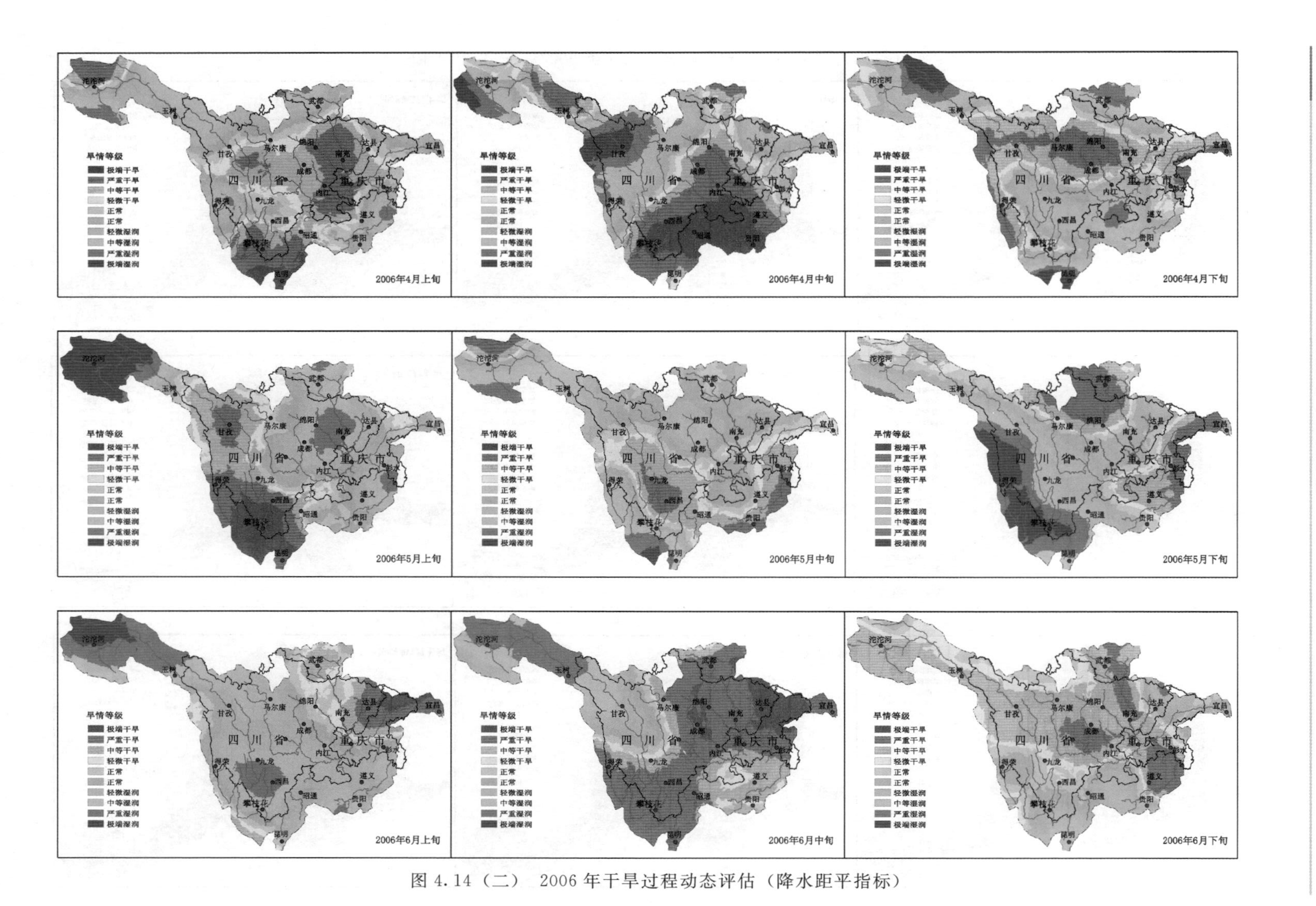

图 4.14（二）　2006 年干旱过程动态评估（降水距平指标）

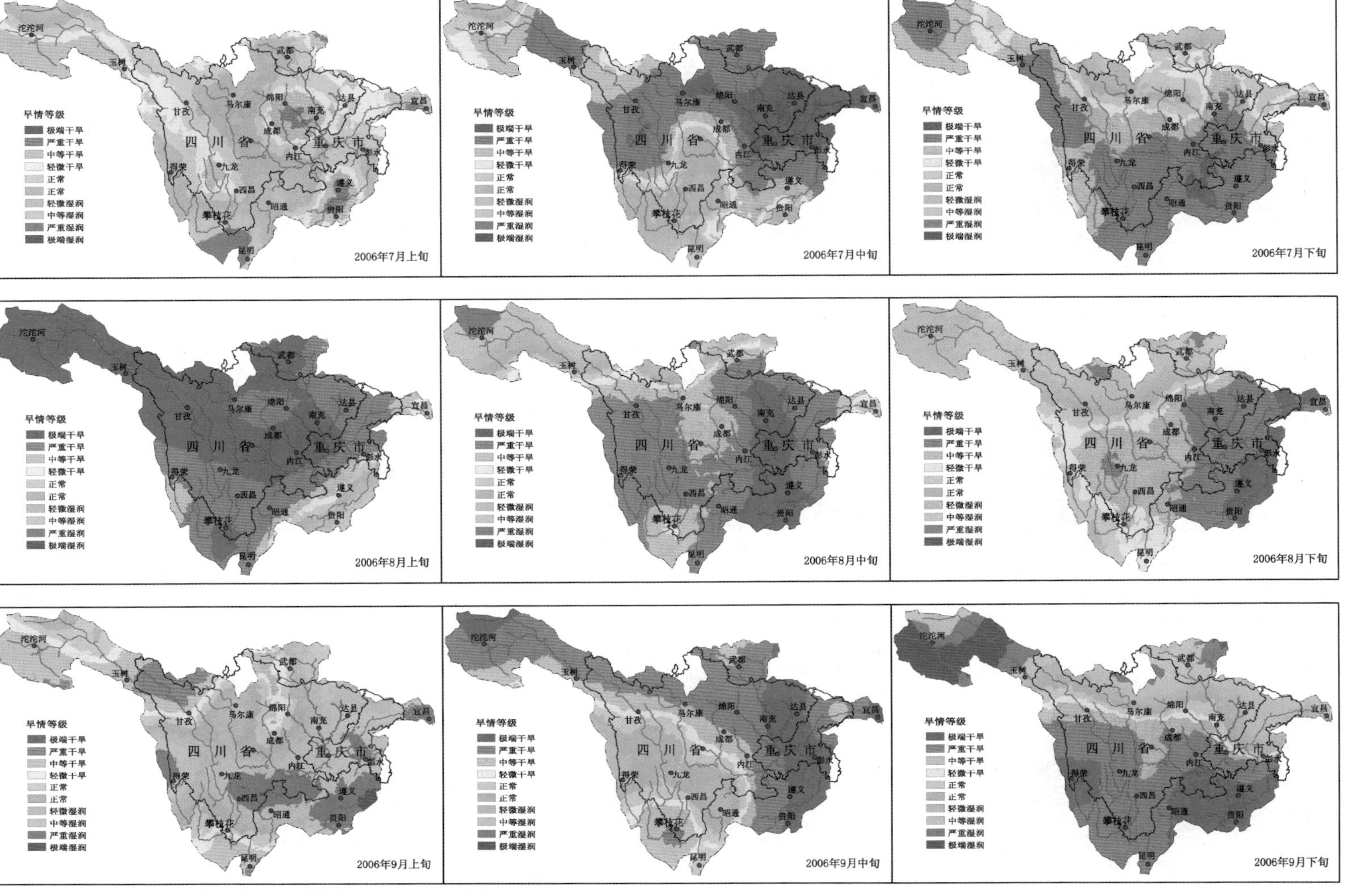

图 4.14（三） 2006 年干旱过程动态评估（降水距平指标）

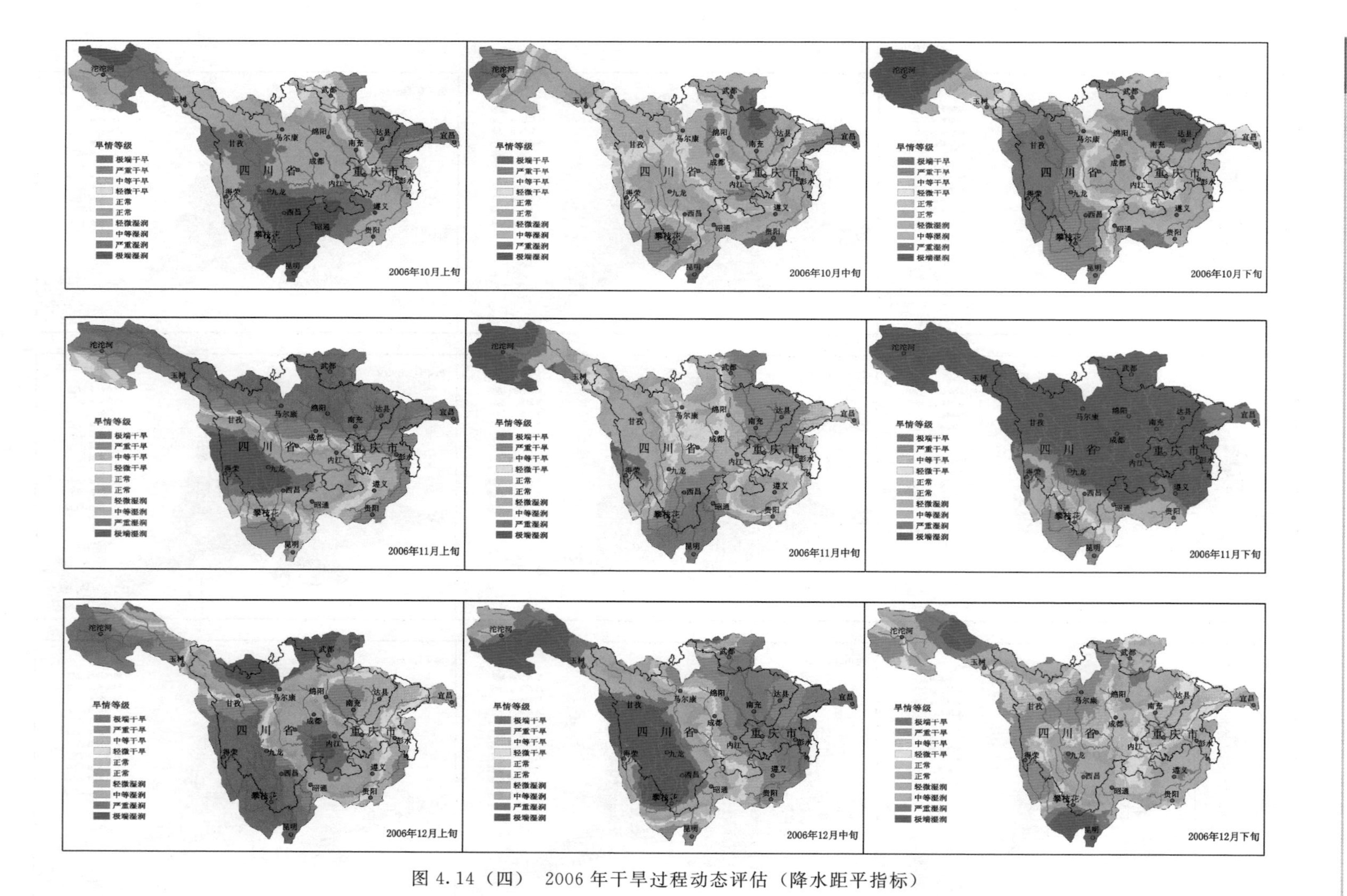

图4.14（四）　2006年干旱过程动态评估（降水距平指标）

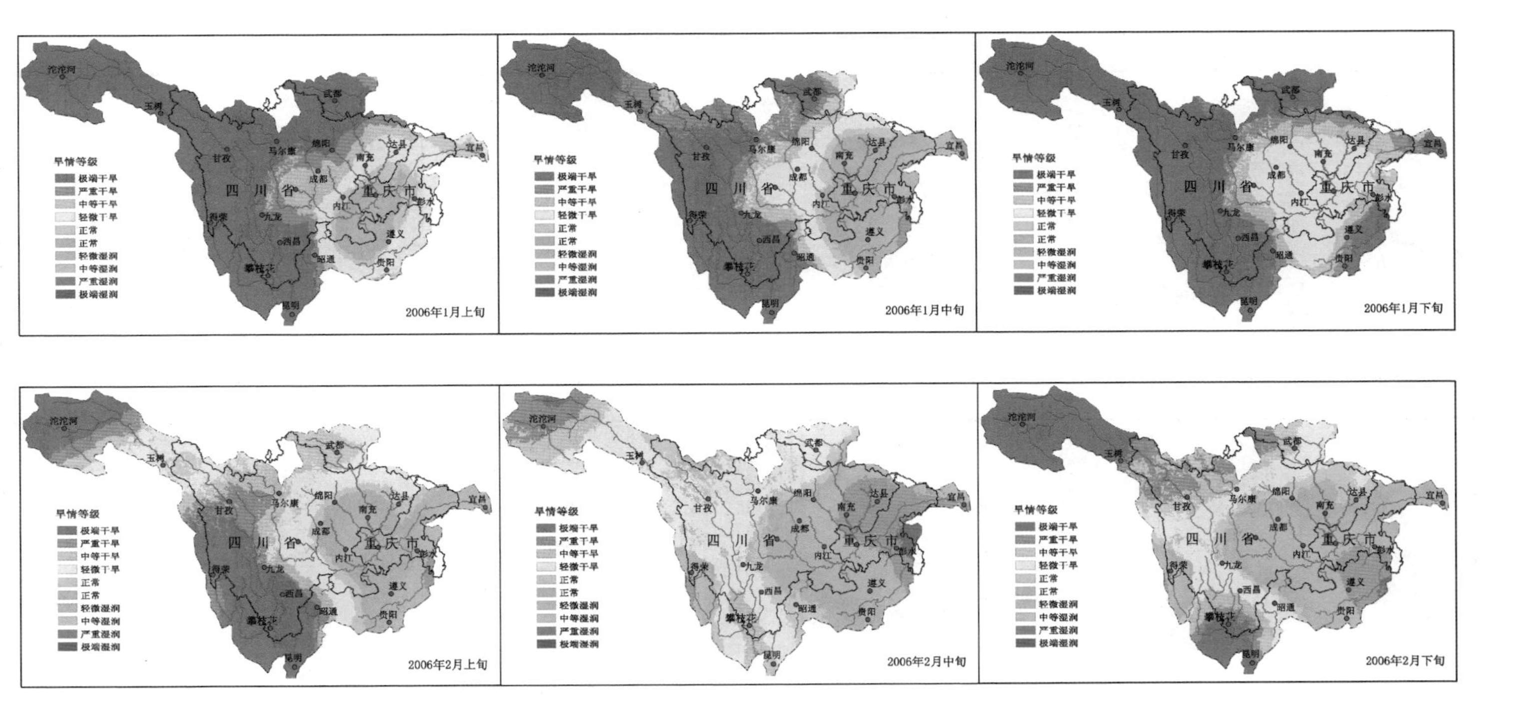

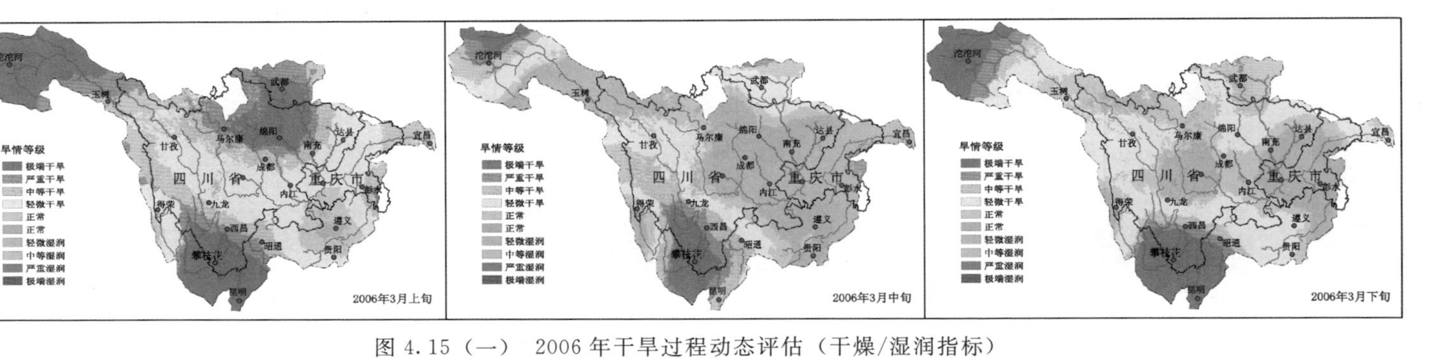

图 4.15（一） 2006 年干旱过程动态评估（干燥/湿润指标）

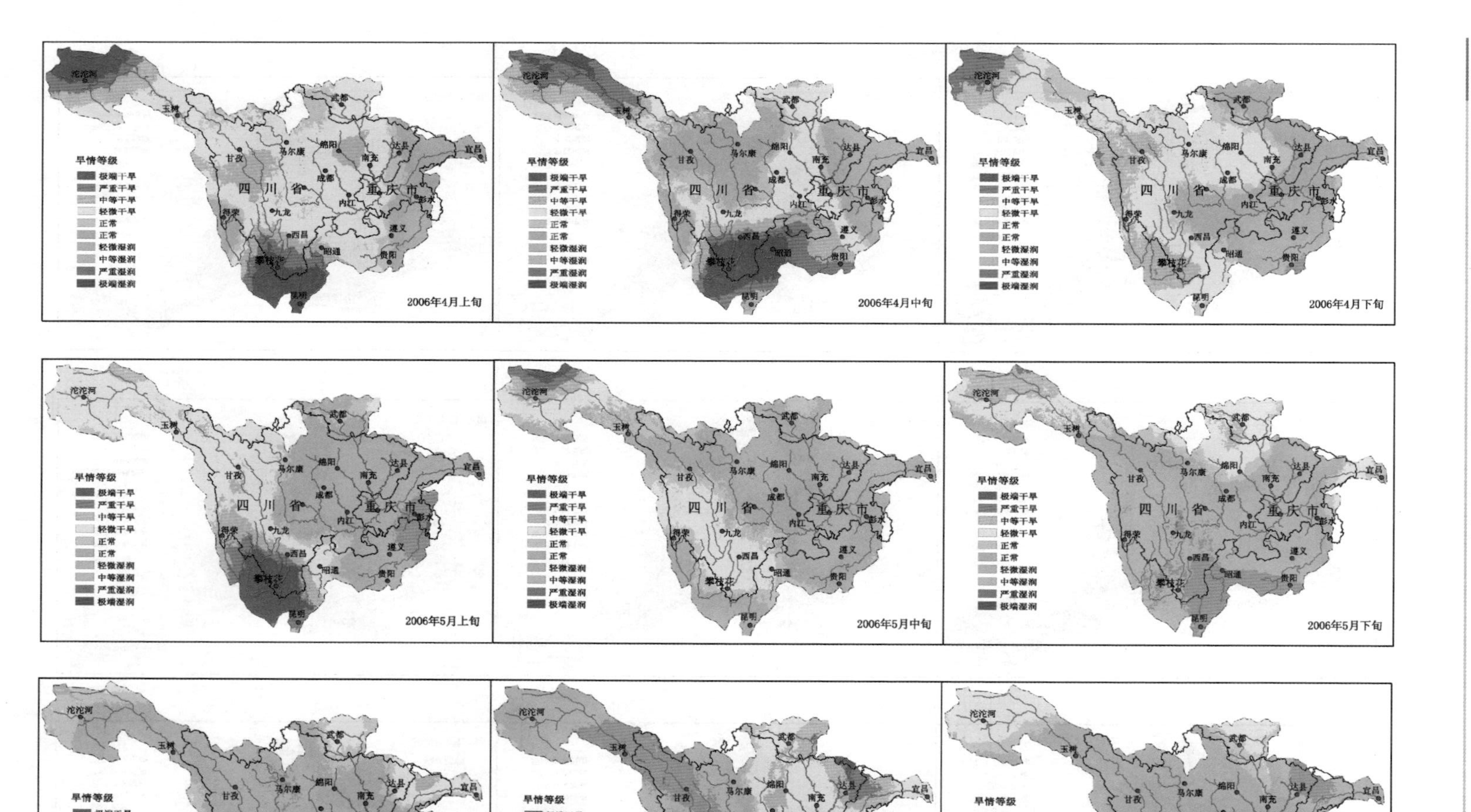

图 4.15（二）　2006 年干旱过程动态评估（干燥/湿润指标）

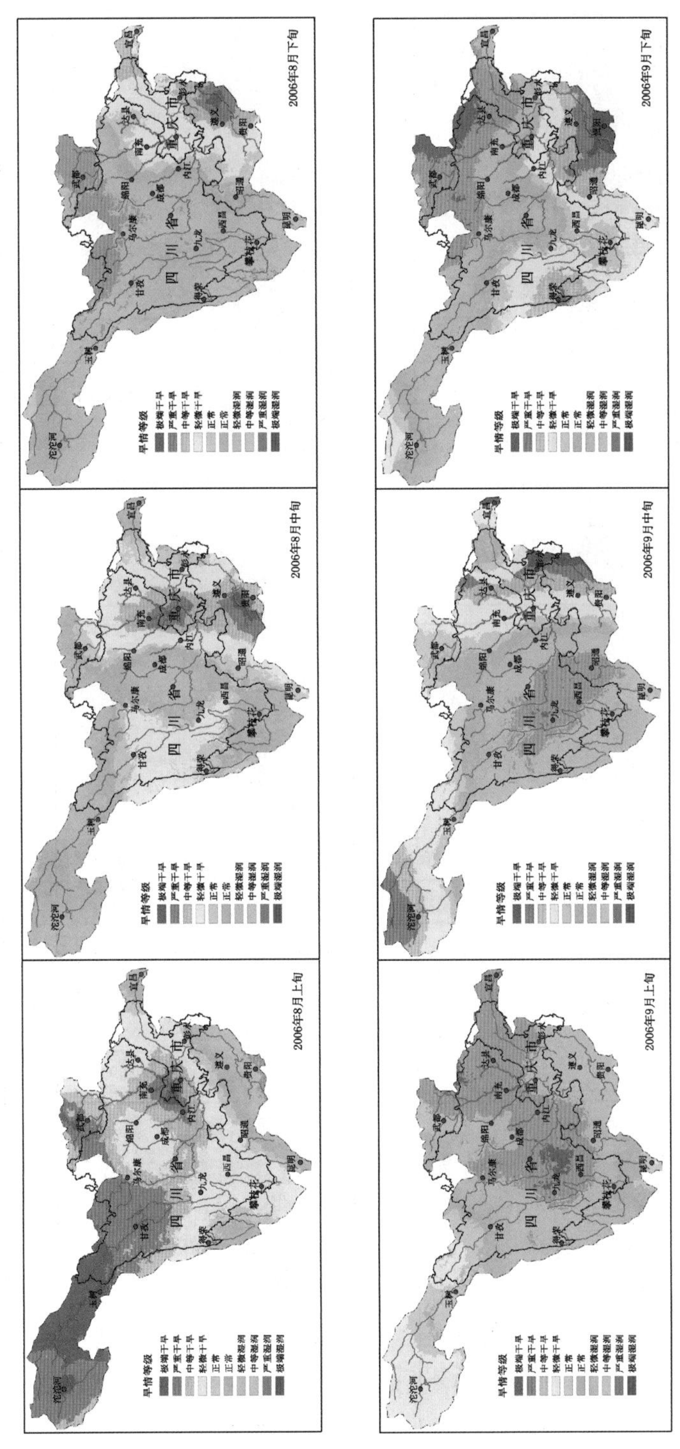

图 4.15（三）　2006 年干旱过程动态评估（干燥/湿润指标）

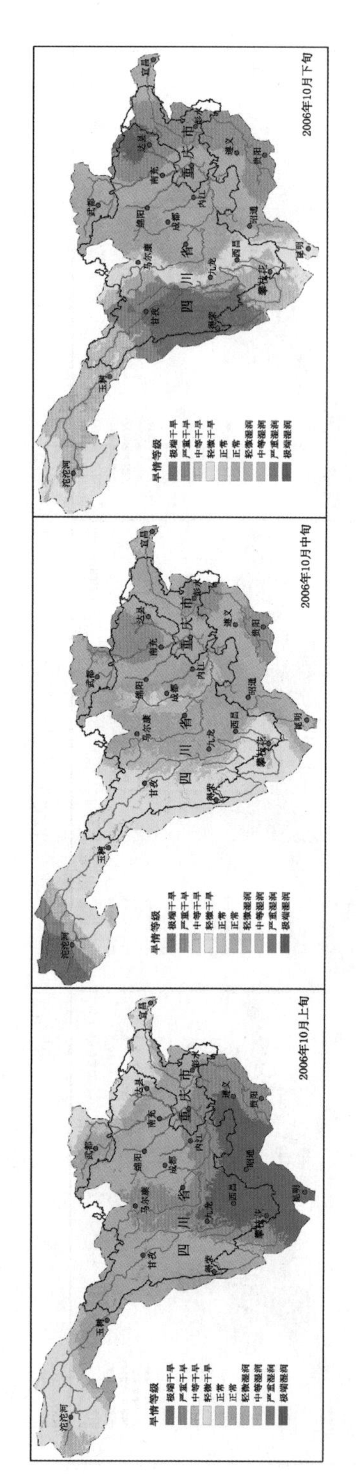

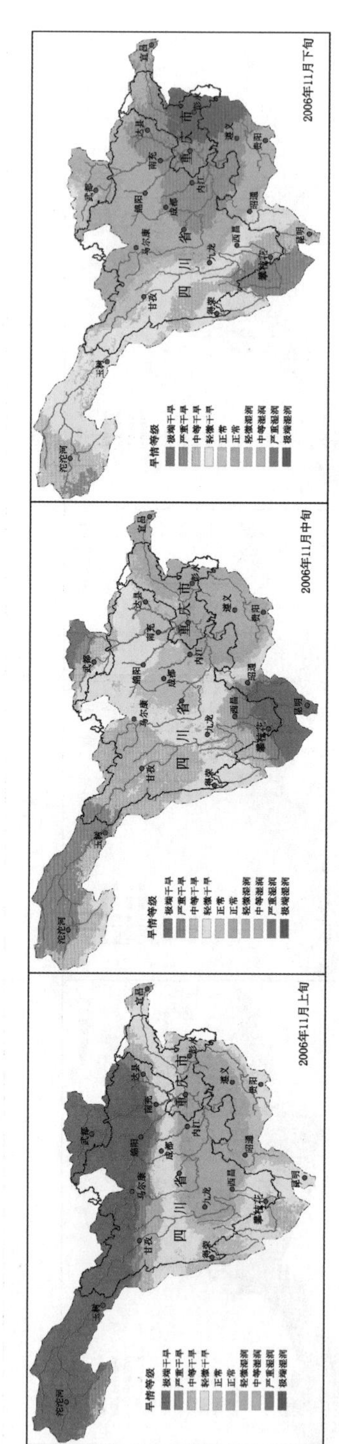

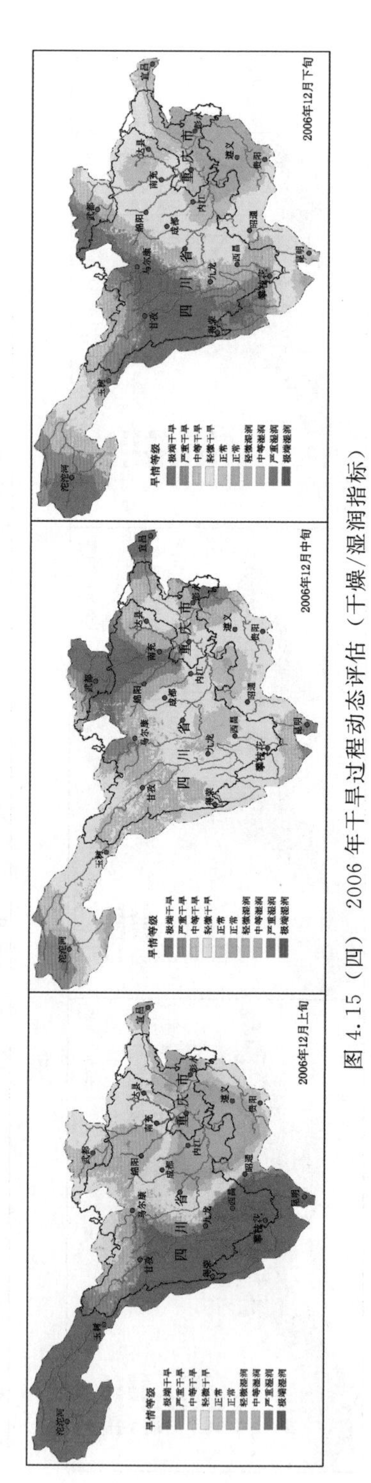

图4.15（四） 2006年干旱过程动态评估（干燥/湿润指标）

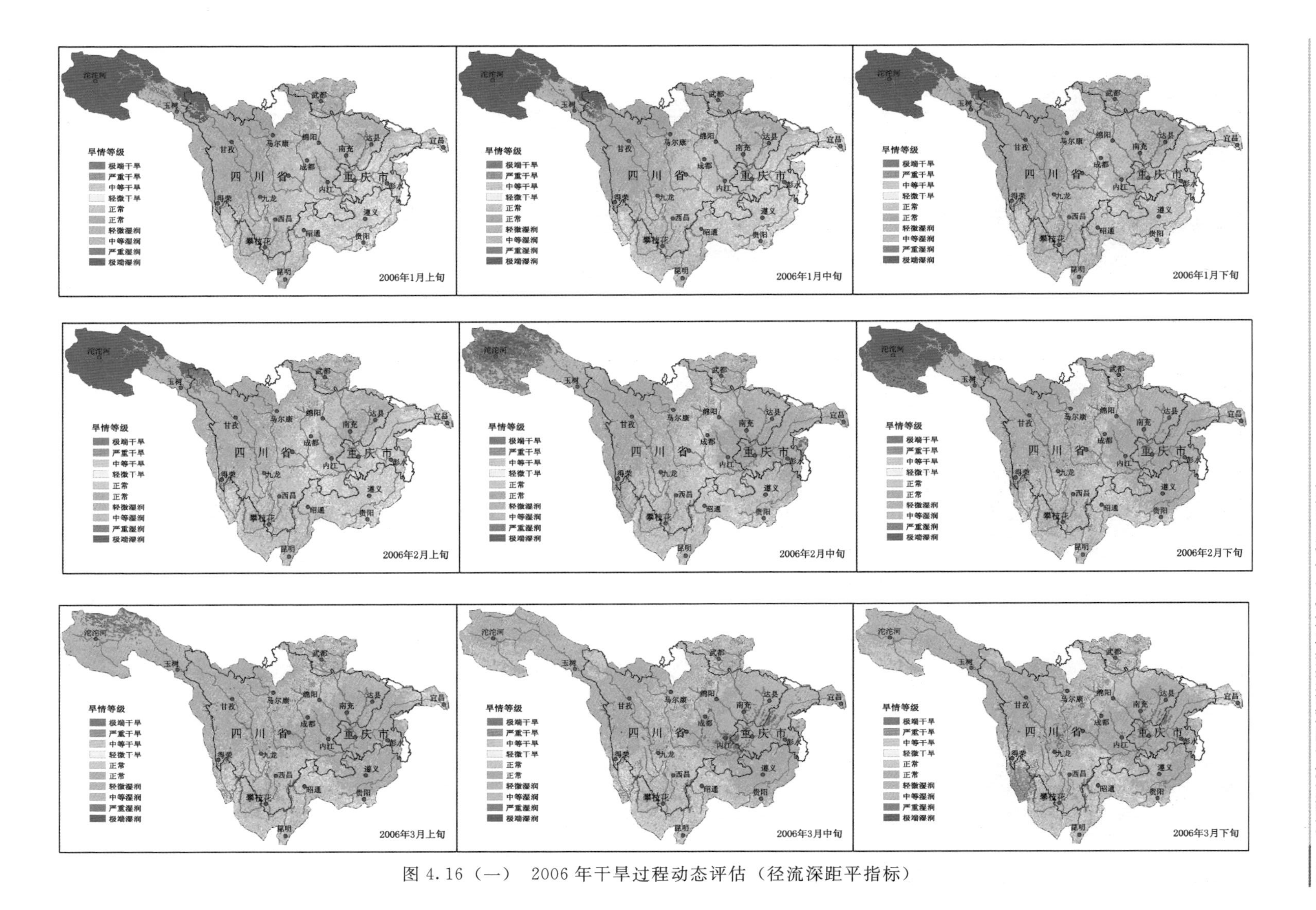

图 4.16（一） 2006 年干旱过程动态评估（径流深距平指标）

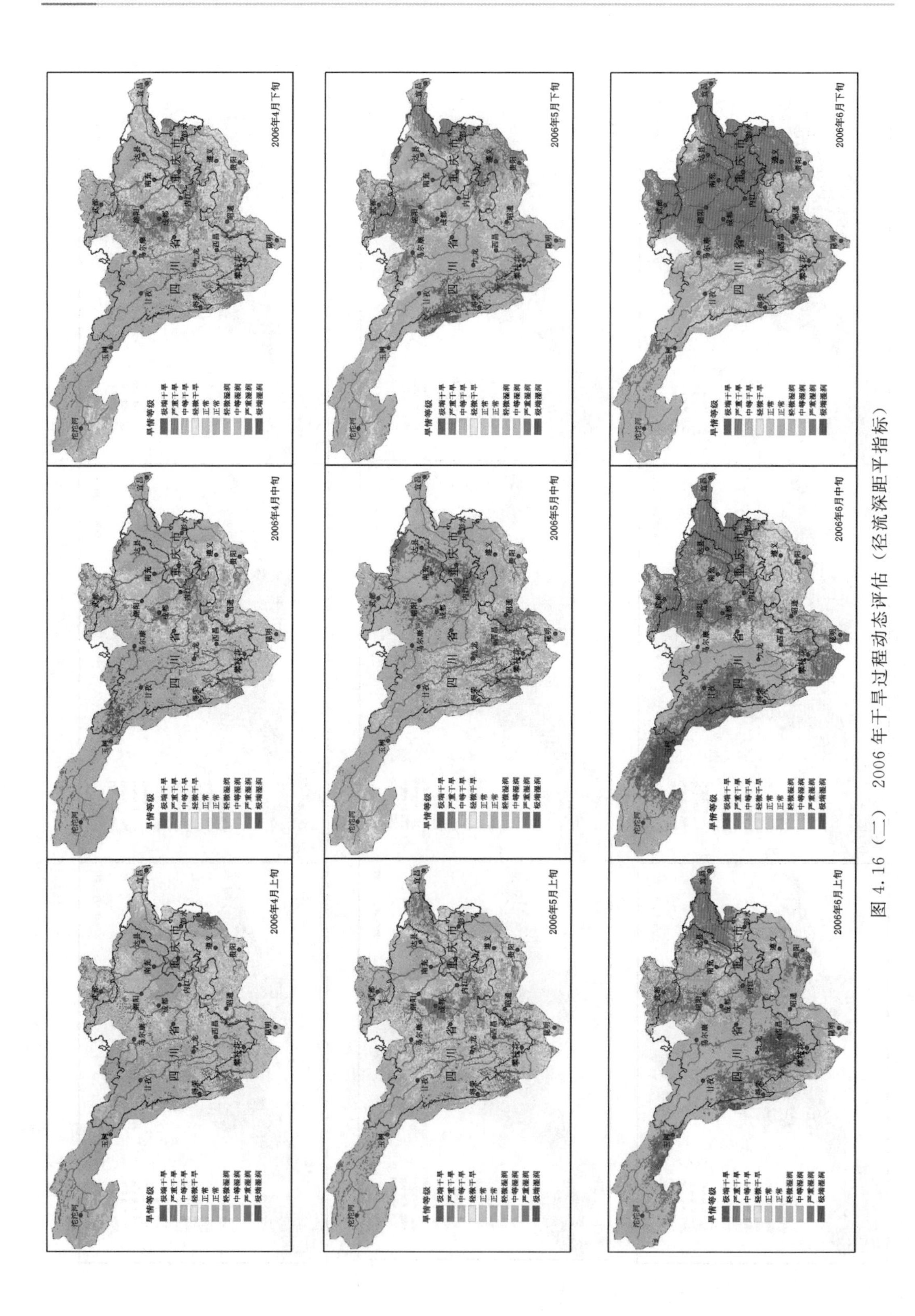

图 4.16（二）　2006 年干旱过程动态评估（径流深距平指标）

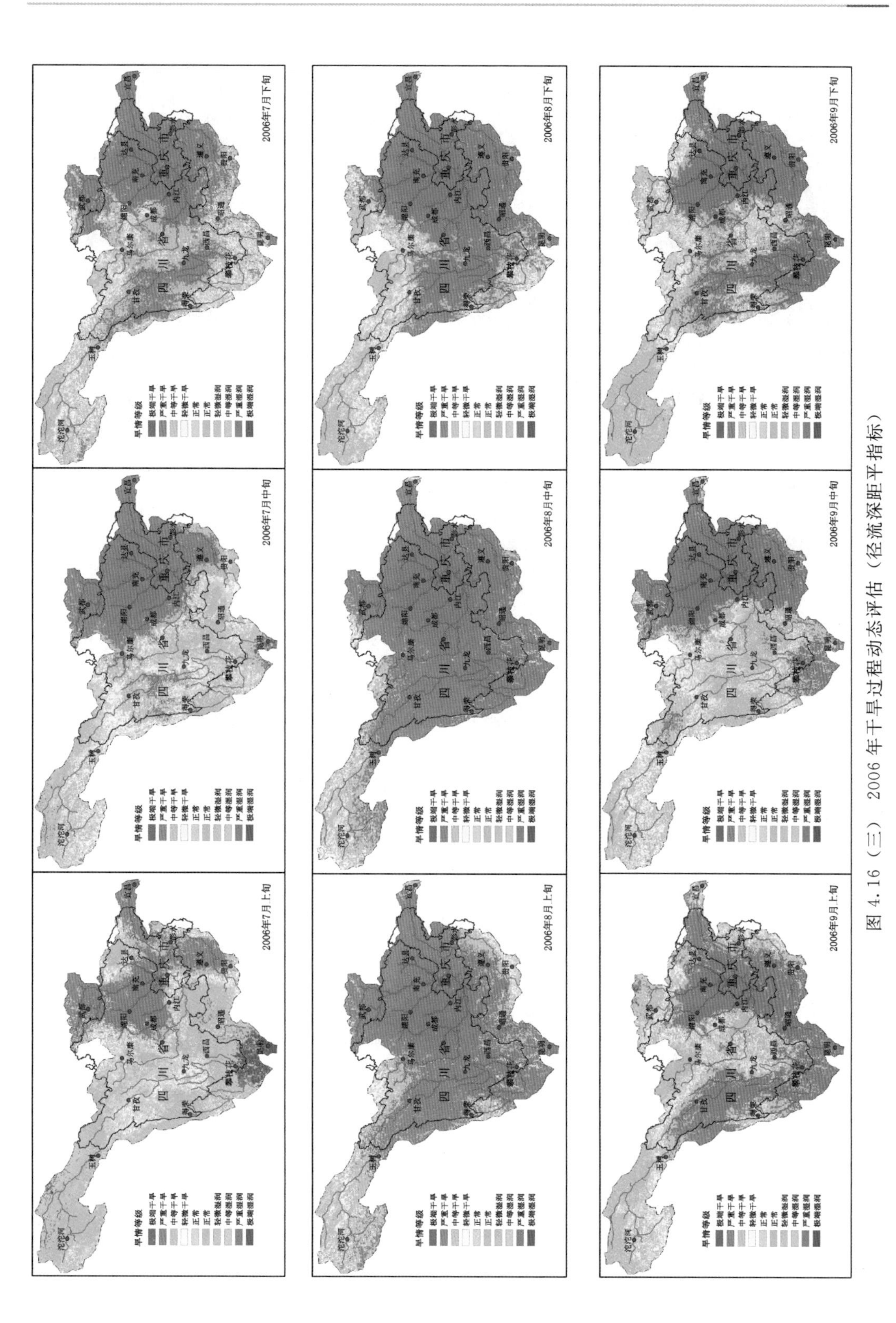

图 4.16（三）　2006 年干旱过程动态评估（径流深距平指标）

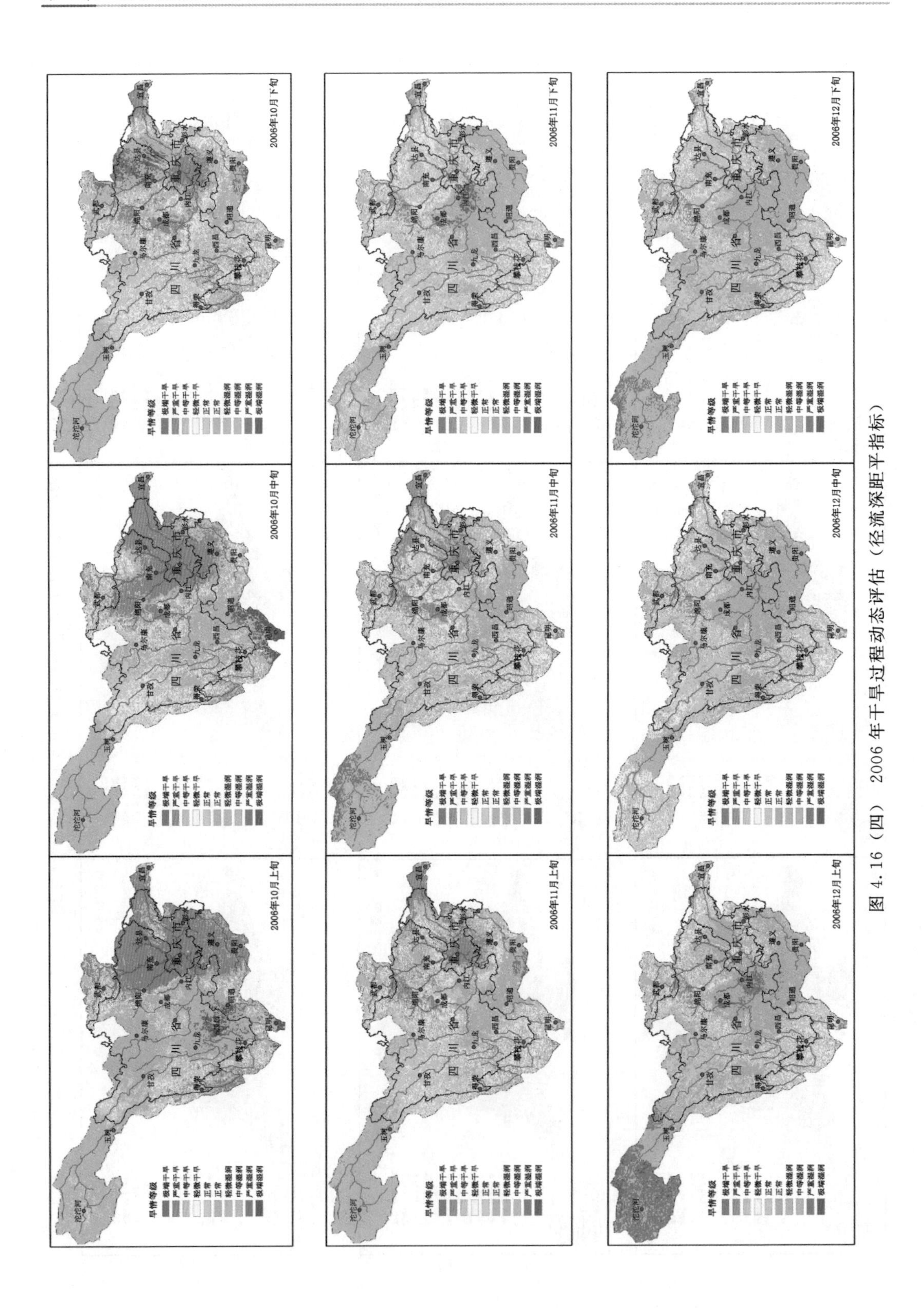

图 4.16（四）　2006 年干旱过程动态评估（径流深距平指标）

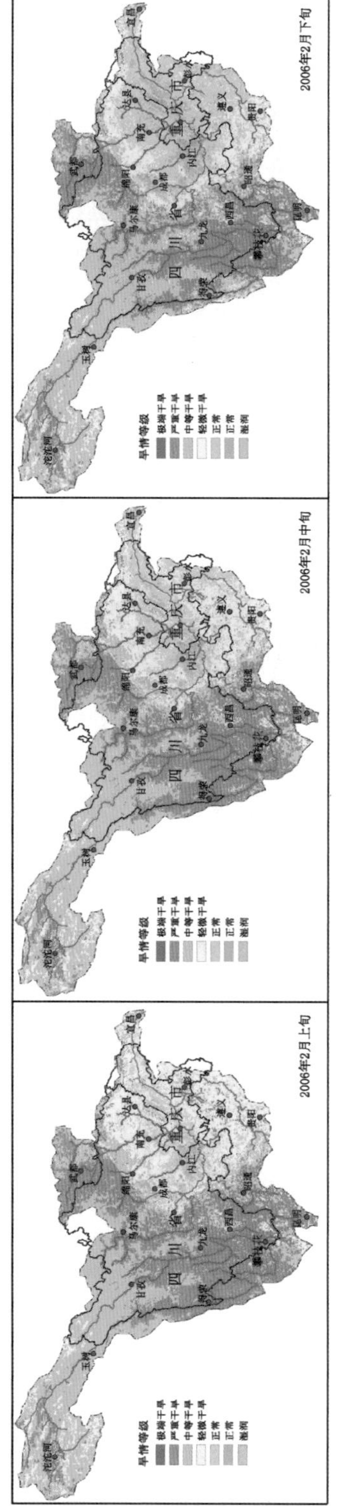

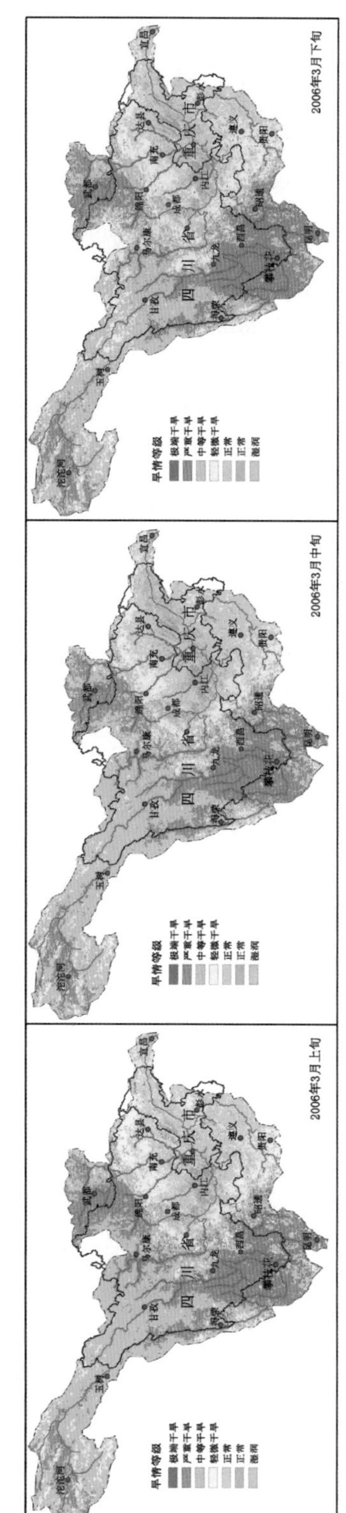

图 4.17（一）　2006 年干旱过程动态评估（土壤墒情指标）

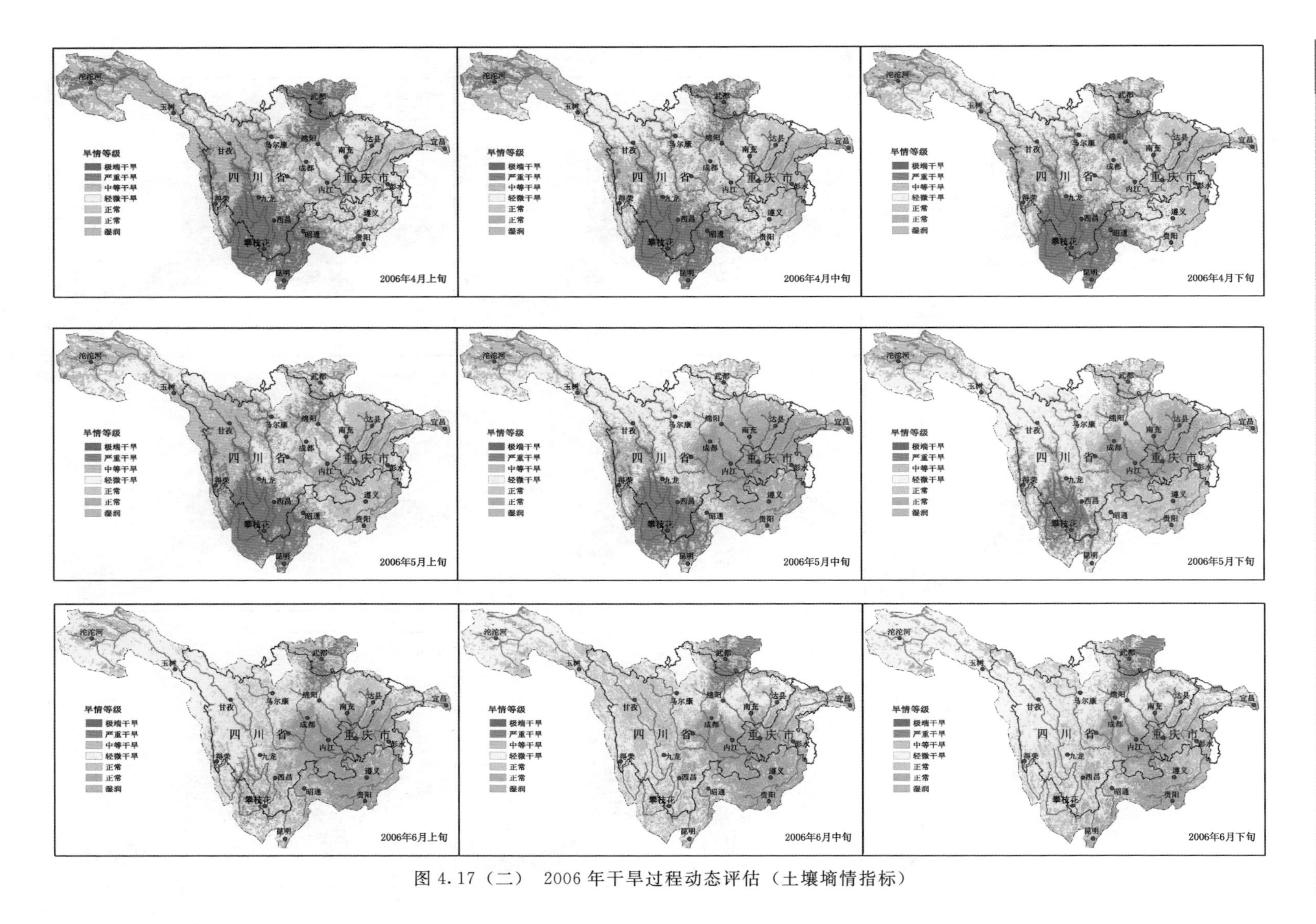

图 4.17（二）　2006 年干旱过程动态评估（土壤墒情指标）

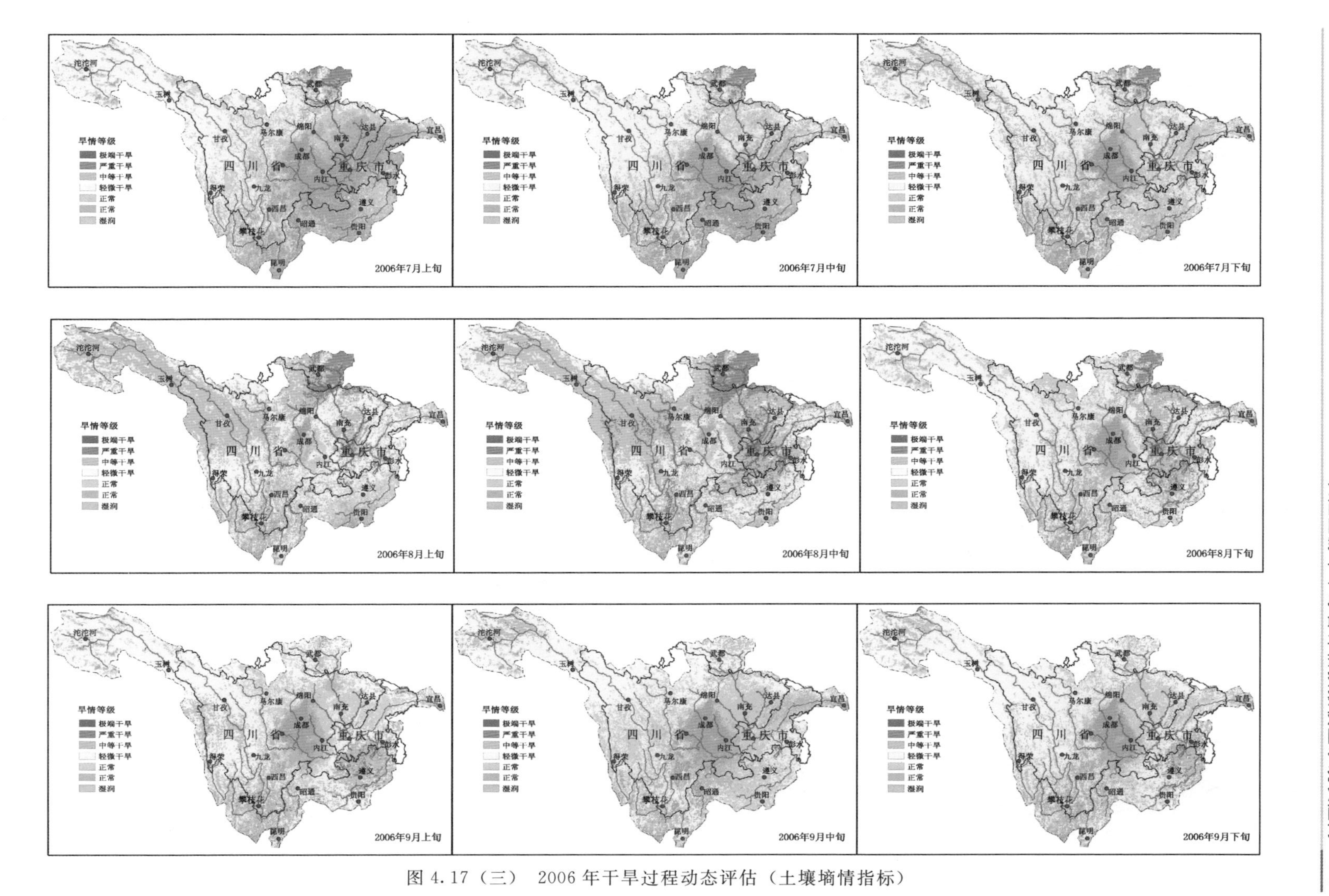

图 4.17（三）　2006 年干旱过程动态评估（土壤墒情指标）

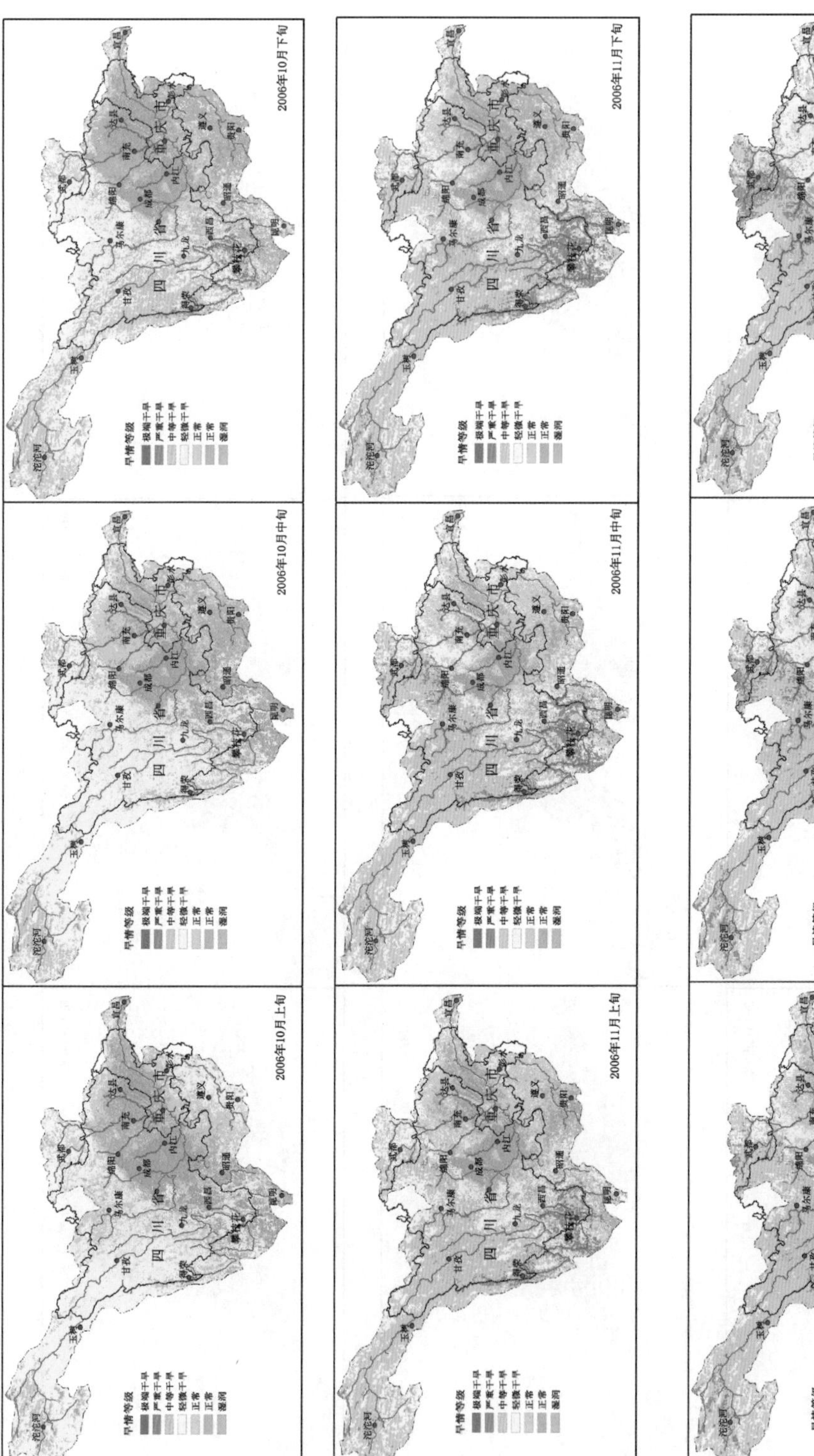

图 4.17（四）　2006 年干旱过程动态评估（土壤墒情指标）

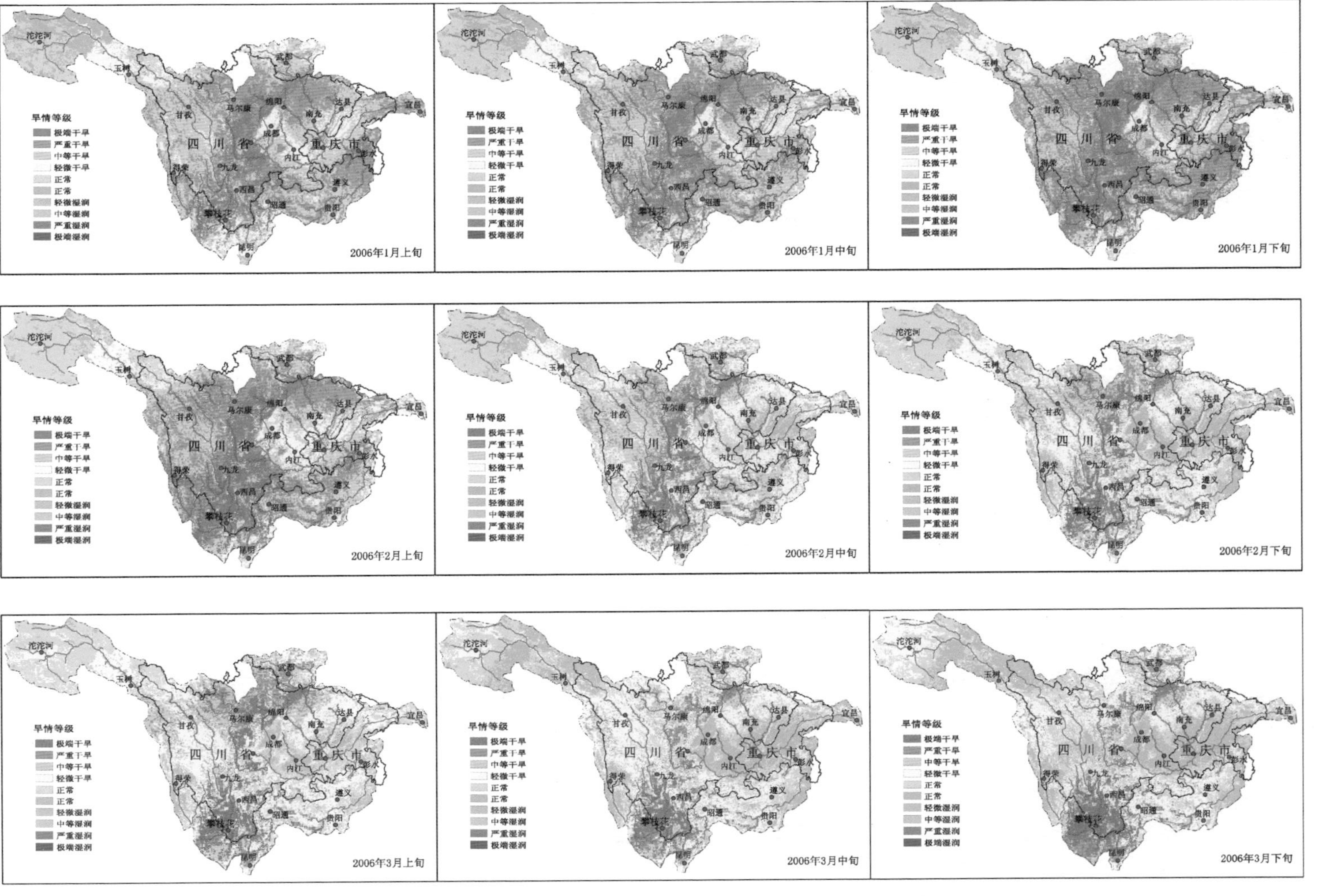

图 4.18（一）　2006 年干旱过程动态评估（GBHM - PDSI 指标）

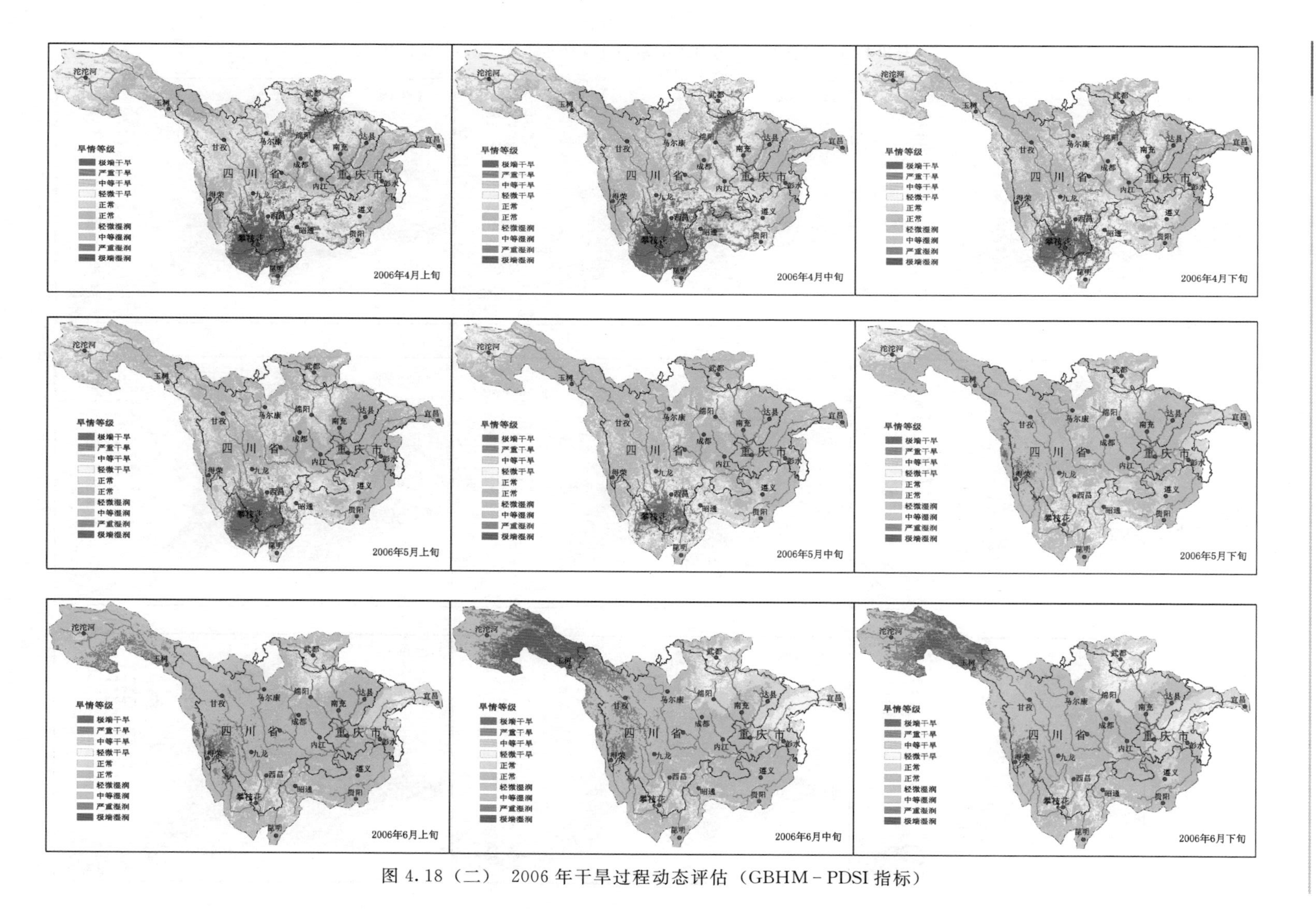

图 4.18（二）　2006 年干旱过程动态评估（GBHM - PDSI 指标）

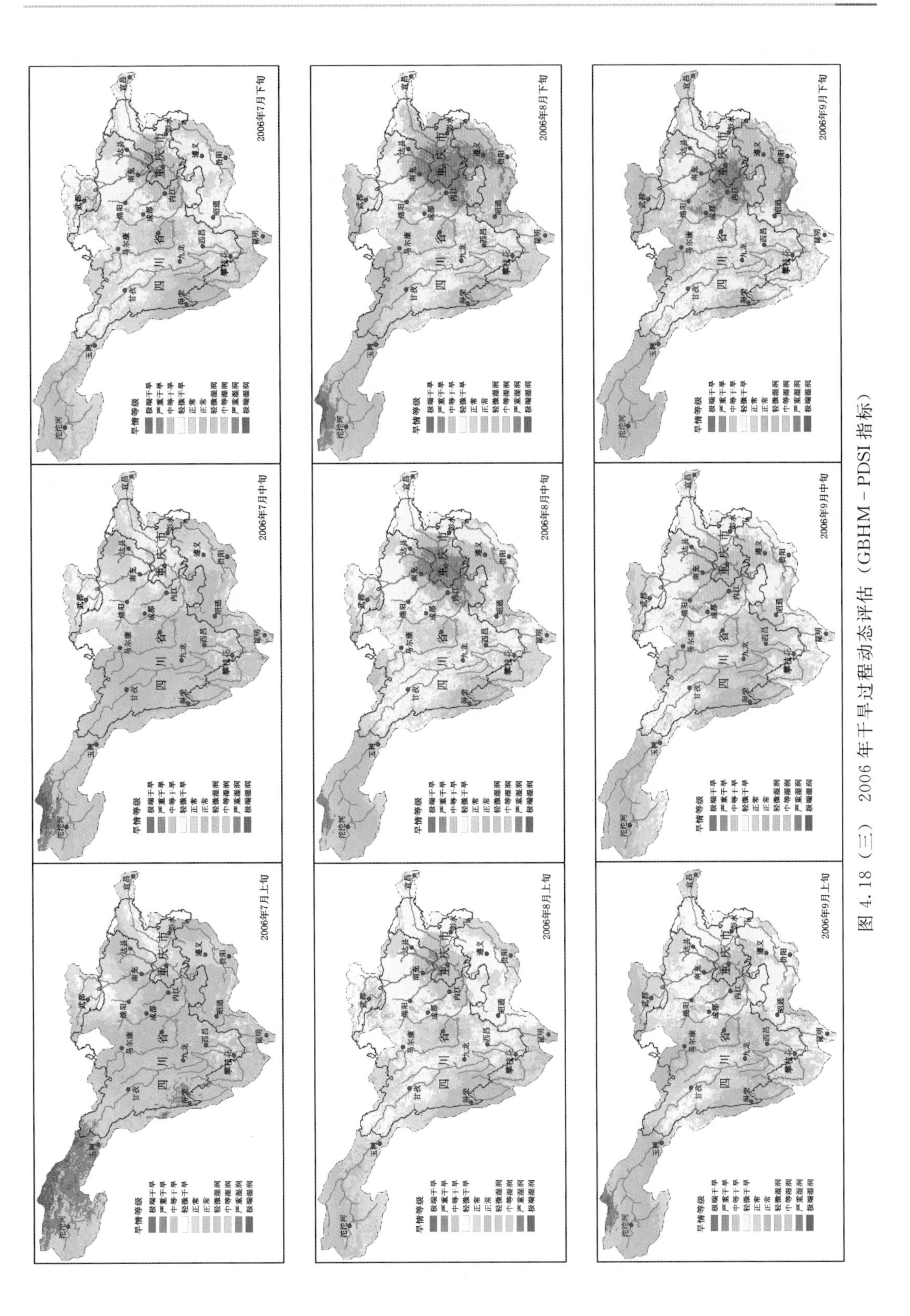

图 4.18（三）　2006 年干旱过程动态评估（GBHM－PDSI 指标）

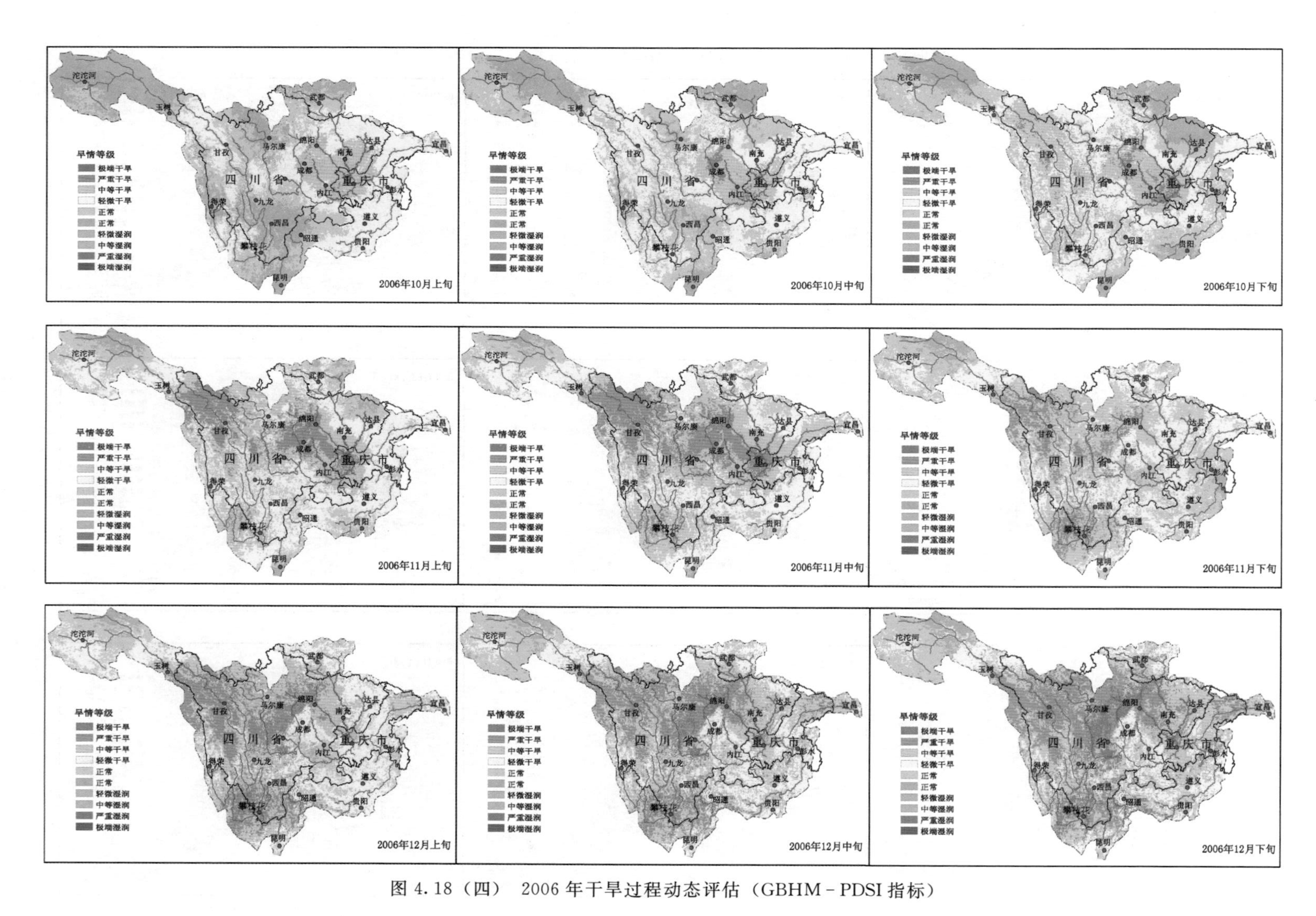

图 4.18（四）　2006 年干旱过程动态评估（GBHM - PDSI 指标）

到了10月，长江上游大部分出现了降水，仅局部地区降水偏少。重庆地区的降水尚属正常，土壤墒情已恢复正常，从径流距平值来看，该地区径流仍较常年偏少15%以上。用PDSI指标表示的成都、内江和重庆地区的旱情仍处于中等干旱。

到了11月，中上旬重庆地区的降水偏少，而在下旬，出现了明显降水，用PDSI指标表示的旱情已经由中等干旱减弱为轻微干旱。成都和绵阳地区的干旱也由严重干旱减弱为轻微干旱。川西高原一带因土壤墒情趋于严重，仍维持中等干旱。

到了12月，川渝地区也开始处于枯季，降水减少、蒸散发能力加强，干燥指数增加，大部分地区用PDSI指标表示的旱情为中等干旱，局部旱情也较严重。

4.5.4 川渝地区干旱发生发展规律分析

1. 不同干旱指标评估结果比较

由于旱灾形成是一个缓慢发展过程，不仅与降水少有关，还与各地区土壤墒情、作物种类，以及气温、季节等条件密切相关。在前一节分别采用降水距平、干燥/湿润、径流距平和土壤墒情指标等常规指标，已经GBHM－PDSI综合评估方法，系统分析了长江上游川渝地区2006年旱情发生、发展过程，以及旱情的具体表现。

相对而言，基于分布式水文过程模拟而计算的PDSI指标能够较好地反映旱情的发生和发展过程，尤其是能够体现出前期的降水丰枯和土壤水分盈亏对后期旱情的影响。至于降水距平、干燥/湿润、径流距平和土壤墒情指标都只是依据某一或两个气象水文要素作出的评价。例如，降水距平指标是以历史平均水平为基础确定旱涝，虽然计算简单，但难以反映水分支出和地表水分平衡状态；干燥/湿润指标虽然能反映水分收入与支出之间的关系，但不利于不同地区的干旱程度比较；径流距平指标也是以历史平均水平为基础确定旱涝；这三个指标都难以反映干旱的持续时间影响。相对而言基于分布式水文模拟获得的土壤墒情指标，能较好地反映前期土壤缺水对后期土壤墒情的影响。

可以看出，如果采用某一指标（如降水距平、干燥/湿润、径流距平和土壤墒情指标）来孤立地评估旱情，得出不同的旱情状况，其结果是不全面的，有时甚至会引起混淆。其实，这些指标都没有错，只不过是从不同方面来表征干旱在某一时段的外在体现。如同“盲人摸象”，难窥全貌。但如果从降水产流的水文过程来看，就很好理解为什么会出现上述指标状态差异。

2. 干旱的发生结束过程规律分析

干旱是一个缓慢发展过程，以长江上游川渝为例，5月之前降水都比较正常，到6月上、中旬降水偏少，开始产生气象干旱，到8月末旱情发展到极端，历时3个月。在这个干旱发生过程，首先降水偏少将直接导致地表径流减少，然后土壤水分在高温作用下蒸发而逐渐干涸，发生农业干旱，同时河道径流锐减，发生水文干旱。

同样干旱的缓解或结束，也有一个缓慢过程，8月干旱严重，土壤干裂、地表干涸，9月上旬虽然降水偏多，但降水后，首先土壤墒情得到了一定缓解，而并不会产生多少地表径流，因此9月上旬，重庆地区的旱情虽有所缓解，但仍然持续干旱。相对而言，PDSI指标是在分布式水文模拟的基础上，考虑了降水、径流、土壤水和蒸散发等因素之间内在关系，且采取连续演算方式，能综合反映降水、蒸散发和土壤水分亏缺和持续时间因子对干旱程度的累积影响，故可以反映旱情的发生发展变化过程。

由于旱灾的成因是多条件的，旱灾的影响和体现也是多方面的，因此，需要从各个角度来全面地认识和评估旱情程度。本书提出的GBHM－PDSI干旱评估和预报模型，是基于对水文过程的模拟结果，来计算各水文分量，并以此来多角度评估和综合认识旱灾的成因条件及其影响和外在表现。由于在分布式水文模拟中，不仅利用了DEM和相关的土壤、土地利用类型、植被指数等地理信息来刻画流域下垫面条件的空间变化，而且还从机理的角度描述降水产流及土壤水分运动过程，这样可以准确地计算各水文分量，以及它们在时间和流域空间上的变化。由此确定的干旱指标，更能客观地体现干旱的时间变化和空间差异。

相对于Palmer最初提出的PDSI干旱指标，本书构建的GBHM－PDSI干旱指标，机理更加明确，且直观地表现了干旱的空间分布特征和随时间的演变态势，能够为干旱的应急处理提供准确的评估信息。因此在流域水资源综合管理中具有较好的应用前景。

4.5.5 干旱评价模式验证

本书以2006年6—9月川渝地区的干旱事件为例，选取四川盆地内的重庆、内江、南充、成都和绵阳5个点，用遥感的水分距平指标（NDWDI）和温度植被旱情指标（TVDI）的旱情评估结果，与第4章的基于分布式水文模拟结果的GBHM－PDSI指标和土壤墒情指标的旱情评估结果，进行对比，见表4.6和表4.7。

表4.6 分布式水文模拟与遥感监测的旱情等级对比（2006年8月）

时段	地点	分布式水文模拟		卫星遥感监测	
		PDSI指标	土壤墒情指标	NDWDI指标	TVDI指标
8月上旬	重庆	中等干旱	严重干旱	严重干旱	严重干旱
	内江	中等干旱	轻微干旱	严重干旱	中等干旱
	南充	中等干旱	中等干旱	中等干旱	中等干旱
	成都	轻微干旱	正常	轻微干旱	中等干旱
	绵阳	轻微干旱	轻微干旱	轻微干旱	轻微干旱
8月中旬	重庆	严重干旱	严重干旱	严重干旱	严重干旱
	内江	中等干旱	中等干旱	中等干旱	中等干旱
	南充	中等干旱	严重干旱	中等干旱	中等干旱
	成都	正常	正常	正常	轻微干旱
	绵阳	轻微干旱	轻微干旱	正常	轻微干旱
8月下旬	重庆	严重干旱	中等干旱	严重干旱	严重干旱
	内江	中等干旱	正常	轻微干旱	—
	南充	严重干旱	中等干旱	严重干旱	—
	成都	中等干旱	湿润	轻微干旱	—
	绵阳	轻微干旱	轻微干旱	轻微干旱	—

表 4.7 分布式水文模拟与遥感监测的旱情等级对比（2006 年 9 月）

时段	地点	分布式水文模拟		卫星遥感监测	
		PDSI 指标	土壤墒情指标	NDWDI 指标	TVDI 指标
9 月上旬	重庆	中等干旱	轻微干旱	中等干旱	中等干旱
	内江	轻微干旱	正常	轻微干旱	轻微干旱
	南充	轻微干旱	正常	正常	—
	成都	轻微干旱	湿润	正常	—
	绵阳	轻微干旱	正常	正常	—
9 月中旬	重庆	中等干旱	轻微干旱	轻微干旱	轻微干旱
	内江	中等干旱	湿润	正常	轻微干旱
	南充	中等干旱	轻微干旱	轻微干旱	轻微干旱
	成都	轻微干旱	湿润	正常	—
	绵阳	中等干旱	正常	正常	—
9 月下旬	重庆	中等干旱	轻微干旱	轻微干旱	—
	内江	严重干旱	湿润	正常	—
	南充	中等干旱	正常	正常	—
	成都	中等干旱	湿润	正常	—
	绵阳	中等干旱	正常	正常	—

总的来看，基于分布式水文模拟获得的 PDSI 指标和土壤墒情指标，与遥感监测的 NDWDI 指标和 TVDI 指标，在反映 2006 年 8—9 月川渝地区干旱程度等级上，基本吻合。尤其是土壤墒情指标和 NDWDI 指标，由于都是基于地表土壤含水量的，因此它们的旱情等级判断结果相符程度较高，达到 80%以上。这在一定程度上也说明，基于分布式水文模拟获得的土壤墒情还是比较可信的。由于 TVDI 是基于植被指数和地表温度来判断土壤水分亏缺，比较容易受到遥感影像拍摄瞬间的大气状态影响，尤其是当有云层覆盖时，是无法获得云层下的地表温度和植被指数，这也是单一使用遥感来监测旱情的一个无法难以克服的不足之处。

PDSI 是一个综合指标，它考虑了降水、蒸散发、径流和土壤含水量等 4 个要素及其内在关系，所反映出来的旱情等级应该更加全面，比较适合于旱情等级综合认定。这里的其他 3 个指标都是以土壤含水量为基础的，比较适合于用来反映农业作物旱情。

第 5 章

基于供需水适配关系的金沙江流域农业干旱评估

5.1 基于供需水适配关系的农业干旱评估技术简介

5.1.1 技术框架

农业干旱的形成与发展主要是作物群落供需水关系失衡所致。基于供需水适配关系的农业干旱评估技术主要涉及两个环节：其一是有效降水量、生长期内农作物需水量的计算；其二是水分亏缺量和积累效应，及其偏离平均状态的程度评估。其中，有效降水量是自然降水中实际补充到植物根层土壤水分的部分，可认为是农作物生长的主要水分来源；农作物需水量受气象因素、作物种类、物候等多种驱动力的影响。农业干旱评价技术框架见图 5.1。

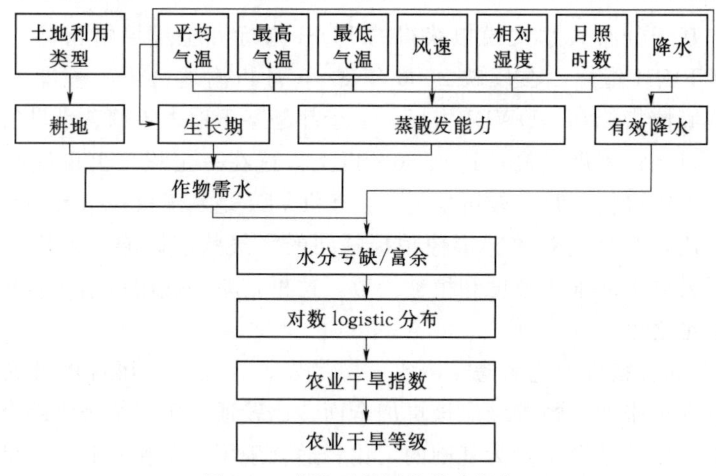

图 5.1　农业干旱评价技术框架

5.1.2 关键技术环节

（1）作物需水量及有效降水量计算。目前，作物需水量的获取主要有两种途径：水量平衡法和综合性气候学方法。对于前者而言，需要实测土壤水分数据作支撑，而该数据难以获取且在空间上具有很大的变异性，难以在大尺度上推广应用，因此，后者的应用较为普遍，尤其是作物系数法，已被证明有一定的精度。该方法计算公式如下：

$$ET_c = K_c \times ET_0 \tag{5.1}$$

式中：ET_c 为作物需水量，mm；ET_0 为参照腾发量，mm；K_c 为作物系数。其中，ET_c 的计算采用国际粮农组织（FAO）推荐的 Penman - Monteith 方法计算。

计算有效降水量（P_e）的经验公式需对区域土壤质地、作物等参数进行率定，通用性较差，本书采用美国土壤保持局 USDA - SCS 方法计算有效降水：

$$P_e = SF(1.2525P_t^{0.8242} - 2.9352)(10^{9.5512\times10^{-4}ET_c}) \tag{5.2}$$

式中：P_e 为有效降水量，mm，且 $P_e \leqslant \min(P_t, ET_c)$；$P_t$ 为月降水量，mm；SF 为土壤水分储存因子，通常取 $SF=1.0$。

（2）干旱指数及等级划分。借鉴 $SPEI$ 的干旱评估模式基础上，考虑水分亏缺量和积累效应两个因素，利用作物需水量和有效降水量之差作为输入量，以两者差值偏离平均状态的程度来表征区域干旱情况。

$$D_i = P_{ei} - ET_{ci} \tag{5.3}$$

式中：D_i 为给定月份缺水量，mm；P_{ei} 和 ET_{ci} 分别为给定月份有效降水量和作物需水量，mm。

根据逐月缺水量，可获取给定时间尺度内（如 1 个月、3 个月等）的累积缺水量：

$$D_n^k = \sum_{i=0}^{k-1}(P_{n-i} - PET_{n-i}) \quad (n \geqslant k) \tag{5.4}$$

式中：k 为给定时间尺度；n 为总月份数。

参照 Vicente - Serrano et al.（2010）的研究成果，采用 3 个参数的 log - logistic 概率分布对 D_n^k 进行正态化处理。

$$F(x) = \left[1 + \left(\frac{\alpha}{x-\gamma}\right)^\beta\right]^{-1} \tag{5.5}$$

式中：参数 α、β 和 γ 分别为尺度、形状和位置参数，可采用线性矩的方法拟合获得，并对累积概率密度进行标准化 $[P=1-F(x)]$，进一步获取 $SSDI$ 指标值：

$$\begin{aligned} &if \quad P \leqslant 0.5 \\ &W = \sqrt{-2\ln P} \\ &SSDI = W - \frac{c_0 + c_1 W + c_2 W_2}{1 - d_1 W + d_2 W_2 + d_3 W_3} \\ &else \\ &W = \sqrt{-2\ln(1-P)} \\ &SSDI = \frac{c_0 + c_1 W + c_2 W_2}{1 - d_1 W + d_2 W_2 + d_3 W_3} - W \end{aligned} \tag{5.6}$$

式中：$SSDI$ 为标准化水资源短缺指标；c_0、c_1 和 c_2 分别为 2.515517、0.802853 和 0.010328；d_1、d_2 和 d_3 分别为 1.432788、0.189269 和 0.001308。

干旱等级划分标准仍采用 $SPEI$ 干旱等级评价标准（表 5.1）。

表 5.1 $SSDI$ 干旱等级划分

等级	重度干旱	中度干旱	轻度干旱	正常年份
$SSDI$	$\leqslant -2.0$	$(-2.0, -1.0]$	$(-1.0, -0.5]$	$(-0.5, 0.5)$

5.1.3　技术优势及特色

考虑农作物生长过程中水分亏缺量和积累效应两个因素，以缺水量偏离平均状态的程度来表征区域干旱情况，构建了标准化水资源短缺指标（*SSDI*）。在全球气候变暖的背景下，*SSDI* 干旱指数既考虑了温度变化的因素，引入了作物需水变化，又融合了 *SPI* 和 *PDSI* 的优点，且本书构建的干旱定量化评估模型结构简单、输入参数少，对于数据的需求符合当前监测水平，易于推广和应用。

5.2　金沙江流域概况及数据整备

5.2.1　金沙江流域概况

金沙江流域位于中国长江上游，因江中沙土呈黄色得名。金沙江的发源地（即长江的发源地）为青海省唐古拉山主峰各拉丹冬雪山，正源为沱沱河。金沙江从沱沱河源头至宜宾市干流河长 3364km，流域面积 47.32 万 km^2，约占长江流域面积 26%，年平均流量 $4750m^3/s$，以降水补给为主，地下水和冰雪融水补给为辅。

直门达水文站以上为河源地区，直门达到云南丽江市石鼓镇为金沙江上段，上段河长约 965km，落差 1720m，平均坡降 1.78‰。从石鼓镇至四川省新市镇为金沙江中段，河长约 1220km。从新市镇至宜宾市区岷江口为金沙江下段，河长约 106km（图 5.2）。

图 5.2　金沙江流域地理位置

金沙江流域气候多变且差异性大，对全球气候变化较为敏感。金沙江流域位于青藏高原及其东部边缘，上游河源地区的沱沱河位于海拔高度超过 5000m 以上的高寒气候区，年平均气温只有 −4.2℃，存在大量的冰川和冻土；而下游出口的宜宾市海拔高度只有 500m 左右，属亚温带气候，年平均气温为 18℃。流域内降水时空分布不均，易受全球气候变化影响。金沙江上游河源地区的年均降水量只有 200mm 左右，而金沙江下游的年均降水量能够达到 1200mm。近年来金沙江流域水资源问题凸显，尤其是中下游地区干旱灾害频繁，严重影响了当地的社会经济发展和生态安全。

5.2.2　地理信息数据及处理

（1）土地利用/覆被数据。金沙江流域土地利用/覆被数据源于中国科学院资源环境科学数据中心，以 TM 影像为解译基础制作生成，精度为 30m 分辨率，其空间分布特征如

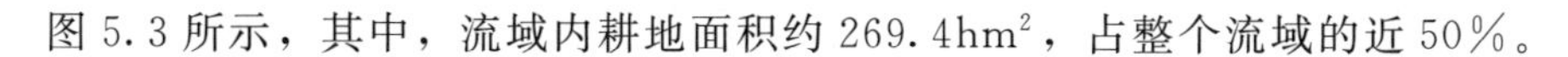

图 5.3 所示，其中，流域内耕地面积约 269.4hm²，占整个流域的近 50%。

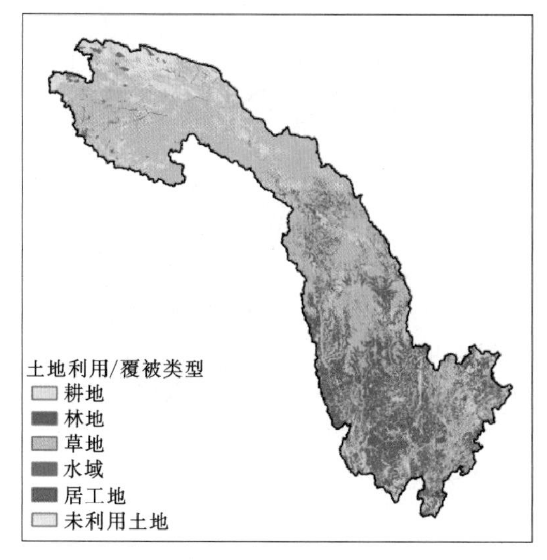

图 5.3 金沙江流域土地利用/覆被类型及耕地分布

(2) 主要作物类型。金沙江流域的主要作物是小麦、大豆、玉米和水稻。根据《四川省统计年鉴》和《云南省统计年鉴》以及土地利用/覆被类型分布图，各作物的种植面积如图 5.4 所示，四种典型作物的生长季如表 5.2 所示。

表 5.2　　金沙江流域小麦、大豆、玉米和水稻生长季

时间	小麦	玉米	大豆	水稻
开始时间	9—10 月	4—5 月	9—10 月	4 月
结束时间	5—6 月	8—9 月	5—6 月	9 月

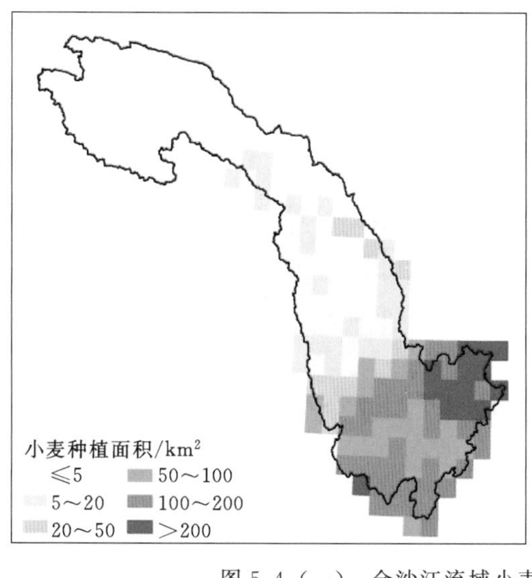

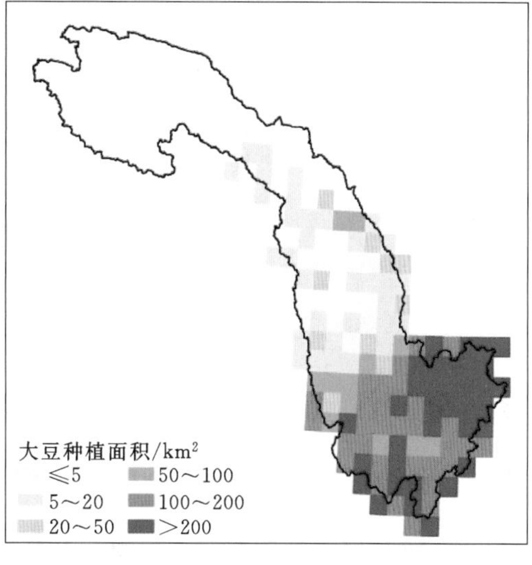

图 5.4 (一) 金沙江流域小麦、大豆、玉米和水稻种植范围

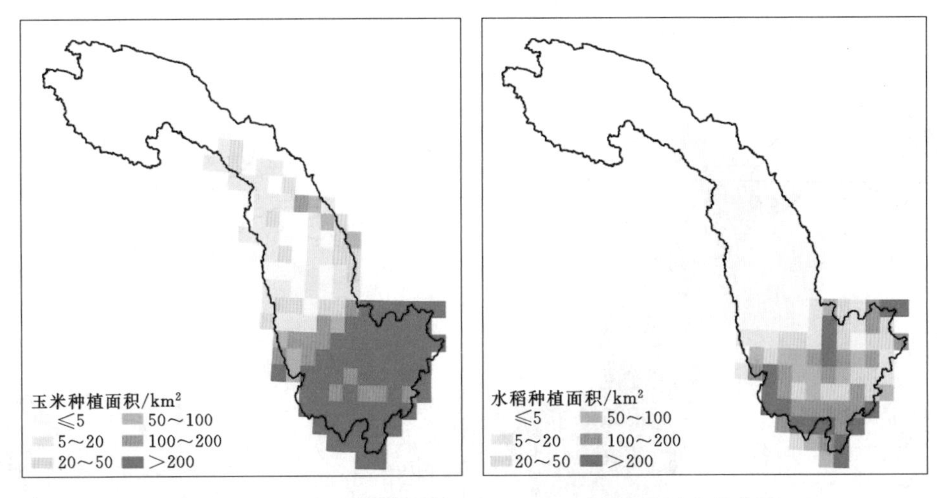

图5.4（二）　金沙江流域小麦、大豆、玉米和水稻种植范围

5.2.3　气象数据及处理

本书中用于评价气候模式的实测数据选用的是中国地面降水日值0.5°×0.5°格点数据集（V2.0）和中国地面气温日值0.5°×0.5°格点数据集（V2.0），包括逐日降水、最高气温和最低气温，源于国家气象科学数据中心，金沙江流域范围内及周边共计有237个格点（图5.5）。

图5.5　金沙江流域气象数据格点分布图

5.3　金沙江流域农业干旱指标构建及干旱时空变化特征

5.3.1　金沙江流域农业干旱指标构建及验证

5.3.1.1　有效降水量及典型农作物需水量计算

按照式（5.1）和式（5.2），可计算得到金沙江流域耕地处的有效降水量和典型农作物需

水量。1956—2018年期间，金沙江流域耕地处多年平均有效降水量和典型农作物需水量分别为532.2mm和902.1mm，其空间分布特征如图5.6所示。空间分布的差异性较小，有效降水量和作物需水量空间样本的变差系数仅为0.102和0.087，高值区主要位于云南省。

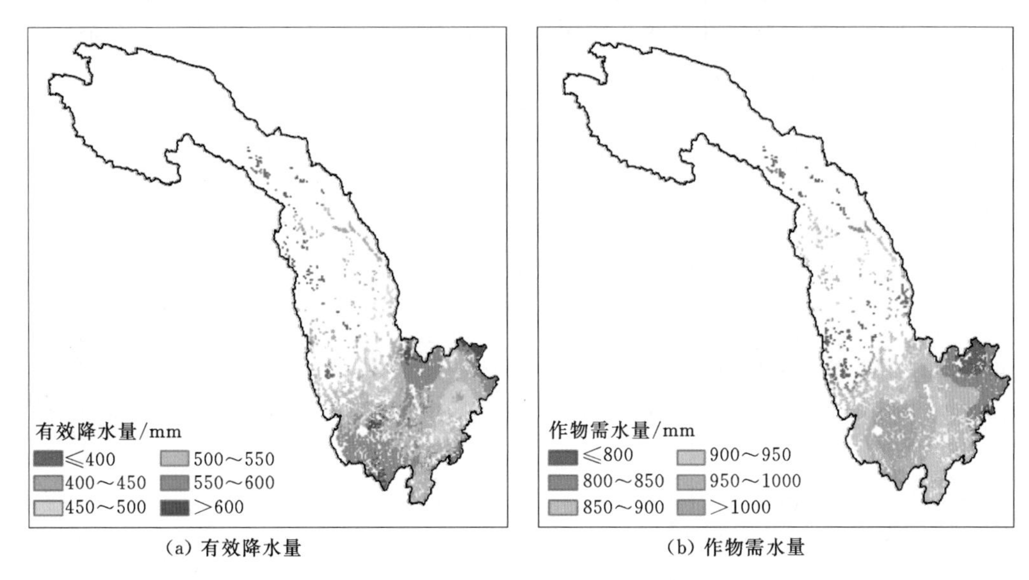

(a) 有效降水量　　(b) 作物需水量

图5.6　金沙江流域耕地有效降水量和作物需水量

图5.7为金沙江流域耕地有效降水量和作物需水量年际变化过程，从图中可看出，2005年以后，研究区有效降水量呈现出较为明显的下降趋势，在2011年以后有所回升；作物需水量呈现出波动上升的趋势，与气温变化较为一致，递增率为5mm/10年，其在未来气候变化背景下，随着气温的升高，作物需水量可能会呈现出进一步增加的趋势。

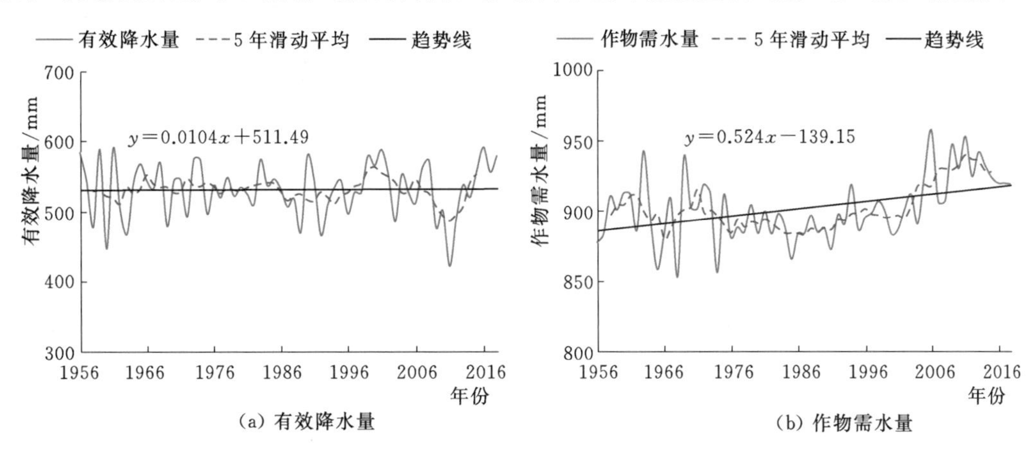

(a) 有效降水量　　(b) 作物需水量

图5.7　金沙江流域耕地有效降水量和作物需水量年际变化（1956—2018年）

5.3.1.2　指标构建与验证

2009年入秋至2010年4月初，西南5省部分地区降水量比多年同期偏少5成以上，局部地区偏少7成以上，接近或突破历史极值。云南昆明、楚雄、曲靖、昭通、红河等地连续7个月累积降水量不足100mm。受旱面积达20万hm^2，其中1/5绝收。鉴于此，本

书利用 *SSDI* 指数评估2009年9月—2010年5月期间金沙江中下游地区农业干旱，以验证本书所构建的干旱评估指标通用模式的合理性。其结果如图5.7所示。从图5.8中可以看出，9月出现极端干旱，主要分布在西昌和攀枝花，从2009年10月—2010年2月，极端干旱向南北方转移，发生在楚雄、昆明、玉溪、银宾和昭通，2010年2月之后，干旱逐渐缓解。总体而言，干旱评估的空间分布与记录的实际干旱一致。

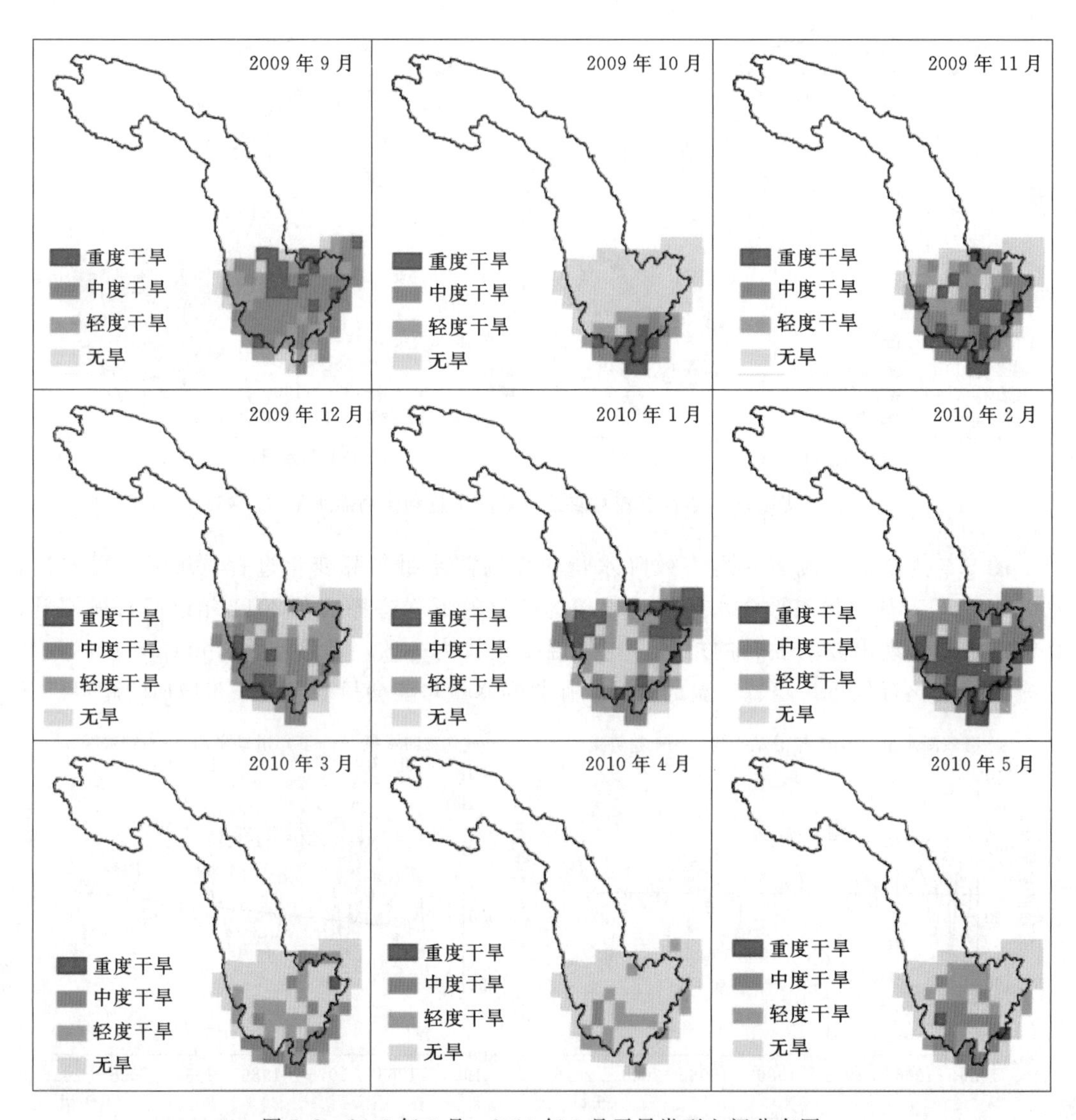

图5.8 2009年9月—2010年5月干旱类型空间分布图

此外，本书以昆明市为例，将 *SSDI* 与 *SPI* 和 *SPEI* 的评估结果进行比较，其结果如图5.9所示。从图5.9中可以看出，*SSDI* 模拟的结果与 *SPI* 和 *SPEI* 总体一致，但在部分时段存在一些差异。在9月，*SSDI* 评估的干旱等级比 *SPI* 和 *SPEI* 较轻，主要是因为在此期间冬小麦刚播种或尚未播种，作物需要的水量较少，农作物对缺水的敏感度较低。但在3月，*SSDI* 识别出的干旱事件等级要高于 *SPI* 和 *SPEI*。主要是因为该时段内冬小麦处于分蘖期，需水量较大，对水分亏缺敏感。

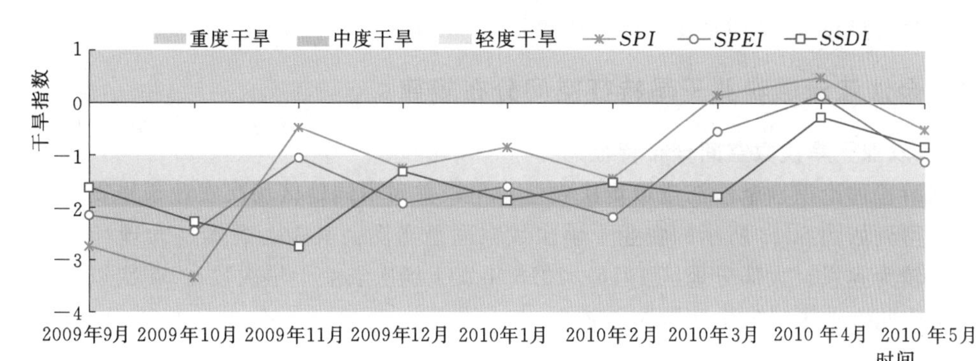

图 5.9　2009 年 9 月—2010 年 5 月 *SPI*、*SPEI* 和 *SSDI* 评估结果对比图

5.3.2　金沙江流域农业干旱特征时间演变规律

5.3.2.1　农业干旱影响范围时间变化

本书利用 *SSDI*12（时间尺度为 12 个月）分析了金沙江流域农业干旱影响范围的时间变化特征（图 5.10），从图 5.10 中可以看出，金沙江流域农业干旱影响范围具有明显的年际波动特征，多年平均干旱面积为 6.0×10^3km^2，占金沙江流域耕地面积的 19.5%。从 20 世纪 60 年代到 90 年代末，干旱呈现出明显的下降趋势。与 1956—1990 年相比，1991—2000 年的干旱面积减少了 35.7%。但干旱地区在 2000 年后再次迅速增加。2001—2011 年的干旱面积达到 10.1×10^3km^2，约为 2001 年以前干旱面积的两倍，其中，2009—2011 年期间，平均干旱率为 81.%，尤其是 2011 年，干旱率达 96.7%。

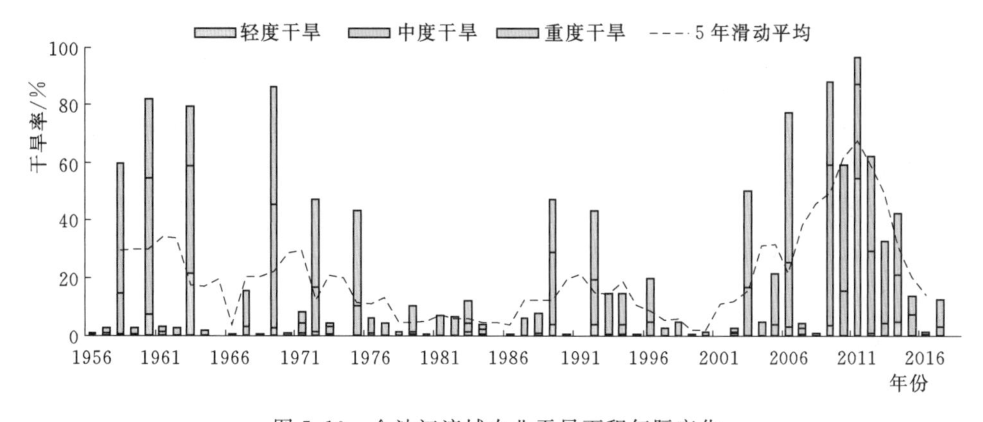

图 5.10　金沙江流域农业干旱面积年际变化

5.3.2.2　农业干旱指数变化趋势

对金沙江流域各栅格（1km×1km）1956—2018 年期间的农业干旱指数进行趋势性分析，得到图 5.11 所示的干旱指数变化趋势空间分布情况。从图 5.11 中可看出，金沙江中下游地区农业干旱程度普遍呈现出增加的趋势。经统计，1956—2018 年期间，*SSDI*（时间尺度为 12 个月）呈现出减少（干旱程度加剧）的耕地范围占全流域耕地总面

积的90%以上，*SSDI* 减少速率大于0.1/10年的格点占比在35%以上，说明绝大部分地区农业干旱情势在近60年来变得更为严峻。

5.3.3 金沙江流域农业干旱特征空间分布规律

5.3.3.1 农业干旱次数空间分布特征

依据游程理论识别金沙江流域场次农业干旱，并对不同地区场次农业干旱发生次数进行统计，得到如图5.12所示的农业干旱次数空间分布图。其中，楚雄、大理和宜宾农业干旱发生较为频发，大部分地区1956—2018年发生场次农业干旱次数在55次以上，而昭通市和凉山州农业干旱发生次数相对较少。

图5.11 金沙江流域农业干旱指数变化趋势空间分布情况

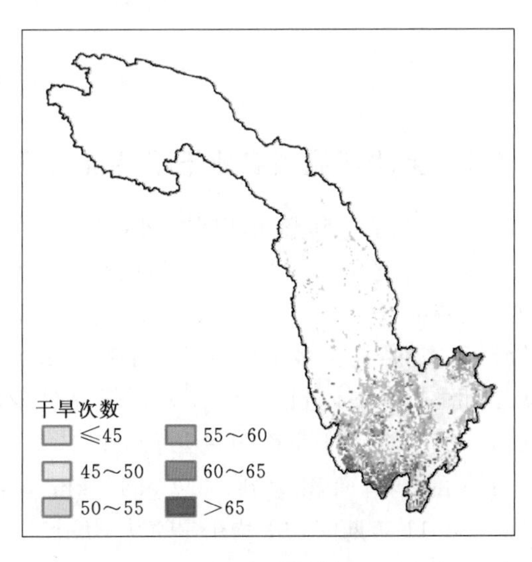

图5.12 金沙江流域农业干旱事件发生次数分布特征

利用ArcGIS 10.2平台上的Zonal Statistics工具可对各行政区（流域内）农业干旱频次的空间均值进行统计，得到如图5.13所示的结果。楚雄、昆明和大理在近60年场次农业干旱的区域平均值为64次、63次和60次，为农业干旱高发区，而迪庆、昭通和攀枝花为农业干旱低发区，近60年农业干旱发生次数的区域平均值为54次、56次和56次。

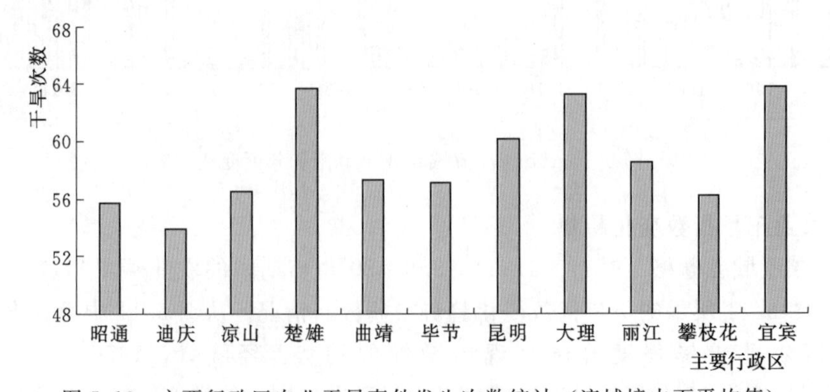

图5.13 主要行政区农业干旱事件发生次数统计（流域境内面平均值）

5.3.3.2　农业干旱强度空间分布特征

在识别场次干旱的基础上，可获取每场农业干旱事件的强度，进而得到近 60 年平均场次强度的空间分布情况，如图 5.14 所示。金沙江流域农业干旱事件强度空间差异性相对较小，空间样本的变差系数仅为 0.14，场次农业干旱强度均值普遍在 −1.8～−1.6 之间。中下游地区农业干旱强度呈现出由北向南递减的趋势。

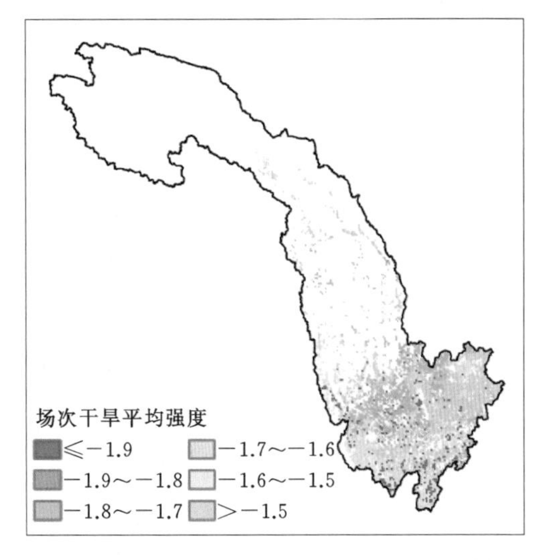

图 5.14　金沙江流域农业干旱平均强度分布特征

各行政区（流域内）农业干旱强度的空间均值如图 5.15 所示。昆明和攀枝花在近 60 年场次农业干旱强度的区域平均值为 −1.79 和 −1.78，为高强度农业干旱事件频发区，而昭通和大理近 60 年场次农业干旱强度的区域平均值为 −1.66 和 −1.64，为低值区。

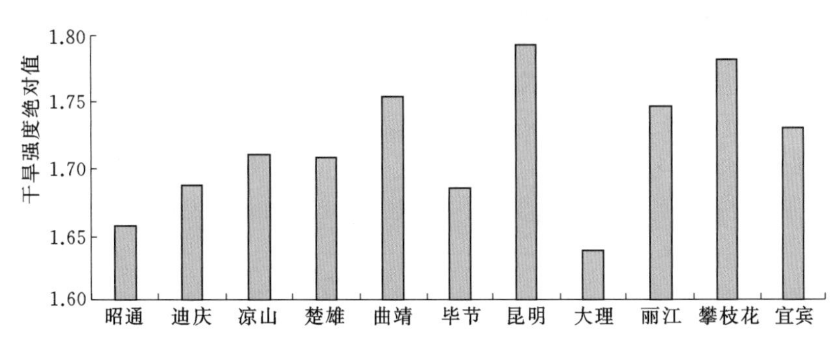

图 5.15　主要行政区农业干旱事件干旱强度统计（流域境内面平均值）

5.3.3.3　农业干旱持续时间空间分布特征

1956—2018 年期间金沙江流域平均每场农业干旱持续时间的空间分布情况如图 5.16 所示。从图 5.16 中可知，金沙江流域每场农业干旱持续时间大致在 2 个月左右，其空间样本的变差系数为 0.43，高于干旱强度这一指标，即说明干旱持续时间的空间差异性要高于干旱强度，且空间分布特征也不尽相同，呈现出由北向南递增的趋势。

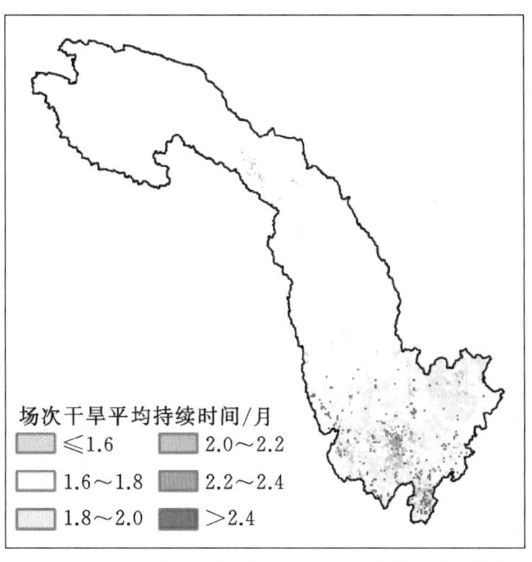

图 5.16　金沙江流域农业干旱事件持续时间的空间分布特征

金沙江流域主要行政区农业干旱持续时间统计特征如图 5.17 所示。其中，长历时农业干旱事件多发生于昆明和攀枝花，其场次干旱平均持续时间为 2.4～2.5 个月，短历时干旱事件多发生于毕节、宜宾和昭通等地区，场次干旱平均持续时间为1.7～1.8个月。

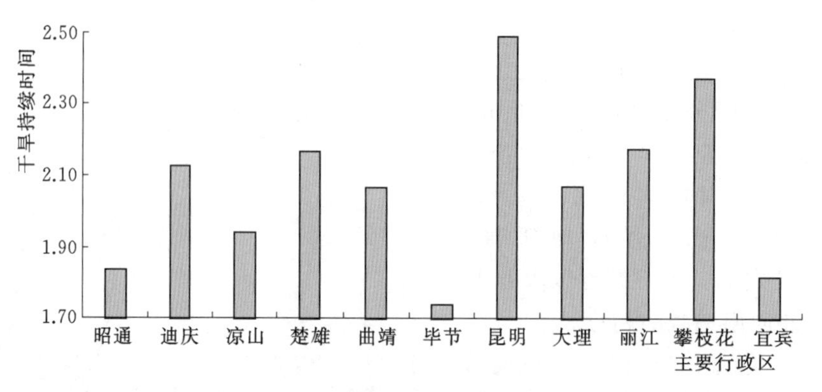

图5.17　主要行政区农业干旱持续时间统计（流域境内面平均值）

5.4　未来气候变化影响下金沙江流域农业干旱特征演变趋势

5.4.1　有效降水量与作物需水量变化趋势预估

由于作物需水量（本书中用作物蒸散发量代替）和有效降水量决定了耕作区干湿状态，本书首先分析了未来预估时段内作物蒸散发量和有效降水量的时空变化，图5.18为各网格有效降水量和作物蒸散发量相对最优模式的评估结果，从图5.18中可看出，HADGEM2－ES表现最好，其次是IPSL－CM5A－LR和MIROC－ESM－CHEM。

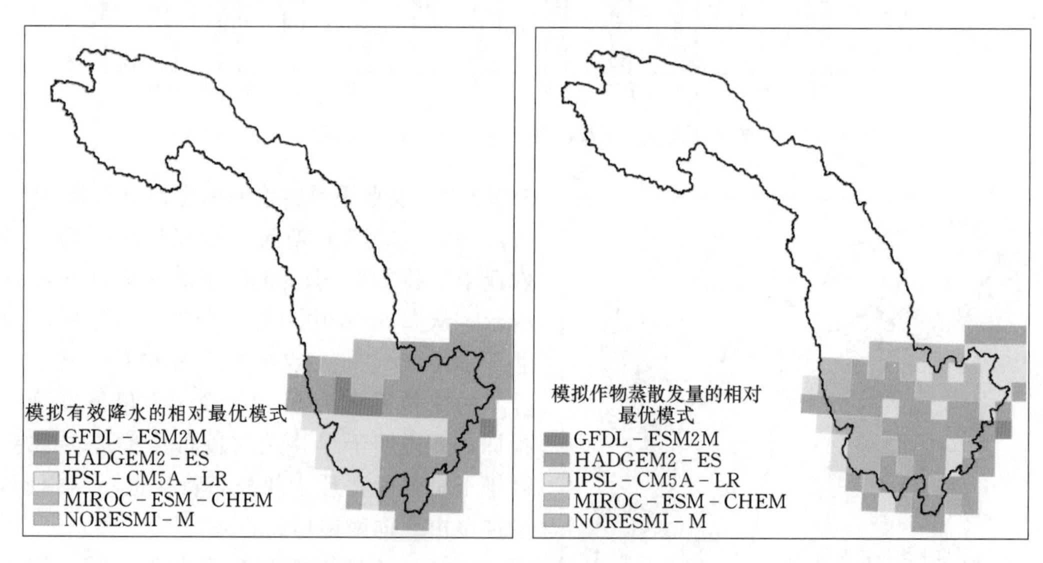

图5.18　各网格有效降水量和作物蒸散发量相对最优模式的评估结果

图5.19（a）为未来有效降水量的变化，预计2021—2050年整个地区的有效降水量普遍减少，但减少幅度并不明显，约为3.0%。其中，金沙江中下游的北部地区，丽江和昭通，有效降水量减少趋势较为明显。图5.19（b）为预估时段作物蒸散发量变化的空间

分布特征，从图 5.19 可看出，在未来预估时段，金沙江中下游地区作物蒸散发量的总体呈现出增加的趋势，相对于历史时段，作物蒸散发量将增加 7.6%，其中，昭通、丽江、中甸地区作物蒸散发量增加幅度较大，其增幅普遍在 15%以上。

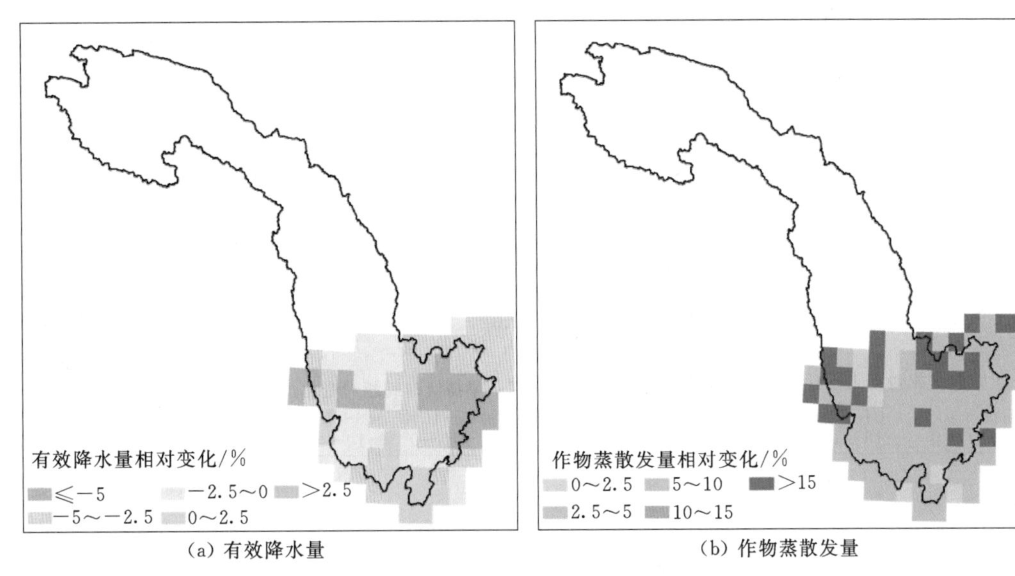

(a) 有效降水量　　(b) 作物蒸散发量

图 5.19　2021—2050 年有效降水量和作物蒸散发量变化的空间分布特征

5.4.2　农业干旱特征变化趋势预估

利用 RCP4.5 情景下作物蒸散发量和有效降水量的预估成果，并结合农业干旱评估方法，对金沙江中下游地区的干旱面积的变化趋势进行研判。图 5.20 为 2021—2050 年多年平均干旱面积相对于历史时段的变化情况。从图 5.20 中可看出，在未来预估时段，农业干旱影响范围较历史时段有较为明显的增加趋势，其增幅约为 43.2%，其中，以中度干旱（$-2.0<SSDI\leqslant-1.0$）的增加趋势最为明显，其增幅约为 70.1%，其次为重度干旱（$SSDI\leqslant-2.00$），增幅约为 50.1%。

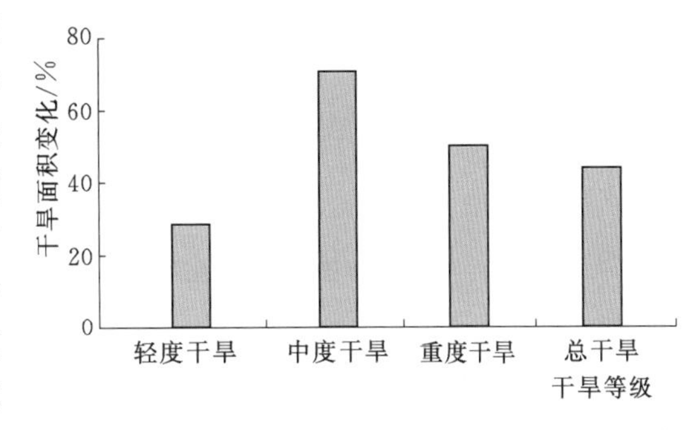

图 5.20　金沙江中下游地区未来农业干旱面积变化

金沙江中下游地区农业干旱频次（DT）、干旱持续时间（DD）、干旱强度（DS）等干旱特征的变化情况如图 5.21 所示。2021—2050 年期间，金沙江中下游地区农业干旱的 DT、DD 和 DS 的变化存在空间一致性。DT、DD、DS 增加的地区主要位于金沙江中下游地区的北部或西部，如昭通、丽江、攀枝花、大理等地区，由于作物蒸散发量的增加和有效降水量的减少，DT、DD、DS 增加幅度普遍超过 20%。而在昆明、曲靖、玉溪等地区 DT、DD、DS 有所下降，主要是因为作物蒸散发量增加较少，但有效降水量增加相对明显。上述分析表明，未来金沙江中下游地区农业干旱严重区会呈现出从东南向西北转移的趋势。

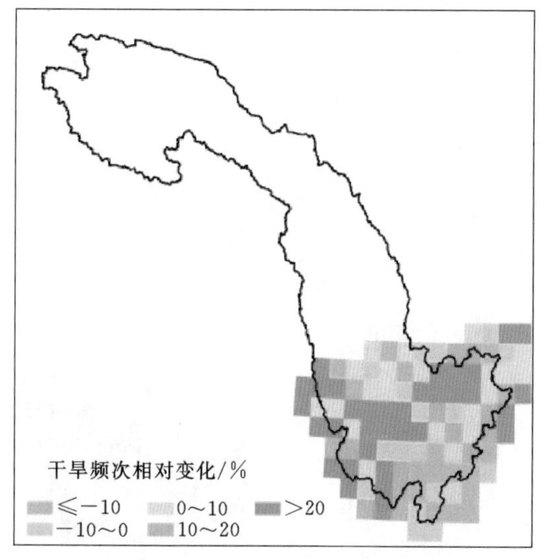

(a) 干旱频次

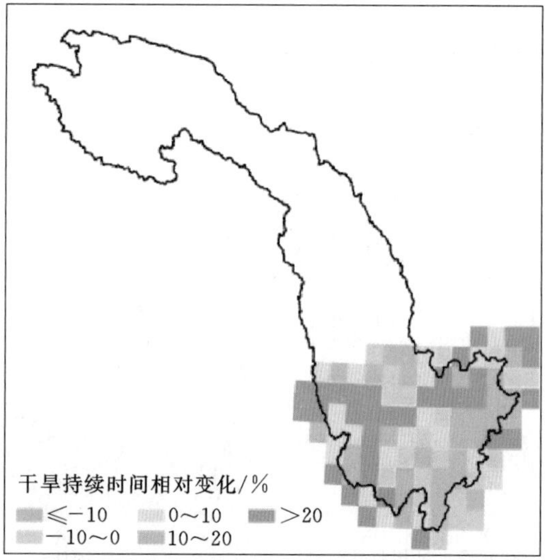

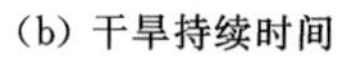
(b) 干旱持续时间

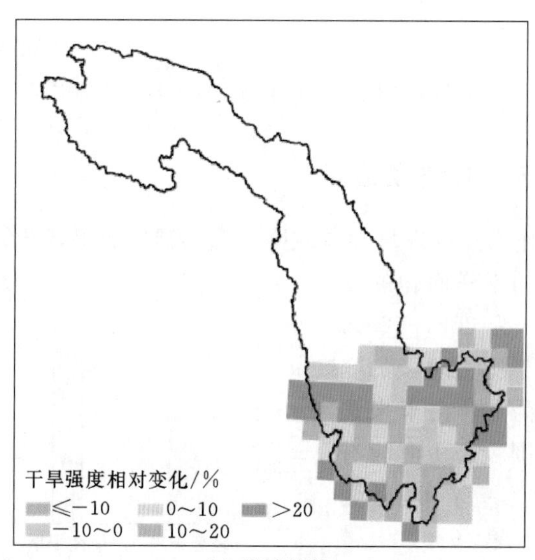

(c) 干旱强度

图5.21　金沙江中下游地区未来农业干旱特征变化

第 6 章

基于绿水资源模拟的长江源区生态干旱评估

6.1 基于绿水资源模拟的生态干旱综合评估技术简介

6.1.1 技术框架

绿水资源是源于降水、存储于土壤并被植被蒸散发消耗的水资源，其作为水资源的重要组成部分，是维持陆地生态系统景观协调和平衡的重要水源。绿水资源是否能满足林草生态系统需水要求是衡量干旱是否发生的关键。基于绿水资源模拟的生态干旱综合评估技术主要涉及两个环节：其一是绿水的模拟以及林草生态系统需水计算；其二是水分亏缺量和积累效应，及其偏离平均状态的程度评价（图 6.1）。其中，绿水的模拟、时空分布特征识别及其满足林草生态系统需水的程度分析是生态干旱评估的关键环节。

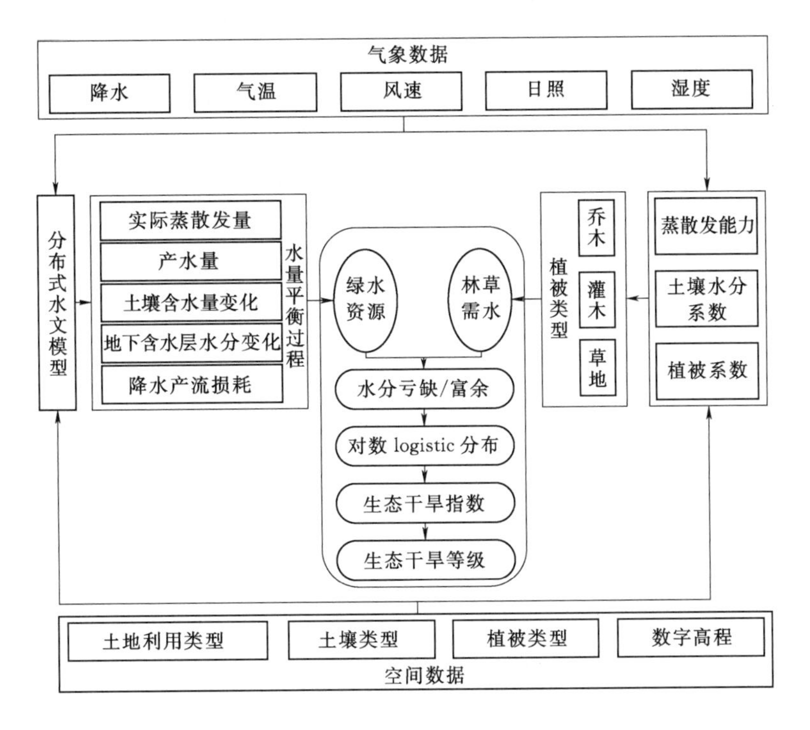

图 6.1　技术框架

6.1.2　关键技术环节

（1）绿水资源模拟。从储量的角度来看，绿水指的是降水转化存储到土壤包气带中的水分，从流量的角度来看，绿水指的是实际蒸散发量（ET），绿水是水分消耗的主体，在维持生态系统稳定方面起着不可或缺的作用。本书选取绿水流作为干旱评估模型的输入，可基于SWAT模型的各水文变量的输出结果计算得到（图6.2）。

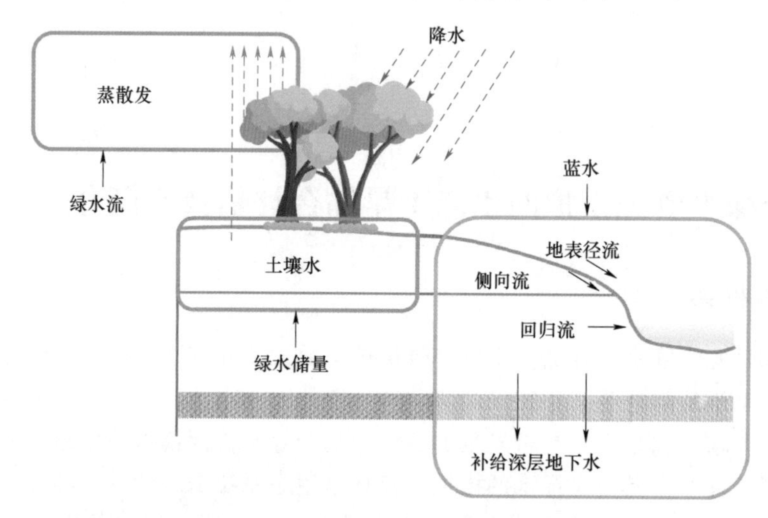

图6.2　SWAT模型中的水文循环过程

（2）林草生态系统需水量计算。影响林草生态系统需水量的主要因素包括：气象条件、土壤水分状况和植被种类。因此，一定时段内，单位面积上的林草地所需消耗的水量（林草系统生态需水量）可按如下公式进行计算（何永涛等，2004）：

$$ET_q = ET_0 \times K_c \times K_s \tag{6.1}$$

式中：ET_q 为林草生态系统需水量，mm；ET_0 为潜在蒸散发量，mm，可由Penman－Monteith公式计算得到；K_c 为植被系数，根据王改玲等（2013）的研究成果，乔木、灌木和草地的 K_c 取值分别为0.6200、0.5385和0.2630；K_s 为土壤水分系数，对于 K_s 而言，可采用Jensen公式进行计算（Saxton等，1986）：

$$K_s = \frac{\ln\left(\dfrac{S - S_w}{S^* - S_w} \times 100 + 1\right)}{\ln 101} \tag{6.2}$$

式中：S 为土壤实际含水量；S_w 为土壤凋萎含水量；S^* 为土壤临界含水量。由于土壤凋萎含水量是满足林草地基本生存的下限，因此，将土壤凋萎含水量代入式（6.2）计算得到 K_s 值，并进一步代入到式（6.1）计算得到的 ET_q，该值可认为是林草地最小生态需水定额。不同土壤类型最小生态需水定额下的 K_s 值见表6.1。

表6.1　最小生态需水定额下的 K_s

土壤质地	粗砂土	砂壤土	砂黏土	粉黏土	粉土
K_s	0.5484	0.5564	0.5221	0.5387	0.5365

（3）干旱指数及等级划分。利用生态系统绿水资源和生态系统需水量之差作为输入量，以两者差值偏离平均状态的程度来表征区域干旱情况。

$$D_i = GWF_i - ETc_i \tag{6.3}$$

式中：D_i 为给定月份缺水量，mm；GWF_i 和 ETc_i 分别为给定月份绿水资源和林草生态系统需水量，mm。

根据逐月缺水量，可获取给定时间尺度内（如 1 个月、3 个月等）的累积缺水量：

$$D_n^k = \sum_{i=0}^{k-1} (P_{n-i} - PET_{n-i}) \quad (n \geqslant k) \tag{6.4}$$

式中：k 为给定时间尺度；n 为总月份数。

参照 Vicente - Serrano et al.（2010）的研究成果，采用 3 个参数的 log - logistic 概率分布对 D_n^k 进行正态化处理。

$$F(x) = \left[1 + \left(\frac{\alpha}{x - \gamma}\right)^{\beta}\right]^{-1} \tag{6.5}$$

式中：参数 α、β 和 γ 分别为尺度、形状和位置参数，可采用线性矩的方法拟合获得；对累积概率密度进行标准化 $[P = 1 - F(x)]$，进一步获取 $SSDI$ 指标值：

$$if \quad P \leqslant 0.5$$

$$W = \sqrt{-2\ln P}$$

$$SSDI = W - \frac{c_0 + c_1 W + c_2 W_2}{1 - d_1 W + d_2 W_2 + d_3 W_3}$$

$$else$$

$$W = \sqrt{-2\ln(1 - P)}$$

$$SSDI = \frac{c_0 + c_1 W + c_2 W_2}{1 - d_1 W + d_2 W_2 + d_3 W_3} - W \tag{6.6}$$

式中：c_0、c_1 和 c_2 分别为 2.515517、0.802853 和 0.010328；d_1、d_2 和 d_3 分别为 1.432788、0.189269 和 0.001308。

6.1.3 技术优势及特色

考虑林草生态系统植被生长过程中水分亏缺量和积累效应两个因素，以林草生态系统主要水分来源绿水来量化供水，以缺水量偏离平均状态的程度来表征林草生态系统的干旱情况。在全球气候变暖的背景下，*SSDI* 干旱指数既考虑了温度变化对水资源的赋存形态的影响、植被需水节律的影响，又融合了 *SPI* 和 *PDSI* 的优点，且本书构建的干旱定量化评价模型结构简单、输入参数少，对于数据的需求符合当前监测水平，易于推广和应用。

6.2　长江源区概况及数据整备

6.2.1　长江源区概况

长江源区属高寒半干旱与半湿润气候过渡带，干燥寒冷、太阳辐射强，无霜期短，具有典型的内陆高原气候特征。长江源区1月气温最低，为－16.7～－7.3℃；7月气温最高，为5.9～13.0℃。夏季气温为4.8～12.1℃；冬季气温为－15.6～－6.0℃。从空间上看，多年平均气温随纬度和海拔的降低而升高，并伴有明显的从西北向东南方向升高的规律（图6.3）。

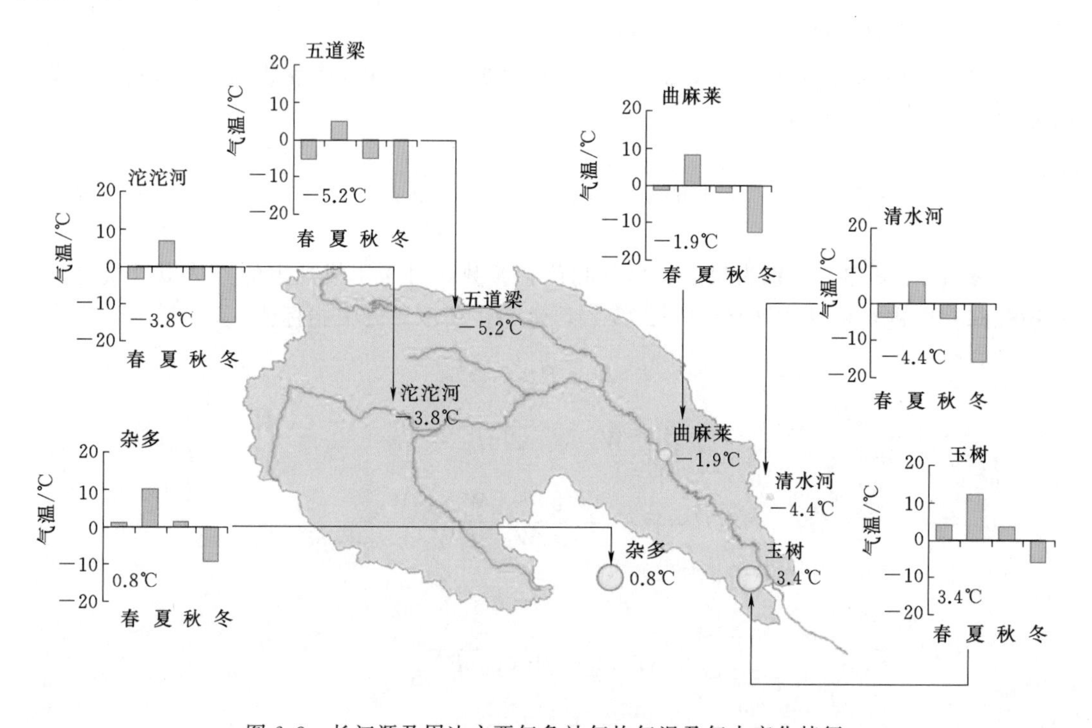

图6.3　长江源及周边主要气象站年均气温及年内变化特征

长江源区降水主要集中在夏季，降水量约为202.6～326.5mm，占全年降水量的60%～70%；其次为秋季，降水量约为54.2～113.4mm，占全年降水量的20%左右；冬季降水量最少，仅为4～17mm，占全年降水量的2%左右。由于长江源区地形相对平坦，降水量垂直差异并不明显，但在纬向、经向方向差异明显，整体呈现出自东向西随经度减少而减少的特点（图6.4）。

6.2.2　地理信息数据及处理

本书所采用的地理信息数据包括：DEM数据（90m×90m）；土地利用数据（1985年和2010年）；土壤类型数据（1∶100万），其来源如表6.2所示。

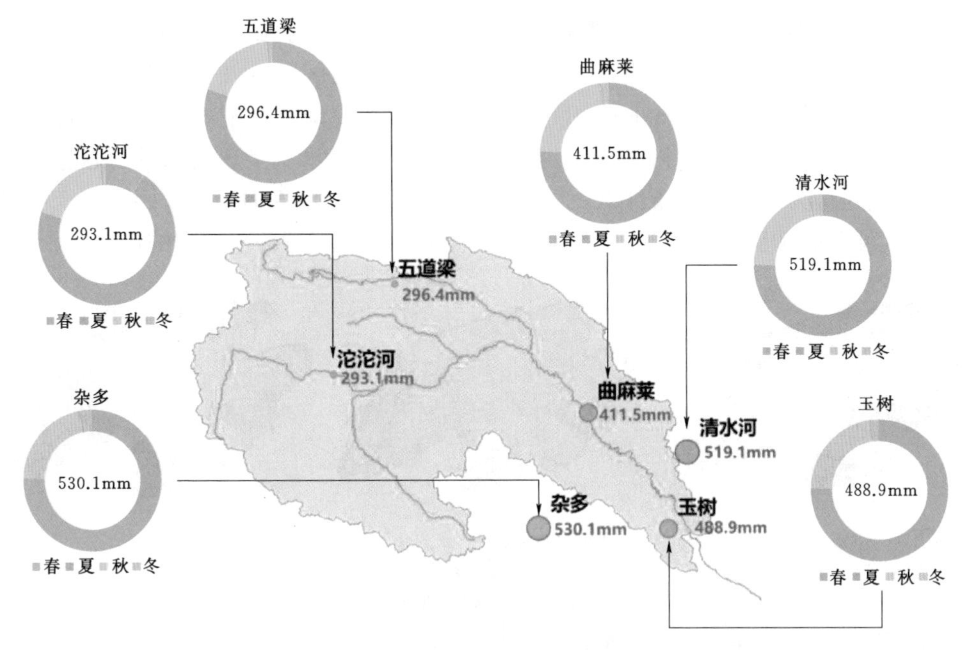

图 6.4 长江源及周边主要气象站年降水量及年内分配特征

表 6.2 **地理信息数据及来源**

数据类型	数据名称	数 据 来 源
地形	数字高程模型（DEM）	美国太空总署（NASA）和国防部国家测绘局（NIMA）联合测量的STRM数据
土壤	中国土壤数据库	由南京土壤所主持研究项目获取的数据以及中国生态系统研究网络陆地生态站部分监测数据
	1∶100万中国土壤数据库（grid栅格格式）	第二次全国土地调查
土地利用	1985年和2010年土地利用数据	中国科学院资源环境科学数据中心

6.2.3 气象数据及处理

逐日气温和降水数据源于中国国家级地面气象站基本气象要素日值数据集（V3.0），从中选取具有连续降水观测数据系列（1956年1月—2018年12月）且在长江源及周边的气象站点实际观测资料作为研究的基础数据，共有6站的气象数据，包括：沱沱河站、五道梁站、曲麻莱站、杂多站、清水河站和玉树站。

6.3 长江源区生态干旱评估指标及干旱时空变化特征

6.3.1 长江源区生态干旱评估指标构建及验证

6.3.1.1 绿水与生态需水计算

长江源区地处高寒地区，因此，区域水分和能量条件是影响绿水流的主导性因素。

在20世纪60—80年代，长江源区气候条件相对稳定，因此绿水流的空间格局在该时段内变化不大，但在20世纪90年代，长江源正源沱沱河地区绿水流有所减少。根据布迪克（Budyko）假设，在干旱条件下，区域蒸散发量主要受降水影响，因此，尽管20世纪90年代温度升高，但由于降水的减少，导致该时段内，绿水流呈现出减少的趋势。此外，Budyko假设还认为，在湿润条件下，区域蒸散发量主要受温度的影响，因此在2000年以后，随着气温升高和降水的增加，绿水流在这种暖湿条件下呈现出增加的趋势（图6.5）。

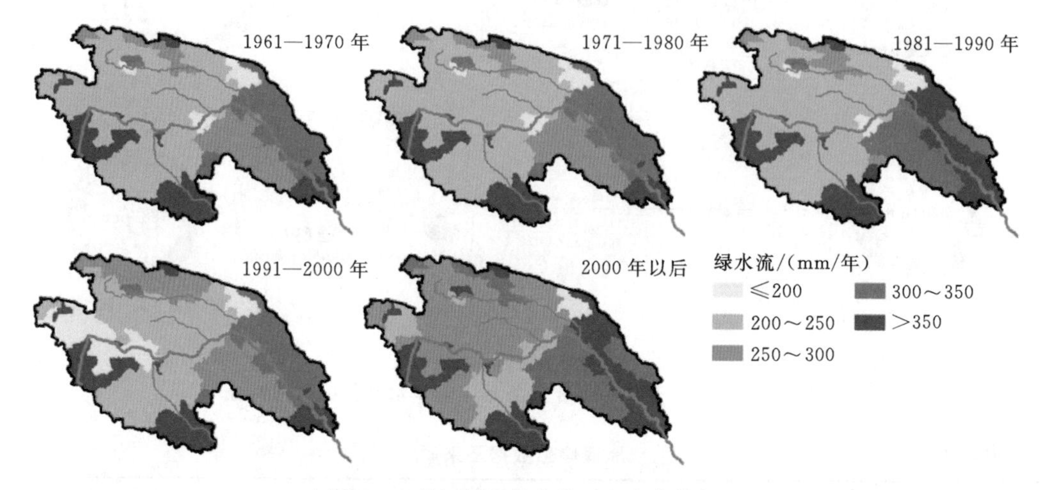

图6.5 长江源区绿水流时空变化特征

6.3.1.2 指标构建与验证

根据SWAT模型模拟结果可获取各子流域上的绿水流，并利用式（6.1）计算各子流域上林草系统生态需水量，结合基于供需水关系的区域/流域生态干旱评价技术，得到长江源区*SSDI*指数变化过程（图6.6）。为验证*SSDI*指数的合理性，本研究对比了2000—2015年期间各子流域上，*SSDI*和气象干旱指数*SPEI*与林草地生态系统*NDVI*的相关性（图6.7）。从图中可以看出，*NDVI*与*SSDI*的相关性明显高*SPEI*。图6.8进一步统计了相关系数高于某一阈值的子流域个数，其中，*SSDI*与*NDVI*相关系数在0.5以上的子流域占42.4%，而*SPEI*与*NDVI*相关系数在0.5以上的子流域仅占3.4%，即与*SPEI*相比，*SSDI*能更好地描述生态干旱。

6.3.2 长江源区生态干旱特征时间演变规律

按照生态干旱评估方法，对1960—2016年期间长江源区不同地区生态干旱程度进行评估，得到如图6.9所示的生态干旱指数年际变化过程。经统计，在1960—2016年期间，沱沱河地区、长江源区中游地区、长江源区下游地区、当曲地区和楚玛尔河地区五大片区生态干旱指数分别以0.15/10年、0.15/10年、0.10/10年、0.22/10年和0.21/10年的速率递增，说明近50年来长江源区生态干旱程度呈现出减少的趋势。结合本章6.3.1.1的分析可知，随着气温的升高，近50年来长江源区绿水流呈现出较为明显的增加趋势，有利于长江源区植被的生长和恢复。

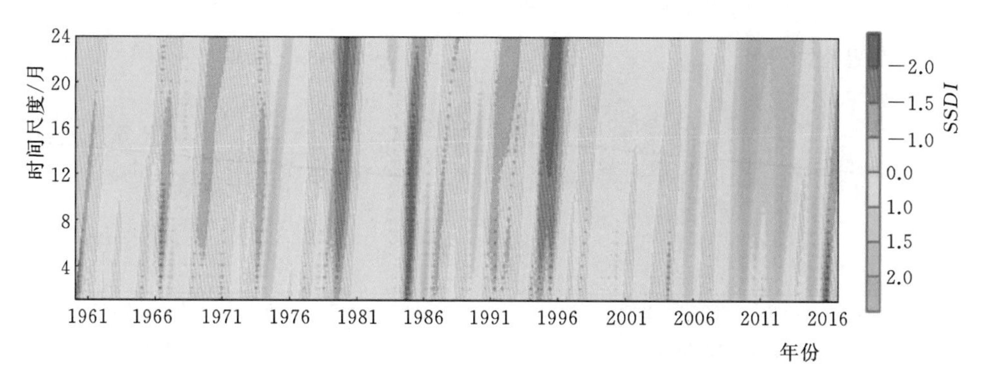

图 6.6 长江源区不同尺度下的 *SSDI* 指数变化哈莫（Hovmoller）图

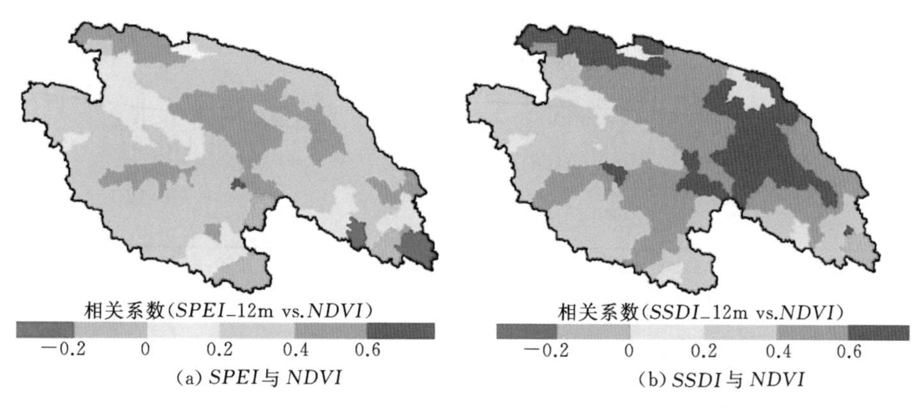

图 6.7 干旱指数与 *NDVI* 的相关性

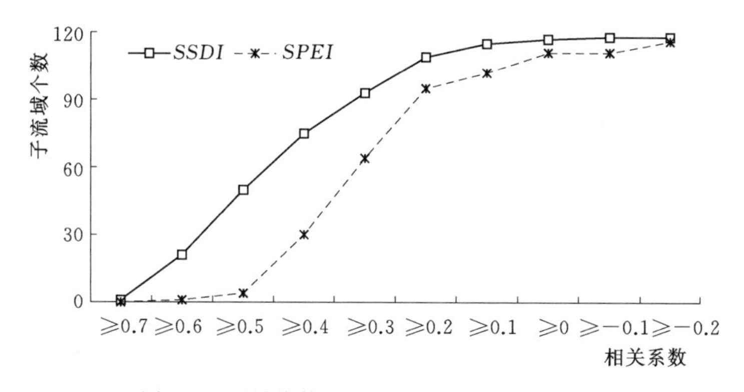

图 6.8 干旱指数与 *NDVI* 的相关性统计结果

6.3.3 长江源区生态干旱特征空间分布规律

6.3.3.1 场次干旱识别及其空间分布特征

根据场次干旱识别方法，对 1960—2016 年期间各子流域内场次干旱事件发生次数进行判别，并统计其相应的特征变量，其结果如图 6.10 所示。从图 6.10 中可看出，长江源

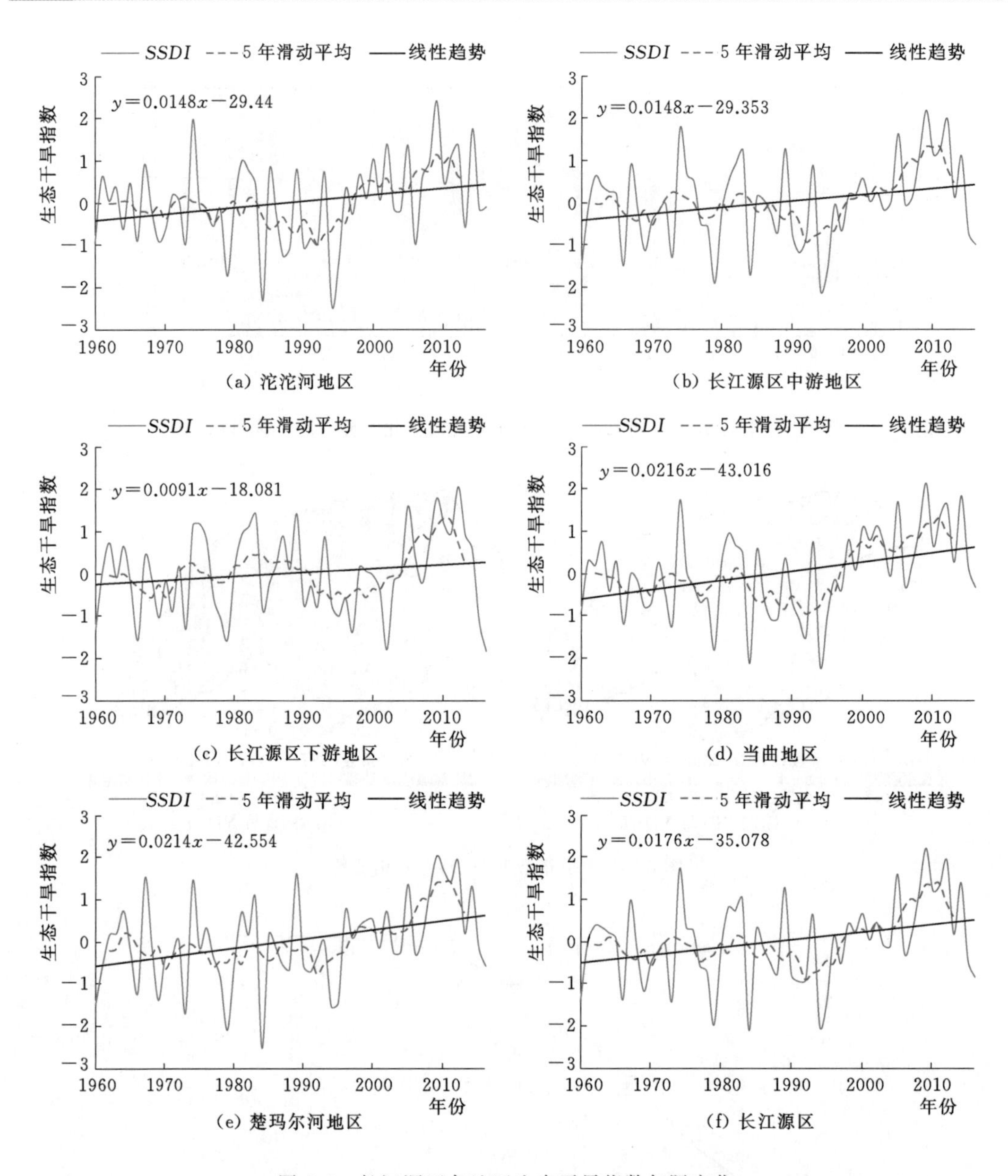

图 6.9　长江源区各地区生态干旱指数年际变化

区生态干旱特征具有较为明显的空间差异性。总体而言，南部地区生态干旱事件强度高、历时长；而北部地区生态干旱事件历时短，但发生较为频繁。经统计，全流域平均干旱次数为 39 次，平均每场干旱持续时间 2～3 个月，即长江源区森林和草地生态系统面临着较为严峻的干旱形式。

6.3.3.2　干旱强度-持续时间联合分布特征

(1) Copula 函数选择。本书所选用的 Copula 函数为目前较为常用的 Clayton、Frank 和 Gumbel 三种 Archimedena Copula 函数，用其进行干旱强度-持续时间的二维联合分布

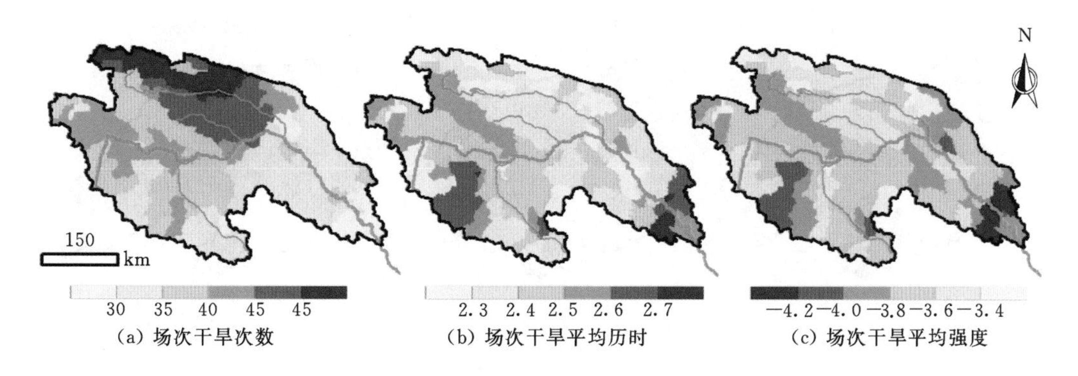

(a) 场次干旱次数　(b) 场次干旱平均历时　(c) 场次干旱平均强度

图 6.10　长江源区生态干旱特征

研究。此三种 Copula 函数的结构如下：

Clayton 函数：
$$C(u,v)=(u^{-\theta}+v^{-\theta}-1)\quad \theta\in(0,\infty) \tag{6.7}$$

Frank 函数：
$$C(u,v)=-\frac{1}{\theta}\ln\left[1+\frac{(e^{-\theta u}-1)(e^{-\theta v}-1)}{e^{-\theta}-1}\right]\quad \theta\in R \tag{6.8}$$

Gumbel 函数：
$$C(u,v)=e^{-[(-\ln u)\theta+(-\ln v)\theta]^{1/\theta}}\quad \theta\in(1,\infty) \tag{6.9}$$

式中：u 和 v 分别为干旱强度和历时的边缘分布，如果将干旱历时分布看作连续型分布时，常用指数分布来拟合，干旱严重程度一般用 gamma 分布函数来拟合；θ 为 Copula 函数的参数；$C(u,v)$ 为水源地和受水区降水量的 2 维 Copula 函数。

生态干旱强度-持续时间经验联合概率分布可采用式（6.10）计算：

$$F_{emp}(X_{i1},X_{i2})=p(X\leqslant X_{i1},X\leqslant X_{i2})=\frac{\sum_{g=1}^{n}\sum_{k=1}^{n}n_{g,k}-0.44}{n+0.12} \tag{6.10}$$

式中：F_{emp} 为生态干旱强度-持续时间经验联合概率分布；$n_{g,k}$ 为满足 $X<X_{i1}$ 且 $X<X_{i2}$ 的个数；n 为时间序列长度。

研究样本是否服从指定的 Copula 函数同样采用 K－S 检验法来判断，相对最优的 Copula 函数的选取则采用平方欧式距离（SED）为依据：

$$SED=\sum_{i=1}^{n}|\hat{C}(u_i,v_i)-C(u_i,v_i)|^2 \tag{6.11}$$

式中：$\hat{C}(u_i,v_i)$ 为经验 Copula 函数；$C(u_i,v_i)$ 为 Copula 函数。SED 越小，说明所选取的 Copula 函数拟合越好。

按照上述方法，得到如图 6.11 所示的评价结果。从图 6.11 中可以观察到，所有子流域中 Frank Copula 的 SED 值是最小值，表明在 Frank Copula 中呈现最佳拟合优度效应。因此本研究选择适当的 Copula 函数来拟合干旱强度-持续时间的联合分布。

（2）干旱强度和持续时间联合分布。干旱特征变量干旱历时 D 和干旱严重程度 S 分别具有分布函数 $F_D(d)$ 和 $F_S(s)$，他们的联合分布函数为 $F_{D,S}(d,s)$。对于这个二元变量的情况，本书对以下两种联合分布特征值和重现期进行研究。

①同现重现期（$\cap$）：

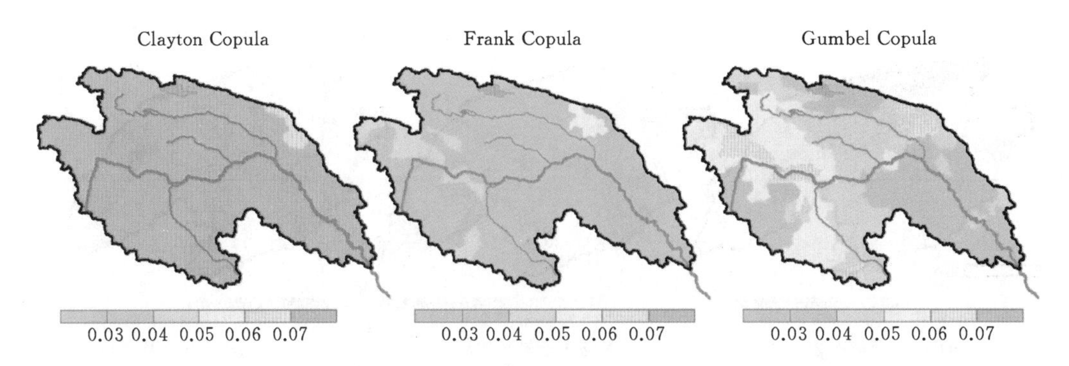

图 6.11 Copula 函数拟合 *SED* 结果

$$T_{\{D>d,S>s\}}=\frac{E(L)}{P(D>d,S>s)}=\frac{E(L)}{1-F_D(d)-F_s(s)+F_{D,s}(d,s)} \tag{6.12}$$

②联合重现期（∪）：

$$T_{\{D>d\ or\ S>s\}}=\frac{E(L)}{P(D>d\ or\ S>s)}=\frac{E(L)}{1-F_{D,s}(d,s)} \tag{6.13}$$

式（6.12）表示干旱历时大于 d 且干旱严重程度大于 s 的重现期，式（6.13）则为干旱历时大于 d 或干旱严重程度大于 s 的重现期。其中 $E(L)$ 是干旱间隔期望，为干旱历时与非干旱历时均值之和。

图 6.12 为 5 个分区和整个区域干旱强度和持续时间 Frank Copula 的联合分布，对应的联合累积概率的等值线如图 6.13 所示，进一步可计算得到"∩"和"∪"下 D 和 S 的联合概率。例如，当 D 和 S 分别超过 3 个月和 3 个（中等级以上）时，沱沱河地区、长江源区中游地区、长江源区下游地区、当曲地区和楚玛尔河地区 5 大片的 $P_{D\cap S}$ 分别为 0.26、0.31、0.27、0.24、0.31 和 0.28，$P_{D\cup S}$ 为 0.46、0.55、0.51、0.49 和 0.52。对

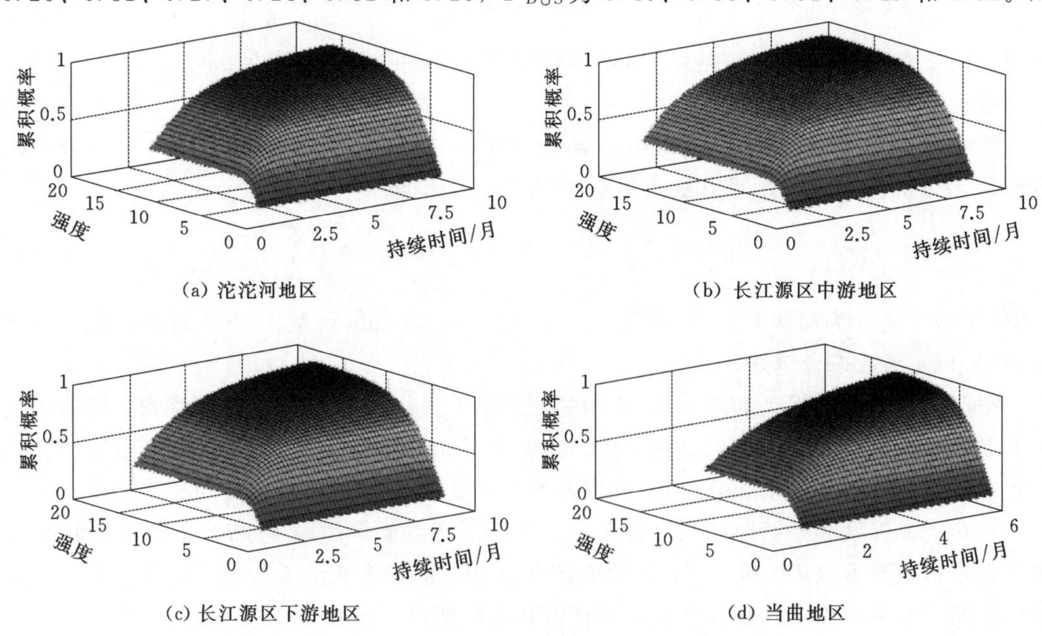

(a) 沱沱河地区

(b) 长江源区中游地区

(c) 长江源区下游地区

(d) 当曲地区

图 6.12（一） 生态干旱强度和持续时间联合分布

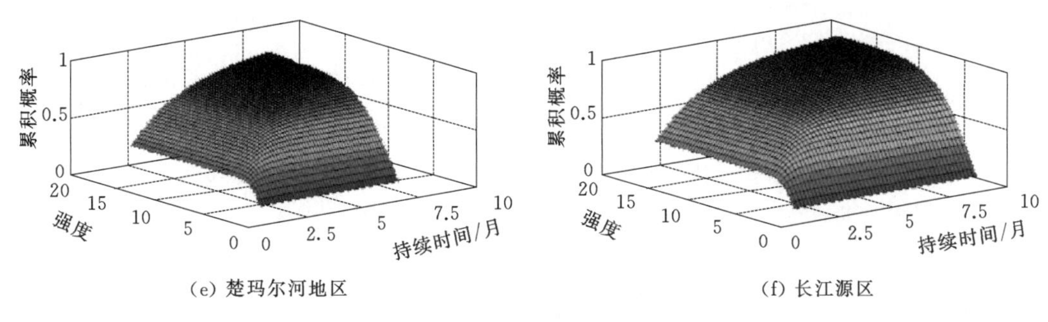

(e) 楚玛尔河地区　　(f) 长江源区

图 6.12（二） 生态干旱强度和持续时间联合分布

于 $D>3$ 且 $S>4.5$（严重等级以上）的干旱事件，5 个片区的 $P_{D\cap S}$ 分别为 0.19、0.27、0.22、0.18、0.27 和 0.23，$P_{D\cup S}$ 分别为 0.32、0.38、0.34、0.32、0.38 和 0.35。即中游和楚马河流域的 $P_{D\cap S}$ 和 $P_{D\cup S}$ 较大，说明这些区域的干旱风险较高。

为分析长江源区生态干旱强度和持续时间的联合重现期，本书根据干旱持续时间（超

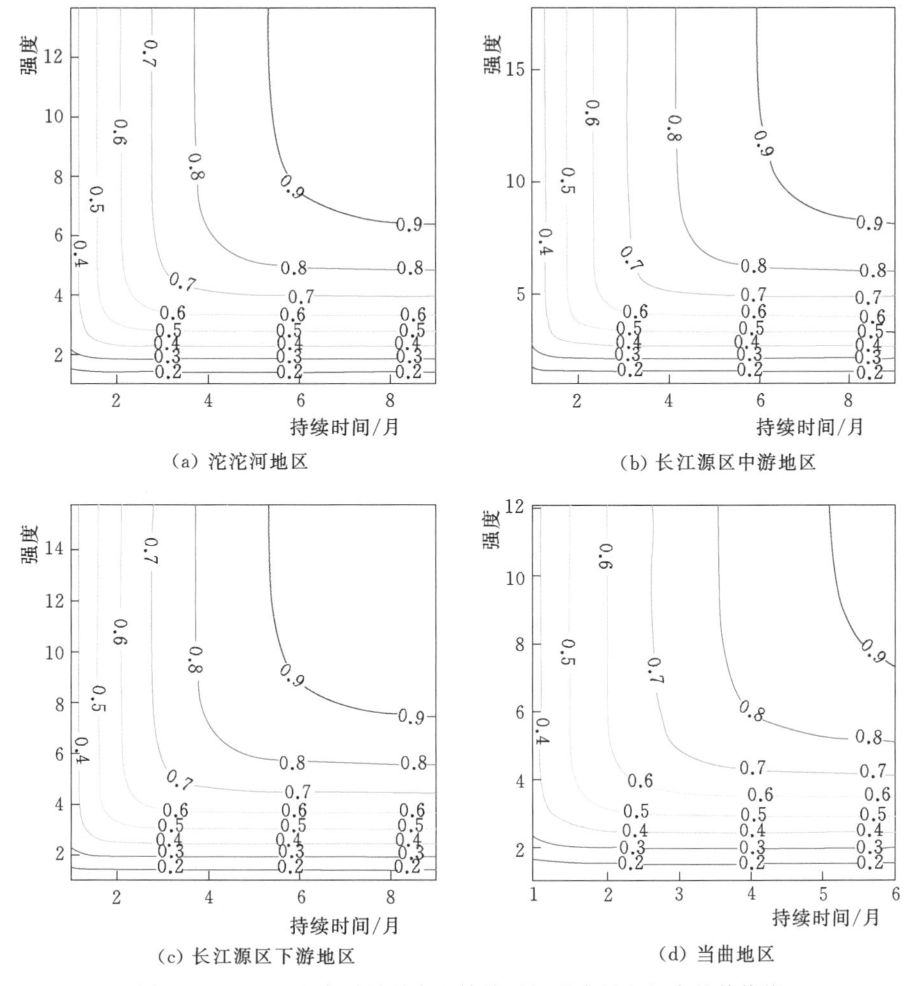

(a) 沱沱河地区　　(b) 长江源区中游地区

(c) 长江源区下游地区　　(d) 当曲地区

图 6.13（一） 生态干旱强度和持续时间联合累积概率的等值线

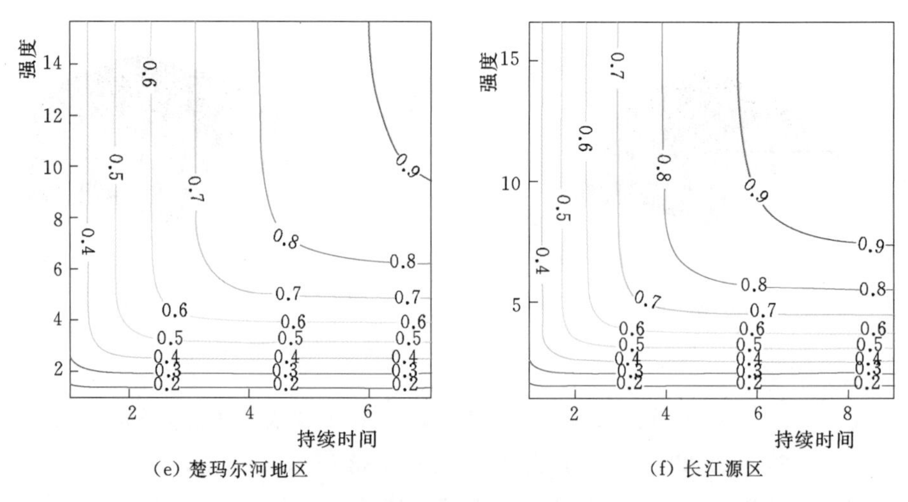

(e) 楚玛尔河地区　　(f) 长江源区

图 6.13（二）　生态干旱强度和持续时间联合累积概率的等值线

过 3 个月或 6 个月）和干旱严重程度（每个月的强度为中度干旱或重度干旱）设置了 4 种类型的干旱事件。针对这 4 类干旱事件可计算得到相应的重现期，其结果如表 6.3 所示。可以看出，在中游和楚玛尔河地区，不同 D 和 S 条件下生态干旱事件重现期较短。例如，当 D 超过 6 个月且 S 超过 6 时，中游和楚马河流域的 $T_{D\cap S}$ 值小于 50 年，而其他片区则超过 70 年，即说明长江源中游地区和楚玛尔河地区易发生长历时、高强度的生态干旱。

表 6.3　　长江源区生态干旱强度-持续时间联合重现期

类型 / 区域	均为中度干旱				均为重度干旱			
	$D>3$，$S>3$		$D>6$，$S>6$		$D>3$，$S>4.5$		$D>6$，$S>9$	
	∩	∪	∩	∪	∩	∪	∩	∪
沱沱河地区	15.3	8.6	90.4	28.7	21.4	12.6	358.7	46.9
中游地区	12.9	7.3	48.4	18.9	15.0	10.5	104.9	32.6
下游地区	15.1	7.9	70.1	22.1	18.1	11.6	170.8	40.7
当曲地区	16.4	8.2	102.1	27.9	21.9	12.5	399.1	51.1
楚玛尔河地区	13.0	7.6	47.3	18.3	15.0	10.6	88.3	31.4
长江源区	14.1	7.8	63.1	22.2	17.3	11.4	169.9	38.7

6.4　未来气候变化影响下长江源区生态干旱特征演变趋势

6.4.1　绿水资源变化趋势预估

基于 RCP4.5 情景下 5 个 GCMs 的日降水量、最低/最高气温数据，并结合长江源区 SWAT 模型可对未来气候变化背景下的蓝水和绿水资源的变化特征进行预估。与历史时段相比，在 2021—2050 年，长江源区年降水量增加 9.8%，气温升高 2.2℃，所选取的 5 个模式的预估结果均表明未来长江源区气候将会呈现暖湿化的发展态势（图 6.14），其结果与 Su 等（2017）的研究成果基本一致。

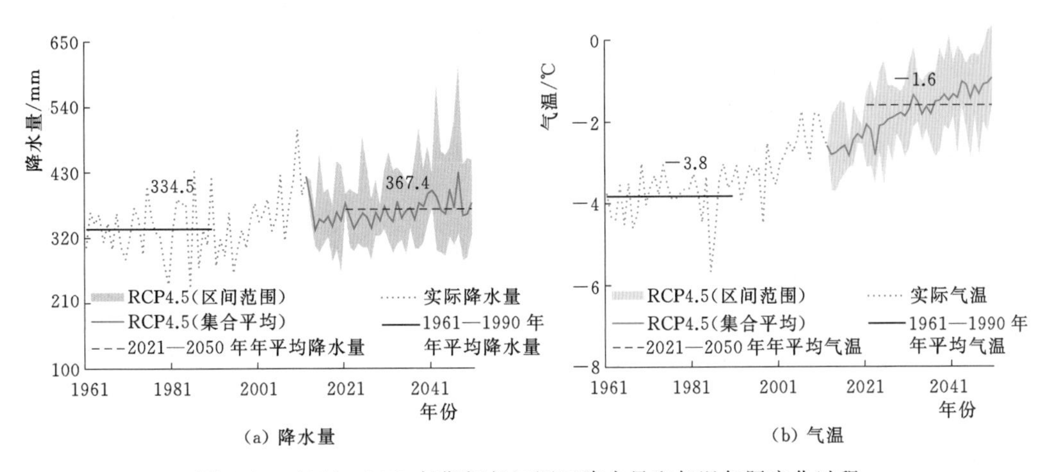

图 6.14 1961—2050年期间长江源区降水量和气温年际变化过程

未来温度的升高会导致区域蒸散发量的增加，进而导致绿水流的增加（图 6.15）。与历史时段相比，未来气候变化影响下，绿水流将增加约5%～30%。IPSL-CM5A-LR和MIROC-ESM-CHEM预估得到绿水资源的空间格局与其他三种GCMs有较为明显的差别。在IPSL-CM5A-LR和MIROCM-ESM-CHEM模式下，长江源区大部分地区的绿水流均有所增加。其中，在MIROCM-ESM-CHEM下降水增加幅度最大，因此，长江源区绿水流增加趋势最为明显，尤其是在西部地区，绿水流增幅在20%以上。在GFDL-ESM2M、HADGEM2-ES和NORESM1-M下，绿水流增加10%左右。

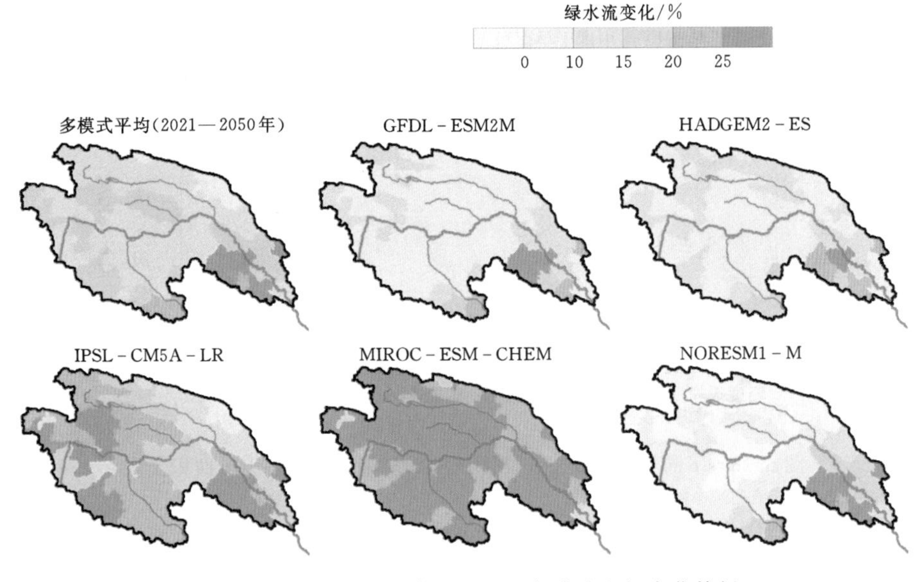

图 6.15 2021—2050年长江源区绿水流空间变化特征

6.4.2 生态干旱特征变化趋势预估

在RCP2.6、RCP4.5和RCP8.5情景下，长江源区未来预估时段（2021—2050年）

多年平均干旱面积分别为8312.1km²、13643.9km²和10574.7km²，占整个长江源区林草生态系统总面积的8.0％、13.1％和10.1％，相对于历史时段减少－51.3％、－20.0％和－38.0％，其中，未来预估时段内重度干旱多年平均干旱面积仅为90.3～402.5km²，不超过林草生态系统总面积的0.4％，与历史时段1.9％的占比，有较大幅度的降低（图6.16）。

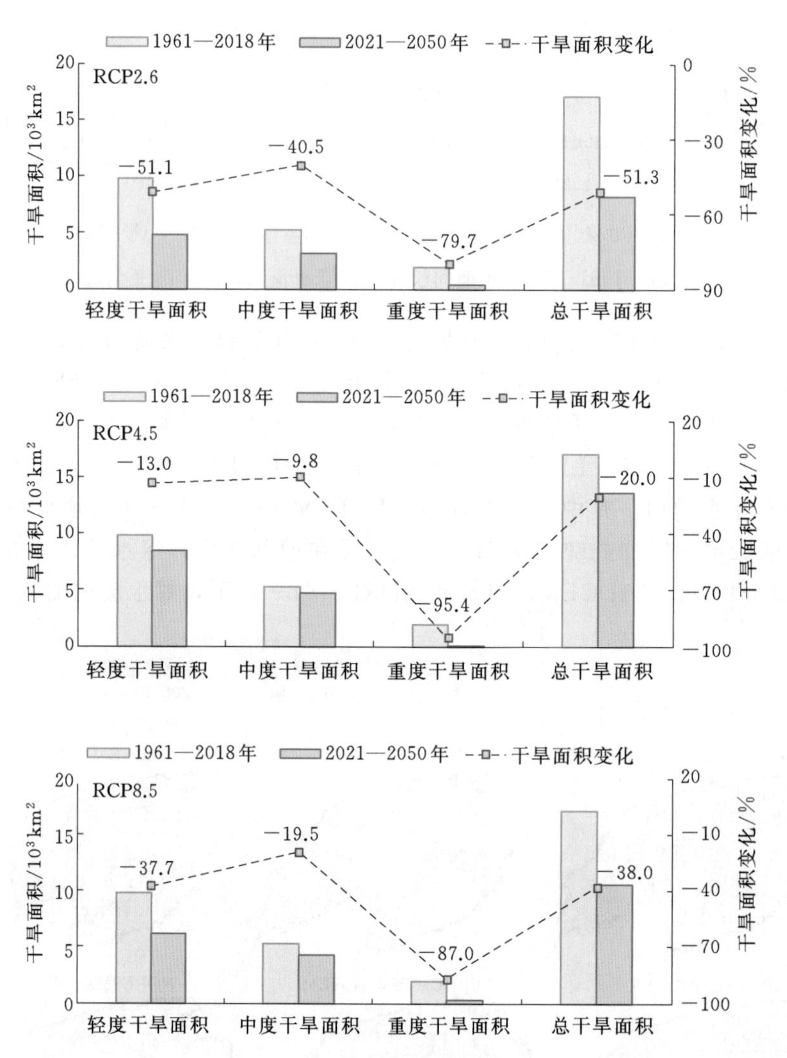

图6.16　不同气候情景下长江源区未来多年平均生态干旱面积变化

图6.17为RCP2.6、RCP4.5和RCP8.5情景下，长江源区未来预估时段干旱频次、历时和强度等干旱特征空间分布情况。与历史时段类似，南部地区生态干旱事件强度高，整个研究区平均每场干旱持续时间普遍在2.5个月以上，绝大部分地区平均每场干旱强度在－3.0以上。经统计，长江源区干旱频次空间均值为7～8次/10年，场次干旱历时为2.6～2.9月/次，场次干旱平均强度为－3.6～－3.8，相对于历史时段，分别变化了9.0％～18.3％、－1.4％～3.6％和4.5％～14.6％。从干旱特征的变化来看（图6.18），

对于干旱频次、历时和强度，增加的地区主要位于历史时段的高值区，减少的地区主要位于历史时段的低值区，即表现出“干者愈干，湿者愈湿”的特点。

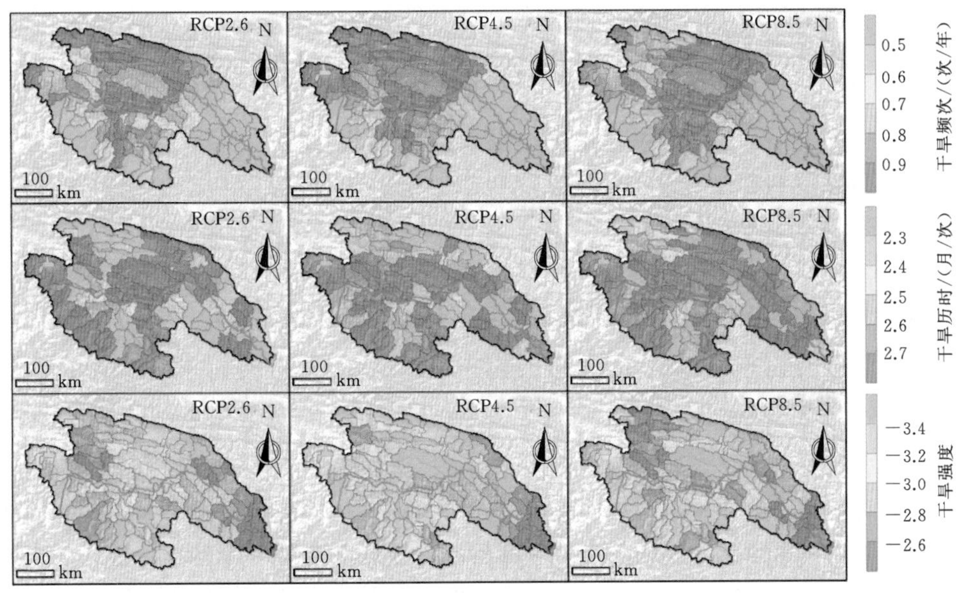

图 6.17　未来气候变化下长江源区干旱特征空间分布图

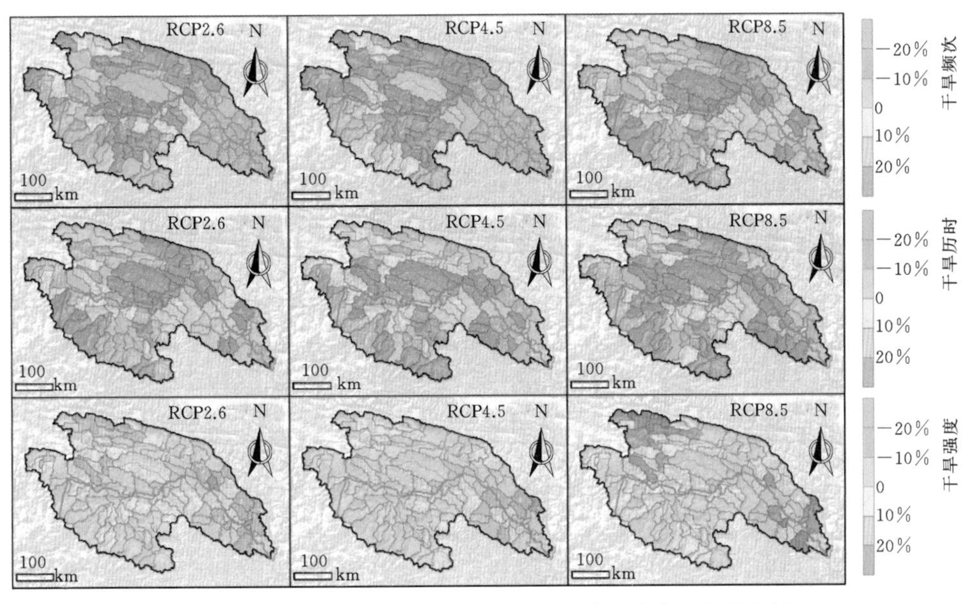

图 6.18　未来气候变化下长江源区干旱特征变化空间分布图

第 7 章

基于灾害系统论的典型区域旱灾风险综合评估

7.1 基于灾害系统论的旱灾风险综合评估技术简介

7.1.1 技术框架

基于灾害系统论的旱灾风险综合评估的技术框架见图 7.1。通过了解灾害系统的致灾因子、孕灾环境和承灾体三个构成要素，进而分析灾害风险的危险性、暴露性和脆弱性。在此基础上，同时考虑到干旱的特点（包括历时、强度和范围三个基本特征），对干旱灾害系统相应地进行研究。干旱对农业、城市、生态等不同承灾体有不同的影响，因而需要对旱灾风险进行分类评估，在干旱事件识别、旱灾损失评估、抗旱能力评估等的基础上，最终全面地评估旱灾风险。

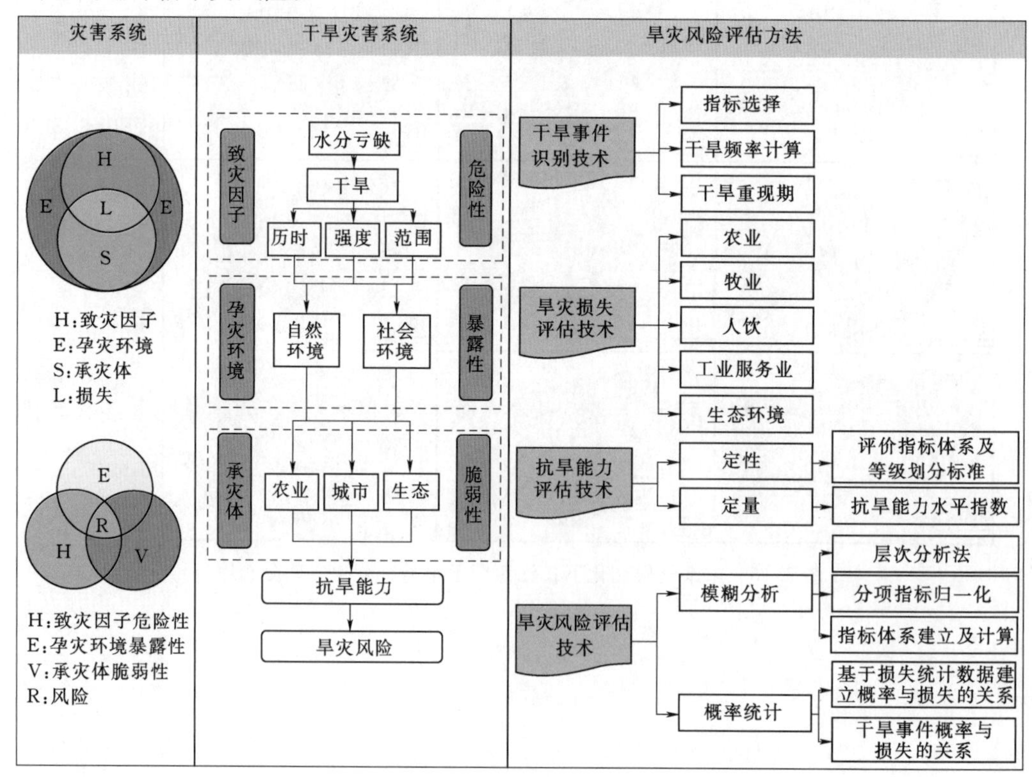

图 7.1　技术框架

旱灾风险评估的方法，涉及四个方面的内容，包括：干旱事件识别与频率分析，旱灾损失评估，抗旱能力分析，以及旱灾风险综合分析。其中干旱事件识别与频率分析首先通过一定的干旱指标，识别出干旱事件，针对干旱事件，计算出干旱事件的频率和重现期等。旱灾损失评估由于不同行业的损失评估方法不同，因此需要分行业进行评估。抗旱能力分析包括定性和定量两个方面，而对于定量评估上，本章提出了抗旱能力水平指数这一指标进行量化。旱灾风险综合评估主要包括模糊分析和概率分析两大类方法。

7.1.2 关键技术环节

（1）干旱事件识别与频率分析。通过确定干旱频率表征指标，采用合适的干旱过程识别方法分析干旱历时、干旱烈度等干旱特征变量，研究分析干旱特征变量的概率分布，判别典型干旱过程的重现期。根据收集的相关气象、水文、农业、历史旱情旱灾等资料，分析研究区的干旱特点，确定主要致旱因子；根据研究区主要致旱因子，并结合数据资料的可获取性，确定干旱识别指标，如降水距平、径流距平、土壤相对湿度、帕尔默干旱指数等，并构建干旱指标序列；基于游程分析方法，选取合适的时间尺度，对干旱事件进行识别，并构建干旱特征变量（干旱历时和干旱烈度）序列；构建基于 Copula 函数的干旱特征变量联合概率分布，确定所有干旱事件的干旱频率。

（2）旱灾损失评估。旱灾损失评估是旱灾风险评估的重要组成部分。从人饮、工业、农业、牧业、服务业及生态等各方面，研究旱灾损失的分类及其体系，提出旱灾损失定量分析评估指标体系和评估方法。本书以农业旱灾损失为例进行分析，基于作物生长模型 EPIC 模型的农业旱灾损失定量化模型确定因旱粮食损失率，具体步骤：收集评估区内农业气象站实测产量数据，据此对 EPIC 模型进行参数率定和检验；收集整理评估区内气象、土壤属性、DEM、作物类型、作物管理等模型输入数据，并进行正常情景（多年平均条件）和干旱情景（干旱期间用实际气象数据，非干旱期用多年平均数据）构造；利用 EPIC 模型计算某一干旱事件在某一灌溉水平下［通常设置为无灌溉、50%灌溉（灌溉 50%需水量）、75%灌溉（灌溉 75%需水量）和 100%灌溉（灌溉 100%需水量）］的正常情景下产量和干旱情景下产量，从而得到该干旱事件在某一灌溉水平下的因旱粮食损失率；重复步骤前面步骤，得到所有干旱事件在某一灌溉水平下的因旱粮食损失率，详见本章 7.2.1。

（3）抗旱能力分析。抗旱能力分析评价是旱灾风险评估的基础，引入抗旱能力水平指数进行定量表达，详见本章 7.2.2。

（4）旱灾风险综合分析。基于（1）、（2）两大步骤，建立某一抗旱能力（灌溉水平）下干旱频率与相应因旱粮食损失率的关系；重复（1）、（2）两大步骤，建立不同抗旱能力（灌溉水平）下干旱频率与相应因旱粮食损失率的关系。最后，可以制作出一系列反映旱灾风险的图，包括干旱频率-旱灾损失曲线图（简称 R 图），干旱频率（重现期）空间分布图（简称 P 图），旱灾损失率空间分布图（简称 C 图），其他专题图（如干旱最长历时分布图、旱灾危险性、暴露性分布图）等，详见本章 7.2.3。

（5）结果的合理性评价。旱灾风险综合评估结果的合理性评价，一方面通过数据验证，需要通过历史资料的调查，获取历史干旱灾害的损失数据；另一方面，采用不同的分析方法，对结果进行对比分析。

7.1.3　技术优势及特色

本书根据旱情旱灾发生发展演进过程及影响形式、后果，建立旱灾风险评估流程。在旱灾风险要素识别的基础上提出旱灾风险评估方法，建立旱灾风险评估方法体系，包括干旱频率分析、旱灾危险性分析评价、抗旱能力分析评价、承载体脆弱性分析评价、旱灾损失分析评估、旱灾损失可能性分析评估等。本书提出的基于灾害系统论的旱灾风险综合评估技术可反映旱灾风险各构成要素间的内在联系和演化过程，其物理意义明显，评估结果对旱灾风险管理的指导意义显著。

7.2　旱灾风险评估方法

7.2.1　旱灾损失评估方法

7.2.1.1　EPIC 模型构建

选取 EPIC（erosion - productivity impact calculator）模型模拟作物在干旱过程下的产量，并由此计算旱灾损失。EPIC 模型指侵蚀-土地生产力影响评估模型，是美国农业部研制的水土资源管理和作物生产力评价模型。EPIC 模型综合了作物生长过程中发生在土壤、作物、大气、管理之间的主要过程，以日为时间步长模拟从一个生长季到上百年的农田水土资源及作物生产力的动态变化。EPIC 模型的农作物生长理论基础包括潜在生物量生长、水分利用、养分吸收、生长胁迫、作物产量 5 个部分。其中，作物产量受其他各因素的影响，通过逐日累计的方法模拟作物生长过程和粮食产量。以气象数据、土壤属性数据、灌溉制度等为输入，并利用实测产量数据进行结果验证。其中气象数据为各县市 1961—2010 年逐日气象序列，包括日降水量、最高气温、最低气温、相对湿度和太阳辐射，采用各县市的气象数据插值结果；作物产量数据来自中国气象数据网提供的中国农作物产量资料旬值数据集。

7.2.1.2　旱灾损失计算方法

在 EPIC 模型作物生长子模型中，气象条件是影响作物产量的重要因素。当其他因子相同时，作物在理想气象条件下的产量与发生干旱下产量之间的差值，可作为计算旱灾损失的依据，其计算公式为：

$$L=(Y_n-Y_d)/Y_n \tag{7.1}$$

式中：L 为旱灾损失率；Y_n 为理想条件下的作物产量；Y_d 为干旱下的作物产量。对于理想条件下的作物产量，为计算方便，可采用多年平均气象数据，同时在该条件下充分灌溉满足作物需水要求；对于干旱情形，干旱历时内的气象数据采用实际气象数据，非干旱历时采用多年平均气象数据，以此构建出特定干旱过程下的气象输入序列。具体处理方法如下：

（1）将气象数据进行多年平均值计算，将每日的气象数据平均值作为多年年均气象条件，并以该条件下的产量作为理想气象条件下的产量。同时，该情况下的灌溉条件为

100%完全灌溉。

(2) 对于单次干旱事件，将干旱所在年份干旱历时内的实际气象数据替换多年平均气象数据，计算出的年作物产量即为干旱影响下的粮食产量。由此建立干旱频率和旱灾损失率的关系曲线。

(3) 对于各年实际旱灾损失，以当年实际气象条件下的粮食单产和多年平均粮食单产的差值作为实际旱灾损失。

7.2.2 抗旱能力评估方法

7.2.2.1 抗旱能力定性评估方法

抗旱能力定性评估的基本思路是通过分析不同抗旱对象抗旱能力的主要影响因素，构建不同抗旱对象的抗旱能力表征指标体系，并选择合适的评价方法或模型对抗旱能力进行综合评价。

抗旱能力的定性评估采用基于模糊数学理论的二级模糊综合评估模型，其指标体系分为总目标层、准则层和指标层。该模型先通过隶属度函数计算指标层各指标隶属于1～5级的可能性大小；然后再通过对相应指标权重值的计算，逐级向上递推，进而得到总目标层（即评价对象）隶属于1～5级的可能性大小；最终基于改进的最大贴近度原则确定评价对象所属等级。主要步骤包括：指标体系构建、指标等级设定、隶属度函数计算、指标权重及评判原则确定等。抗旱能力定性评价的指标体系、权重和等级划分如下。

(1) 农业抗旱能力评估指标体系。影响农业抗旱能力的因素主要包括水利工程建设、经济实力、生产水平和应急抗旱管理，每个因素由若干指标因子构成。各指标采用5级隶属，即分别代表弱（1级）、较弱（2级）、一般（3级）、较强（4级）、强（5级），并采用正态分布方法，求得各指标在每个等级中的边界条件（边界值）。建立的农业抗旱能力评估指标及其等级划分标准见表7.1，各指标权重见表7.2。各评价指标的具体计算方法如下。

表7.1 农业抗旱能力评估指标体系及其等级划分标准

目标层	准则层	指标层	等级划分标准				
			1级	2级	3级	4级	5级
农业抗旱能力	水利工程	工程供水能力比/(m^3/hm^2)	<2200	2200～3980	3980～7200	7200～14500	>14500
		耕地灌溉率/%	<27	27～52	52～77	77～90	>90
		旱涝保收率/%	<21	21～30	30～51	51～65	>65
	经济实力	农民人均纯收入/(万元/人)	<0.25	0.25～0.62	0.62～0.85	0.85～1.03	>1.03
		灌溉工程投资比/%	<3	3～6	6～18	18～30	>30
	生产水平	旱田百分比/%	<20	20～45	45～75	75～93	>93
		节水灌溉率/%	<13	13～24	24～40	40～53	>53
	应急抗旱及管理	抗旱浇地率/%	<1	1～4	4～8	8～18	>18
		应急抗旱资金投入比/(元/hm^2)	<300	300～600	600～900	900～1200	>1200
		应急供水满足率/%	<1	1～3	3～6	6～10	>10

表7.2　农业抗旱能力评价各指标权重

目标层	准则层	权重		指标层	权重	
		推荐值	区间		推荐值	区间
农业抗旱能力	水利工程（w1）	0.608	0.576～0.643	供水工程能力比（w11）	0.603	0.556～0.649
				耕地灌溉率（w12）	0.284	0.224～0.344
				旱涝保收率（w13）	0.113	0.094～0.136
	经济实力（w2）	0.234	0.208～0.262	农民人均纯收入（w21）	0.819	0.750～0.875
				灌溉工程投资比（w22）	0.181	0.125～0.250
	生产水平（w3）	0.111	0.101～0.12	旱田百分比（w31）	0.854	0.833～0.875
				节水灌溉率（w32）	0.146	0.125～0.167
	应急抗旱及管理（w4）	0.047	0.041～0.051	抗旱浇地率（w41）	0.174	0.155～0.193
				应急抗旱资金比（w42）	0.750	0.723～0.777
				应急供水满足率（w43）	0.076	0.069～0.083

1）水利工程。

①工程供水能力比：是指现状条件下的蓄水工程，引、提、调工程，地下水工程的总供水能力与当地耕地面积的比例，反映当地水资源开发利用程度及水利工程建设情况。计算公式为：

$$\text{工程供水能力比}=\frac{\text{工程现状总供水能力}}{\text{耕地面积}} \tag{7.2}$$

②耕地灌溉率：是指有效灌溉面积占耕地面积的百分比，反映灌溉工程的普及情况。计算公式为：

$$\text{耕地灌溉率}=\frac{\text{有效灌溉面积}}{\text{耕地面积}} \tag{7.3}$$

③旱涝保收率：是指旱涝保收面积占有效灌溉面积的比例，反映灌溉工程的完善程度和灌溉面积的保证程度。计算公式为：

$$\text{旱涝保收率}=\frac{\text{旱涝保收面积}}{\text{有效灌溉面积}} \tag{7.4}$$

2）经济实力。

①农民人均纯收入：反映一个地区农村居民收入的平均水平。

②灌溉工程投资比：是指水利基本建设资金中，灌溉工程投资占水利基本建设投资的比例，反映当地灌溉工程的投资情况。计算公式为：

$$\text{灌溉工程投资比}=\frac{\text{灌溉工程投资}}{\text{水利基本建设投资}} \tag{7.5}$$

3）生产水平。

①旱田百分比：是指地区旱田面积占水田与旱田面积和的百分比，反映当地农作物种植结构。一般来说，旱田百分比越大，越有利于提升地区的农业抗旱能力。计算公式为：

$$\text{旱田百分比}=\frac{\text{旱田面积}}{\text{旱田面积}+\text{水田面积}} \tag{7.6}$$

②节水灌溉率：是指当地的农业节水灌溉面积占地区有效灌溉面积的比例，反映农业节水技术的普及程度。计算公式为：

$$\text{节水灌溉率}=\frac{\text{节水灌溉面积}}{\text{有效灌溉面积}} \tag{7.7}$$

4）应急抗旱及管理。

①抗旱浇地率：是指抗旱服务组织在干旱期的抗旱浇地面积占受旱面积的比例。反映农业应急抗旱能力。计算公式为：

$$\text{抗旱浇地率}=\frac{\text{抗旱浇地面积}}{\text{受旱面积}} \tag{7.8}$$

②应急抗旱资金投入比：是指干旱发生时，投入的抗旱资金占受旱面积的比例，反映农业应急抗旱的经济投入。计算公式为：

$$\text{应急抗旱投资比}=\frac{\text{应急抗旱投入资金}}{\text{受旱面积}} \tag{7.9}$$

③应急供水满足率：是指农村应急水源的现状供水能力占农村某一保证率下（$P=75\%$）需水量的比例，反映应急供水对需水的满足程度。计算公式为：

$$\text{应急供水满足率}=\frac{\text{农村应急水源现状供水能力}}{\text{农村总需水量}(P=75\%)} \tag{7.10}$$

（2）城市抗旱能力评价指标体系。建立的城市抗旱能力评价指标体系及其等级划分标准见表7.3，各指标权重见表7.4。各评价指标的具体计算方法如下：

表7.3　　城市抗旱能力评价指标体系及其等级划分标准

目标层	准则层	指标层	等级划分标准				
			1级	2级	3级	4级	5级
城市抗旱能力	供水系统	供水水源地抗旱天数	<30	30～75	75～120	120～180	>180
		缺水率/%	>20	20～15	15～5	5～1	<1
	经济实力	居民人均可支配收入/(万元/人)	<0.80	0.80～1.26	1.26～1.65	1.65～2.24	>2.24
	生产水平	万元GDP用水量/(m^3/万元)	>390	280～390	160～280	80～160	<80
		工业用水重复利用率/%	<30	30～45	45～65	65～80	>80
		再生水利用率/%	<5	5～7	7～10	10～12	>12
	应急抗旱及管理	应急供水比/%	<1	1～5	5～9	9～20	>20
		城市供水有效率/%	<70	70～75	75～85	85～90	>90

1）供水系统。

①供水水源抗旱天数：是指某一计算期间内无有效降水情况下，城市供水水源可供水量能满足城市日平均需水的天数，反映供水保障能力。计算公式为：

$$\text{供水水源抗旱天数}=\frac{\text{城市供水水源可供水量}}{\text{城市日需水量}} \tag{7.11}$$

表7.4 城市抗旱能力评价各指标权重

目标层	准则层	权重		指标层	权重	
		推荐值	区间		推荐值	区间
城市抗旱能力	供水系统(w1)	0.606	0.597～0.615	供水水源地抗旱天数(w11)	0.854	0.833～0.875
				缺水率(w12)	0.146	0.125～0.167
	经济实力(w2)	0.204	0.179～0.229	居民人均可支配收入(w21)		1.000
	生产水平(w3)	0.134	0.119～0.148	万元GDP用水量(w31)	0.644	0.633～0.655
				工业用水重复利用率(w32)	0.243	0.187～0.283
				再生水利用率(w33)	0.113	0.074～0.158
	应急抗旱及管理(w4)	0.056	0.055～0.057	应急供水比(w41)	0.854	0.833～0.875
				城市供水有效率(w42)	0.146	0.125～0.167

②缺水率：是指评价水平年$P=75\%$缺水量与需水量的比值，反映城市供水系统的完善程度及供水保证程度。计算公式为：

$$\text{缺水率}=\frac{\text{缺水量}(P=75\%)}{\text{需水量}} \tag{7.12}$$

2）经济实力。

居民人均可支配收入：是指城镇居民家庭可以用来自由支配的收入，反映了城镇居民生活水平，一定程度上可以反映该城镇抵御干旱的能力。

3）生产水平。

①万元GDP用水量：万元GDP用水量指区域每形成1万元国内生产总值（GDP）所用的平均水量，一定程度上反映地区的生产水平及用水效率。计算公式为：

$$\text{万元 GDP 用水量}=\frac{\text{用水总量}}{\text{GDP}} \tag{7.13}$$

②工业用水重复利用率：是指工业用水中，重复利用的水量与总用水量的比值，反映地区工业行业生产水平及节水能力。计算公式为：

$$\text{工业用水重复利用率}=\frac{\text{工业重复利用的水量}}{\text{工业用水量}} \tag{7.14}$$

③再生水利用率：是指污水经适当处理后，达到一定的水质指标，满足某种使用要求，可以进行有益使用的水量占总污水量的比值，反映地区的污水处理能力及废水回用程度。计算公式为：

$$\text{再生水利用率}=\frac{\text{再生水量}}{\text{污水排放总量}} \tag{7.15}$$

4）应急抗旱及管理。

①应急供水比：是指城市应急水源的现状供水能力占城市某一保证率下（$P=75\%$）需水量的比例，反映城市应急供水对需水的满足程度。计算公式为：

$$应急供水比=\frac{城市应急水源供水能力}{城市需水量(P=75\%)} \tag{7.16}$$

②城市供水有效率：是指城市有效供水量占总供水量的比值。供水有效率越大，表明城市节水管理水平越高。计算公式为：

$$城市供水有效率=\frac{有效供水量}{城市供水总量} \tag{7.17}$$

（3）区域综合抗旱能力评价指标体系。区域综合抗旱能力是对农业和城市抗旱能力的综合，建立的区域综合抗旱能力评价指标体系及其等级划分标准见表7.5，各指标权重见表7.6。

表7.5　　区域综合抗旱能力评价指标体系及其等级划分标准

目标层	准则层	指　标　层	等级划分标准				
			1级	2级	3级	4级	5级
区域综合抗旱能力	水利工程	供水工程能力比/(m^3/hm^2)	＜2200	2200～3980	3980～7200	7200～14500	＞14500
		耕地灌溉率/%	＜27	27～52	52～77	77～90	＞90
		旱涝保收率/%	＜21	21～30	30～51	51～65	＞65
		供水水源地抗旱天数	＜30	30～75	75～120	120～180	＞180
		缺水率/%	＞20	20～15	15～5	5～1	＜1
	经济实力	居民人均可支配收入/(万元/人)	＜0.87	0.87～1.50	1.50～2.90	2.90～4.50	＞4.50
	生产水平	旱田百分比/%	＜20	20～45	45～75	75～93	＞93
		节水灌溉率/%	＜13	13～24	24～40	40～53	＞53
		万元GDP用水量/(m^3/万元)	＞390	280～390	160～280	80～160	＜80
		工业用水重复利用率/%	＜30	30～45	45～65	65～80	＞80
		再生水利用率/%	＜5	5～7	7～10	10～12	＞12
	应急抗旱及管理	抗旱浇地率/%	＜1	1～4	4～8	8～18	＞18
		应急供水比/%	＜1	1～5	5～9	9～20	＞20

表7.6　　区域综合抗旱能力评价各指标权重

目标层	准则层	权　重		指　标　层	权　重	
		推荐值	区间		推荐值	区间
区域综合抗旱能力	水利工程(w1)	0.607	0.584～0.643	供水工程能力比（w11）	0.360	0.338～0.382
				耕地灌溉率（w12）	0.110	0.057～0.158
				旱涝保收率（w13）	0.041	0.031～0.063
				供水水源地抗旱天数（w14）	0.390	0.377～0.403
				缺水率（w15）	0.098	0.039～0.152
	经济实力(w2)	0.233	0.208～0.255	居民人均可支配收入（w21）	1.000	

续表

目标层	准则层	权重		指标层	权重	
		推荐值	区间		推荐值	区间
区域综合抗旱能力	生产水平（w3）	0.113	0.101～0.120	旱田百分比（w31）	0.300	0.116～0.456
				节水灌溉率（w32）	0.074	0.041～0.133
				万元 GDP 用水量（w33）	0.400	0.297～0.509
				工业用水重复利用率（w34）	0.156	0.076～0.240
				再生水利用率（w35）	0.069	0.038～0.093
	应急抗旱及管理（w4）	0.047	0.041～0.055	抗旱浇地率（w41）	0.50	0.250～0.750

7.2.2.2　抗旱能力定量评估方法

以不同来水频率下的可供水量和需水量的比值作为抗旱能力水平指数，定量表征抗旱能力大小。抗旱能力水平指数的计算公式为：

$$L_P=\frac{S_P}{W_P} \tag{7.18}$$

式中：L_P、S_P、W_P分别为来水频率为 P 时的抗旱能力水平指数、可供水量和农业需水量。

由抗旱能力水平指数的计算公式，可以看出：在特定的来水条件下，抗旱能力水平指数越大，表明供水满足需水的程度越高，抗旱能力也越强。因此，通过计算不同来水频率下的抗旱能力水平指数，可建立来水频率-抗旱能力水平指数的一一对应关系，并通过两种方式表述抗旱能力定量计算结果。即：

（1）以抗旱能力水平指数为 1 时，对应的最大来水频率或该来水频率对应的干旱频率（重现期）来反映抗旱能力的大小。即：在该来水频率或干旱重现期下，可供水量满足需水要求。

（2）以某一来水频率下，抗旱能力水平指数值的大小反映抗旱能力。即：在特定的来水频率下，抗旱能力水平指数反映了供水满足需水的程度。

7.2.3　旱灾综合风险评估方法

7.2.3.1　基于旱灾系统的旱灾风险评估

从灾害风险系统的角度出发，考虑影响旱灾风险的危险性、暴露性、脆弱性和抗旱能力四个方面，采用模糊综合评价的方法，进行区域旱灾风险评估。旱灾风险度的计算公式如下：

$$Risk=\frac{H\times E\times V}{RE} \tag{7.19}$$

式中：$Risk$ 为旱灾风险度；H 为危险性；E 为暴露性；V 为脆弱性；RE 为抗旱能力。

该方法的优点为：不需要旱灾损失的统计数据，而直接从旱灾风险要素分析得到旱灾风险度；同时，有助于了解旱灾损失发生的主要诱因，以指导旱灾风险管理决策。缺点为：需要大量的相关数据，旱灾风险要素的指标值不易确定。

（1）农业旱灾危险性（H）指标。区域旱灾危险性是对干旱的时空规模、强度、烈度和变异性等特征的描述，它往往是气象、水文等若干个干旱指标的综合反映。

（2）承载体暴露性（E）指标。区域旱灾风险分析中，影响暴露性的主要因子有：人口、资源、生态环境和社会经济状况。根据这些因子的数量和空间分布，可以确定暴露性值。例如，人口数量越多，则该区域受到旱灾损失的可能性就越大，暴露性也就越大。

（3）承灾体的脆弱性（V）指标。脆弱性反映了承灾体对干旱影响的敏感性，脆弱性越高，旱灾风险越大。对于农业干旱灾害，脆弱性反映在易旱作物面积和作物的耐寒能力两方面。

（4）抗旱能力（RE）指标。抗旱能力指的是人类通过抗旱行动减少旱灾损失的能力。主要包括可投入抗旱资金、可投入抗旱劳动力、抗旱应急方案和政策、水利设施情况等。抗旱能力的计算应只考虑人为因素，不应该考虑自然条件。

7.2.3.2 基于干旱频率-损失的旱灾风险评估

（1）基于假定灌溉水平的干旱频率-旱灾损失曲线构建。根据干旱频率计算结果和作物旱灾损失率计算结果，建立干旱频率-旱灾损失率的对应关系。同时，分别假定无灌溉、50%灌溉、75%灌溉、100%灌溉四种灌溉水平，拟合不同灌溉条件下的干旱频率-旱灾损失率曲线，以此作为农业旱灾风险评估方法。相比传统的定性评估方法，该方法从构成风险的基本要素（风险率及其损失）的角度，反映出季节性特定干旱频率在不同灌溉条件下的作物产量损失规律。

对于作物的灌溉需水量，可各生育期的需水规律进行设置。计算多年平均气象条件下的作物产量时，灌溉水量为满足作物充分需水下的灌溉量；各干旱情形下的灌溉水量，则分别假定无灌溉、50%灌溉、75%灌溉和100%灌溉4种灌溉水平，计算假定灌溉条件下的作物产量。以不同灌溉比例下的作物产量减产率，反映不同抗旱水平对于旱灾风险的影响作用。

（2）基于实际抗旱能力的干旱频率-旱灾损失曲线构建。在旱灾风险评估中，假定了不同的灌溉需水满足程度（0%、50%、75%和100%），拟合出干旱频率-旱灾损失率的分布曲线（R图）。在实际干旱条件下，随着干旱频率的不同，相应的灌溉条件也不相同。对于实际因旱作物损失率，需要根据实际干旱条件下的灌溉能力水平进行计算。因此，以抗旱能力反映灌溉水平，通过分析干旱频率-实际灌溉条件-旱灾损失率三者间的对应关系，可构建基于实际抗旱能力的干旱频率-旱灾损失率曲线。

根据抗旱能力定量计算结果，可得出不同来水频率下的抗旱能力水平指数。假定作物需水的满足程度与农业抗旱能力水平指数在数值上相等，即以抗旱能力水平指数代表实际灌溉水平，同时以“1－来水频率”作为干旱发生频率，则可以建立来水频率-干旱频率-抗旱能力水平指数（灌溉水平）-旱灾损失率之间的一一对应关系。并由此构建出实际抗旱能力下的干旱频率-旱灾损失率曲线。其中：特定灌溉条件下的旱灾损失率，根据无灌溉、50%灌溉、75%灌溉和100%灌溉下的旱灾损失率线性插值计算得出。

7.3 长株潭地区旱灾风险综合评估示例

7.3.1 长株潭地区概况

(1) 地理位置与行政分区。长株潭地区（长株潭城市群）是国家“十二五”规划和全国主体功能区规划确定的重点发展区域，是以长沙、株洲、湘潭三市为核心，辐射周边岳阳、常德、益阳、衡阳、娄底五市的区域。作为城市群核心的长株潭三市，沿湘江呈“品”字形分布，总面积2.8万km^2，占湖南省13.3%，包括3个地级市、4个县级市，8个县，11个市辖区，177个建制镇。2010年人口1325万，占湖南省19.2%。其中长沙市所辖县区包括：长沙市区、长沙县、浏阳市、望城县、宁乡县；株洲市所辖县区包括：株洲市区、醴陵市、株洲县（今为“渌口区”）、炎陵县、茶陵县、攸县；湘潭市所辖县区包括：湘潭市区、湘潭县、湘乡市、韶山市（图7.2）。

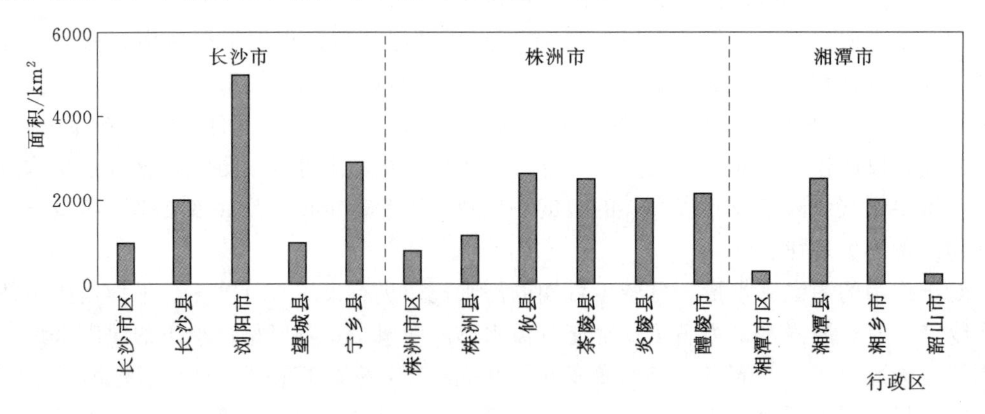

图7.2 长株潭地区涉及市县

(2) 干旱特征和历史旱情。

1) 干旱现象及干旱期。长株潭地区历年旱灾受灾统计资料表明，干旱主要导致农业减产和减收，因此长株潭地区干旱现象基本是农业干旱，而各县市主要农作物（粮食作物和经济作物）的生长期一般出现在5—10月，特别是水稻7—10月生长期内的降水与需水之间的不协调，是长株潭地区干旱的主要矛盾。因此主要干旱期一般发生在7—10月。

2) 干旱形成的气候背景。长株潭地区干旱产生主要原因是气候条件。西太平洋副热带高压是影响长株潭地区雨季及盛夏天气的主要因素。一般年份都是从6月底开始处在副热带高压天气系统控制下，导致天气晴热干燥，降水量显著偏少。长时间的高温酷热和降水稀少，使得农作物需水要求得不到满足，便发生季节性干旱。

尤其是20世纪90年代以来，受全球气候变化影响，干旱的频率和强度增加，在1990年、1991年、1992年、2001年、2003年、2004年、2007年、2008年和2011年，长株潭地区均发生了不同程度干旱。

3) 干旱的区域特征。旱灾常出现春旱、伏夏旱，间有秋冬旱发生。俗话说：“水灾一条线，旱灾连一片”，干旱往往成片出现但又有块块旱、插花旱的特点，具有一定的区域性。

以长沙地区为例，由于地处湘中丘陵盆地向洞庭湖平原过渡地带，东西高、中间低，地势东陡西缓向中部倾斜。全市山区、丘陵、岗地、平原、水域的地貌组合比例为3.1：1.9：2.8：1.7：0.5。在《湖南省干旱分区图》中，长沙市区、长沙县、望城县、宁乡县和浏阳市的一部分均被列入重旱区。全市干旱具有持续时间长短不同、季节变化不一致的特征；另外，全市干旱发生还具有区域之分、阶段频次高低之分。长沙县旱灾比较多，大约不到两年半就有一次旱灾发生，干旱主要易发生在捞刀河中下游地区，1949年以来出现干旱年份有25年。望城县的旱灾以丘陵、岗地发生次数为最多，以秋旱为主，占40%左右，伏秋连旱占旱灾次数的1/3左右。1949年以来出现干旱年份有25年。长沙市郊的旱灾约为五年两旱，以秋旱为主，占40%左右，伏秋连旱占旱灾次数的1/3左右。1949年以来出现干旱年份有26年。浏阳市干旱时有发生，境内西部最多，达四年三旱；南部次之，为五年三旱，山区因海拔较高，干旱出现相对较少。1949年以来出现干旱年份有23年。宁乡县干旱主要发生在乌江中游（偕乐桥、檀木桥、资福等乡镇）。因上游水土流失严重，可用水量不足，又因受地形条件限制，无法修建水利骨干工程，容易受灾。宁乡的靳江河上游地区降雨少、气温高，基础水源较为薄弱，且属韶山灌区尾灌区，故也易发生旱情。1949年以来出现干旱年份有25年。

另外，全市尚有分布各县市的多处干旱死角，因为地处分水岭地带，本身产水不多，无客水流入，无骨干蓄水配套工程，无雨则旱，干旱年份更多。如长沙县干杉乡、黄花镇、浏阳市镇头镇、沙市镇、北盛镇等。

4）历史旱情。长株潭地区每年均有不同程度的洪灾和旱灾发生。其中1956年、1972年、1978年、1981年、1984年、1985年、1992年、2003年、2004年、2007年、2008年、2010年和2011年均发生严重干旱或特大旱，给工农业生产带来了较大损失，部分地区出现饮水困难。特别是2008年10月25日湘江长沙站水位为25.17m，接近历史最低，启动了应急补水预案。

根据《株洲水利水电志》关于历史旱灾的记录，1949年以前，史料中有株洲干旱灾害记述的共129年，其中较严重的年份有1171年、1215年、1459年、1544年、1643年、1703年、1828年、1895年、1921年、1925年、1928年、1934年、1938年、1940年等14个。1949年以后的41年资料统计，夏秋干旱频率除炎陵县为30%，市区为78%以外，其他各县市都在80%以上，其中以茶陵县最高为88%，即10年中有8年以上发生干旱。在干旱中，大旱以上年份占50%～60%，特大旱年占10%～20%。秋旱多于夏旱、重于夏旱。市区和茶陵县的秋旱都占旱年的70%～80%，而且大旱年和特旱年多出现于秋旱年和夏秋连旱年中。

近年来，随着我国经济建设的快速发展，湘江流域生态环境恶化问题日益突出，主要表现为流域陆生生态环境受到严重干扰与破坏，森林资源锐减，水土流失加剧、局部地质灾害频现；水生生态环境脆弱而退化、生物多样性不断减少、水生生物资源遭到严重破坏；湘江水体水质受到重金属、有机物和微生物等的复合污染，水体中汞、镉、氨氮、石油类、总氮以及粪大肠菌群在沿线均有超标，而在衡阳松柏河、株洲霞湾港等江段重金属更是超标严重，湘江流域的总体水环境质量在逐年下降。

同时，受全球气候变暖、三峡工程建设等综合因素影响，湘江水位近年枯水频率增多，湘江长沙站水位枯水位连创历史新低，沿江城市的供水、航运交通、工农业生产等均受到了较大的不利影响。

7.3.2 长株潭干旱频率分析

以茶陵农业气象站为长株潭地区的代表性站点，根据该站农作物生长发育数据，其农作物以水稻为主，其中双季早稻的生长期为4月上旬至7月中下旬，双季晚稻的生长期为6月中旬至10月中上旬。由于长株潭地区农业干旱以夏秋干旱为主，因此，为研究季节性干旱对作物产量的影响，选取干旱历时为夏季5—7月和秋季8—10月的干旱事件，统计各县市季节性干旱发生次数，见表7.7。

表7.7 长株潭地区各县市1961—2010年干旱特征分季节统计

县市	干旱次数	影响作物产量的干旱次数	夏季干旱次数（5—7月）	秋季干旱次数（8—10月）
茶陵县	87	55	20	16
醴陵市	91	55	16	17
浏阳市	89	53	11	16
宁乡县	86	50	9	20
韶山市	81	48	10	18
望城县	85	48	8	19
湘潭市	94	58	12	21
湘潭县	84	49	12	18
湘乡市	80	46	10	17
炎陵县	89	56	17	18
攸县	84	48	15	16
长沙市	95	61	11	21
长沙县	91	53	11	16
株洲市	99	66	17	16
株洲县	88	51	15	16

根据抗旱规划资料，长株潭地区各县市干旱多发生在6—10月；而根据表7.7干旱过程发生次数的统计，5—10月的干旱事件较多，两者在干旱历时上较为一致。因此，干旱识别和频率计算结果具有合理性。

长株潭地区干旱以夏季干旱和秋季干旱为主，且秋季干旱发生最为频繁，对水稻作物生产影响最为严重。因此，将各干旱事件分季节统计，研究季节性干旱对于水稻产量的影响，对于指导农业抗旱具有重要意义，分类结果较为合理。

7.3.3 长株潭地区旱灾损失评估

根据长株潭地区各县市1961—2010年干旱识别结果，利用EPIC模型计算早稻夏季干旱在不同灌溉（抗旱）水平下的产量，并计算旱灾损失率。计算结果见表7.8～表7.22。

表7.8　　茶陵县早稻夏季干旱不同抗旱水平下的旱灾损失率

序号	干旱起始年	干旱起始月	干旱终止年	干旱终止月	干旱历时/月	重现期/年	干旱频率	旱灾损失率/%			
								无灌溉	50%灌溉	75%灌溉	100%灌溉
1	1962	7	1962	7	1	1.00	0.58	10.73	7.05	5.29	4.09
2	1966	3	1966	3	1	0.81	0.71	12.14	8.46	6.16	5.78
3	1966	5	1966	5	1	0.88	0.65	11.55	8.71	6.27	6.16
4	1971	6	1971	7	2	1.74	0.33	9.02	6.03	4.77	3.84
5	1972	6	1972	7	2	1.56	0.37	8.42	5.86	3.84	2.85
6	1979	7	1979	7	1	0.87	0.66	12.77	9.61	8.22	6.30
7	1980	6	1980	6	1	0.93	0.62	8.41	4.60	2.40	0.74
8	1982	7	1982	7	1	0.80	0.72	11.54	9.00	7.13	7.16
9	1985	5	1985	6	2	1.54	0.37	11.11	7.20	4.95	3.30
10	1986	5	1986	5	1	0.87	0.66	11.38	8.56	6.23	4.79
11	1988	6	1988	7	2	1.61	0.36	9.72	7.54	5.56	4.45
12	1991	4	1991	8	5	8.46	0.07	16.80	12.99	11.55	9.33
13	1993	4	1993	4	1	0.82	0.70	11.56	8.16	6.45	5.03
14	1996	6	1996	6	1	0.80	0.72	14.24	11.28	8.90	7.42
15	1998	7	1999	3	9	83.71	0.01	24.08	18.07	15.52	14.33
16	2000	7	2000	7	1	0.85	0.68	13.59	10.66	9.56	8.49
17	2003	6	2003	7	2	2.25	0.26	14.85	11.79	9.38	7.84
18	2004	6	2004	6	1	0.80	0.72	15.08	11.57	9.92	8.55
19	2005	3	2005	4	2	1.59	0.36	10.63	7.35	5.96	3.83
20	2005	7	2005	7	1	1.10	0.52	13.08	9.29	6.95	5.34
21	2007	5	2007	5	1	1.02	0.56	12.59	8.84	6.45	4.90
22	2007	7	2007	7	1	0.96	0.60	12.89	9.14	6.79	5.14
23	2010	7	2010	8	2	1.60	0.36	12.02	8.38	6.12	4.55

表7.9　　醴陵市早稻夏季干旱不同抗旱水平下的产量损失率

序号	干旱起始年	干旱起始月	干旱终止年	干旱终止月	干旱历时/月	重现期/年	干旱频率	旱灾损失率/%			
								无灌溉	50%灌溉	75%灌溉	100%灌溉
1	1962	7	1962	7	1	0.94	0.58	9.20	7.11	6.28	5.77
2	1966	5	1966	5	1	0.80	0.69	7.31	4.25	3.99	4.31
3	1971	6	1971	7	2	2.07	0.27	9.69	7.68	6.86	5.70
4	1975	6	1975	7	2	1.60	0.34	10.48	7.13	5.56	3.91

续表

序号	干旱起始年	干旱起始月	干旱终止年	干旱终止月	干旱历时/月	重现期/年	干旱频率	旱灾损失率/%			
								无灌溉	50%灌溉	75%灌溉	100%灌溉
5	1980	6	1980	7	2	1.59	0.35	11.75	9.29	7.07	6.74
6	1982	7	1982	7	1	0.96	0.57	11.12	8.30	7.29	7.57
7	1985	5	1985	6	2	1.64	0.34	11.12	7.78	6.38	6.26
8	1986	5	1986	5	1	0.82	0.67	7.01	4.26	2.81	0.31
9	1988	7	1988	7	1	0.76	0.72	9.01	6.56	5.26	4.41
10	1990	7	1990	8	2	1.63	0.34	9.90	8.29	6.93	7.09
11	1991	6	1991	8	3	3.95	0.14	14.09	11.47	9.96	8.64
12	1995	7	1995	7	1	0.76	0.72	9.75	7.50	6.33	6.65
13	2000	7	2000	7	1	0.95	0.58	9.09	6.98	5.89	4.95
14	2003	7	2003	7	1	1.52	0.36	10.23	7.20	5.67	4.23
15	2004	6	2004	6	1	0.76	0.72	11.80	8.98	6.71	6.32
16	2005	7	2005	10	4	11.04	0.05	15.63	13.84	12.76	11.71
17	2007	5	2007	5	1	1.09	0.50	7.59	4.56	3.13	0.63
18	2007	7	2007	7	1	0.86	0.64	13.17	9.88	7.43	5.44
19	2009	5	2009	6	2	1.54	0.36	11.63	8.74	6.53	4.70

表7.10　　　　浏阳市早稻夏季干旱不同抗旱水平下的产量损失率

序号	干旱起始年	干旱起始月	干旱终止年	干旱终止月	干旱历时/月	重现期/年	干旱频率	旱灾损失率/%			
								无灌溉	50%灌溉	75%灌溉	100%灌溉
1	1962	7	1962	7	1	0.93	0.60	7.01	5.71	4.76	3.89
2	1964	5	1964	5	1	0.77	0.73	6.96	4.43	3.12	3.01
3	1966	5	1966	5	1	0.78	0.72	6.46	4.18	3.61	3.71
4	1971	6	1971	7	2	2.06	0.27	12.69	6.91	4.74	3.19
5	1975	7	1975	7	1	0.88	0.64	7.48	5.14	3.86	3.47
6	1980	7	1980	7	1	0.84	0.67	10.54	8.38	7.16	6.59
7	1982	7	1982	7	1	1.01	0.55	10.10	9.05	7.34	6.95
8	1986	5	1986	5	1	0.89	0.63	6.32	3.97	2.66	1.25
9	1991	6	1991	8	3	3.46	0.16	12.87	11.43	10.37	9.09
10	2000	7	2000	7	1	0.98	0.57	9.15	7.18	6.03	5.33
11	2001	7	2001	7	1	0.83	0.68	12.75	10.62	9.47	9.02
12	2003	7	2003	7	1	1.37	0.41	13.39	11.77	10.69	10.05
13	2005	7	2005	8	2	1.66	0.34	10.69	8.95	7.51	6.05
14	2007	4	2007	7	4	9.80	0.06	20.82	17.31	14.44	13.62

表 7.11 宁乡县早稻夏季干旱不同抗旱水平下的产量损失率

序号	干旱起始年	干旱起始月	干旱终止年	干旱终止月	干旱历时/月	重现期/年	干旱频率	旱灾损失率/%			
								无灌溉	50%灌溉	75%灌溉	100%灌溉
1	1962	7	1962	7	1	0.91	0.64	7.93	6.98	5.88	5.12
2	1971	7	1971	7	1	1.54	0.38	11.42	9.17	7.99	6.81
3	1972	6	1972	8	3	4.12	0.14	13.17	6.72	4.32	2.87
4	1975	6	1975	7	2	1.79	0.32	9.73	7.30	5.49	4.55
5	1980	6	1980	7	2	1.70	0.34	10.98	9.66	8.66	7.72
6	1981	7	1981	8	2	1.89	0.31	8.01	7.02	6.06	5.13
7	1982	7	1982	7	1	1.17	0.50	9.89	9.26	8.27	7.34
8	1986	5	1986	5	1	0.90	0.65	5.76	2.82	1.51	0.57
9	1988	7	1988	7	1	0.87	0.67	7.60	5.72	4.73	3.79
10	1990	7	1990	8	2	1.72	0.34	9.69	9.54	8.55	7.46
11	2000	7	2000	7	1	0.91	0.64	8.50	6.82	5.91	4.97
12	2003	7	2003	11	5	25.92	0.02	16.18	13.73	12.34	11.36
13	2005	7	2005	10	4	9.30	0.06	13.69	12.26	11.15	10.21
14	2007	5	2007	7	3	4.08	0.14	11.17	7.98	6.71	5.77

表 7.12 韶山市早稻夏季干旱不同抗旱水平下的产量损失率

序号	干旱起始年	干旱起始月	干旱终止年	干旱终止月	干旱历时/月	重现期/年	干旱频率	旱灾损失率/%			
								无灌溉	50%灌溉	75%灌溉	100%灌溉
1	1962	7	1962	7	1	0.93	0.67	6.29	4.80	3.81	3.06
2	1964	7	1964	9	3	4.75	0.13	10.82	9.62	8.78	8.18
3	1971	7	1971	7	1	1.54	0.40	9.47	6.55	5.35	4.49
4	1975	7	1975	7	1	1.00	0.62	5.08	3.88	3.04	2.44
5	1980	6	1980	7	2	1.76	0.35	9.11	6.57	5.70	5.10
6	1982	7	1982	7	1	1.09	0.57	7.65	6.22	5.34	4.71
7	1985	5	1985	6	2	1.79	0.34	5.87	4.67	3.83	3.23
8	1986	5	1986	5	1	0.88	0.70	5.76	4.55	3.71	3.11
9	1988	7	1988	7	1	0.90	0.69	4.44	2.74	1.90	1.31
10	1990	7	1990	8	2	1.72	0.36	8.80	7.32	6.35	5.61
11	2000	7	2000	7	1	0.91	0.68	4.62	3.41	2.57	1.97
12	2003	7	2003	11	5	28.01	0.02	15.37	11.49	10.33	9.23
13	2007	5	2007	7	3	4.12	0.15	13.31	12.12	11.27	10.67

表7.13 望城县早稻夏季干旱不同抗旱水平下的产量损失率

序号	干旱起始年	干旱起始月	干旱终止年	干旱终止月	干旱历时/月	重现期/年	干旱频率	旱灾损失率/%			
								无灌溉	50%灌溉	75%灌溉	100%灌溉
1	1962	7	1962	7	1	0.98	0.60	6.78	5.82	5.13	4.36
2	1963	6	1963	8	3	5.13	0.11	14.05	9.06	7.63	6.75
3	1966	5	1966	5	1	0.65	0.90	3.46	2.03	0.70	0.56
4	1975	6	1975	7	2	2.35	0.25	9.94	6.22	4.48	3.68
5	1980	7	1980	7	1	0.71	0.83	7.22	4.89	3.63	3.28
6	1982	7	1982	7	1	1.11	0.53	8.31	6.35	5.45	5.55
7	1986	5	1986	5	1	0.77	0.76	5.81	4.15	2.69	1.52
8	2000	7	2000	7	1	0.81	0.72	5.47	4.20	3.34	2.43
9	2001	7	2001	7	1	0.62	0.94	10.83	8.75	8.44	7.45
10	2005	7	2005	8	2	2.24	0.26	13.88	12.80	11.59	11.02
11	2007	4	2007	7	4	6.41	0.09	16.89	13.43	11.56	9.06

表7.14 湘潭市区早稻夏季干旱不同抗旱水平下的产量损失率

序号	干旱起始年	干旱起始月	干旱终止年	干旱终止月	干旱历时/月	重现期/年	干旱频率	旱灾损失率/%			
								无灌溉	50%灌溉	75%灌溉	100%灌溉
1	1962	7	1962	7	1	0.94	0.56	10.15	9.55	8.75	8.39
2	1963	6	1963	8	3	6.28	0.08	18.33	10.94	8.12	5.51
3	1966	5	1966	5	1	0.77	0.69	6.21	4.58	3.26	3.27
4	1975	6	1975	7	2	1.70	0.31	13.11	9.44	8.14	6.41
5	1980	6	1980	7	2	1.54	0.35	10.63	8.89	7.37	6.15
6	1982	7	1982	7	1	0.98	0.54	11.11	9.41	8.28	7.43
7	1986	5	1986	5	1	0.78	0.68	5.66	3.50	2.18	0.87
8	1988	7	1988	7	1	0.74	0.72	8.30	6.72	5.68	4.73
9	1990	7	1990	8	2	1.56	0.34	10.30	10.16	9.09	8.44
10	1995	7	1995	7	1	0.76	0.70	9.66	8.86	7.81	6.81
11	2000	7	2000	7	1	0.92	0.58	8.14	6.87	5.98	5.08
12	2003	7	2003	7	1	1.42	0.37	14.75	13.71	13.06	12.30
13	2004	6	2004	6	1	0.73	0.72	11.48	9.12	7.68	6.45
14	2005	7	2005	10	4	7.51	0.07	20.09	17.14	14.97	13.11
15	2007	5	2007	7	3	3.57	0.15	22.37	19.38	17.66	15.73

表 7.15 湘潭县早稻夏季干旱不同抗旱水平下的产量损失率

序号	干旱起始年	干旱起始月	干旱终止年	干旱终止月	干旱历时/月	重现期/年	干旱频率	旱灾损失率/%			
								无灌溉	50%灌溉	75%灌溉	100%灌溉
1	1962	7	1962	7	1	0.90	0.66	9.39	7.87	6.46	5.34
2	1964	7	1964	9	3	4.36	0.14	11.24	7.28	5.54	4.08
3	1966	5	1966	5	1	0.84	0.71	10.98	9.72	8.42	7.40
4	1971	7	1971	7	1	1.57	0.38	10.90	7.06	5.51	4.20
5	1975	7	1975	7	1	1.00	0.59	8.24	7.00	5.73	4.74
6	1977	7	1977	9	3	3.91	0.15	11.45	10.20	8.95	7.98
7	1980	6	1980	7	2	1.90	0.31	12.34	7.98	6.09	5.09
8	1981	7	1981	8	2	1.74	0.34	10.34	9.11	7.82	6.86
9	1982	7	1982	7	1	0.98	0.61	11.24	10.04	8.78	7.80
10	1985	5	1985	6	2	1.75	0.34	12.57	11.27	9.97	8.94
11	1986	5	1986	5	1	0.81	0.73	7.61	6.40	5.14	4.17
12	1988	7	1988	7	1	0.88	0.68	5.71	4.22	2.98	2.02
13	2000	7	2000	7	1	0.82	0.73	5.55	4.38	3.16	2.21
14	2003	7	2003	12	6	92.37	0.01	19.24	13.72	10.49	8.87
15	2005	7	2005	8	2	1.65	0.36	8.92	7.81	6.62	5.70
16	2007	5	2007	5	1	1.03	0.58	7.70	3.57	2.02	1.07
17	2007	7	2007	7	1	1.04	0.57	9.97	7.58	6.24	5.21

表 7.16 湘乡市早稻夏季干旱不同抗旱水平下的产量损失率

序号	干旱起始年	干旱起始月	干旱终止年	干旱终止月	干旱历时/月	重现期/年	干旱频率	旱灾损失率/%			
								无灌溉	50%灌溉	75%灌溉	100%灌溉
1	1962	7	1962	7	1	0.88	0.71	4.59	3.22	2.16	1.13
2	1964	7	1965	1	7	87.39	0.01	18.43	11.60	9.08	7.04
3	1971	7	1971	7	1	1.51	0.41	9.15	5.75	4.38	3.36
4	1972	6	1972	8	3	3.22	0.19	6.50	0.71	−0.14	−0.88
5	1975	7	1975	7	1	0.97	0.65	3.50	2.65	1.80	1.07
6	1980	6	1980	7	2	1.74	0.36	9.71	6.25	5.40	4.67
7	1982	7	1982	7	1	1.12	0.56	6.35	5.18	4.23	3.42
8	1984	6	1984	7	2	1.59	0.39	8.31	7.46	6.60	5.87
9	1986	5	1986	5	1	0.89	0.70	3.31	2.45	1.59	0.86
10	1988	7	1988	7	1	1.04	0.60	3.52	1.30	0.27	−0.48
11	2000	7	2000	7	1	0.94	0.67	2.60	1.73	0.88	0.15
12	2003	7	2003	11	5	25.40	0.02	13.79	9.46	8.14	7.07
13	2005	7	2005	10	4	6.92	0.09	7.51	6.61	5.76	5.03
14	2007	5	2007	7	3	3.51	0.18	10.18	9.30	8.45	7.71

表7.17 炎陵县早稻夏季干旱不同抗旱水平下的产量损失率

序号	干旱起始年	干旱起始月	干旱终止年	干旱终止月	干旱历时/月	重现期/年	干旱频率	旱灾损失率/%			
								无灌溉	50%灌溉	75%灌溉	100%灌溉
1	1962	7	1962	7	1	1.03	0.54	6.78	5.88	4.64	3.42
2	1966	5	1966	5	1	0.87	0.65	8.03	6.38	5.15	4.03
3	1969	6	1969	7	2	1.58	0.35	9.24	8.02	7.00	5.79
4	1971	6	1971	7	2	1.82	0.31	7.49	5.70	4.54	3.40
5	1972	6	1972	7	2	1.65	0.34	8.67	7.64	6.62	5.48
6	1979	7	1979	7	1	0.99	0.57	8.76	7.95	6.85	5.67
7	1980	6	1980	6	1	0.92	0.61	8.04	6.45	5.25	4.75
8	1985	6	1985	6	1	0.82	0.68	5.04	3.57	3.08	1.87
9	1986	5	1986	5	1	0.88	0.64	7.03	6.24	5.08	3.86
10	1988	6	1988	7	2	1.74	0.32	8.94	8.26	7.10	6.12
11	1991	4	1991	8	5	9.08	0.06	12.25	8.84	8.63	7.78
12	1996	6	1996	6	1	0.80	0.70	9.37	8.57	7.34	6.10
13	1998	7	1999	3	9	98.13	0.01	18.72	14.24	10.13	8.38
14	2000	7	2000	7	1	0.84	0.67	9.32	8.12	7.92	6.91
15	2003	6	2003	7	2	2.63	0.21	10.93	9.94	8.72	7.46
16	2004	6	2004	6	1	0.81	0.70	7.99	7.05	5.78	4.65
17	2005	7	2005	7	1	1.17	0.48	9.13	7.50	7.01	5.76
18	2007	5	2007	5	1	0.99	0.57	7.97	7.05	5.75	4.63
19	2007	7	2007	7	1	0.95	0.59	7.39	6.74	5.52	4.24

表7.18 攸县早稻夏季干旱不同抗旱水平下的产量损失率

序号	干旱起始年	干旱起始月	干旱终止年	干旱终止月	干旱历时/月	重现期/年	干旱频率	旱灾损失率/%			
								无灌溉	50%灌溉	75%灌溉	100%灌溉
1	1962	7	1962	7	1	1.02	0.58	9.44	7.88	6.94	6.22
2	1964	7	1964	9	3	4.67	0.13	16.73	11.61	10.28	9.18
3	1966	5	1966	5	1	0.92	0.64	9.56	9.17	8.25	7.46
4	1971	7	1971	7	1	1.55	0.38	10.49	8.30	6.64	5.45
5	1972	6	1972	7	2	2.06	0.29	10.71	10.79	10.23	9.60
6	1975	7	1975	7	1	0.87	0.68	10.12	9.25	8.39	7.33
7	1978	7	1978	9	3	4.39	0.14	16.50	10.36	7.88	6.64
8	1980	6	1980	7	2	2.15	0.28	11.11	9.24	7.99	6.94
9	1982	7	1982	7	1	0.95	0.63	10.68	10.22	9.49	8.70
10	1985	5	1985	6	2	2.15	0.28	8.12	6.18	4.93	3.71
11	1986	5	1986	5	1	0.91	0.65	9.04	7.18	5.17	3.97
12	1988	6	1988	7	2	2.07	0.29	8.59	7.02	5.47	4.09

续表

序号	干旱起始年	干旱起始月	干旱终止年	干旱终止月	干旱历时/月	重现期/年	干旱频率	旱灾损失率/%			
								无灌溉	50%灌溉	75%灌溉	100%灌溉
13	1991	5	1991	6	2	2.06	0.29	10.49	8.60	7.81	6.81
14	2000	7	2000	7	1	0.95	0.62	10.38	8.75	7.88	6.91
15	2003	7	2003	7	1	1.84	0.32	12.35	9.08	7.93	6.89
16	2005	7	2005	10	4	7.64	0.08	19.24	16.36	14.41	13.43
17	2007	5	2007	5	1	1.17	0.51	9.52	6.95	5.67	3.65
18	2007	7	2007	7	1	1.08	0.55	10.77	7.55	5.55	4.26

表 7.19　　长沙市区早稻夏季干旱不同抗旱水平下的产量损失率

序号	干旱起始年	干旱起始月	干旱终止年	干旱终止月	干旱历时/月	重现期/年	干旱频率	旱灾损失率/%			
								无灌溉	50%灌溉	75%灌溉	100%灌溉
1	1961	7	1961	7	1	0.73	0.72	12.10	10.85	9.73	8.69
2	1962	7	1962	7	1	0.96	0.55	9.43	8.53	7.33	6.92
3	1966	5	1966	5	1	0.76	0.69	4.93	3.37	2.60	1.20
4	1970	6	1970	6	1	0.74	0.71	4.56	2.97	2.23	0.83
5	1972	6	1972	8	3	3.62	0.15	18.79	12.86	9.05	5.39
6	1975	6	1975	7	2	1.61	0.33	12.54	9.02	6.81	5.86
7	1977	7	1977	7	1	1.00	0.53	8.48	7.45	6.39	5.95
8	1980	7	1980	7	1	0.79	0.66	13.28	11.61	10.27	9.83
9	1982	7	1982	8	2	1.49	0.35	10.13	9.07	8.09	8.09
10	1986	5	1986	5	1	0.78	0.68	4.13	2.61	1.22	0.66
11	1999	6	1999	6	1	0.73	0.72	8.49	6.89	5.28	4.78
12	2000	7	2000	7	1	0.78	0.68	6.56	5.02	4.65	3.45
13	2001	7	2001	7	1	0.73	0.72	14.07	12.78	11.23	11.10
14	2005	7	2005	9	3	2.93	0.18	16.86	15.85	15.27	14.12
15	2007	4	2007	7	4	6.59	0.08	20.43	17.38	15.27	12.72

表 7.20　　长沙县早稻夏季干旱不同抗旱水平下的产量损失率

序号	干旱起始年	干旱起始月	干旱终止年	干旱终止月	干旱历时/月	重现期/年	干旱频率	旱灾损失率/%			
								无灌溉	50%灌溉	75%灌溉	100%灌溉
1	1961	7	1961	7	1	0.77	0.71	11.32	10.21	8.73	7.98
2	1962	7	1962	7	1	0.98	0.56	8.57	6.88	5.89	5.35
3	1963	6	1963	8	3	4.22	0.13	13.42	8.52	6.58	4.27
4	1966	5	1966	5	1	0.79	0.70	5.90	4.36	3.05	1.77
5	1970	6	1970	6	1	0.77	0.71	5.86	3.57	3.04	3.18
6	1975	6	1975	7	2	1.62	0.34	11.87	8.92	7.35	5.80

续表

序号	干旱起始年	干旱起始月	干旱终止年	干旱终止月	干旱历时/月	重现期/年	干旱频率	旱灾损失率/%			
								无灌溉	50%灌溉	75%灌溉	100%灌溉
7	1977	7	1977	7	1	0.89	0.61	8.59	7.17	6.15	5.19
8	1980	7	1980	7	1	0.86	0.64	10.14	7.94	6.79	5.60
9	1982	7	1982	7	1	1.02	0.54	10.03	8.83	7.90	6.73
10	1986	5	1986	5	1	0.83	0.66	5.37	3.02	1.77	0.49
11	1990	7	1990	8	2	1.53	0.36	9.08	7.80	7.46	6.84
12	2000	7	2000	7	1	0.85	0.65	7.55	6.46	5.16	4.33
13	2001	7	2001	7	1	0.80	0.69	7.44	4.99	3.51	2.13
14	2005	7	2005	9	3	3.02	0.18	16.62	15.02	14.93	14.00
15	2007	4	2007	7	4	6.63	0.08	18.25	15.84	12.78	10.44

表 7.21　株洲市区早稻夏季干旱不同抗旱水平下的产量损失率

序号	干旱起始年	干旱起始月	干旱终止年	干旱终止月	干旱历时/月	重现期/年	干旱频率	旱灾损失率/%			
								无灌溉	50%灌溉	75%灌溉	100%灌溉
1	1962	7	1962	7	1	0.91	0.55	9.97	8.07	7.47	7.11
2	1966	5	1966	5	1	0.74	0.68	5.94	3.65	3.20	1.98
3	1970	6	1970	6	1	0.71	0.71	5.77	3.39	2.93	1.69
4	1972	6	1972	8	3	3.71	0.14	17.35	9.32	5.29	2.53
5	1975	6	1975	7	2	1.59	0.32	11.75	8.09	6.51	6.21
6	1977	7	1977	7	1	0.97	0.52	8.98	7.35	7.31	6.32
7	1980	7	1980	7	1	0.75	0.67	13.64	12.16	10.96	10.70
8	1986	5	1986	5	1	0.75	0.67	5.22	2.84	1.82	1.22
9	1987	6	1987	6	1	0.71	0.71	4.35	3.01	1.91	0.78
10	1988	7	1988	7	1	0.72	0.70	7.84	6.66	5.98	5.77
11	1991	6	1991	8	3	3.05	0.17	14.60	12.46	12.06	11.06
12	1995	7	1995	7	1	0.78	0.65	9.71	7.82	7.78	6.85
13	1999	6	1999	6	1	0.72	0.70	9.54	7.82	6.61	5.38
14	2000	7	2000	7	1	0.99	0.51	8.61	6.27	6.05	4.91
15	2003	7	2003	7	1	1.20	0.42	13.69	12.13	12.08	11.25
16	2004	6	2004	6	1	0.72	0.70	10.59	9.15	7.99	6.80
17	2005	7	2005	10	4	6.83	0.07	20.63	17.41	15.22	12.93
18	2007	5	2007	5	1	0.93	0.54	6.02	4.27	2.96	1.86
19	2007	7	2007	7	1	0.70	0.72	7.59	5.02	3.76	3.30
20	2009	5	2009	6	2	1.40	0.36	10.64	8.35	7.93	6.73

表 7.22 株洲县早稻夏季干旱不同抗旱水平下的产量损失率

序号	干旱起始年	干旱起始月	干旱终止年	干旱终止月	干旱历时/月	重现期/年	干旱频率	旱灾损失率/%			
								无灌溉	50%灌溉	75%灌溉	100%灌溉
1	1962	7	1962	7	1	0.92	0.62	9.51	7.64	6.79	5.91
2	1966	5	1966	5	1	0.81	0.70	8.15	7.71	7.01	6.76
3	1971	7	1971	7	1	1.47	0.39	9.96	6.66	5.29	4.65
4	1975	6	1975	7	2	1.62	0.35	9.95	6.18	5.39	4.60
5	1980	6	1980	7	2	1.66	0.34	11.07	8.81	7.87	7.05
6	1982	7	1982	7	1	0.94	0.61	9.61	9.20	8.43	7.87
7	1985	5	1985	6	2	1.65	0.34	6.86	4.88	3.86	3.06
8	1986	5	1986	5	1	0.79	0.72	6.10	4.11	2.84	1.82
9	1988	7	1988	7	1	0.80	0.71	6.44	5.61	4.67	4.08
10	1990	7	1990	8	2	1.60	0.35	10.13	9.02	8.11	7.40
11	1991	6	1991	8	3	3.90	0.15	13.02	8.93	7.99	6.06
12	1995	7	1995	7	1	0.78	0.73	7.53	7.08	6.15	5.54
13	2000	7	2000	7	1	0.87	0.65	7.91	6.42	5.50	4.87
14	2003	7	2003	7	1	1.60	0.36	8.75	7.41	6.64	5.86
15	2004	6	2004	6	1	0.76	0.74	10.33	9.36	8.43	7.52
16	2005	7	2005	10	4	10.94	0.05	15.97	14.22	12.13	11.19
17	2007	5	2007	5	1	1.03	0.55	6.68	4.70	2.67	1.51
18	2007	7	2007	7	1	0.86	0.66	10.06	7.95	6.56	5.54

7.3.4 长株潭地区抗旱能力评估

7.3.4.1 定性评估结果

（1）农业抗旱能力定性评估。长株潭地区各区县农业抗旱能力的最终评价等级见表7.23、表7.24。

依据上述评估结果，并参照抗旱能力强弱等级划分，可知：

1）长沙市区农业抗旱等级为4级，抗旱能力较强，长沙县、宁乡县、望城县、浏阳市的农业抗旱等级为3级，农业抗旱能力一般。

2）株洲市区农业抗旱能力等级为3级，抗旱能力一般；炎陵县、株洲县、醴陵市和攸县的农业抗旱等级为3级，农业抗旱能力一般；茶陵县的农业抗旱等级为2级，农业抗旱能力较弱。

3）湘潭市区、湘潭县、湘乡市、韶山市的农业抗旱等级均为3级，农业抗旱能力一般。

表7.23 长株潭地区农业抗旱能力隶属度表

目标层	隶属度				
	1级	2级	3级	4级	5级
长沙市区	0.00	0.14	0.12	0.27	0.47
长沙县	0.13	0.03	0.67	0.17	0.00
望城县	0.09	0.12	0.62	0.16	0.01
宁乡县	0.13	0.31	0.54	0.03	0.00
浏阳市	0.09	0.09	0.44	0.38	0.00
株洲市区	0.09	0.13	0.73	0.05	0.00
醴陵市	0.13	0.22	0.64	0.01	0.00
株洲县	0.13	0.25	0.48	0.14	0.00
攸县	0.04	0.26	0.63	0.07	0.00
茶陵县	0.11	0.49	0.40	0.00	0.00
炎陵县	0.18	0.20	0.51	0.10	0.00
湘潭市区	0.04	0.12	0.51	0.29	0.04
湘潭县	0.11	0.25	0.38	0.26	0.00
湘乡市	0.13	0.21	0.49	0.17	0.00
韶山市	0.13	0.28	0.49	0.10	0.00

表7.24 长株潭地区各县市农业抗旱能力等级

地市	区县	农业抗旱等级	地市	区县	农业抗旱等级
长沙	长沙市区	4	株洲	攸县	3
	长沙县	3		茶陵县	2
	望城县	3		炎陵县	3
	宁乡县	3	湘潭	湘潭市区	3
	浏阳市	3		湘潭县	3
株洲	株洲市区	3		湘乡市	3
	醴陵市	3		韶山市	3
	株洲县	3			

(2) 城市抗旱能力定性评估。长株潭地区城市抗旱能力整体较强，其中：长沙市芙蓉区、开福区、雨花区的城市抗旱等级为4级，城市抗旱能力较强；天心区、岳麓区的抗旱等级为3级，城市抗旱能力一般；株洲市荷塘区、石峰区的城市抗旱能力为4级，城市抗旱能力较强；天元区、芦淞区城市抗旱等级为3级，城市抗旱能力一般；湘潭市雨湖区的城市抗旱等级为4级，城市抗旱能力较强；岳塘区城市抗旱等级为3级，抗旱能力一般（表7.25、表7.26）。

表 7.25 长株潭地区城市抗旱能力隶属度表

目标层	隶属度				
	1级	2级	3级	4级	5级
芙蓉区	0.00	0.03	0.33	0.63	0.02
天心区	0.09	0.13	0.76	0.01	0.01
岳麓区	0.10	0.20	0.68	0.01	0.02
开福区	0.00	0.00	0.45	0.55	0.00
雨花区	0.00	0.00	0.33	0.65	0.02
荷塘区	0.03	0.07	0.35	0.54	0.02
天元区	0.10	0.07	0.68	0.14	0.00
石峰区	0.03	0.06	0.32	0.57	0.02
芦淞区	0.03	0.07	0.58	0.31	0.02
岳塘区	0.07	0.12	0.19	0.13	0.49
雨湖区	0.07	0.25	0.06	0.52	0.10

表 7.26 长株潭地区各区城市抗旱能力等级

<table>
<tr><th>地市</th><th>区县</th><th>城市抗旱等级</th><th>地市</th><th>区县</th><th>城市抗旱等级</th></tr>
<tr><td rowspan="5">长沙市区</td><td>芙蓉区</td><td>4</td><td rowspan="3">株洲市区</td><td>天元区</td><td>3</td></tr>
<tr><td>天心区</td><td>3</td><td>石峰区</td><td>4</td></tr>
<tr><td>岳麓区</td><td>3</td><td>芦淞区</td><td>3</td></tr>
<tr><td>开福区</td><td>4</td><td rowspan="2">湘潭市区</td><td>岳塘区</td><td>3</td></tr>
<tr><td>雨花区</td><td>4</td><td>雨湖区</td><td>4</td></tr>
<tr><td>株洲市区</td><td>荷塘区</td><td>4</td><td></td><td></td><td></td></tr>
</table>

（3）综合抗旱能力定性评估。总体来看，长株潭地区各县市综合抗旱能力较强，其中：长沙市区综合抗旱能力为 5 级，抗旱能力最强，长沙县综合抗旱等级为 4 级，宁乡县、望城县、浏阳市综合抗旱能力为 3 级，抗旱能力一般；株洲市区综合抗旱能力等级为 4 级，抗旱能力较强，炎陵县、株洲县、醴陵市、攸县和茶陵县综合抗旱能力为 3 级，抗旱能力一般；湘潭市区综合抗旱能力等级为 4 级，抗旱能力较强，湘潭县、湘乡市、韶山市综合抗旱能力均为 3 级，抗旱能力一般（表 7.27、表 7.28）。

表 7.27 长株潭地区综合抗旱能力隶属度表

目标层	隶属度				
	1级	2级	3级	4级	5级
长沙市区	0.00	0.04	0.14	0.07	0.76
长沙县	0.09	0.02	0.34	0.31	0.24
望城县	0.09	0.06	0.53	0.28	0.04
宁乡县	0.12	0.25	0.37	0.02	0.24
浏阳市	0.03	0.02	0.45	0.20	0.30
株洲市区	0.03	0.05	0.34	0.29	0.28

续表

目标层	隶属度				
	1级	2级	3级	4级	5级
醴陵市	0.03	0.26	0.44	0.03	0.24
株洲县	0.12	0.29	0.27	0.32	0.00
攸县	0.02	0.25	0.45	0.05	0.24
茶陵县	0.13	0.36	0.25	0.02	0.24
炎陵县	0.14	0.26	0.30	0.06	0.24
湘潭市	0.01	0.06	0.32	0.37	0.24
湘潭县	0.08	0.30	0.27	0.12	0.24
湘乡市	0.08	0.25	0.36	0.07	0.24
韶山市	0.03	0.21	0.46	0.06	0.24

表7.28　　长株潭各县市综合抗旱能力等级

地市	区县	综合抗旱等级	地市	区县	综合抗旱等级
长沙	长沙市区	5	株洲	攸县	3
	长沙县	4		茶陵县	3
	望城县	3		炎陵县	3
	宁乡县	3	湘潭	湘潭市区	4
	浏阳市	3		湘潭县	3
株洲	株洲市区	4		湘乡市	3
	醴陵市	3		韶山市	3
	株洲县	3			

7.3.4.2　定量评估结果

根据抗旱能力定量计算方法，计算长株潭地区各县市的农业抗旱能力。由于仅有长沙市、株洲市和湘潭市50%、75%、90%和95%四种来水频率下的地区总供水量和总需水量数据，因此，以各地区的总供需比近似代替农业总供需比，作为农业抗旱能力水平指数，且同一地区的各县市采用相同的抗旱能力水平指数。

以2010年为基准年，2020年和2030年为规划水平年，计算长株潭地区各县市不同来水频率下的抗旱能力水平指数，结果见表7.29～表7.31和图7.3。

表7.29　　现状2010年不同来水频率下的抗旱能力水平指数

地区	县市	抗旱能力水平指数			
		50%来水频率	75%来水频率	90%来水频率	95%来水频率
长沙市	浏阳市	0.99	0.98	0.90	0.90
	宁乡县				
	望城县				
	长沙市				
	长沙县				

续表

地区	县市	抗旱能力水平指数			
		50%来水频率	75%来水频率	90%来水频率	95%来水频率
株洲市	茶陵县 醴陵市 炎陵县 攸县 株洲市 株洲县	0.99	0.98	0.88	0.88
湘潭市	韶山市 湘潭市 湘潭县 湘乡市	0.97	0.95	0.88	0.88

表 7.30　未来 2020 年不同来水频率下的抗旱能力水平指数

地区	县市	抗旱能力水平指数			
		50%来水频率	75%来水频率	90%来水频率	95%来水频率
长沙市	浏阳市 宁乡县 望城县 长沙市 长沙县	0.99	0.99	0.95	0.95
株洲市	茶陵县 醴陵市 炎陵县 攸县 株洲市 株洲县	0.99	0.99	0.94	0.94
湘潭市	韶山市 湘潭市 湘潭县 湘乡市	0.99	0.99	0.94	0.94

表 7.31　未来 2030 年不同来水频率下的抗旱能力水平指数

地区	县市	抗旱能力水平指数			
		50%来水频率	75%来水频率	90%来水频率	95%来水频率
长沙市	浏阳市 宁乡县 望城县 长沙市 长沙县	1.00	1.00	0.99	0.97

续表

地区	县市	抗旱能力水平指数			
		50%来水频率	75%来水频率	90%来水频率	95%来水频率
株洲市	茶陵县	1.00	1.00	0.98	0.97
	醴陵市				
	炎陵县				
	攸县				
	株洲市				
	株洲县				
湘潭市	韶山市	1.00	1.00	0.98	0.97
	湘潭市				
	湘潭县				
	湘乡市				

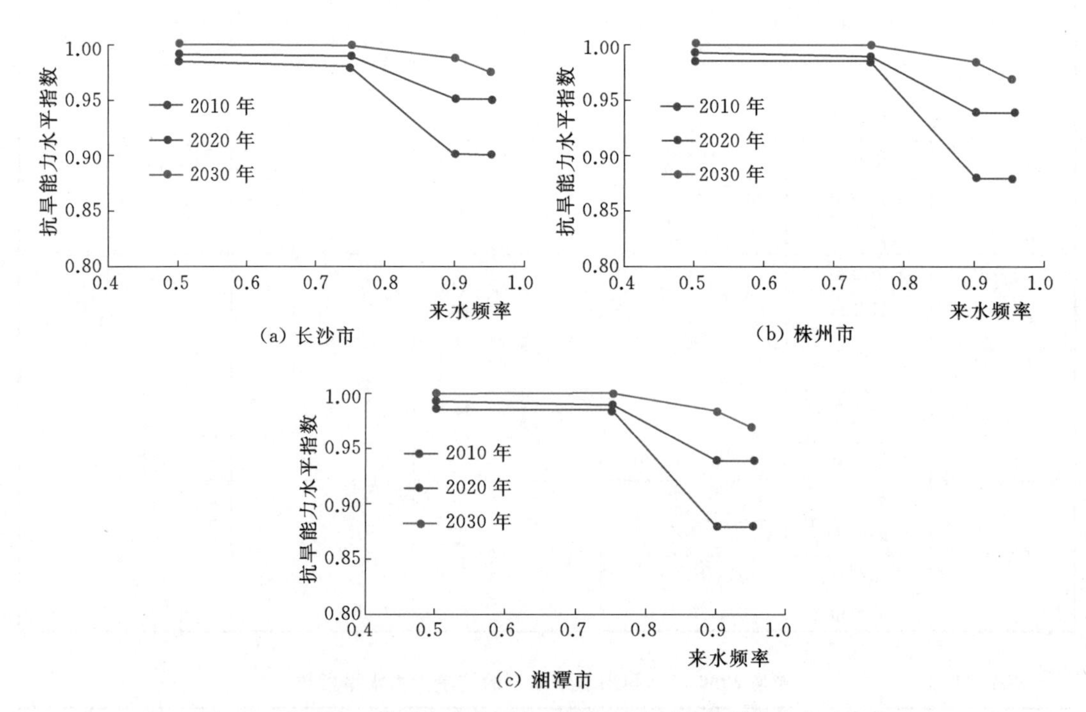

图 7.3 长沙市、株洲市和湘潭市不同保证率下的抗旱能力水平指数

由计算结果可看出，长株潭地区农业抗旱能力水平指数整体较高，农业供水量基本满足需水量的要求。现状年 95%来水频率下，长沙市、株洲市和湘潭市抗旱能力水平指数分别为 0.90、0.88 和 0.88。2020 年和 2030 年的抗旱能力水平指数均在 0.94 以上。在地区分布上，长沙市的抗旱能力略高于株洲市和湘潭市。

根据计算结果，线性插值出抗旱能力指数为 1 时的来水频率。在现状 2010 年下，长沙市、株洲市和湘潭市的所抵御的最大来水频率分别为 13%、25%和 15%；在未来

2020 年下，长沙市、株洲市和湘潭市的所抵御的最大来水频率分别为 27%、32%和 25%；在未来 2030 年下，长沙市、株洲市和湘潭市的所抵御的最大来水频率均为 75%。

7.3.4.3 合理性分析

根据长株潭地区抗旱能力定性评估结果，长株潭地区整体上的农业抗旱能力一般，其中：长沙市农业抗旱等级为 4 级，抗旱能力较强；茶陵县农业抗旱等级为 2 级，抗旱能力较弱；其他县市的农业抗旱能力等级为 3 级，抗旱能力一般。

根据农业抗旱能力定量计算结果，长株潭地区整体上农业抗旱能力较强，农业供水量基本满足灌溉需水要求，且长沙市抗旱能力略高于株洲市和湘潭市。

将定性和定量评估结果进行对比分析。可以看出，长株潭地区抗旱能力在整体上结果较为一致，且定量评估结果中的抗旱能力水平高于定性评估结果；在空间分布上，长沙市农业抗旱能力高于其他地区，定性和定量结果一致。因此，长株潭抗旱能力定性和定量计算结果具有一定的合理性。

7.3.5 长株潭地区旱灾风险评估

7.3.5.1 基于灾害系统论的旱灾风险评估结果

长株潭地区各县市的旱灾风险评估分析汇总见表 7.32。综合干旱的危险性、承灾体的暴露性、承灾体的脆弱性及抗旱能力等四个方面，计算旱灾风险度（图 7.33）。表 7.32 中 H 为 20 年一遇的干旱烈度/该地区最大干旱烈度，E 为人均 GDP 产值/该地区最高人均 GDP 产值，V 为 20 年一遇旱灾损失率/该地区最大旱灾损失率，RE 为区域综合抗旱能力等级/5。

根据长株潭各县市的旱灾风险度计算结果，参考表 7.34 中的旱灾风险等级标准，长沙市区旱灾风险等级较高，韶山市的旱灾风险等级为中等，其他县市的旱灾风险等级为低或较低。

7.3.5.2 基于干旱频率-旱灾损失的旱灾风险评估结果

（1）长株潭地区干旱频率-旱灾损失曲线图（简称 R 图）编制。

1）基于假定灌溉水平的 R 图。根据干旱频率计算结果，将各次干旱事件，根据干旱发生的主要季节进行分类，由于早稻生长期为 4—7 月，因此，以夏季（5—7 月）干旱为例，主要选取起止时间在 5—7 月，且在 5—7 月干旱烈度较强的干旱事件，作为分析样本。

以夏季干旱过程为例，根据干旱频率计算结果和旱灾损失率计算结果，拟合假定灌溉水平下，干旱频率和旱灾损失率间的分布曲线，结果见图 7.4。

由 R 图曲线拟合结果可以看出：长株潭地区各县市早稻夏季干旱的作物产量损失率与其干旱频率之间，基本呈半对数函数的变化趋势，决定系数 R^2 基本在 0.4 以上，相关性较好。且随着灌溉水平的增加，干旱对作物产量的影响会逐渐降低，此时，不同频率下的作物产量损失率之间较为接近。因此，决定系数 R^2 随着灌溉水平的增加，呈下降趋势。

表 7.32 长株潭地区各县市的旱灾风险评估分析汇总表

分类	指标	长沙市区	长沙县	望城县	宁乡县	浏阳市	株洲市区	醴陵市	株洲县	攸县	茶陵县	炎陵县	湘潭市区	湘潭县	湘乡市	韶山市
基本条件	年均降水量/mm	1352.8	1530.9	1447.4	1664.8	1603.2	1408.9	1516.1	1472.3	1551.6	1536.8	1596.4	1352.7	1416.6	1381.2	1381.2
	耕地面积/千 hm^2	8.63	57.60	47.38	94.65	73.74	13.56	52.10	31.88	53.32	37.47	14.11	5.85	76.15	51.34	5.81
	人口/万人	218.80	76.49	71.23	134.49	136.40	97.30	98.39	42.48	70.31	53.57	17.86	86.40	107.89	88.47	9.94
	水资源量多年平均/亿 m^3	11.58	16.30	13.20	24.00	46.80	11.60	24.50	10.18	25.00	22.13	29.36	2.27	19.33	14.60	1.50
	2007 年 GDP/亿元	1299.00	286.00	145.30	207.20	252.70	380.10	152.10	45.00	105.10	49.50	19.50	296.10	112.50	99.10	19.20
干旱危险性	干旱烈度均值/mm	43	45.3	45.6	54.9	48.6	44.4	52.3	47.9	52.8	54.6	54.8	46.6	48	49.4	49.4
	干旱历时最大值/月	7	5	7	5	7	7	7	8	8	8	7	6	7	5	5
	干旱烈度最大值/mm	233.3	146.1	195.4	174.3	162.4	208.7	161	194.5	189.6	198.9	199.7	154.4	170.8	208.4	208.4
	降水距平干旱-烈度历时联合分布（20 年一遇）/mm	150.8	121	144.2	136.5	140.4	143.6	142.3	130.6	145.7	147.8	146.7	130.5	150.1	150.9	150.9
	降水距平干旱-烈度历时联合分布（50 年一遇）/mm	178.8	135.8	173.2	162.5	164.6	172.1	170.4	152.7	174.6	174.6	176.6	155.5	180.2	174.5	174.5
承载体暴露性	人均 GDP/万元	5.94	3.74	2.04	1.54	1.85	3.91	1.55	1.06	1.49	0.92	1.09	3.43	1.04	1.12	1.93
	2007 年播种面积/千 hm^2	25.41	149.44	119.75	187.87	148.96	27.21	88.66	57.96	100.18	62.51	19.73	12.99	156.39	124.35	13.73
	2007 年粮食产量/万公斤	5032.5	59462.1	53057.1	90759.6	60070.3	11348.2	48673.6	33345.4	51308.3	34427.5	9211.5	4719.9	90794.7	56054.4	7100.7
	2007 年第一产业/亿元	13.42	33.01	22.09	37.46	32.81	9.03	24.78	13.83	27.42	16.68	4.84	6.96	40.49	31.22	2.97
	2007 年第二产业/亿元	440.49	184.03	86.57	112.51	156.76	232.42	84.00	16.73	40.66	14.15	8.35	39.76	35.52	33.40	8.99
	2007 年第三产业/亿元	845.12	68.92	36.64	57.27	63.15	138.66	43.28	14.45	37.00	18.64	6.34	28.32	36.48	34.47	7.24
	2007 年工业增加值/亿元	318.57	163.37	65.05	91.47	128.65	207.33	76.28	9.35	35.93	11.05	7.17	36.13	31.13	26.18	8.27
	2007 年农业产值/亿元	12.46	26.84	18.92	29.40	26.65	6.67	15.86	9.36	17.61	9.59	2.42	3.10	24.13	16.19	1.72
	2007 年牧业产值/亿元	8.46	23.84	14.30	29.55	19.73	7.05	18.97	9.75	18.99	12.80	2.86	8.05	43.33	33.09	3.53
	2007 年城镇人均收入/万元	1.34	1.58	1.34	1.22	0.86	1.44	1.24	1.06	1.16	1.01	1.94	1.20	1.13	1.21	1.35
	2007 年农民人均收入/万元	1.04	0.70	0.63	0.57	0.65	0.66	0.57	0.49	0.58	0.30	0.30	0.93	0.51	0.46	0.71

续表

分类	指标	长沙市区	长沙县	望城县	宁乡县	浏阳市	株洲市区	醴陵市	株洲县	攸县	茶陵县	炎陵县	湘潭市区	湘潭县	湘乡市	韶山市
承载体脆弱性	多年平均农牧业旱灾损失/万元	155	3010	1326	13693	3136	687	9311	2148	8620	2539	879	412	5629	2559	843
	多年平均工业服务业旱灾损失/万元	90103	4700	9298	11213	12905	4792	4806	3465	5796	4165	5741	3078	21060	14022	5140
	人饮困难旱灾损失/万元	593	64	76	587	966	56	431	261	81	1480	84	63	237	147	142
	区域综合年平均旱灾损失/亿元	9.08	0.78	1.07	2.55	1.73	0.55	1.45	0.59	1.45	0.82	0.72	0.36	2.71	1.67	0.61
	典型年区域旱灾综合损失率（2007年）/%	1.37	0.35	1.10	2.63	1.09	0.20	0.68	1.62	1.52	2.19	7.42	0.13	5.42	5.13	3.61
	典型年区域旱灾综合损失率（2003年）/%	3.42	0.84	1.97	4.42	2.34	0.88	5.29	3.43	2.83	3.47	14.48	0.80	12.21	6.42	9.01
	典型年区域旱灾综合损失率（1992年）/%	10.12	3.29	6.46	8.82	9.81	1.32	7.45	9.19	5.75	10.41	12.11	1.10	8.25	9.49	9.43
	区域综合年平均旱灾损失率/%	4.22	1.48	3.23	4.36	4.06	0.28	3.72	4.29	3.82	5.14	8.12	0.33	5.89	4.48	8.27
	50%频率（2年一遇）/%	3.47	1.11	2.78	3.46	3.20	0.10	2.97	3.57	3.56	4.41	7.40	0.07	5.08	3.59	3.59
	25%频率（5年一遇）/%	5.62	2.02	4.24	5.47	5.56	0.27	5.12	5.72	4.81	6.83	9.76	0.26	7.30	5.88	5.88
	10%频率（10年一遇）/%	8.46	3.21	6.16	8.12	8.67	0.97	7.96	8.56	6.46	10.04	12.87	1.33	10.23	8.90	8.90
	5%频率（20年一遇）/%	10.61	4.11	7.62	10.13	11.03	2.57	10.11	10.71	7.70	12.47	15.23	4.66	12.45	11.19	11.19
	2%频率（50年一遇）/%	13.45	5.30	9.54	12.79	14.14	9.23	12.95	13.55	9.35	15.67	18.34	24.00	15.38	14.21	14.21
承载体抗旱能力	2007年实际供水量/亿 m^3	5.57	7.25	4.74	10.72	6.72	1.66	5.29	2.01	3.79	3.65	3.78	4.75	6.89	4.77	0.68
	工程供水能力/亿 m^3	4.72	4.61	3.99	8.02	7.88	3.22	5.61	2.52	5.22	3.19	3.37	5.74	7.94	5.01	0.66
	有效灌溉面积/千 hm^2	85	79	79	72	85	73	66	79	75	69	76	75	84	85	76
	旱涝保收率/%	34	32	31	29	34	29	26	31	30	28	31	30	33	34	30
	抗旱浇地率/%	38	9	34	8	9	14	3	3	7	6	6	16	2	6	10
	供水水源地抗旱天数/d	272	215	167	259	345	268	288	159	301	263	251	352	253	250	242
	万元GDP用水量/(m^3/万元)	43	254	326	517	266	43	348	447	361	738	1939	160	612	481	356
	定性评估-农业	4	3	3	3	3	3	3	3	3	2	3	3	3	3	3
	定性评估-城市															
	定性评估-区域综合	5	4	3	3	3	4	3	3	3	3	3	4	3	3	3
	定量评估	5	1	2	1	5	5	3	3	5	3	3	5	2	3	2
旱灾风险度	危险性 H（20年一遇）	1.00	0.80	0.96	0.90	0.93	0.95	0.94	0.87	0.97	0.98	0.97	0.86	0.99	1.00	1.00
	暴露性 E（人均GDP）	1.00	0.63	0.34	0.26	0.31	0.66	0.26	0.18	0.25	0.16	0.18	0.58	0.18	0.19	0.33
	脆弱性 V（20年一遇）	0.71	0.27	0.51	0.68	0.74	0.17	0.67	0.71	0.51	0.83	1.02	0.31	0.83	0.75	0.75
	抗旱能力 RE（区域综合定性评估）	1	0.8	0.6	0.6	0.6	0.8	0.6	0.6	0.6	0.6	0.6	0.8	0.6	0.6	0.6
	旱灾风险度 $Risk$	0.71	0.17	0.28	0.26	0.36	0.13	0.28	0.18	0.21	0.21	0.30	0.19	0.24	0.23	0.40

表 7.33 长株潭各县市旱灾风险度

地区	县市	干旱危险性 H	承载体暴露性 E	承灾体脆弱性 V	综合抗旱能力 RE	旱灾风险度 $Risk$	风险等级
长沙市	长沙市区	1.00	1.00	0.71	1.00	0.71	较高
	长沙县	0.80	0.63	0.27	0.80	0.17	低
	望城县	0.96	0.35	0.51	0.60	0.28	较低
	宁乡县	0.90	0.26	0.68	0.60	0.27	较低
	浏阳市	0.93	0.31	0.74	0.60	0.36	较低
株洲市	株洲市区	0.95	0.66	0.17	0.80	0.13	低
	醴陵市	0.94	0.26	0.67	0.60	0.28	较低
	株洲县	0.87	0.18	0.71	0.60	0.18	低
	攸县	0.97	0.25	0.51	0.60	0.21	较低
	茶陵县	0.98	0.16	0.83	0.60	0.21	较低
	炎陵县	0.97	0.19	1.02	0.60	0.30	较低
湘潭市	湘潭市区	0.86	0.58	0.31	0.80	0.20	低
	湘潭县	0.99	0.18	0.83	0.60	0.24	较低
	湘乡市	1.00	0.19	0.75	0.60	0.24	较低
	韶山市	1.00	0.33	0.75	0.60	0.41	中

表 7.34 旱灾风险等级划分标准

$Risk(H,E,V,RE)$	0～0.20	0.20～0.40	0.40～0.60	0.60～0.80	0.80～1
风险等级	低	较低	中	较高	高

2）基于实际抗旱能力的R图。以2010年为基准年，2020年和2030年为规划水平年。根据7.1.2中基于实际抗旱能力的R图构建方法，分别计算长株潭地区各县市不同来水频率下的旱灾损失率。计算过程如下：

以地区的总供水量和需水量的比值近似作为农业抗旱能力水平指数（当供需比大于1时，抗旱能力指数取1；当供需比小于1时，抗旱能力指数即为供需比），并以该指数反映实际的灌溉条件。由于来水频率反映了地区的缺水程度，因此可以将“1－来水频率”近似作为干旱频率，由此即建立了来水频率-抗旱能力指数-干旱频率之间的对应关系，进而根据假定灌溉水平下的R图，结合实际灌溉条件，线性插值计算出干旱频率对应的旱灾损失率，拟合得到不同来水频率下的干旱频率-旱灾损失率关系曲线，结果见图7.5。

由图7.5可知长株潭地区各县市的实际抗旱能力（灌溉条件）介于75%和100%之间，即灌溉可供水量满足需水的程度整体上较高。当来水频率为50%时，由于供水量基本满足需水要求，灌溉条件基本可以达到充分灌溉，因此不同水平年之间的旱灾损失率差别很小。随着来水频率的增加，不同水平年之间的旱灾损失率差别也随之增大。

（2）长株潭地区干旱频率（重现期）空间分布图（简称P图）编制。根据建立的旱灾风险分布曲线，对应不同的灌溉水平，根据拟合的公式，推求旱灾损失率对应的干旱重现期，编制长株潭地区不同灌溉水平下的P图见图7.6。其中，在P图中，将干旱重现期

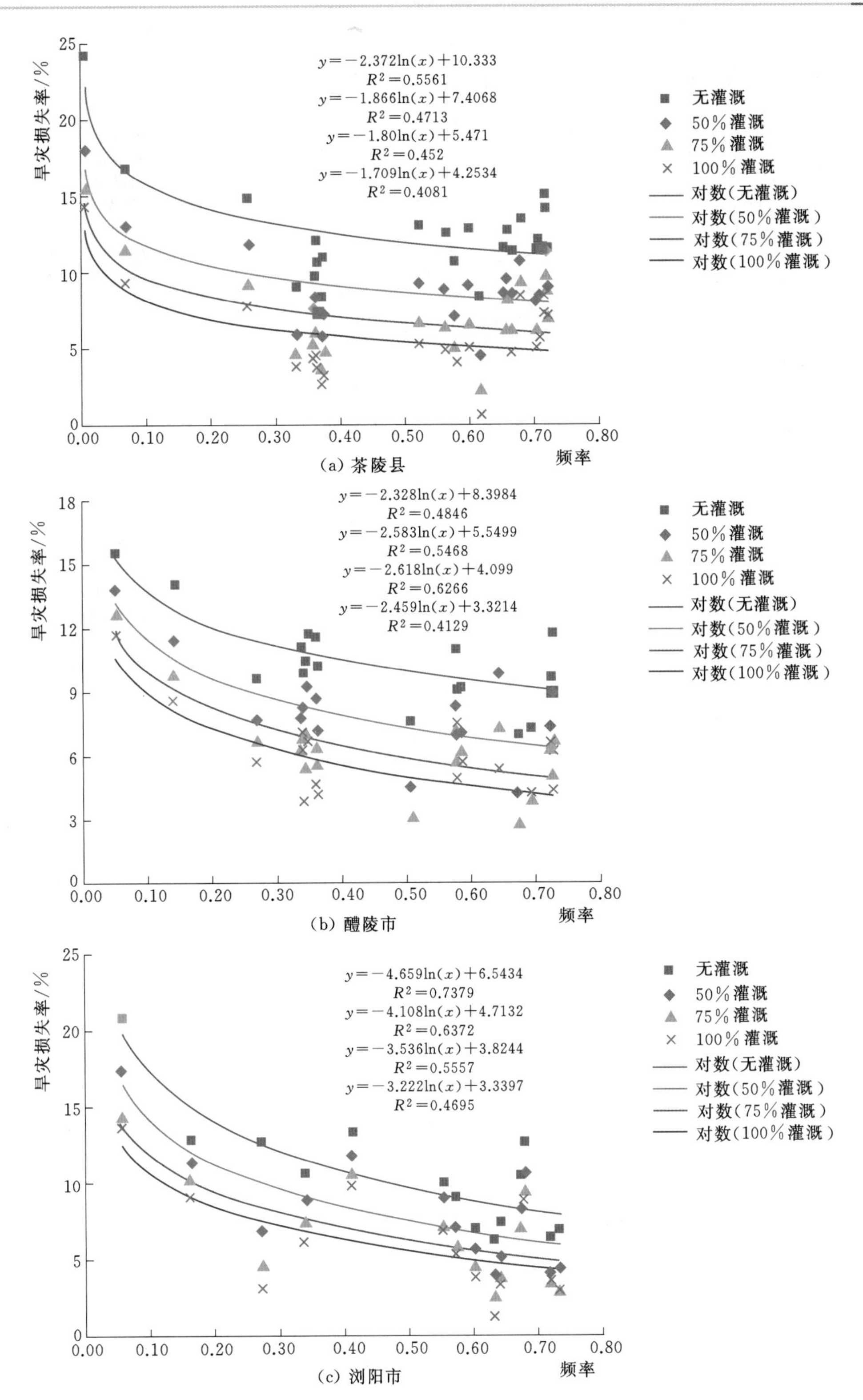

图 7.4(一) 长株潭地区早稻夏季(5—7 月)旱灾风险 R 图

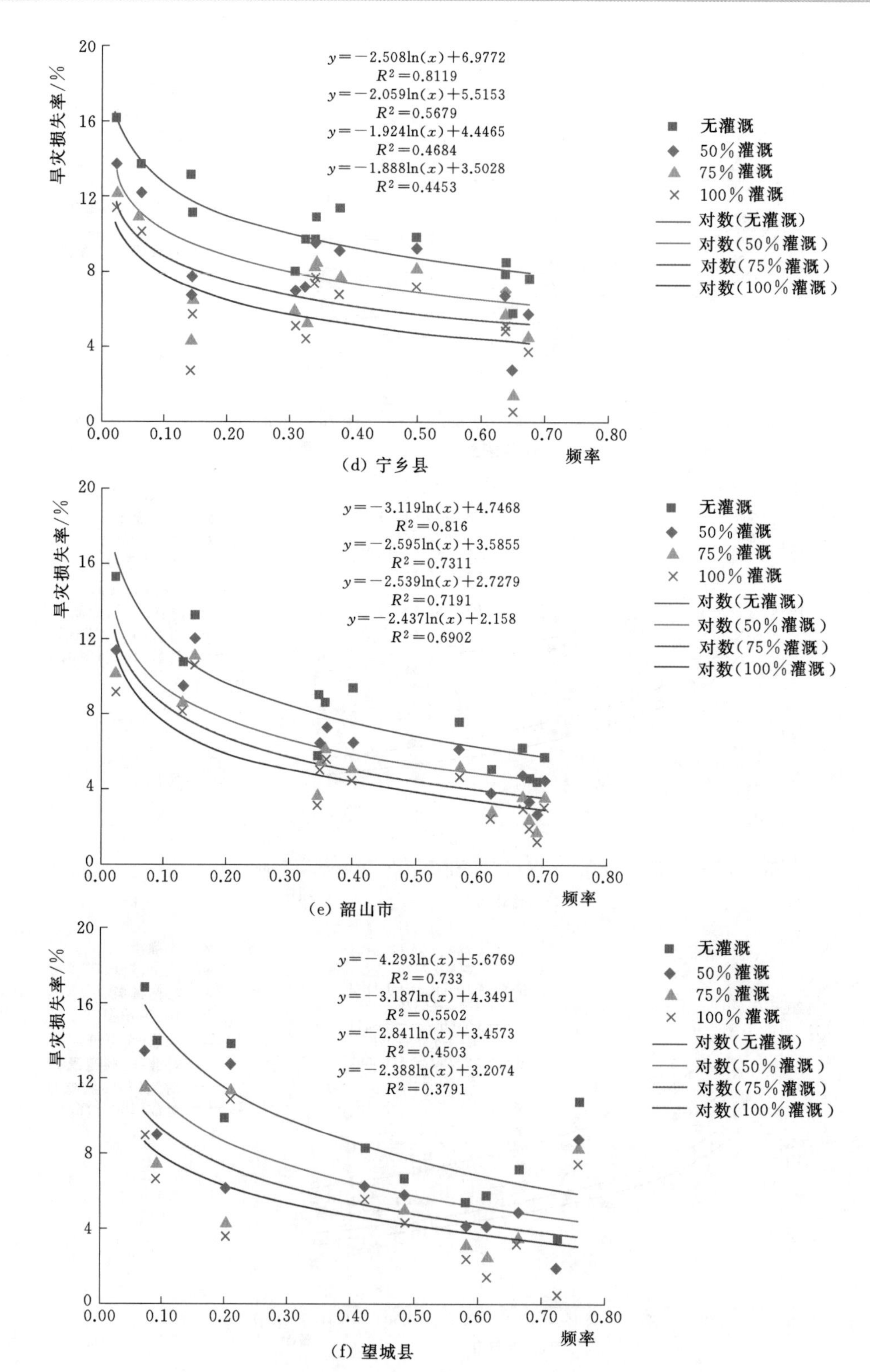

图 7.4（二）　长株潭地区早稻夏季（5—7 月）旱灾风险 R 图

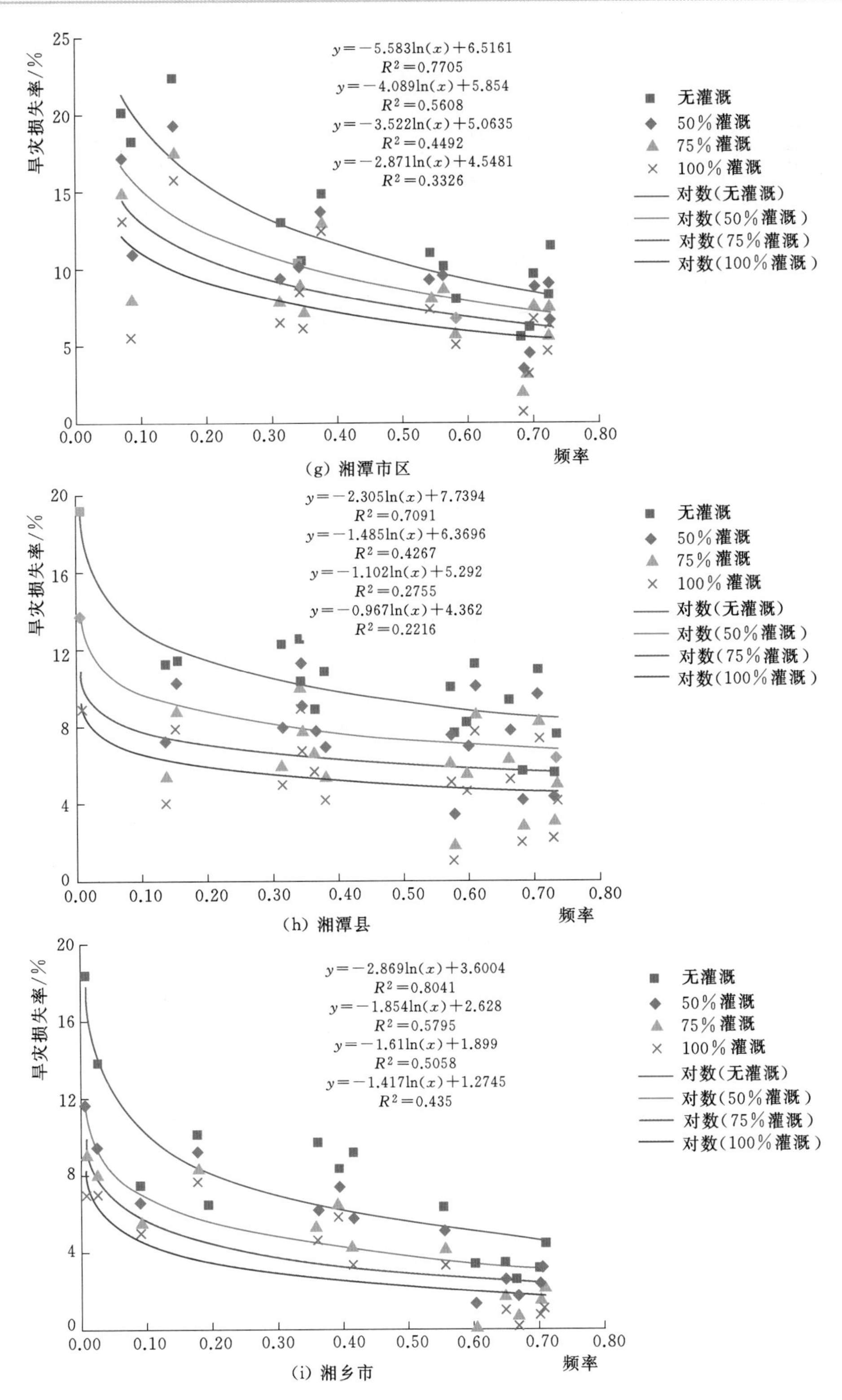

图 7.4（三） 长株潭地区早稻夏季（5—7月）旱灾风险R图

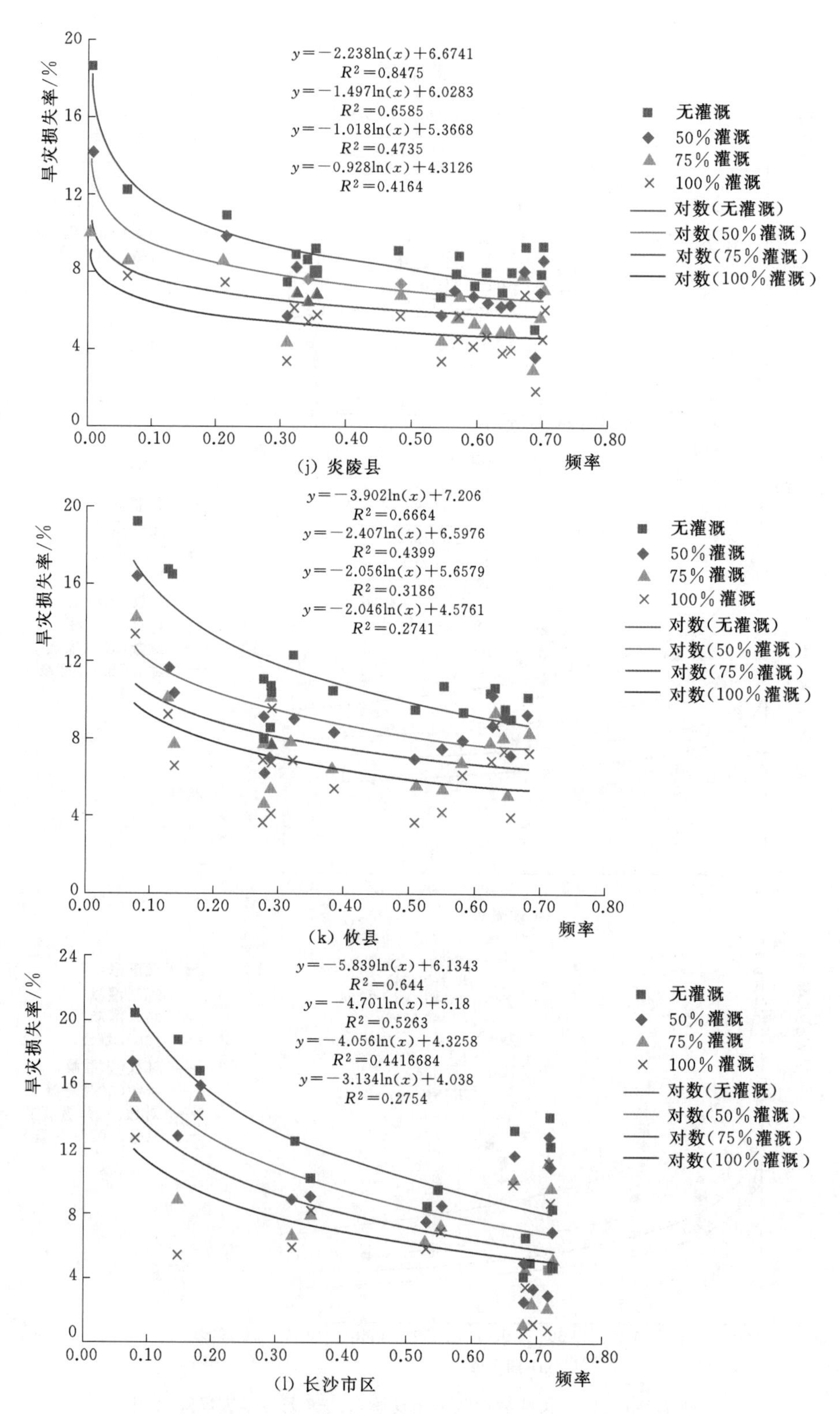

图7.4（四） 长株潭地区早稻夏季（5—7月）旱灾风险R图

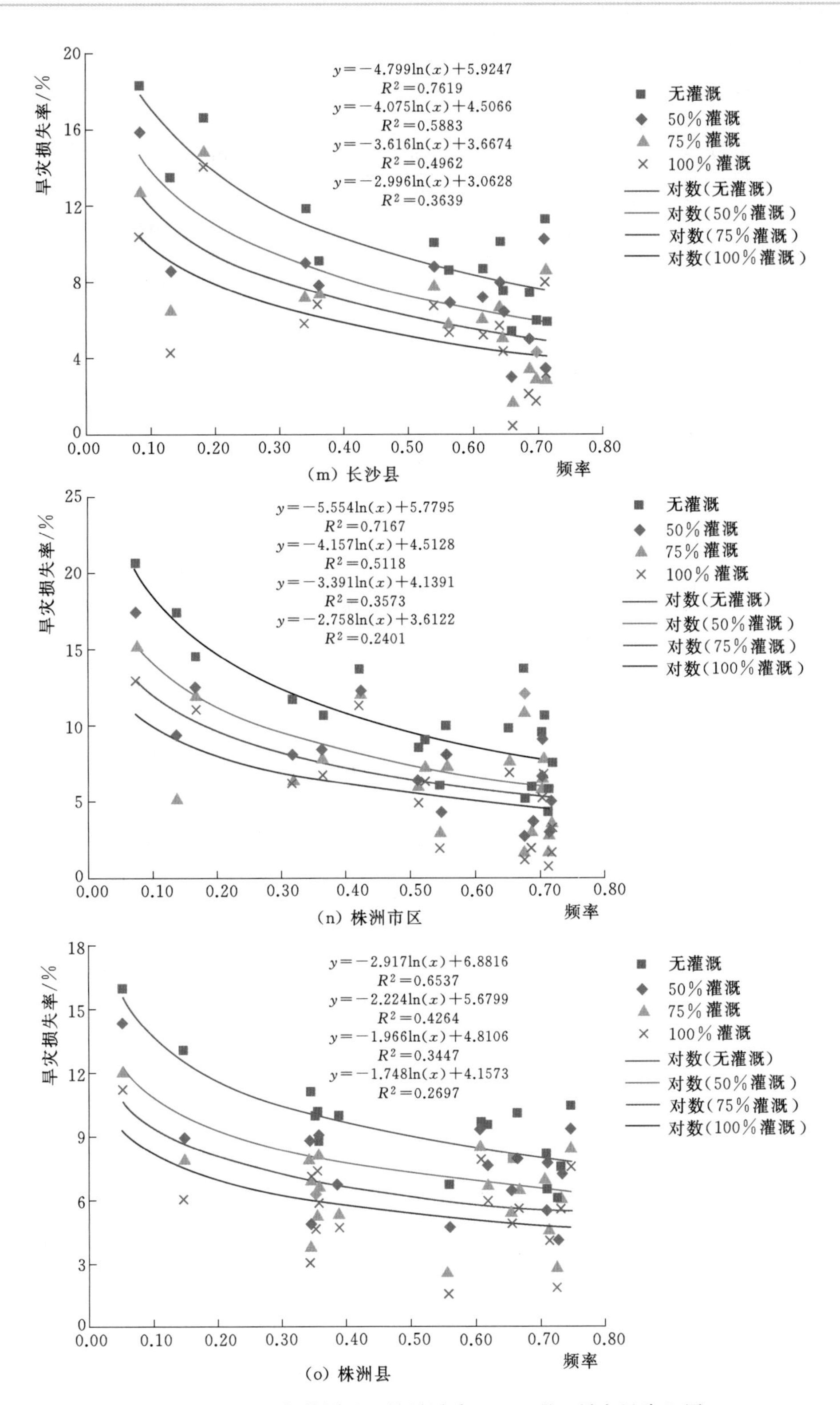

图 7.4（五） 长株潭地区早稻夏季（5—7 月）旱灾风险 R 图

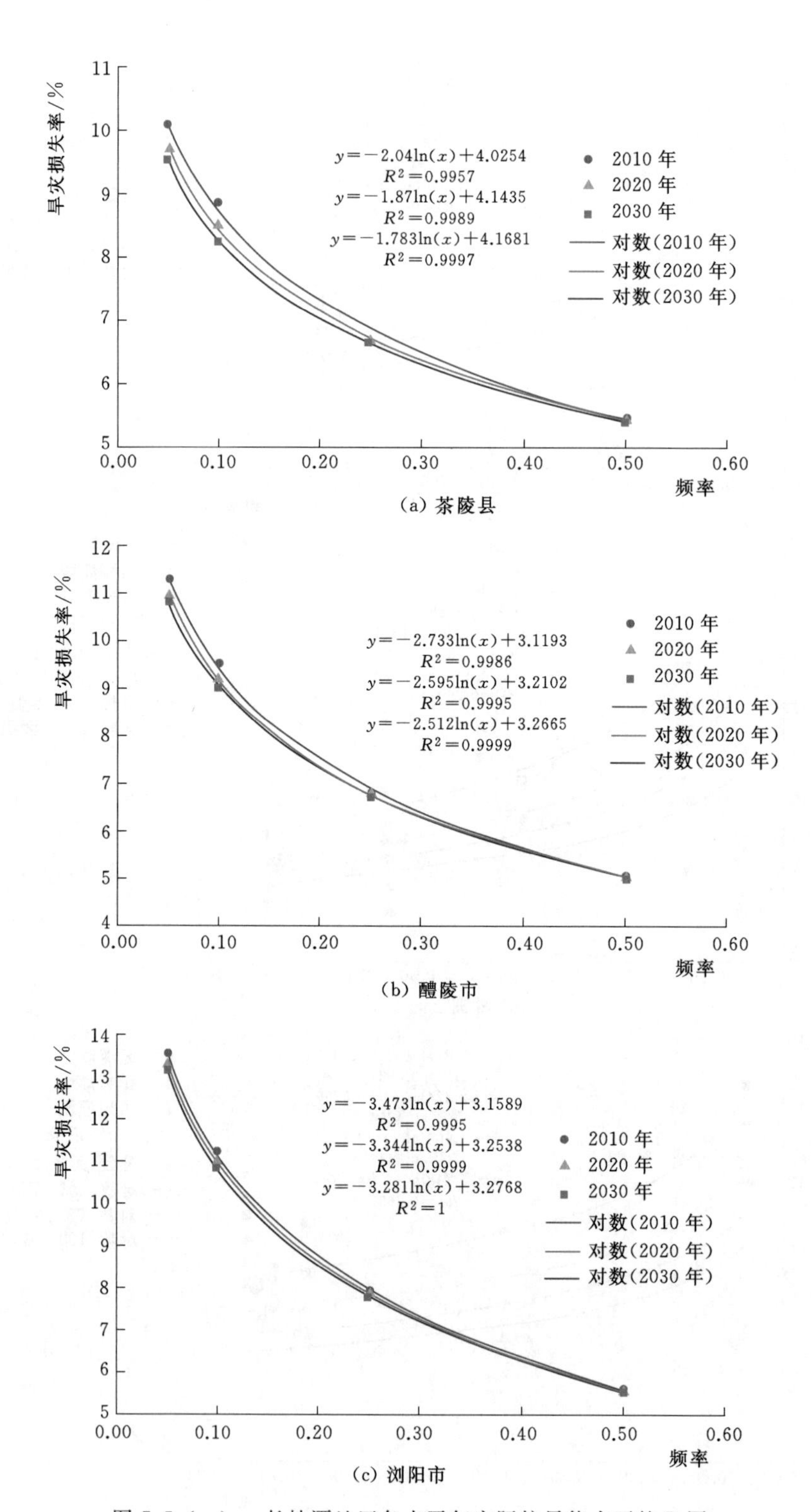

图7.5（一）　长株潭地区各水平年实际抗旱能力下的R图

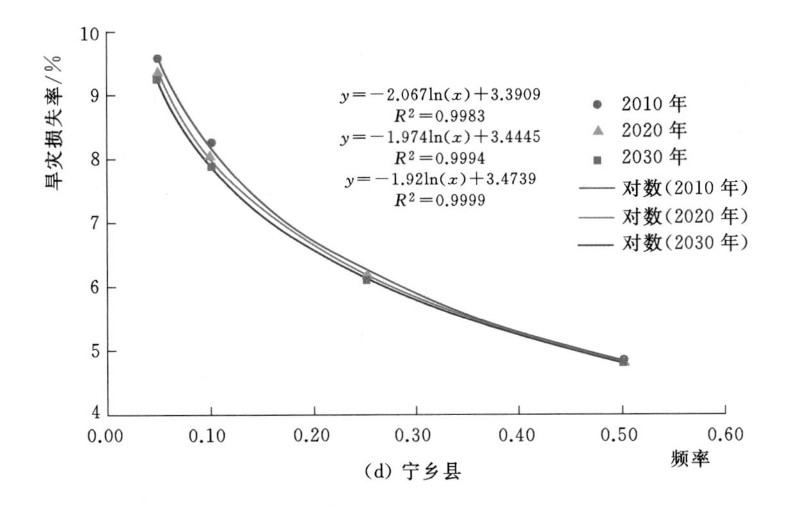

(d) 宁乡县

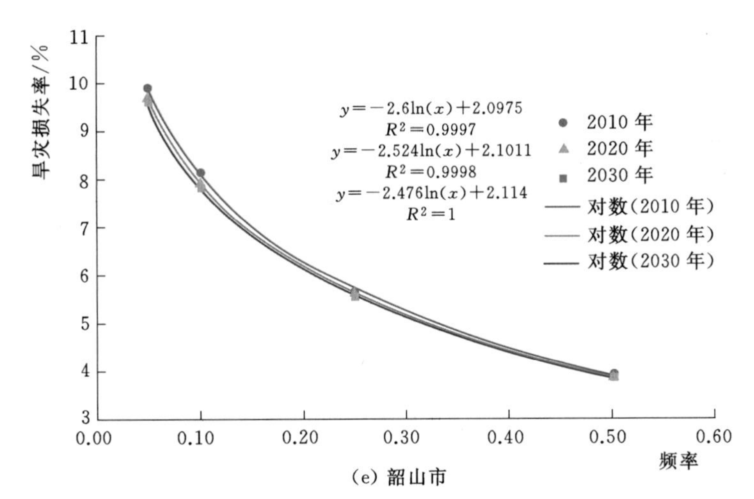

(e) 韶山市

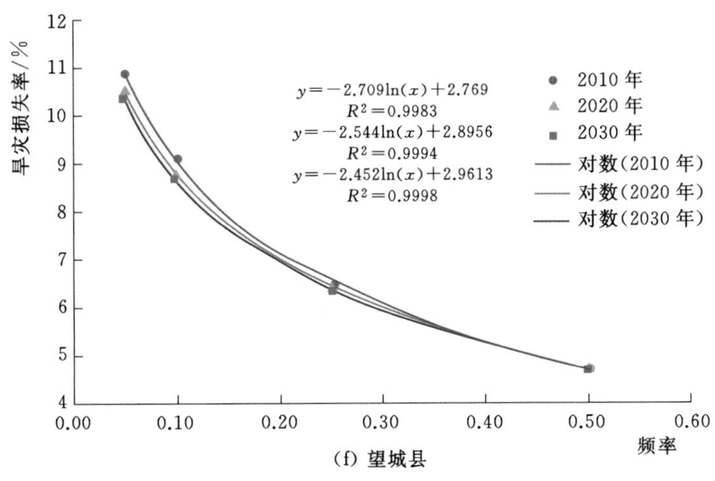

(f) 望城县

图 7.5（二） 长株潭地区各水平年实际抗旱能力下的 R 图

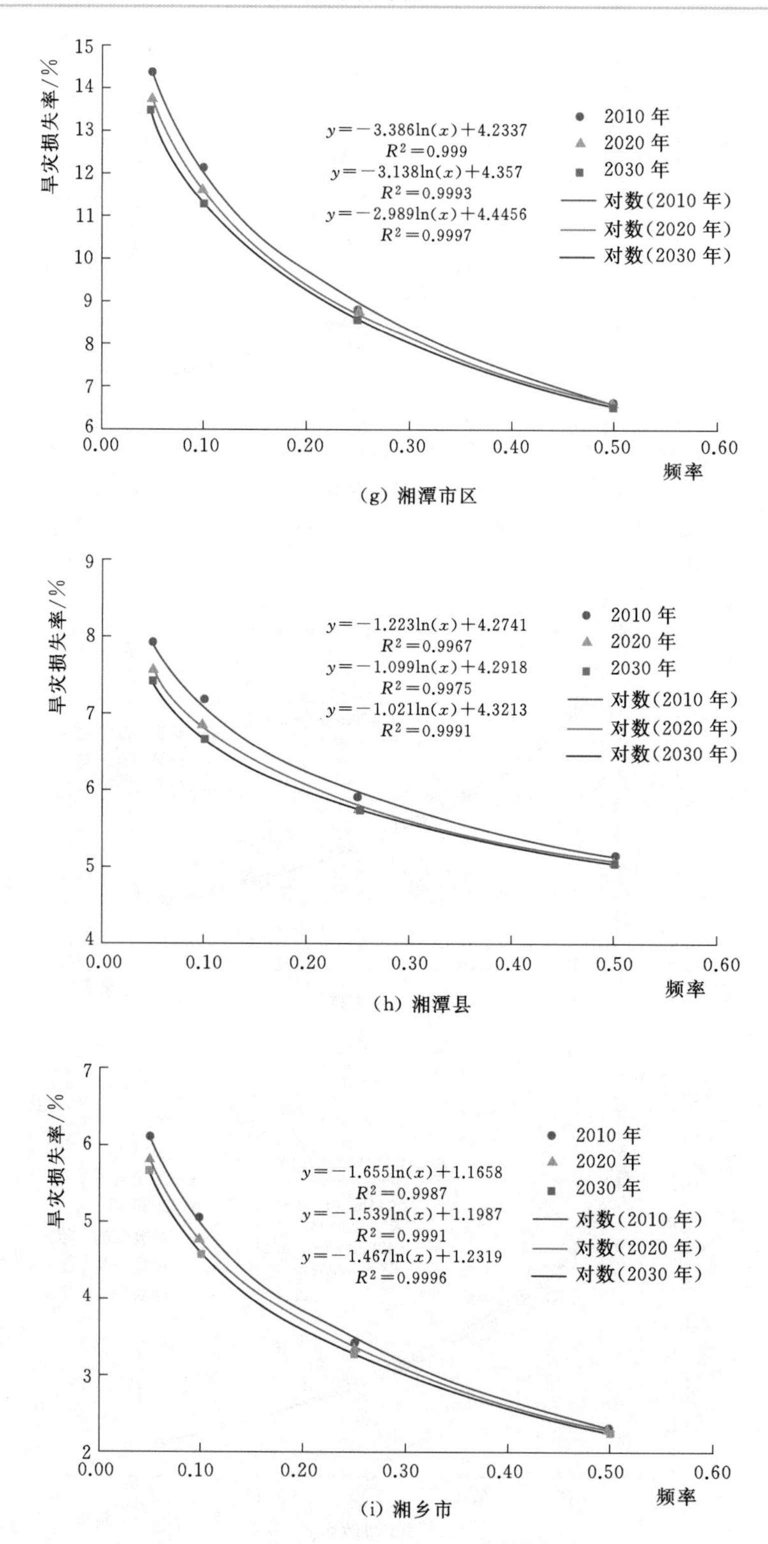

图7.5（三）　长株潭地区各水平年实际抗旱能力下的R图

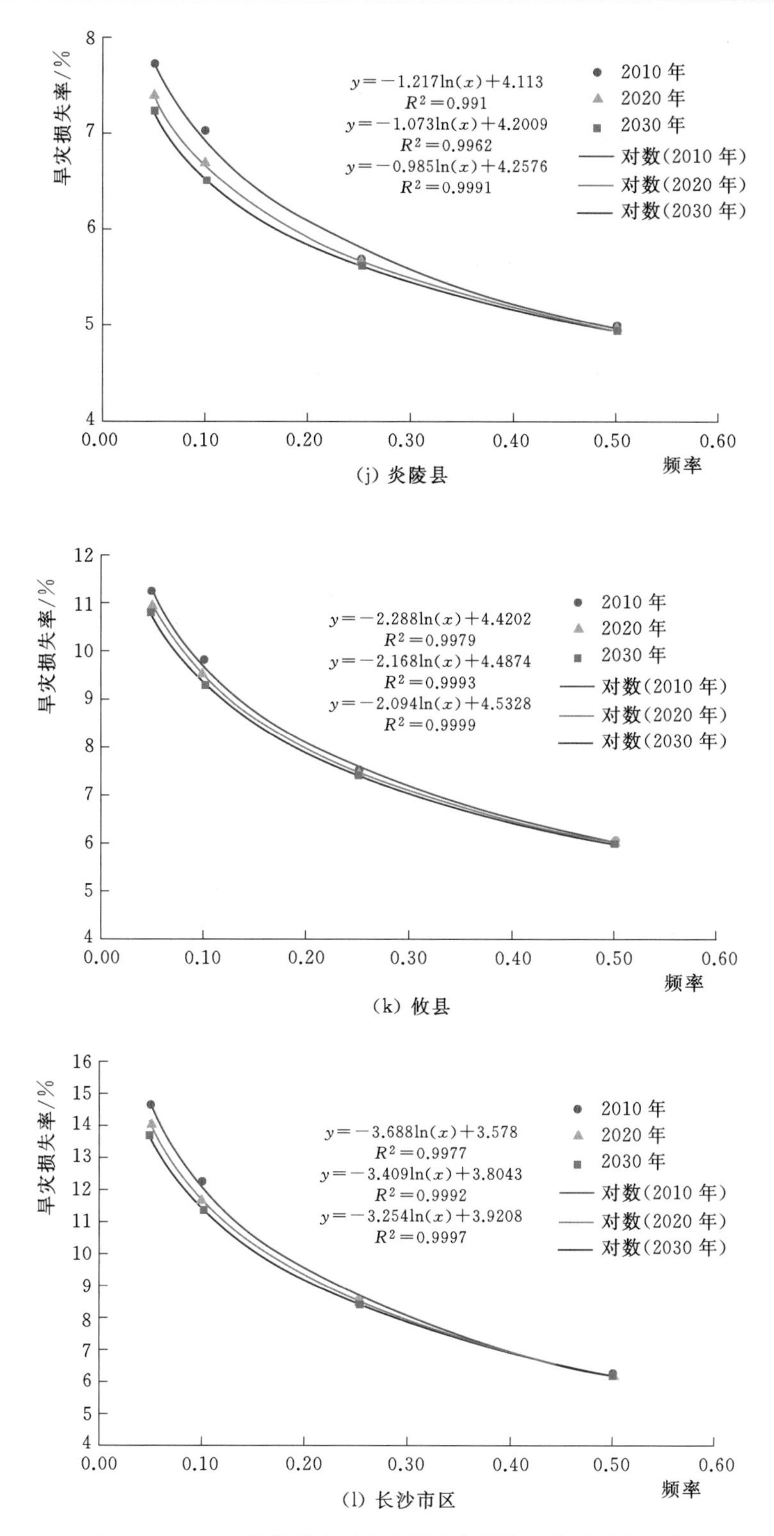

图 7.5（四）　长株潭地区各水平年实际抗旱能力下的 R 图

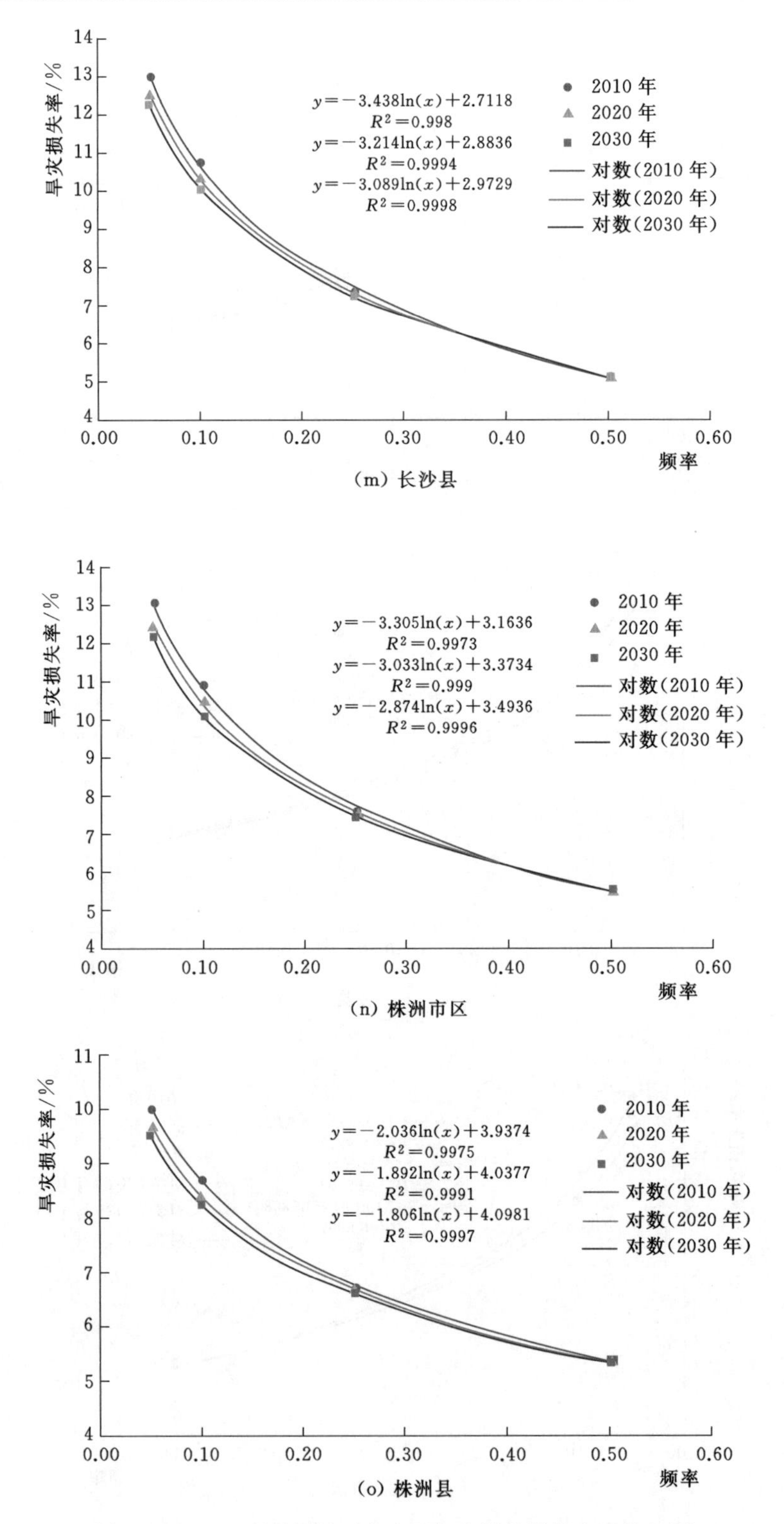

图7.5(五) 长株潭地区各水平年实际抗旱能力下的R图

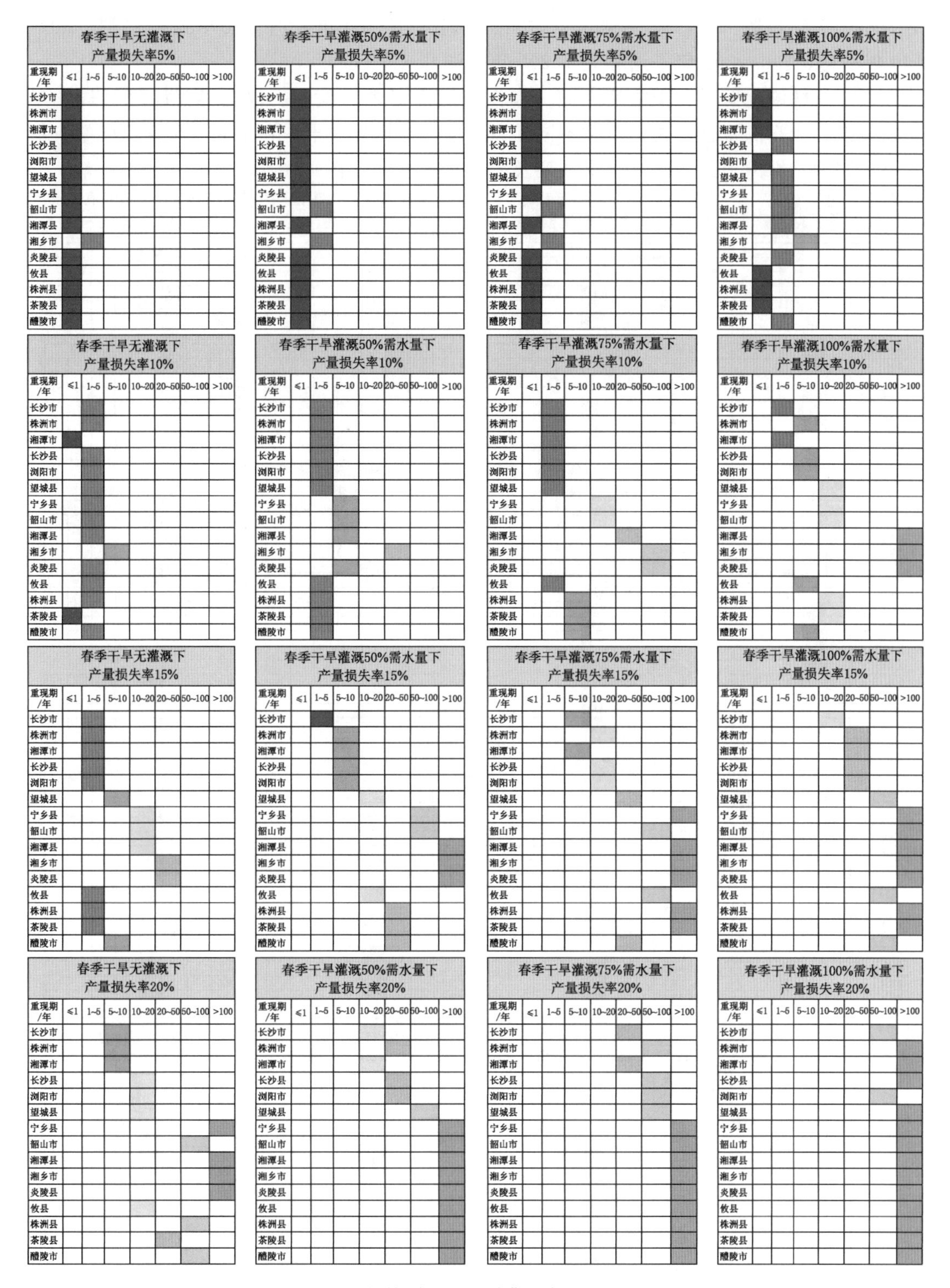

图 7.6 长株潭地区不同灌溉水平下的 P 图

分为小于1年一遇、1～5年一遇、5～10年一遇、10～20年一遇、20～50年一遇、50～100年一遇、100～200年一遇和大于200年一遇共8个区间。

(3) 长株潭地区旱灾损失率空间分布图（简称C图）编制。根据旱灾风险R图中旱灾损失率和频率的拟合公式，对于不同灌溉水平，计算夏季干旱在不同重现期下的旱灾损失率，编制长株潭地区不同干旱重现期及灌溉水平下的C图见图7.7。

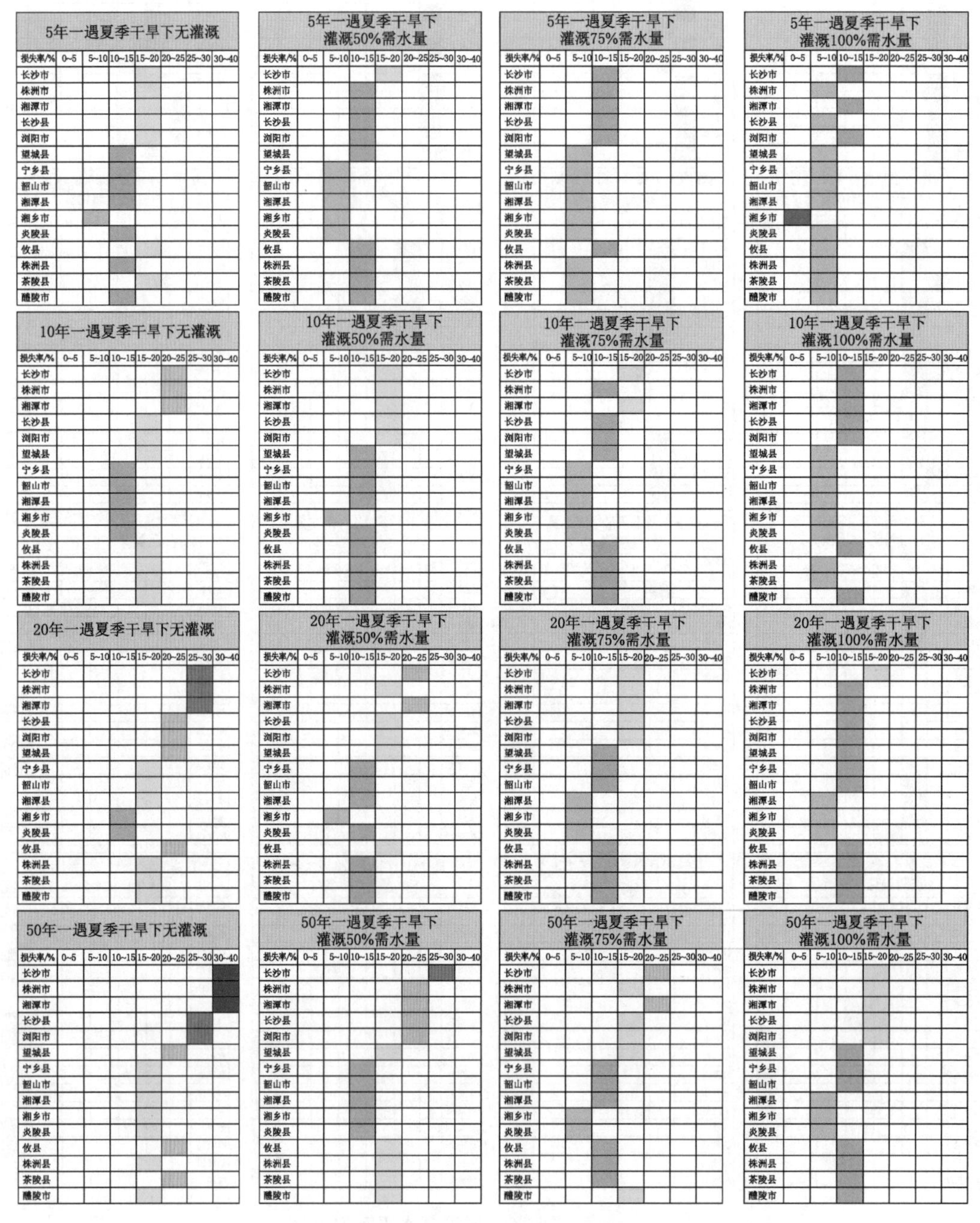

图7.7 长株潭地区不同干旱重现期及灌溉水平下的C图

7.4 龙川江流域旱灾风险综合评估示例

7.4.1 龙川江流域概况

（1）地理位置与行政分区。龙川江为金沙江下游的一级支流，北纬 24°45′～26°15′，东经 100°56′～102°02′，位于云南省楚雄州境内，发源于云南省南华县境内的天子庙坡，河源海拔高程约为 2600m。自河源起流向由西向东，流经南华县的沙桥坝子并穿过南华县城后以东南向流经楚雄市区，在小河口水文站附近转向东北向流至元谋，在小黄瓜园水文站下游纳入由西向东而来的蜻岭河后至江边村附近汇入金沙江。龙川江流域包括了楚雄州所在的 9 个县市，分别为楚雄市、大姚县、禄丰县、牟定县、南华县、武定县、姚安县、永仁县和元谋县，见图 7.8。

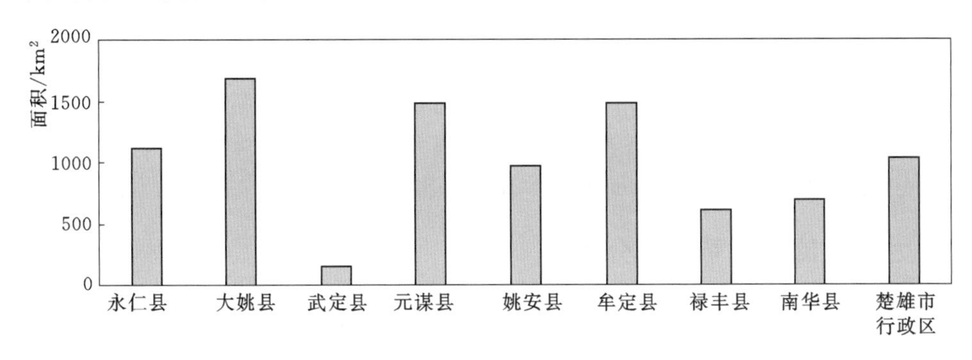

图 7.8 龙川江流域涉及市县

（2）干旱特征和历史旱情。

1）干旱特征。龙川江流域普遍山高坡陡，径流主要源于降水的补给，降水在时间和地区上分布的不均匀性，决定了流域干旱具有多发性及时空分布不均的特点。

在时间尺度上，龙川江流域干旱可分为全年干旱、冬春干旱、初夏干旱、夏旱、秋旱等 5 种。流域境内几乎每年在不同区域、不同时间均有不同程度的农业缺水干旱发生，并有数年连续干旱和连季干旱的现象。龙川江流域干旱以春旱和初夏干旱为主，以春季干旱发生最为频繁，对农业生产影响严重，其次是夏旱，冬旱影响最小。春夏连旱年往往形成流域性的大旱年。

在区域尺度上，流域中北部地区的永仁、元谋、牟定、大姚、姚安是云南省著名的老旱区，北部龙川江下游河谷地带，热量丰富，干旱突出，干旱灾害几乎年年都有。从历史资料分析得知元谋县为极易受旱区，大姚、永仁、姚安为易受旱区，牟定、楚雄、南华为中度受旱区，武定、禄丰为轻度受旱区。

2）历史旱情。1949 年以来，龙川江流域的重旱年有 1953 年、1959 年、1960 年、1963 年、1967 年、1975 年、1976 年、1977 年、1980 年、1984 年、1987 年、1988 年、1989 年、1992 年、1993 年、2003 年、2005 年、2006 年、2009 年、2010 年等共 20 年，1990 年以前平均每 3～4 年就有一次重旱出现，1991 年以后流域各县市年降水量都有所增加，干旱出现频率相对降低。然而最近几年，全流域范围的极端干旱事件发生较为频繁，如 2009 年、2010 年连续两年发生极端严重干旱，同期也是云南省有记录以来最为严重的干旱。

3）旱灾情况。2009年10月—2010年1月，流域所在的楚雄市数月未遇到有效降水天气，加之气温比往年同期偏高，蒸散发量大，土壤含水量下降，所辖各乡镇的山区、半山区已出现严重旱情。据有关部门统计通报：此次旱情60年未遇。目前，全州受旱农作物面积已近10万亩，并造成数万人及近万头大牲畜因旱出现饮水危机。

2010年1月至7月中旬，楚雄州平均降水量仅为129mm，姚安县、元谋县只有80mm和79mm。由于长期干旱，下一场雨只渗透地皮三四厘米，更形不成径流，接连的骄阳暴晒立即把水分蒸发殆尽。将近1年连旱，3季收成锐减，一些农民除缺水外已开始出现粮荒。全州47万人和20多万头大牲畜饮水困难。大姚县白鹤和元谋县麻柳两座中型水库相继干涸，全州221座水库、6952个坝塘干涸见底，54条河流断流，48万亩严重受旱的大春作物中，已有12万多亩变成枯草。楚雄州府所在地25万多人饮用水告急，从年初开始每星期两天限供水，近来由于水库蓄水骤减，再次调整为每星期停水3天。更为严重的是大姚县的城市供水，主水源大坝水库和石洞水库的蓄水量加起来只有15万m^3，县城数万人按每天压缩供水5000m^3计算，只够供到8月初。由于旱情持续，大姚县6.6万亩水稻、5.3万亩玉米出现“日晒卷筒”的占了很大面积。全县54080亩烤烟中，绝大多数出现了缺塘、“铁杆早花”、“蹲塘不长”和病虫害现象。

7.4.2 龙川江流域干旱频率分析

根据元谋农业气象站点水稻生长发育数据，水稻的生长期为2月底至9月底。结合水稻作物的生长期，以及不同生长期下的需水规律，选取对作物产量产生影响的干旱事件，并对这些干旱事件进行初步分类，即覆盖作物整个生长期的干旱、覆盖部分生长期的干旱。

对于各次影响作物产量的干旱事件，从干旱发生的主要季节的不同，作进一步分类，即春季干旱、夏季干旱和秋季干旱。流域各县市干旱特征分季节统计见表7.35。

表7.35　龙川江流域各县市干旱特征分季节统计

县市	干旱次数	影响作物产量的干旱次数	春季干旱次数（起止时间在2—4月内）	夏季干旱次数（起止时间在5—7月内）	秋季干旱次数（起止时间在8—9月内）
楚雄市	103	75	14	17	3
大姚县	100	70	19	14	6
禄丰县	102	68	18	15	7
牟定县	102	69	19	13	5
南华县	97	62	16	12	8
武定县	107	77	20	14	10
姚安县	100	66	18	13	6
永仁县	97	67	21	12	7
元谋县	111	77	9	14	7

根据抗旱规划资料，流域干旱多在12月至次年2月和3—5月，和识别出的干旱总体上较为一致，结果具有合理性。由于抗旱调查中的数据为反映农业干旱的数据，考虑到干旱对作物的影响，而基于降水距平值识别出的干旱为气象干旱，两者间存在着时间分布上

的差异；此外，抗旱规划资料还表明龙川江流域干旱以春旱和初夏干旱为主，以春季干旱发生最为频繁，对农业生产影响严重。因此，在干旱次数上，表现为春、夏季干旱次数多于秋冬季节，这和表7.35中的结果一致，具有合理性。同时，将干旱事件分季节考虑，对农业抗旱具有指导意义。

7.4.3 龙川江流域旱灾损失评估

根据龙川江流域各县市1961—2010年干旱识别结果，利用EPIC模型计算水稻春季干旱，在不同灌溉（抗旱）水平下的产量，并计算旱灾损失率。计算结果见表7.36～表7.44。

表7.36 楚雄市单季水稻春季干旱不同灌溉水平下的产量损失率

序号	年份	干旱起始月	干旱终止月	干旱历时/月	重现期/年	干旱频率	旱灾损失率/%			
							无灌溉	50%灌溉	75%灌溉	100%灌溉
1	1961	3	4	2	1.07	0.46	9.93	6.32	5.32	4.39
2	1962	1	2	2	1.38	0.35	9.91	6.33	5.20	4.29
3	1967	11	2	4	1.15	0.42	10.36	6.08	5.06	4.13
4	1968	2	3	2	1.13	0.43	9.74	6.36	5.23	4.33
5	1971	1	2	2	1.06	0.46	10.07	6.07	5.06	4.13
6	1975	3	4	2	1.26	0.38	12.88	5.66	4.67	3.62
7	1976	3	4	2	0.92	0.53	8.70	6.21	5.31	4.29
8	1978	3	4	2	1.30	0.37	9.58	6.65	5.61	4.48
9	1980	1	9	9	95.65	0.01	32.83	14.69	12.63	11.46
10	1982	3	3	1	0.83	0.59	10.43	6.23	5.32	4.29
11	1987	3	5	3	2.19	0.22	26.75	16.60	10.43	5.69
12	1990	1	2	2	1.04	0.47	9.69	6.48	5.47	4.45
13	1991	2	3	2	0.91	0.53	12.15	5.57	4.66	3.48
14	1992	4	4	1	0.72	0.68	12.17	6.01	4.93	3.77
15	1995	2	5	4	3.27	0.15	25.90	15.59	9.41	5.56
16	1999	2	4	3	3.37	0.14	29.53	16.58	9.24	2.98
17	2001	3	4	2	1.56	0.31	20.02	9.42	3.92	2.68
18	2003	3	4	2	1.80	0.27	20.80	10.05	4.31	2.25
19	2004	2	3	2	1.52	0.32	17.38	7.37	3.76	2.77
20	2005	2	2	1	0.88	0.55	11.58	6.32	5.09	4.19
21	2007	3	3	1	0.95	0.51	14.49	5.91	4.30	3.26

表7.37 大姚县单季水稻春季干旱不同灌溉水平下的产量损失率

序号	年份	干旱起始月	干旱终止月	干旱历时/月	重现期/年	干旱频率	旱灾损失率/%			
							无灌溉	50%灌溉	75%灌溉	100%灌溉
1	1961	4	4	1	0.70	0.70	38.91	16.46	7.82	3.05
2	1963	9	5	9	176.19	0.00	71.87	31.27	22.95	16.77
3	1966	1	4	4	13.59	0.04	45.39	20.62	11.69	5.51

续表

序号	年份	干旱起始月	干旱终止月	干旱历时/月	重现期/年	干旱频率	旱灾损失率/%			
							无灌溉	50%灌溉	75%灌溉	100%灌溉
4	1968	2	3	2	1.14	0.43	38.12	15.10	6.53	2.27
5	1969	1	5	5	10.94	0.04	68.99	35.36	27.20	21.09
6	1973	4	4	1	0.82	0.59	41.59	17.76	8.89	3.34
7	1975	2	4	3	2.25	0.22	44.47	20.27	11.21	5.17
8	1976	4	4	1	0.73	0.67	37.63	14.75	6.31	1.94
9	1978	3	4	2	1.77	0.27	37.84	15.24	6.76	2.32
10	1980	1	4	4	4.14	0.12	41.94	18.16	9.32	3.70
11	1981	4	4	1	0.69	0.70	36.54	14.28	5.91	2.28
12	1982	3	3	1	0.96	0.51	39.00	15.83	7.08	2.39
13	1984	1	4	4	4.81	0.10	42.55	19.07	10.13	4.20
14	1990	1	2	2	1.18	0.41	35.97	13.31	5.23	2.15
15	1991	2	2	1	0.70	0.69	37.31	14.31	5.98	1.94
16	1993	3	3	1	0.89	0.55	36.85	13.96	5.54	1.78
17	1994	4	4	1	1.10	0.44	41.97	18.48	9.79	3.96
18	1998	2	2	1	0.71	0.68	38.06	15.01	6.46	2.29
19	1999	2	4	3	4.19	0.12	50.52	25.56	16.23	9.23
20	2000	4	4	1	0.70	0.70	37.59	15.05	6.35	2.43
21	2002	2	4	3	2.15	0.23	38.14	15.43	6.60	2.24
22	2003	3	4	2	1.49	0.32	41.81	18.89	10.06	4.31
23	2004	2	3	2	1.98	0.25	44.47	20.11	11.01	4.84
24	2006	1	3	3	3.16	0.15	39.74	16.14	7.52	2.54
25	2007	3	3	1	1.20	0.40	40.49	16.81	8.10	2.81
26	2008	4	4	1	0.79	0.62	39.62	16.95	8.22	3.13

表 7.38 禄丰县单季水稻春季干旱不同灌溉水平下的产量损失率

序号	年份	干旱起始月	干旱终止月	干旱历时/月	重现期/年	干旱频率	旱灾损失率/%			
							无灌溉	50%灌溉	75%灌溉	100%灌溉
1	1961	4	4	1	0.79	0.62	23.55	8.28	3.52	2.84
2	1967	2	2	1	0.75	0.66	22.06	6.77	3.14	2.74
3	1968	2	3	2	1.29	0.38	22.00	6.72	3.18	2.77
4	1969	11	5	7	40.51	0.01	51.80	26.67	19.94	12.49
5	1975	2	4	3	2.33	0.21	27.77	11.16	5.03	1.91
6	1976	4	4	1	0.70	0.70	21.19	6.12	2.88	2.39
7	1978	3	4	2	1.71	0.29	20.91	6.62	3.35	2.73
8	1982	3	3	1	0.98	0.50	22.92	7.50	3.17	2.32

续表

序号	年份	干旱起始月	干旱终止月	干旱历时/月	重现期/年	干旱频率	旱灾损失率/%			
							无灌溉	50%灌溉	75%灌溉	100%灌溉
9	1990	1	2	2	1.23	0.40	20.92	5.98	3.29	2.88
10	1991	2	2	1	0.70	0.70	22.02	6.73	3.14	2.74
11	1992	4	4	1	0.73	0.67	22.79	7.47	3.15	2.68
12	1995	3	5	3	2.68	0.18	32.80	16.98	10.58	5.53
13	1998	2	2	1	0.67	0.73	22.14	6.57	2.77	2.26
14	1999	2	4	3	4.25	0.12	39.79	20.99	13.39	5.62
15	2001	3	4	2	1.58	0.31	30.91	13.97	6.98	1.88
16	2002	2	2	1	0.96	0.51	23.13	7.53	3.09	2.58
17	2003	3	4	2	1.74	0.28	31.22	14.11	7.35	1.76
18	2004	2	3	2	1.68	0.29	30.21	12.76	5.86	1.42
19	2005	2	2	1	0.87	0.56	23.89	8.17	3.12	2.12
20	2006	1	3	3	4.45	0.11	26.84	10.15	3.97	1.73
21	2007	3	3	1	1.19	0.41	26.36	9.94	4.05	2.23
22	2008	4	4	1	0.71	0.69	24.63	8.97	3.42	2.66
23	2009	1	3	3	2.50	0.20	25.88	9.47	3.55	1.79

表 7.39 牟定县单季水稻春季干旱不同灌溉水平下的产量损失率

序号	年份	干旱起始月	干旱终止月	干旱历时/月	重现期/年	干旱频率	旱灾损失率/%			
							无灌溉	50%灌溉	75%灌溉	100%灌溉
1	1961	4	4	1	0.79	0.62	33.88	11.79	4.22	3.08
2	1965	2	3	2	1.06	0.46	29.61	7.98	3.17	3.17
3	1968	2	3	2	1.26	0.39	32.00	9.86	3.48	3.16
4	1969	11	5	7	27.41	0.02	64.18	30.46	21.92	15.78
5	1973	4	4	1	0.75	0.66	35.19	12.47	4.32	2.43
6	1973	12	2	3	2.06	0.24	33.50	10.98	3.68	2.83
7	1975	2	4	3	2.28	0.21	38.10	14.75	6.20	2.01
8	1976	4	4	1	0.72	0.68	31.90	9.87	3.43	3.08
9	1978	3	4	2	1.82	0.27	30.97	9.52	3.25	3.00
10	1982	3	3	1	1.00	0.49	33.14	10.79	3.59	2.65
11	1990	1	2	2	1.21	0.40	30.24	8.42	3.09	3.06
12	1991	2	2	1	0.71	0.69	32.28	9.97	3.37	2.95
13	1994	4	4	1	1.08	0.45	36.98	14.41	6.06	2.80
14	1995	3	5	3	2.64	0.19	39.81	17.84	9.67	6.14

续表

序号	年份	干旱起始月	干旱终止月	干旱历时/月	重现期/年	干旱频率	旱灾损失率/%			
							无灌溉	50%灌溉	75%灌溉	100%灌溉
15	1998	2	2	1	0.68	0.72	32.54	10.10	3.15	2.58
16	1999	2	4	3	4.17	0.12	47.51	22.43	12.73	5.57
17	2001	3	4	2	1.50	0.33	38.52	15.55	6.61	2.49
18	2002	2	2	1	0.98	0.50	32.71	10.30	3.22	2.58
19	2003	3	4	2	1.75	0.28	38.34	15.47	6.87	2.55
20	2004	2	3	2	1.82	0.27	39.75	15.57	6.68	2.16
21	2005	2	2	1	0.79	0.62	34.08	11.41	3.83	2.62
22	2007	3	3	1	1.20	0.41	36.35	13.39	5.18	2.70
23	2008	4	4	1	0.75	0.65	34.69	12.54	4.74	3.03
24	2009	1	3	3	2.37	0.21	34.11	11.40	3.84	2.65

表7.40　南华县单季水稻春季干旱不同灌溉水平下的产量损失率

序号	年份	干旱起始月	干旱终止月	干旱历时/月	重现期/年	干旱频率	旱灾损失率/%			
							无灌溉	50%灌溉	75%灌溉	100%灌溉
1	1961	4	4	1	0.78	0.66	12.17	4.00	3.38	2.85
2	1967	2	2	1	0.83	0.62	11.28	3.48	3.32	2.81
3	1968	2	3	2	1.15	0.45	10.89	3.45	3.41	2.90
4	1975	2	4	3	2.23	0.23	15.10	5.41	2.05	1.59
5	1978	3	4	2	1.52	0.34	10.01	3.41	3.34	2.82
6	1980	1	7	7	41.55	0.01	20.96	9.65	7.35	6.49
7	1982	3	3	1	0.96	0.54	11.96	3.71	3.14	2.52
8	1987	3	5	3	2.40	0.21	27.70	16.74	11.62	6.62
9	1991	2	2	1	0.68	0.76	11.41	3.29	3.10	2.48
10	1993	3	7	5	8.34	0.06	39.74	23.84	16.23	11.63
11	1995	3	5	3	2.38	0.22	22.77	12.98	8.40	4.49
12	1999	2	4	3	4.30	0.12	29.06	16.55	10.79	5.07
13	2001	3	4	2	1.70	0.30	19.97	9.37	4.61	1.39
14	2002	2	2	1	0.95	0.54	12.07	3.62	3.04	2.52
15	2003	3	4	2	1.82	0.28	19.90	9.22	4.57	1.07
16	2004	2	3	2	1.90	0.27	19.32	8.60	3.73	1.23
17	2005	2	2	1	0.73	0.70	13.03	4.30	2.97	2.45
18	2007	3	3	1	1.21	0.43	15.59	6.00	2.60	1.96
19	2008	4	4	1	0.69	0.75	14.03	4.85	2.80	2.29

表 7.41　　武定县单季水稻春季干旱不同灌溉水平下的产量损失率

序号	年份	干旱起始月	干旱终止月	干旱历时/月	重现期/年	干旱频率	旱灾损失率/%			
							无灌溉	50%灌溉	75%灌溉	100%灌溉
1	1961	3	4	2	1.16	0.40	61.20	26.21	15.18	6.16
2	1965	2	3	2	1.06	0.44	55.47	22.65	11.58	2.34
3	1966	1	5	5	10.46	0.04	74.75	31.70	20.79	11.79
4	1967	3	3	1	0.59	0.79	54.04	21.52	10.29	1.31
5	1968	2	3	2	1.12	0.42	58.80	24.87	13.72	4.79
6	1969	1	5	5	8.56	0.05	81.45	44.97	35.21	27.77
7	1970	2	3	2	1.27	0.37	63.61	27.71	16.63	7.58
8	1973	4	4	1	0.84	0.55	64.53	27.21	16.10	6.88
9	1975	2	4	3	1.93	0.24	69.35	31.76	20.89	11.84
10	1976	4	4	1	0.71	0.66	58.18	24.17	13.13	4.06
11	1981	4	4	1	0.65	0.72	55.16	23.03	12.11	2.85
12	1982	3	3	1	0.91	0.52	60.71	25.81	14.51	5.31
13	1991	2	3	2	1.13	0.41	59.41	25.60	14.20	4.94
14	1992	3	3	1	0.75	0.63	56.81	23.56	12.44	3.29
15	1994	4	4	1	0.93	0.50	63.17	26.44	15.24	6.15
16	1999	2	4	3	2.95	0.16	67.93	32.11	21.00	11.80
17	2000	4	4	1	0.81	0.58	56.47	23.13	12.00	2.56
18	2002	2	4	3	2.02	0.23	54.70	22.52	11.24	1.65
19	2003	2	4	3	2.08	0.22	59.37	26.11	15.14	6.10
20	2004	2	3	2	1.59	0.29	63.80	28.76	17.47	8.06
21	2007	3	3	1	0.96	0.49	60.88	25.76	14.48	5.30
22	2008	4	4	1	0.81	0.58	58.85	24.87	13.84	4.56

表 7.42　　姚安县单季水稻春季干旱不同灌溉水平下的产量损失率

序号	年份	干旱起始月	干旱终止月	干旱历时/月	重现期/年	干旱频率	旱灾损失率/%			
							无灌溉	50%灌溉	75%灌溉	100%灌溉
1	1961	4	4	1	0.74	0.68	29.30	13.01	6.32	3.30
2	1968	2	3	2	1.20	0.42	28.32	11.66	5.12	2.68
3	1973	4	4	1	0.73	0.69	30.99	13.91	6.83	2.48
4	1975	2	4	3	2.40	0.21	34.50	16.56	9.30	3.55
5	1976	4	4	1	0.69	0.72	27.14	10.87	4.73	2.88
6	1978	3	4	2	1.69	0.30	26.97	11.10	4.88	2.89
7	1982	3	3	1	0.97	0.52	30.00	13.17	6.37	3.02
8	1984	2	4	3	4.40	0.11	33.70	16.32	9.16	3.47

续表

序号	年份	干旱起始月	干旱终止月	干旱历时/月	重现期/年	干旱频率	旱灾损失率/%			
							无灌溉	50%灌溉	75%灌溉	100%灌溉
9	1987	3	5	3	2.60	0.19	47.89	26.14	18.87	12.09
10	1987	3	5	3	2.60	0.19	47.89	26.14	18.87	12.09
11	1988	3	7	5	7.88	0.06	68.29	40.44	28.68	17.52
12	1991	2	2	1	0.70	0.72	28.14	11.48	5.25	2.98
13	1993	3	7	5	7.91	0.06	55.12	30.67	20.59	10.98
14	1994	4	4	1	1.11	0.45	33.21	15.92	8.97	3.48
15	1995	3	5	3	2.63	0.19	35.68	19.34	12.66	7.15
16	1998	2	2	1	0.69	0.73	28.51	11.75	5.17	2.63
17	1999	2	4	3	4.52	0.11	44.64	25.37	17.66	10.39
18	2001	3	4	2	1.66	0.30	35.83	17.86	10.42	4.14
19	2002	2	2	1	0.95	0.53	29.55	12.53	5.75	2.67
20	2003	3	4	2	1.63	0.31	35.66	18.08	10.86	4.85
21	2004	2	3	2	1.94	0.26	37.13	18.35	10.81	4.50
22	2007	3	3	1	1.26	0.40	32.90	15.33	8.20	2.94
23	2008	4	4	1	0.73	0.68	30.84	13.99	7.03	2.84

表7.43　永仁县单季水稻春季干旱不同灌溉水平下的产量损失率

序号	年份	干旱起始月	干旱终止月	干旱历时/月	重现期/年	干旱频率	旱灾损失率/%			
							无灌溉	50%灌溉	75%灌溉	100%灌溉
1	1961	3	4	2	1.13	0.46	44.70	20.92	11.72	5.50
2	1965	2	3	2	1.12	0.46	41.74	17.75	8.66	3.13
3	1968	2	3	2	1.27	0.41	45.02	20.35	11.13	4.91
4	1969	1	5	5	9.03	0.06	73.32	41.29	32.93	26.65
5	1973	4	4	1	0.91	0.57	50.16	24.00	14.75	7.96
6	1975	2	4	3	2.28	0.23	53.70	27.11	17.92	10.89
7	1976	4	4	1	0.80	0.64	45.76	21.14	11.96	5.68
8	1981	4	4	1	0.76	0.68	44.25	20.36	11.05	4.89
9	1982	3	3	1	0.98	0.52	46.91	21.66	12.46	5.73
10	1990	1	2	2	1.26	0.41	43.46	19.07	9.93	4.01
11	1991	2	2	1	0.75	0.69	44.83	20.22	10.99	4.81
12	1992	3	3	1	0.75	0.69	44.01	19.63	10.35	4.44
13	1993	3	3	1	0.94	0.55	43.55	19.16	9.86	4.02
14	1994	4	4	1	1.11	0.46	49.78	23.79	14.68	7.73
15	1998	2	2	1	0.79	0.65	44.84	20.18	10.97	4.81

续表

序号	年份	干旱起始月	干旱终止月	干旱历时/月	重现期/年	干旱频率	旱灾损失率/%			
							无灌溉	50%灌溉	75%灌溉	100%灌溉
16	1999	2	4	3	3.78	0.14	58.10	30.98	21.35	13.77
17	2000	4	4	1	0.81	0.64	44.87	20.62	11.19	4.89
18	2002	2	4	3	2.29	0.23	44.65	20.40	11.02	4.68
19	2003	3	4	2	1.43	0.36	48.07	23.99	14.77	7.82
20	2004	2	3	2	1.88	0.27	52.15	25.67	16.09	8.89
21	2007	3	3	1	1.18	0.44	47.09	21.77	12.58	5.83
22	2008	4	4	1	0.87	0.60	46.94	22.12	12.97	6.23
23	2009	2	3	2	1.45	0.36	44.93	20.21	10.93	4.71

表 7.44　　元谋县单季水稻春季干旱不同灌溉水平下的产量损失率

序号	年份	干旱起始月	干旱终止月	干旱历时/月	重现期/年	干旱频率	旱灾损失率/%			
							无灌溉	50%灌溉	75%灌溉	100%灌溉
1	1965	2	3	2	1.13	0.40	62.85	27.00	15.42	6.12
2	1966	1	5	5	10.01	0.05	70.39	28.60	17.03	7.90
3	1968	2	3	2	1.04	0.43	63.28	27.04	15.47	6.16
4	1969	1	5	5	7.64	0.06	73.82	30.85	19.06	9.93
5	1970	2	3	2	1.43	0.31	63.95	27.13	15.55	6.22
6	1971	1	6	6	10.60	0.04	80.51	40.23	27.96	17.17
7	1975	2	4	3	1.81	0.25	64.26	27.17	15.58	6.25
8	1980	1	4	4	3.37	0.13	66.22	27.33	15.75	6.42
9	1988	1	8	8	41.52	0.01	83.53	49.71	34.94	22.28
10	1990	1	2	2	1.02	0.44	63.57	27.07	15.50	6.17
11	1991	2	3	2	1.32	0.34	63.54	27.08	15.51	6.18
12	1997	1	3	3	1.58	0.29	61.59	26.82	15.24	5.98
13	1999	2	4	3	2.48	0.18	65.86	27.32	15.72	6.39
14	2002	2	4	3	2.12	0.21	65.96	27.33	15.74	6.40
15	2003	2	4	3	2.44	0.18	64.49	27.21	15.63	6.29
16	2004	2	3	2	1.61	0.28	64.16	27.15	15.57	6.24
17	2005	11	2	4	3.20	0.14	63.57	27.07	15.50	6.17
18	2006	1	3	3	2.31	0.20	63.50	27.05	15.48	6.17
19	2009	1	3	3	1.68	0.27	62.86	26.98	15.41	6.11

7.4.4 龙川江流域抗旱能力评估

7.4.4.1 定性评估结果

（1）农业抗旱能力定性评估（表7.45、表7.46）。龙川江流域整体农业抗旱能力较弱，其中元谋县农业抗旱能力等级最低，定性评价结果为弱，其他县市农业抗旱能力为较弱。对比流域内干旱特征的地区分布，可以看出，农业抗旱能力和历史干旱特征具有一致性，元谋县抵御农业旱灾损失的能力最弱。

表7.45 龙川江流域区域抗旱能力隶属度表

目标层	隶属度				
	1级	2级	3级	4级	5级
楚雄市	0.06	0.32	0.29	0.33	0.00
大姚县	0.43	0.37	0.16	0.05	0.00
禄丰县	0.06	0.47	0.19	0.28	0.00
牟定县	0.37	0.26	0.30	0.05	0.02
南华县	0.44	0.21	0.06	0.13	0.16
武定县	0.37	0.23	0.12	0.27	0.01
姚安县	0.34	0.31	0.29	0.04	0.02
永仁县	0.31	0.55	0.07	0.03	0.03
元谋县	0.54	0.37	0.05	0.04	0.00

表7.46 龙川江流域各县市区域抗旱能力等级

区县	区域抗旱等级	定性评价	区县	区域抗旱等级	定性评价
楚雄市	3	一般	武定县	2	较弱
大姚县	2	较弱	姚安县	2	较弱
禄丰县	2	较弱	永仁县	2	较弱
牟定县	2	较弱	元谋县	1	弱
南华县	2	较弱			

（2）城市抗旱能力定性评估（表7.47、表7.48）。龙川江流域整体城市抗旱能力一般，但地区上分布差异较大。其中楚雄市、禄丰县、武定县城市抗旱等级为4级，抗旱能力较强，其次是牟定县和姚安县，抗旱等级一般，其他地区抗旱能力较弱。

表7.47 龙川江流域城市抗旱能力隶属度表

目标层	隶属度				
	1级	2级	3级	4级	5级
楚雄市	0.29	0.01	0.12	0.57	0.00
大姚县	0.32	0.37	0.25	0.06	0.00
禄丰县	0.29	0.09	0.04	0.57	0.00

续表

目标层	隶属度				
	1级	2级	3级	4级	5级
牟定县	0.38	0.01	0.56	0.06	0.00
南华县	0.36	0.02	0.04	0.28	0.30
武定县	0.38	0.01	0.04	0.57	0.00
姚安县	0.38	0.01	0.56	0.06	0.00
永仁县	0.38	0.53	0.04	0.06	0.00
元谋县	0.38	0.53	0.04	0.06	0.00

表 7.48　　龙川江流域各县市城市抗旱能力等级

区县	城市抗旱等级	定性评价	区县	城市抗旱等级	定性评价
楚雄市	4	较强	武定县	4	较强
大姚县	2	较弱	姚安县	3	一般
禄丰县	4	较强	永仁县	2	较弱
牟定县	3	一般	元谋县	2	较弱
南华县	2	较弱			

(3) 区域综合抗旱能力定性评估（表7.49、表7.50）。龙川江流域整体区域综合抗旱能力较弱，其中楚雄市区域综合抗旱能力一般，元谋县区域综合抗旱能力弱，其他县市为较弱。区域综合抗旱等级定性评价结果反映了地区的经济发展水平、农业抵御旱灾粮食损失的能力和城市供水的保障程度。同时，可以看出区域综合抗旱等级和流域干旱的地区分布较为一致。

表 7.49　　龙川江流域区域综合抗旱能力隶属度表

目标层	隶属度				
	1级	2级	3级	4级	5级
楚雄市	0.06	0.32	0.29	0.33	0.00
大姚县	0.43	0.37	0.16	0.05	0.00
禄丰县	0.06	0.47	0.19	0.28	0.00
牟定县	0.37	0.26	0.30	0.05	0.02
南华县	0.44	0.21	0.06	0.13	0.16
武定县	0.37	0.23	0.12	0.27	0.01
姚安县	0.34	0.31	0.29	0.04	0.02
永仁县	0.31	0.55	0.07	0.03	0.03
元谋县	0.54	0.37	0.05	0.04	0.00

表 7.50　　龙川江流域各县市区域综合抗旱能力等级

区县	区域综合抗旱等级	定性评价	区县	区域综合抗旱等级	定性评价
楚雄市	3	一般	武定县	2	较弱
大姚县	2	较弱	姚安县	2	较弱
禄丰县	2	较弱	永仁县	2	较弱
牟定县	2	较弱	元谋县	1	弱
南华县	2	较弱			

7.4.4.2　定量评估结果

根据抗旱能力定量计算方法，计算龙川江流域各县市的农业抗旱能力。由于仅有楚雄州 50%、75%、90%和 95%四种来水频率下的地区总供水量和总需水量数据，因此，以楚雄州地区的总供需比近似代替农业总供需比，作为农业抗旱能力水平指数，且流域各县市采用相同的抗旱能力水平指数。以 2010 年为基准年，2020 年和 2030 年为规划水平年，计算龙川江流域各县市不同来水频率下的抗旱能力水平指数。计算结果见表 7.51 和图 7.9。

表 7.51　　龙川江流域不同来水频率下的抗旱能力水平指数

水平年	抗旱能力水平指数			
	50%来水频率	75%来水频率	90%来水频率	95%来水频率
2010 年	0.96	0.94	0.89	0.86
2020 年	0.98	0.98	0.95	0.93
2030 年	1.00	1.00	0.99	0.96

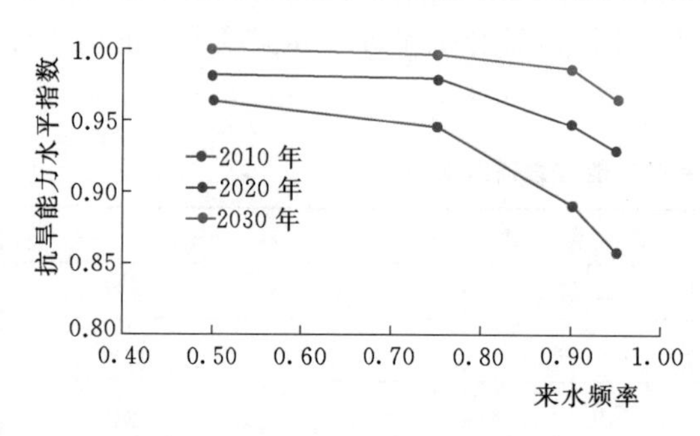

图 7.9　龙川江流域各水平年抗旱能力水平指数分布

由计算结果可看出，龙川江流域农业抗旱能力水平指数整体较高，农业供水量基本满足需水量的要求。在 95%来水频率下，2010 年、2020 年和 2030 年的抗旱能力水平指数分别为 0.86、0.93 和 0.96；当来水频率小于 90%时，抗旱能力指数基本在 0.90 以上。

根据计算结果，线性插值出抗旱能力指数为 1 时的来水频率。2010 年、2020 年和 2030 年，龙川江流域所抵御的最大来水频率分别为 6%、27%和 75%。

7.4.4.3　合理性分析

根据龙川江流域抗旱能力定性评估结果，龙川江流域整体农业抗旱能力较弱，其中元谋县农业抗旱能力等级最低，定性评价结果为弱，其他县市农业抗旱能力为较弱。根据楚雄州历史干旱特征资料，龙川江流域的整体抗旱能力和地区分布基本和历史干旱特征一致。因此，抗旱能力定性评估结果具有一定的合理性。

同时，根据抗旱能力定量评估结果，龙川江流域整体上农业抗旱能力较强，说明从供需平衡的角度上，供水满足需水的程度较高。同时，由于本次计算采用地区的总供需数据，评估结果和农业抗旱能力存在一定的差别。同时，由于缺少龙川江流域各县市的农业供需数据，因此，需要进一步收集数据，以分析抗旱能力的空间分布特征。

7.4.5 龙川江流域旱灾风险评估

7.4.5.1 基于旱灾系统的旱灾风险评估结果

龙川江流域各县市的旱灾风险评估分析各因子汇总见表 7.52。综合干旱的危险性、承灾体的暴露性、承灾体的脆弱性及抗旱能力等四个方面，计算旱灾风险度。其中：*H* 为 20 年一遇的干旱烈度/该地区最大干旱烈度，*E* 为人均 GDP 产值/该地区最高人均 GDP 产值，*V* 为 20 年一遇旱灾损失率/该地区最大旱灾损失率，*RE* 为区域综合抗旱能力等级/5。

旱灾风险等级划分标准同表 7.34，旱灾风险度计算结果见表 7.53。

表 7.52　　龙川江流域各县市旱灾风险评估分析各因子汇总

分类	指　标	楚雄市	牟定县	南华县	姚安县	大姚县	永仁县	元谋县	武定县	禄丰县
基本条件	年均降水量/mm	854.1	880.1	822.6	767.5	790.0	833.9	616.0	632.6	929.1
	耕地面积/千 hm^2	50.0	23.5	26.9	19.3	30.3	12.6	27.4	36.7	43.1
	人口/万人	54.8	20.4	24	20.8	28.9	10.9	21.3	27.6	43.8
	水资源量多年平均/亿 m^3	6.09	2.27	2.67	2.31	3.21	1.21	2.37	3.07	4.87
	2007 年 GDP/亿元	101.41	12.15	13.33	13.60	22.03	7.49	12.80	15.69	55.79
干旱危险性	干旱烈度均值/mm	29.4	29.4	29.4	29.4	21.4	21.4	21.4	21.4	29.4
	干旱历时最大值/月	9	9	9	9	9	9	9	9	9
	干旱烈度最大值/mm	132.5	132.5	132.5	132.5	131.1	131.1	131.1	131.1	132.5
	降水距平干旱-烈度历时联合分布（20 年一遇）/mm	98.4	98.4	98.4	98.4	75.2	75.2	75.2	75.2	98.4
	降水距平干旱-烈度历时联合分布（50 年一遇）/mm	121.6	121.6	121.6	121.6	92.8	92.8	92.8	92.8	121.6
承载体暴露性	人均 GDP/万元	1.85	0.60	0.56	0.65	0.76	0.69	0.60	0.57	1.27
	2007 年播种面积/千 hm^2	49.17	27.64	28.34	23.39	30.88	16.17	24.71	32.37	58.96
	2007 年粮食产量/万公斤	17912.5	8165.0	9860.6	8119.4	10782.1	4199.6	6885.5	8886.2	17553.7
	2007 年第一产业/万元	111691	46185	58296	49706	58412	27385	54199	60328	115085
	2007 年第二产业/万元	556451	35603	32532	37245	100457	18734	23287	45669	221692
	2007 年第三产业/万元	345964	39693	42483	49062	61461	28790	50491	50858	221132
	2007 年工业增加值/万元	404339	21814	21602	29228	72896	13003	15457	31514	159853
	2007 年农业产值/万元	171633	29805	30176	30068	22124	9643	35448	22145	58884
	2007 年牧业产值/万元	36599.4	18468	32896.8	22014	35830.8	20608.2	23743.8	59085	73767.6
	2007 年城镇人均收入/万元	1.26	1.14	1.10	1.10	1.17	1.10	1.20	1.10	1.26
	2007 年农民人均收入/万元	0.31	0.24	0.26	0.26	0.26	0.23	0.36	0.21	0.32

续表

分类	指　　标	楚雄市	牟定县	南华县	姚安县	大姚县	永仁县	元谋县	武定县	禄丰县
承载体脆弱性	多年平均农牧业旱灾损失/万元	3246	1773	1900	1447	1952	995	2528	1363	1833
	人饮困难旱灾损失/万元	134.0	65.6	146.0	93.1	117.4	24.4	165.6	96.7	136.8
	区域综合年平均旱灾损失/万元	3838.50	2359.91	2865.85	1877.17	2015.50	1255.12	2608.78	1418.91	1908.48
	典型年区域旱灾综合损失率（2007 年）/%	0.28	3.02	3.81	1.56	1.06	1.95	2.94	1.40	0.35
	典型年区域旱灾综合损失率（1997 年）/%	3.15	5.90	11.58	4.87	3.59	7.02	7.85	6.62	2.88
	典型年区域旱灾综合损失率（1993 年）/%	3.26	6.50	10.57	6.29	4.08	11.43	11.51	4.22	2.53
	区域综合年平均旱灾损失率/%	1.21	4.49	5.90	3.61	2.81	5.07	4.69	2.58	0.96
	50%频率（2 年一遇）/%	0.91	3.89	4.83	3.14	2.20	4.04	4.00	1.83	0.89
	25%频率（5 年一遇）/%	2.01	5.42	7.47	5.01	3.80	7.51	6.36	3.63	1.58
	10%频率（10 年一遇）/%	2.84	7.43	10.95	7.48	5.90	12.09	9.47	6.01	2.50
	5%频率（20 年一遇）/%	3.67	8.96	13.58	9.35	7.50	15.55	11.83	7.82	3.19
	2%频率（50 年一遇）/%	4.77	10.98	17.07	11.83	9.61	20.13	14.94	10.20	4.11
承载体抗旱能力	2007 年实际供水量/亿 m^3	2.30	0.80	0.62	0.86	0.89	0.44	1.04	0.92	1.90
	工程供水能力/亿 m^3	2.57	0.88	0.79	1.08	1.07	0.74	1.42	0.98	2.25
	有效灌溉面积/千 hm^2	19.81	11.05	9.43	9.57	9.62	6.07	10.97	12.03	19.29
	旱涝保收率/%	30	30	30	30	30	30	30	30	30
	抗旱浇地率/%	9	25	39	54	13	23	8	7	9
	供水水源地抗旱天数/d	139	103	178	101	110	63	59	141	207
	万元 GDP 用水量/(m^3/万元)	227	659	465	634	402	582	812	588	341
	定性评估（农业）	2	2	2	2	2	2	1	2	2
	定性评估（城市）	4	3	2	3	2	2	2	4	4
	定性评估（区域综合）	3	2	2	2	2	2	1	2	2
	定量评估	2	1	2	1	1	1	1	1	2

表 7.53　　龙川江流域各县市旱灾风险度

行政分区	干旱危险性 *H*	承载体暴露性 *E*	承灾体脆弱性 *V*	综合抗旱能力 *RE*	旱灾风险度 *Risk*	风险等级
楚雄市	0.74	1.00	0.24	0.6	0.29	较低
牟定县	0.74	0.32	0.58	0.4	0.34	较低
南华县	0.74	0.30	0.87	0.4	0.49	中
姚安县	0.74	0.35	0.60	0.4	0.40	中
大姚县	0.57	0.41	0.48	0.4	0.28	较低
永仁县	0.57	0.37	1.00	0.4	0.53	中

续表

行政分区	干旱危险性 H	承载体暴露性 E	承灾体脆弱性 V	综合抗旱能力 RE	旱灾风险度 $Risk$	风险等级
元谋县	0.57	0.32	0.76	0.2	0.71	较高
武定县	0.57	0.31	0.50	0.4	0.22	较低
禄丰县	0.74	0.69	0.21	0.4	0.26	较低

根据表7.53，龙川江流域旱灾风险特征表现为：干旱危险性较高，均在0.50以上；承载体暴露性较低，其中楚雄市经济水平（人均GDP）高于其他地区，其他地区相对偏低；综合抗旱能力整体不高，定性评价结果中，仅楚雄市抗旱能力一般，其他县市均在较弱以下；流域的旱灾风险度存在地区上的差异。其中元谋县旱灾风险度较高，南华县、姚安县、永仁县旱灾风险度为中等，其他县市风险度较低。

对比历史旱灾发生特征，元谋县为流域内极易受旱区，旱灾风险评估结果符合历史旱情发生特点，因此定性评估结果具有一定的合理性。

7.4.5.2 基于干旱频率-损失的旱灾风险评估结果

（1）龙川江流域R图编制。

1）基于假定灌溉水平的R图。根据干旱频率识别结果，将各次干旱事件，根据干旱发生的主要季节进行分类，由于水稻生长期为2月底至9月底，因此，将各干旱事件分为3类，即：春季干旱、夏季干旱和秋季干旱。以春季干旱为例，主要选取起止时间在2—4月内的干旱事件，同时加入起止时间包含2—4月且干旱程度以该时期内为主的干旱事件，上述选取的干旱事件均可作为春季干旱进行分析。

以春季干旱过程为例，根据干旱频率计算结果和旱灾损失率计算结果，拟合假定灌溉水平下，干旱频率和旱灾损失率间的分布曲线（R图）。结果见图7.10。

由R图曲线拟合结果可以看出：龙川江流域各县市早稻夏季干旱的作物产量损失率与其干旱频率之间，基本呈半对数函数的变化趋势，决定系数R^2基本在0.50以上，相关性较好。且随着灌溉水平的增加，干旱对作物产量的影响会逐渐降低，此时，不同频率下的作物产量损失率之间较为接近。因此，决定系数R^2随着灌溉水平的增加，呈下降趋势。

2）基于实际抗旱能力的R图。以2010年为基准年，2020年和2030年为规划水平年。根据基于实际抗旱能力的R图构建方法，分别计算龙川江流域各县市不同来水频率下的旱灾损失率，拟合得到不同来水频率下的干旱频率-旱灾损失率关系曲线，结果见图7.11。

由图7.11可知，龙川江流域各县市的实际抗旱能力（灌溉条件）介于75%和100%之间，即灌溉可供水量满足需水的程度整体上较高。当来水频率为50%时，由于供水量基本满足需水要求，灌溉条件基本可以达到充分灌溉，因此不同水平年之间的旱灾损失率差别很小。随着来水频率的增加，不同水平年之间的旱灾损失率差别也随之增大。

（2）龙川江流域P图编制。根据建立的旱灾风险分布曲线，对应不同的灌溉水平，根据拟合的公式，推求旱灾损失率对应的干旱重现期。重现期空间分布见图7.12。其中，在空间分布图中，将干旱重现期分为小于1年一遇、小于5年一遇、5～10年一遇、10～20年一遇、20～50年一遇、50～100年一遇、100～200年一遇和大于200年一遇共8个区间。

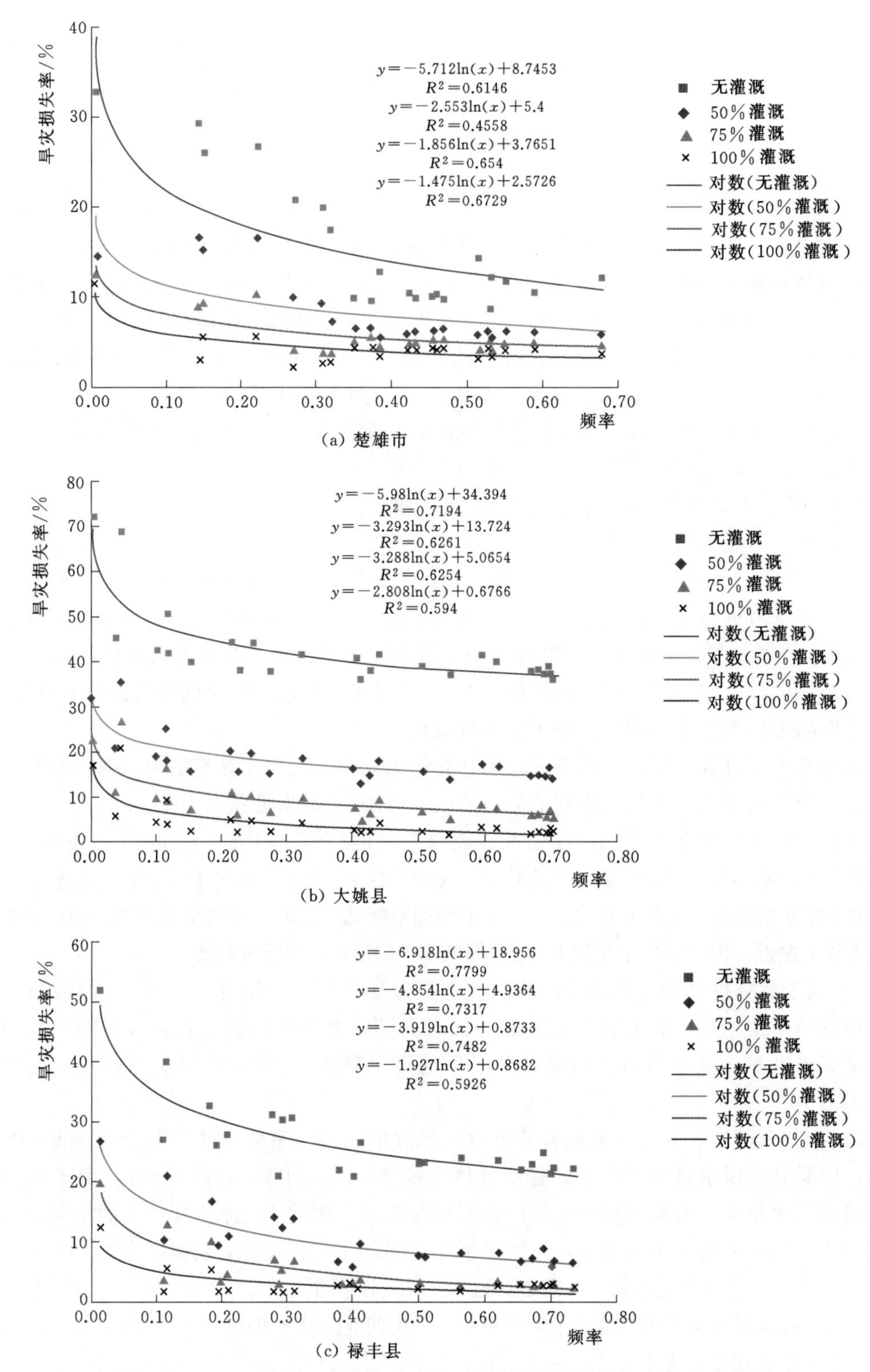

图7.10（一）　龙川江流域春季干旱不同灌溉水平下频率-损失率分布图

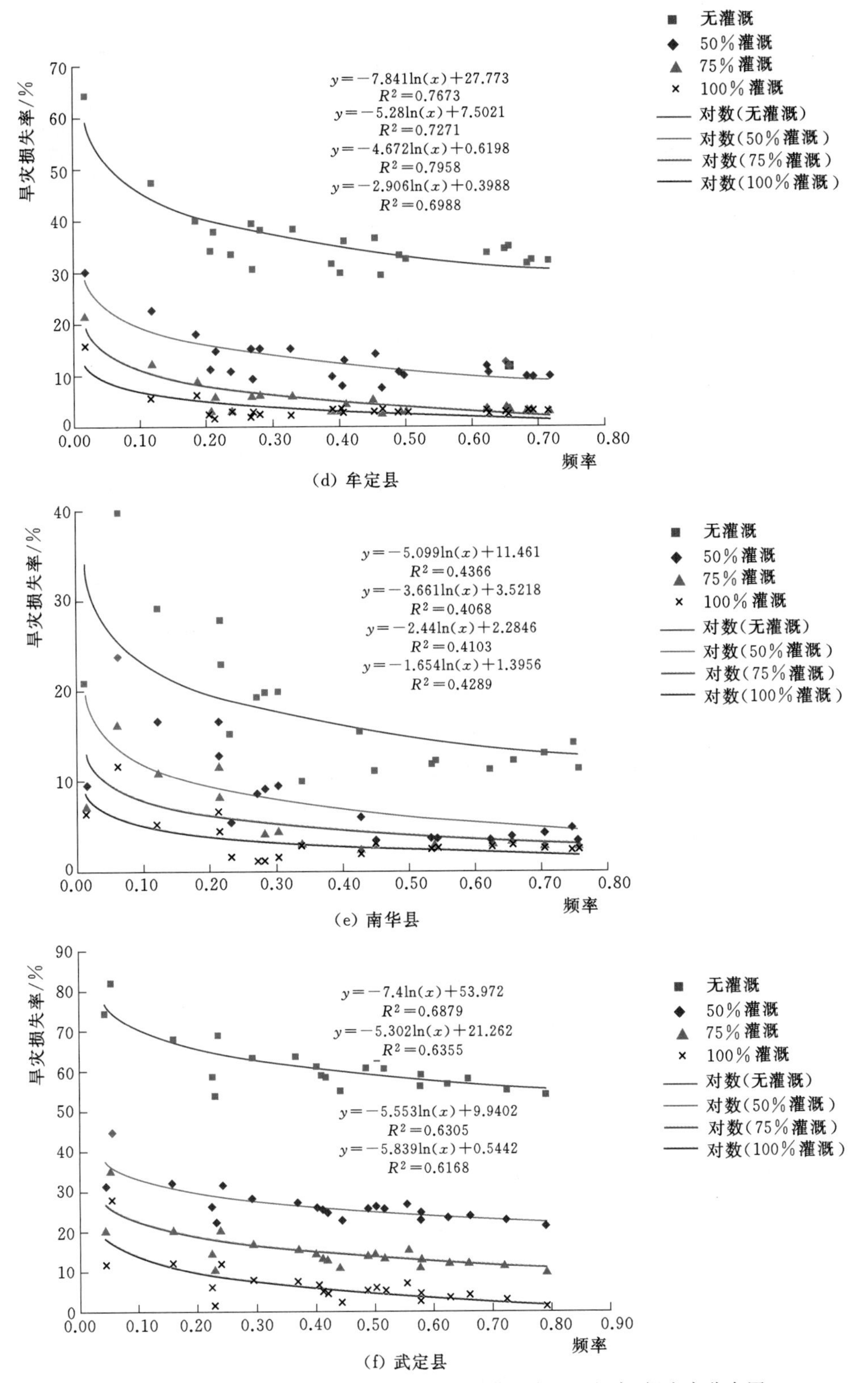

图 7.10（二） 龙川江流域春季干旱不同灌溉水平下频率-损失率分布图

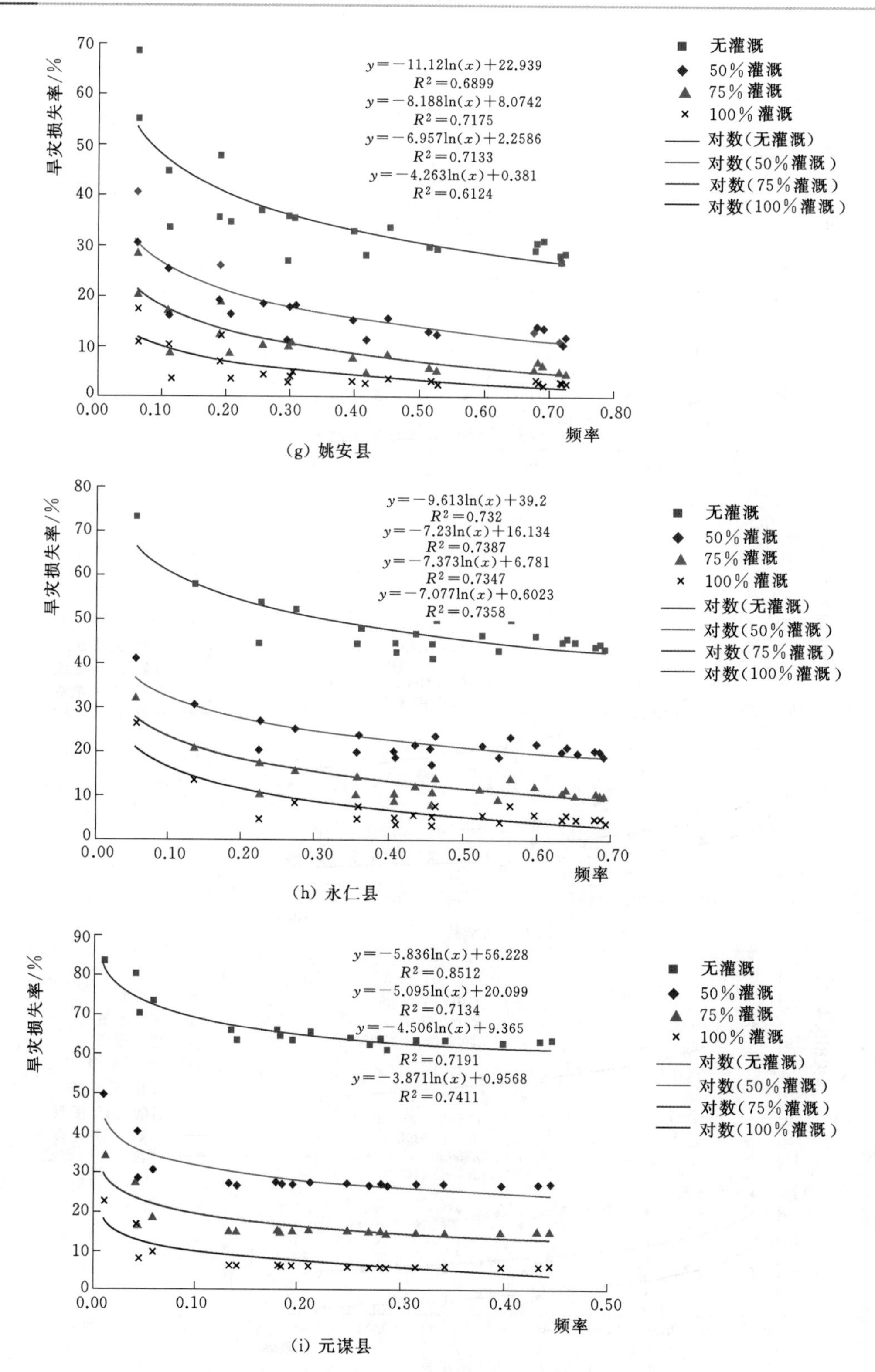

(g) 姚安县

(h) 永仁县

(i) 元谋县

图7.10（三）　龙川江流域春季干旱不同灌溉水平下频率-损失率分布图

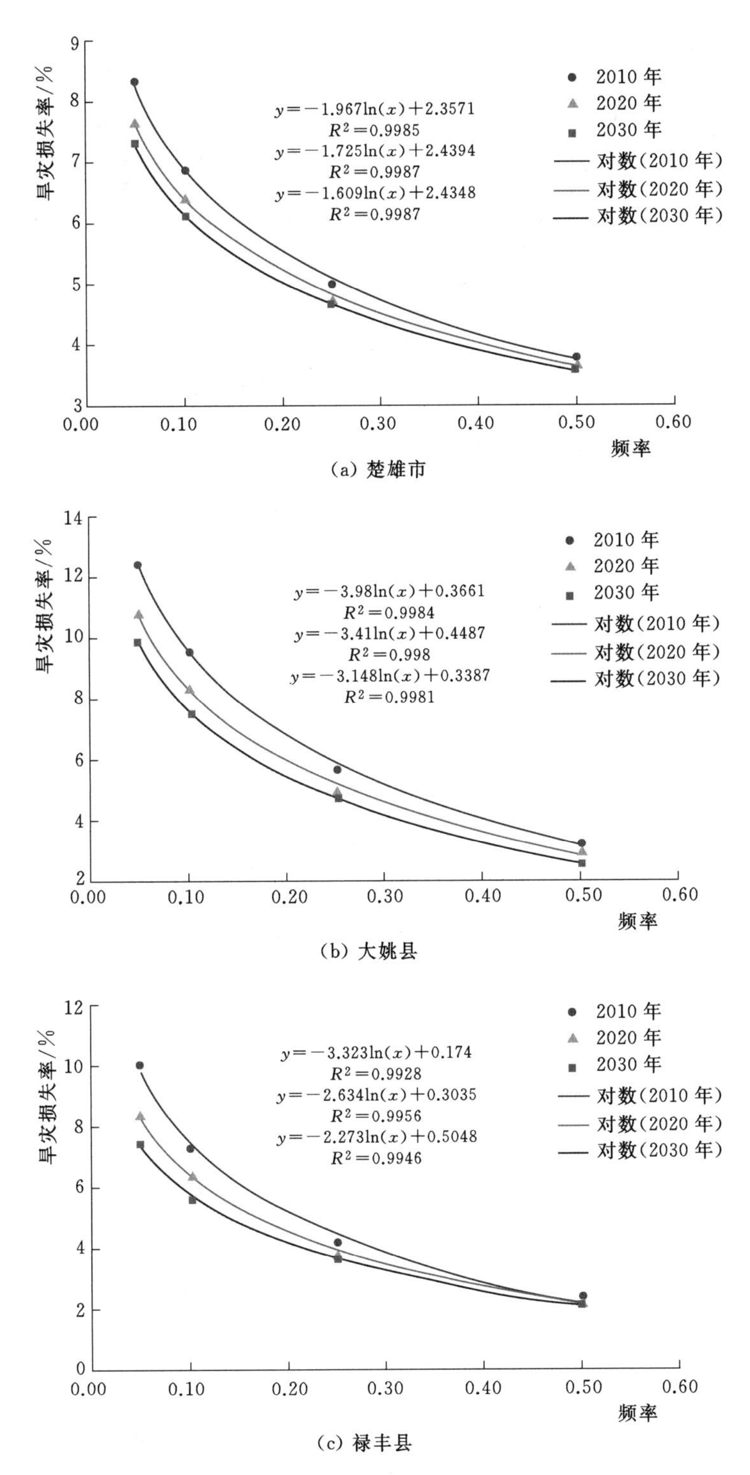

图 7.11（一） 楚雄市各水平年实际抗旱能力下的 R 图

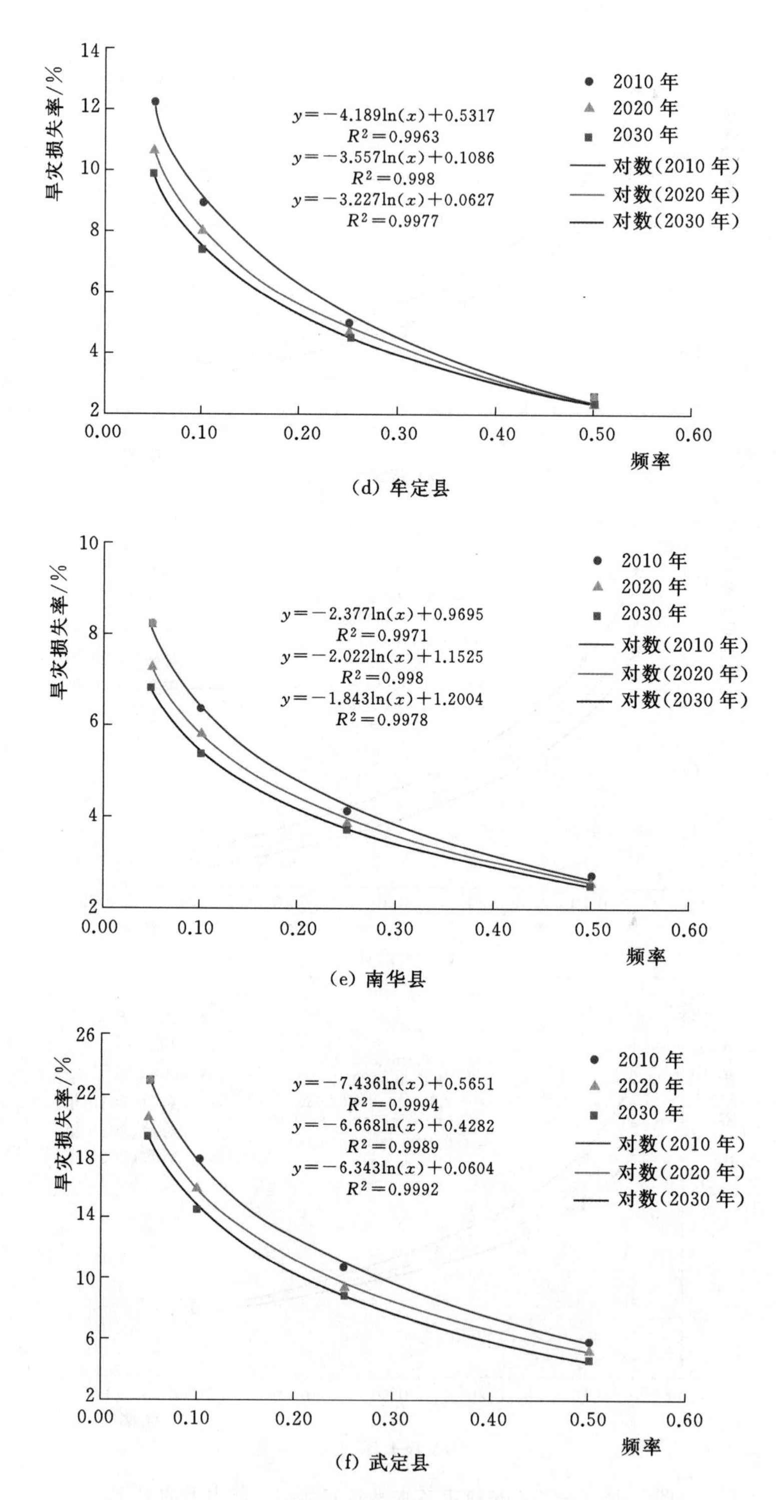

(d) 牟定县

(e) 南华县

(f) 武定县

图7.11（二）　楚雄市各水平年实际抗旱能力下的R图

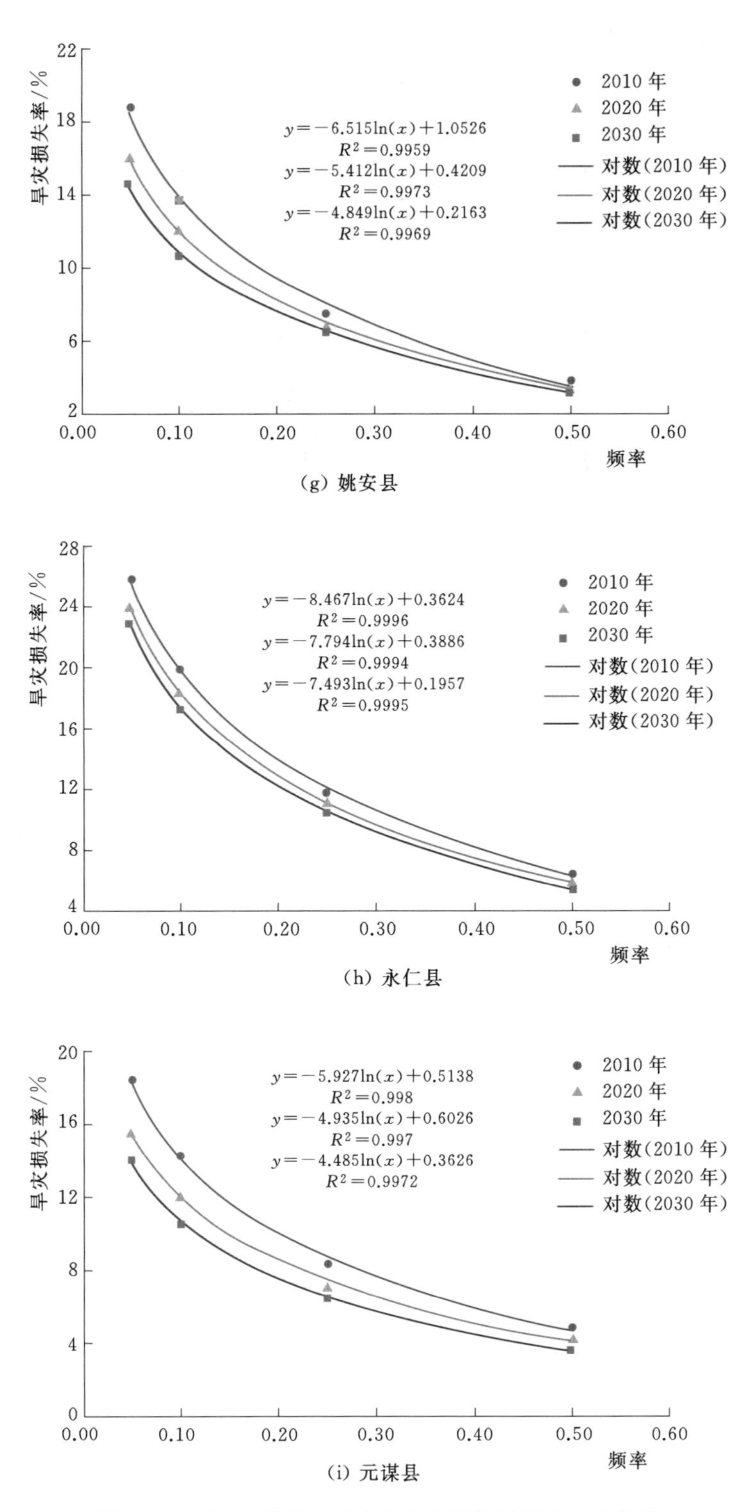

图 7.11（三） 楚雄市各水平年实际抗旱能力下的 R 图

（3）龙川江流域C图编制。根据旱灾风险R图中旱灾损失率和频率的拟合公式，对于不同灌溉水平，计算春季干旱在不同重现期下的旱灾损失率，旱灾损失率空间分布见图7.13。

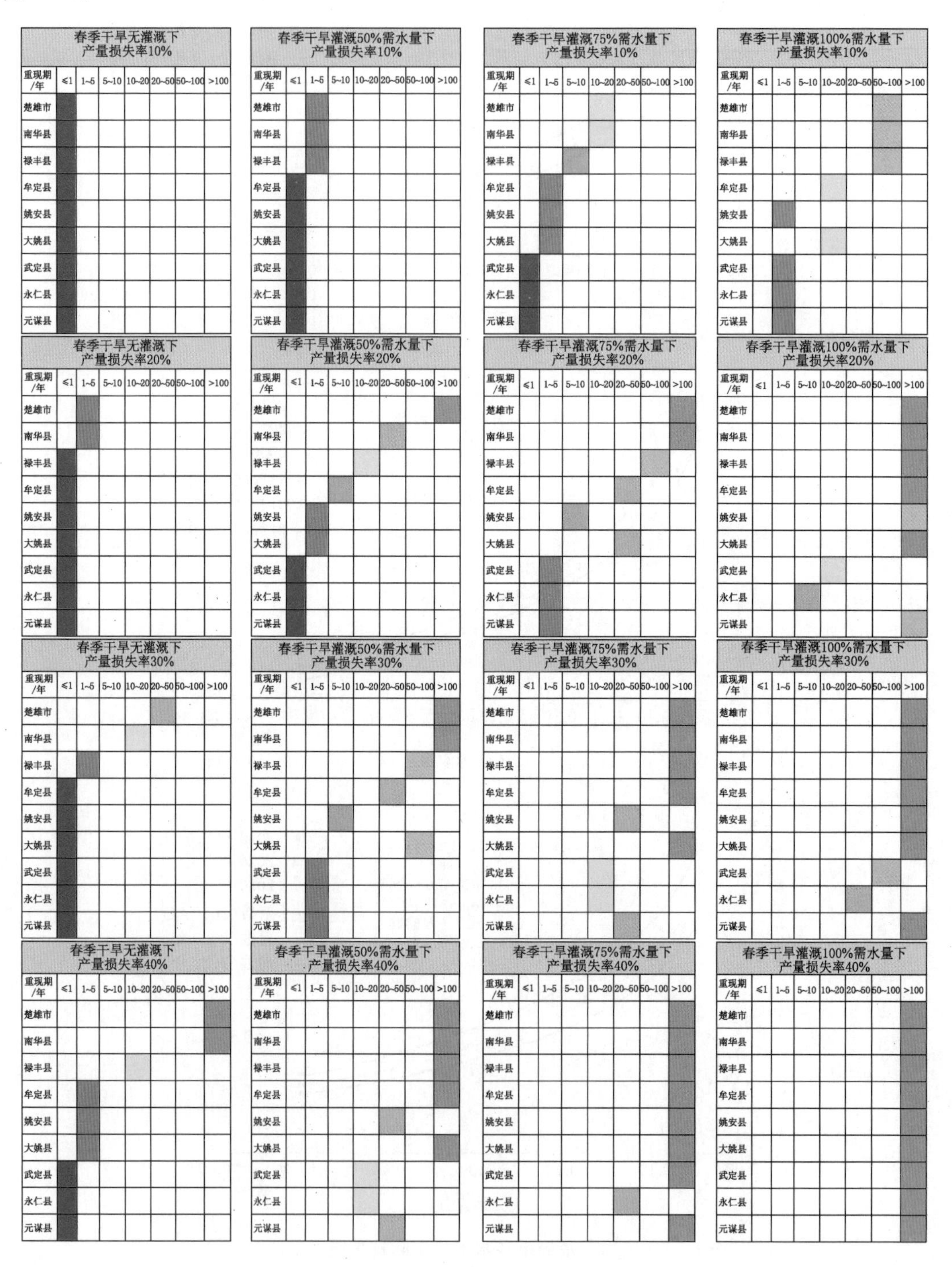

图7.12　龙川江流域干旱重现期分布图

5年一遇春季干旱下无灌溉					
损失率/%	0~20	20~40	40~60	60~80	80~100
楚雄市					
南华县					
禄丰县					
牟定县					
姚安县					
大姚县					
武定县					
永仁县					
元谋县					

5年一遇春季干旱下灌溉50%需水量					
损失率/%	0~20	20~40	40~60	60~80	80~100
楚雄市					
南华县					
禄丰县					
牟定县					
姚安县					
大姚县					
武定县					
永仁县					
元谋县					

5年一遇春季干旱下灌溉75%需水量					
损失率/%	0~20	20~40	40~60	60~80	80~100
楚雄市					
南华县					
禄丰县					
牟定县					
姚安县					
大姚县					
武定县					
永仁县					
元谋县					

5年一遇春季干旱下灌溉100%需水量					
损失率/%	0~20	20~40	40~60	60~80	80~100
楚雄市					
南华县					
禄丰县					
牟定县					
姚安县					
大姚县					
武定县					
永仁县					
元谋县					

10年一遇春季干旱下无灌溉					
损失率/%	0~20	20~40	40~60	60~80	80~100
楚雄市					
南华县					
禄丰县					
牟定县					
姚安县					
大姚县					
武定县					
永仁县					
元谋县					

10年一遇春季干旱下灌溉50%需水量					
损失率/%	0~20	20~40	40~60	60~80	80~100
楚雄市					
南华县					
禄丰县					
牟定县					
姚安县					
大姚县					
武定县					
永仁县					
元谋县					

10年一遇春季干旱下灌溉75%需水量					
损失率/%	0~20	20~40	40~60	60~80	80~100
楚雄市					
南华县					
禄丰县					
牟定县					
姚安县					
大姚县					
武定县					
永仁县					
元谋县					

10年一遇春季干旱下灌溉100%需水量					
损失率/%	0~20	20~40	40~60	60~80	80~100
楚雄市					
南华县					
禄丰县					
牟定县					
姚安县					
大姚县					
武定县					
永仁县					
元谋县					

20年一遇春季干旱下无灌溉					
损失率/%	0~20	20~40	40~60	60~80	80~100
楚雄市					
南华县					
禄丰县					
牟定县					
姚安县					
大姚县					
武定县					
永仁县					
元谋县					

20年一遇春季干旱下灌溉50%需水量					
损失率/%	0~20	20~40	40~60	60~80	80~100
楚雄市					
南华县					
禄丰县					
牟定县					
姚安县					
大姚县					
武定县					
永仁县					
元谋县					

20年一遇春季干旱下灌溉75%需水量					
损失率/%	0~20	20~40	40~60	60~80	80~100
楚雄市					
南华县					
禄丰县					
牟定县					
姚安县					
大姚县					
武定县					
永仁县					
元谋县					

20年一遇春季干旱下灌溉100%需水量					
损失率/%	0~20	20~40	40~60	60~80	80~100
楚雄市					
南华县					
禄丰县					
牟定县					
姚安县					
大姚县					
武定县					
永仁县					
元谋县					

50年一遇春季干旱下无灌溉					
损失率/%	0~20	20~40	40~60	60~80	80~100
楚雄市					
南华县					
禄丰县					
牟定县					
姚安县					
大姚县					
武定县					
永仁县					
元谋县					

50年一遇春季干旱下灌溉50%需水量					
损失率/%	0~20	20~40	40~60	60~80	80~100
楚雄市					
南华县					
禄丰县					
牟定县					
姚安县					
大姚县					
武定县					
永仁县					
元谋县					

50年一遇春季干旱下灌溉75%需水量					
损失率/%	0~20	20~40	40~60	60~80	80~100
楚雄市					
南华县					
禄丰县					
牟定县					
姚安县					
大姚县					
武定县					
永仁县					
元谋县					

50年一遇春季干旱下灌溉100%需水量					
损失率/%	0~20	20~40	40~60	60~80	80~100
楚雄市					
南华县					
禄丰县					
牟定县					
姚安县					
大姚县					
武定县					
永仁县					
元谋县					

图 7.13 龙川江流域旱灾损失率空间分布

第 8 章

长江流域旱灾风险综合应对思路

8.1 关键问题辨识

长江流域虽然降水丰沛，但受季风气候的影响，降水时间分配不均，干旱事件频发，但干旱特点、性质和形势与北方地区不同，主要体现在如下几个方面：

（1）特殊的地理条件决定了山丘区蓄水保水条件差。长江流域山丘区面积占 80%以上，坡降较大，因此当降水发生时，包括大部分地下水都很快汇流出山口，当降水停止后，山地则显现出旱情，中下游地区降水主要汇入河湖等低洼地区，最后流入长江。如当地建有调节水库和渠道等水利设施，具有较强的抗旱能力，则可抵御一定程度的干旱，反之，农作物会因旱缺水，即气象干旱转变为农业干旱。但如遇严重干旱，即便流域/区域内建有水库和渠道等水利设施，长时间的无降水条件也会导致入库径流大幅度减少，水库蓄水量有限，再加上用水量的增加，经济社会供需水过程很快失衡，极易发生饮水困难、用水紧张等情况，出现较为严重的旱灾（如 2009—2010 年的西南大旱）。长江流域的云贵高原、四川盆地、重庆山丘地区、湖南衡邵山丘区、鄂北山丘区、河南南阳和赣南山丘区等地都是传统干旱高发区域。其中位于西南的云贵高原地区多为喀斯特地貌，由于区内独特的地貌结构，常呈现山高水低、雨多地漏、石多土少、土薄易旱的特征，造成地表水集蓄与地下水开采困难，从而形成湿润气候下的干旱缺水区。

（2）与北方地区相比，长江流域地下水资源量相对较少。长江流域地下水资源与地表水资源不重复量仅占水资源总量的 1.3%左右，可方便使用的地下水资源比北方少。在山丘区，地下水与地表水大部分是重复的，到山前都会流出地面转化为地表水；在平原区，由于都是冲积作用形成的平原和湖泊，历史上气候温暖，降水量大，森林植被良好，土壤黏性土层比例和厚度远超北方地区，降水多形成地表径流或者滞留在地表的江湖中或者浅层地表中，深层地下水很少，可利用的地下水资源比例很小，再加上历史形成的习惯，绝大部分生产和生活用水都依赖地表水。中下游地区一旦地表水位出现低水位，就会出现取水和用水困难，引起旱情和旱灾。

（3）伏旱问题突出。长江流域在夏天雨季过后或者出现“空梅”（梅雨时节没有降雨）时，由于气温高、日照长、辐射强，大地和植物蒸散发量大，特别是在夏季梅雨过后，西太平洋副热带高压长时间地控制长江中下游地区，晴热少雨，伏旱频发，给夏季粮食生产和人们用水带来困难。尤其是对于农业，由于夏季是农作物生育旺盛的时期，伏旱对农作物危害较大，所以有古谚“春旱不算旱，夏旱减一半”。长江流域川西及重庆地区、江汉平原、洞庭湖和鄱阳湖区、长江三角洲地区虽然水资源总量丰富，但也容易出现伏旱。

（4）经济社会与生态环境需水量大，导致干旱灾害风险大。随着长江流域国民经济的持续增长、人口规模的不断扩大、城镇化与工业化的加快发展以及保障生态环境建设的用水要求不断增加，水资源的需求将不断增长。农业是长江流域第一用水大户，用水量占全流域用水总量的60%左右，其中，农田灌溉用水是农业用水的主体，约占农业用水量的95%，尤其是在水稻种植地区，水稻种植面积超过1800万hm^2，需水和耗水量大，遇干旱年份或者干旱季节常常影响水稻的正常生长，农业干旱频繁发生，旱灾风险较大。

（5）水质型缺水加剧局部地区旱灾严重程度。长江流域大城市附近湖泊等天然水域水污染严重或者出现富营养化，许多大中城市特别是中下游地区的城市主水（当地水）污染严重，严重依靠客水（上游水源），遇客水来量减少或者突发水污染事故，水质型缺水问题突出，如果遇当地干旱，会加重旱灾损失。

（6）气候变化影响极端水文事件频发，水资源供需矛盾加剧。气候变化预估结果表明，长江流域降水总量多年均值在未来30年并不会发生较为明显的变化（±2%），但多年平均气温可能升高1.6～2.0℃；受气温增加的影响，流域蒸散发量会有一定幅度提升，在这一背景下，未来预估时段（2021—2050年）长江流域气象干旱形势更为严峻，预计未来30年长江流域多年平均气象干旱面积是历史时段的1.4～1.7倍，上、中、下游干旱频次分别增加38.4%～50.7%、33.7%～45.3%和32.6%～49.6%，上游地区干旱频次增加幅度最大，以西南和川渝地区最为突出。此外，气候变暖导致的农业、工业、生活、生态等用水增加。在两类因素的综合作用下，长江流域水资源供需矛盾日益加剧，对供水安全带来了较为严重的负面影响。

8.2 总体应对思路

8.2.1 应对目标

以现代自然灾害系统理论为指导，遵循自然和人类活动双重驱动下的干旱灾害及风险孕育规律，融合战略、系统、辩证、创新、底线等发展思维，依法应对、趋利避害，以干旱灾害损失减缓为核心，以削减干旱事件的危险性、降低社会经济对旱涝事件的暴露性与脆弱性、提高防灾减灾能力为三大抓手，全面升级干旱灾害应对模式，常态与应急管理相结合，干旱灾害应对应全面纳入长江经济带发展和长江大保护等相关国家战略的实施，形成“多层次、多过程、多主体”联动的干旱灾害应对体系，实现“小旱不成灾，大旱成小灾，巨旱有预案”，力保社会经济与生态文明建设安全。

8.2.2 应对原则

（1）尊重自然、顺应自然。受季风气候影响，长江流域降水的年内和年际变化大，且在地区上分配不均；流域内80%以上的陆地为山丘区，蓄水保水能力差，两者从根本上决定了长江流域干旱频发的背景。此外，近50年来，在以全球变暖为主要背景的气候变化下，降水时空分布更为集中，打破了原有的水供给与水需求之间的平衡关系，是导致长江经济带水旱灾害加剧的主要驱动力。干旱事件是极端水循环过程，其演变具有复杂性，需遵循水循环的基本原理和复杂系统的演变机理；干旱事件及灾害应对的本质是解决社会经济需求的相对确定性与极端水文水资源事件随机性的矛盾，需遵循气候系统、水循环与水资源系统、社会经济系统、生态环境系统演变规律。

（2）政府主导，依法应对。干旱灾害应对具有公益性特征，应充分发挥政府的主导作用，加强抗旱减灾战略对策研究和规划引导，完善相关政策。由于干旱灾害具有破坏性，针对巨型干旱事件，应通过风险分散，运用保险机制对灾害损失进行经济补偿，确保大旱大灾下灾民的生活水平不受较大的冲击。此外，抗旱减灾工作不仅涉及众多的社会主体，也涉及水资源的权属，因此，需要完善相关法律法规与体制机制，明确各主体的权利和义务，使抗旱减灾工作有法可依，有序进行。

（3）统筹规划，超前建设。以经济社会与生态环境复合体为对象，考虑水资源与土地资源的适配关系，兼顾坡面与河道、地表与地下的空间特征，以及灾前预防、灾中应对与灾后重建工作的时序要求，以工程措施与非工程措施相结合的方式，实现干旱应对在时间和空间上工程措施与非工程措施的系统规划；同时，为满足巨型干旱事件的应对需求，做到“防患于未然”，应充分考虑长江经济带粮食生产和城市发展规划布局等方面的要求，针对抗旱减灾的基础设施建设要适度超前。

（4）避害就利，辩证防控。对于生态环境系统而言，自然节律下干旱与洪水是其演变的关键驱动力，并非完全属于“灾害”，因此，应客观认识干旱与洪水事件，进而辩证防控。在辨识干旱与洪水时空关联性的基础上，给洪水以出路，给干旱留时间，合理部署旱涝应对的程度和强度，实现洪为旱用。

（5）以人为本，保障民生。坚持“节水优先、空间均衡、系统治理、两手发力”的治水方针，坚持“民生优先、人水和谐”的治水理念，把支撑经济社会发展的水资源可持续利用体系作为主要任务，把生态环境治理与保护作为干旱灾害应对的重要保障，把严格水资源管理作为干旱应对的重要举措，全面推行生态文明建设，保障社会经济与生态环境的可持续发展。

8.2.3　总体布局

（1）以流域水循环及其要素过程演变的视域，科学认知干旱事件及灾害。在以升温为背景的气候变化和以竞争性用水、用地为特征的人类活动共同影响下，流域水循环及其要素过程（包括天然水循环和社会水循环）发生了深刻变化。干旱事件的本质是缺水，具体体现在因降水减少导致区域或流域缺水程度激增，乃至引发社会经济损失或生态环境的退化，归根结底属于水循环的极值过程。因此，干旱的发生与发展过程遵循水循环的基本规律，受到气候变化、下垫面条件变化、人类水土资源开发等因素的综合影响，这也是当前变化环境下干旱应对的基本理论依据。

（2）以优化国土空间布局为切入点，从源头上规避干旱灾害风险。一方面，随着长江流域人口的激增和经济社会的快速发展，“人地争水”的矛盾将会日益凸显，“小旱大灾”现象日趋突出，干旱的危险性被人为放大。另一方面，在干旱事件的高风险区，社会经济布局的密度较大，从根本上增加了干旱灾害的暴露性；天然生态系统被人工生态系统大规模高强度取代，承灾体的脆弱性增加。因此，应基于长系列干旱序列的重建及其演变规律的信息挖掘，识别干旱事件及灾害的强度、频度和空间分布特征；并结合未来干旱特征发展趋势的研判，进行干旱灾害风险区划。以此为依据，优化社会经济的空间布局并实施生态修复，从源头上降低干旱灾害风险的暴露性和脆弱性，进而整体上降低干旱灾害风险。

（3）以空间上的立体调蓄与时间上的峰蓄枯补为路径，实现干旱灾害的过程防控。传统的干旱应对多属于末端式和分离式的方式，即往往是出现了旱象（多水向缺水演变过程的末期），才开始采取措施，且是通过抽取地表和地下水以增加供水，未能充分发挥洪涝的资源化利用潜力及“涝为旱用”的基本要求。不同类型的承灾体（如农业、城市、生态等）均隶属于地表-土壤-地下立体系统，且通过水文水动力过程相互联系。空间上的立体调蓄与时间上的峰蓄枯补可有效削减洪峰和涝水、增加干旱时段水资源量，具体包括：通过调整耕作模式，增强土壤的持水能力，建设“海绵田”和土壤水库，减小暴雨期的产水，增加干旱期的土壤水，藏水入土；结合土壤与地下水的水力联系，增加暴雨期地下水的补给量，提高干旱期地下水的可开采量，实现水资源的“洪涝水为旱用”等。

（4）以技术＋管理＋法律＋经济“四轮驱动”为手段，为干旱灾害风险应对提供全方位支撑。科技支撑能力是整体升级长江流域干旱应对能力的关键，亟待在进一步整合科研资源的基础上，研发干旱智能化监测和智慧化预报预警与防控技术体系，包括旱情诊断与旱灾判别方面重点研究旱情快速诊断及预测、旱灾判别及风险预判技术，研发旱情获取、诊断预测、风险预判与抗旱决策一体化系统平台，提高应急响应速度和救灾决策能力；研发地下水源快速定位和开采装备、饮用水源快速检测净化和输送装备、农业多水源抗旱供水与应急灌溉一体化技术与装备、城市与生态敏感区备用水源与人工增雨协同应急保障管理措施及成套技术，提高救灾时效性和机动性；在管理与法律方面，从天然水循环与社会水循环要素过程有机结合的角度，建立健全干旱应对相关法律法规和管理机制，进一步完善现有干旱灾害管理体系；在经济方面，建立水旱灾害损失评估标准体系，制定基于大数据分析与多要素博弈关系的干旱灾害保险策略等。

8.3 典型地区干旱应对策略

8.3.1 西南地区干旱应对策略

中华人民共和国成立以来，西南地区共发生9次严重及特大干旱灾害，其中1950—1989年3次，1990—2012年6次，2006—2012年仅7年间，共发生严重及特大干旱灾害4次，发生频率高达57.1%，严重及以上干旱灾害发生频次呈明显上升趋势。总体而言，近几年西南地区的干旱事件具有受灾面积大、影响范围广，持续时间长、部分地区连年受灾，因旱农村饮水困难突出，农业因旱成灾率高等特点。西南地区连年干旱灾害是受降水时空分布不均和持续高温少雨天气的影响，以及地形、地质和地貌的特殊性和复杂性所致。除此之外，水资源需求的增加及水生态和环境的恶化等经济社会原因也是不容忽视的。因此，西南地区应对干旱灾害的基本策略是通过工程和非工程措施，具体主要从如下几方面入手：

(1) 加快抗旱基础设施建设，确保水资源高效、均衡与可持续利用。西南地区水资源利用率较低，工程性缺水问题突出，导致农村饮水困难和农业干旱频发。因此，需坚持挖潜优先，以中型水库，以及小水窖、小水池、小塘坝、小泵站、小水渠等“五小水利”工程等抗旱应急水源工程为重点，适当考虑对区域性供水具有保障作用的大型水库及地下水条件相对较好地区的打井工程，加快水源工程建设，保障城乡饮水安全。此外，在滇中、黔中和四川盆地腹部等地区，还存在资源性缺水的问题，需探寻经济社会与资源环境之间的协调关系，推进跨流域调水工程、重点江河水系连通工程、大中型水源调蓄工程的规划与建设。对于开发利用程度较高、水污染加剧、干旱期水质性缺水问题突出的这类区域，需推动水资源过度开发向主动保护转变，构建水资源水环境监测网络，加快水污染综合治理工程建设，确保干旱时期小塘坝、小水渠、小水库等小微型水源地中的水资源可用。

(2) 加强云贵高原湖泊流域的水量水质联合管理，提升监测预警与应急供水能力。以滇池流域等云贵高原湖泊流域为重点对象，坚持以水定城、以水定地、以水定人、以水定产，发挥水资源的刚性约束作用，推动水资源开发与水环境治理模式由传统的“供水管理、粗放用水、过度开发、单一治理”，向“需水管理、集约用水、主动保护、系统治理”的转变。考虑气候变化与人类水土资源开发等双重影响，科学研判湖泊流域未来变化环境下水资源供需关系演变特征，并以此为依据制定适应未来变化环境的湖泊流域水量分配方案。此外，由于西南地区的墒情监测站点量少点稀，并且普遍存在监测数据不准问题，应完善气象、水文站网建设，并综合利用气象、土壤、遥感等多种监测手段，提高干旱监测、预警、预报水平，并建立健全旱情监测预警和抗旱指挥调度系统、抗旱管理服务体系等。同时，建设规模合理、标准适度的抗旱应急备用水源工程，制定特殊干旱事件情况下，水资源的管理措施和水量调度预案、抗旱应急响应机制及风险防控预案等。

(3) 提升西南喀斯特地区水资源利用效率，保障经济社会用水安全。西南喀斯特地区降水相对丰富，但由于特殊“二元”地上地下结构，地表水和土壤水流失严重，雨水资源难以利用，降低了经济社会用水的安全。建立与水资源禀赋和利用条件相适应的节约用水管理体系，提高水资源的利用率是解决西南喀斯特地区干旱缺水问题的重要举措。具体而言，一是改变农业用水的传统灌溉方式，推广渠道防渗、计划用水、喷灌、微滴灌等节水灌溉方式，发展高效节水灌溉技术；二是改变工业用水不合理的布局及落后的工艺，调整工业结构和产业优化升级、提高工业用水重复利用水平和推广先进的用水工艺与技术；三是公共和生活用水采取经济手段，发挥水价的调节作用，减少用水浪费，同时，普及应用生活节水型器具；四是科学管理和调配水源，算清水账，细化水量调度，加强用水协调，提高水资源利用效率。

(4) 全面提高旱灾风险管理能力，推动减灾社会化。目前抗旱管理已从减轻旱灾损失向减轻旱灾风险转变，风险管理的模式正逐步推广应用。但西南地区社会抗灾减灾意识薄弱，重汛轻旱的思想也比较严重。在干旱发生时，当地居民“靠天等雨”现象普遍存在，遇严重旱灾自救能力弱，并将有限的水资源用于农业灌溉，而当干旱持续发生时，则加剧了农村因旱饮水困难问题。因此，应该全面提高旱灾风险管理能力，完善旱灾风险管理中的法律体系、组织体系、指挥体系、装备保障体系和工作体系，实现旱灾灾前、灾中、灾后各个环节的有序运行；同时，广泛深入开展抗旱减灾知识宣传，充分发挥社会公众、媒体与非政府组织等在防灾减灾中的作用，探索抗旱减灾多部门协调、全社会联动的新格局，实现减灾社会化。

8.3.2 两湖地区干旱应对策略

两湖地区地处我国南方，位于亚热带湿润季风气候区内，是我国多雨地区之一，但受东亚季风影响，降水的季节变化和年际变化均较大。进入21世纪，特别是近年来，一方面，随着全球气候变化，极端天气事件更是频繁发生，干旱程度不断加剧。另一方面，随着三峡水库及上游干支流控制性水库的逐步投运，长江中下游防洪形势得到极大改善。然而，由于蓄水拦沙，“清水”下泄，江湖关系已经并将继续发生变化。上游水库蓄水期干流水位明显下降，导致两湖水快速拉出，两湖的水文节律发生变化，连续出现枯水时间提前、枯水期延长、水位超低、旱情加剧等现象，两湖枯水常态化和趋势性的新变化，造成枯水期水资源、水生态、水环境承载力严重不足，对湖区生活、生产、生态等多方面造成严重影响。与此同时，长江经济带发展和长江大保护等战略的实施，给两湖地区的防灾减灾、水资源保障等提出了新要求。鉴于两湖地区“旱涝并存”和“旱涝急转”的特点，可以旱涝集合管理的思路，实现防洪抗旱统筹应对。具体如下：

（1）优化蓄滞洪区及圩垸空间布局和运用规则，提高两湖地区的水资源调蓄能力。尽管随着三峡工程的建成运行，两湖地区整体洪水风险有较大降低，但蓄滞洪区和圩垸地区人水争地的矛盾仍较为突出。可开拓思路、新辟途径，从洪水资源化的角度来协调防洪安全、生态保护、资源利用和经济社会发展之间的关系。重新审视蓄滞洪区和单退圩垸的主动防洪和洪水资源化利用的双重作用，考虑统筹单退圩垸、一般圩垸和蓄滞洪区的运用，对蓄滞洪区和圩垸的布局、设置、功能、作用和任务等进行必要的调整。充分利用蓄滞洪区及圩垸调蓄能力，构建类似的季节性平原型水库，将洪水作为资源进行利用。在确保防洪安全的前提下，通过分洪蓄洪，合理蓄泄，增加枯水期可用水量，扩大枯水期湖泊湿地面积、提升湿地生态经济价值，一方面可防御涝旱急转情形，另一方面还可补给长江中下游枯水期河道径流。同时改变圩垸传统土地耕作方式，加强养殖、水产、特色湿地农产品，实施湖区生态保护工程，促进两湖绿色发展。

（2）构建和谐健康的江湖关系，整合两湖地区的水资源调度能力。三峡工程现有调度方案主要从防洪和发电效益出发，对两湖地区水资源相对短缺的冬春季节可能出现的旱情考虑不足。可通过三峡水库的优化调度，在4—12月可以适当地增加三峡水库的下泄量来进行调整，同时可以解决湖区水位变化幅度增大、植被受冲刷程度及频率增大的问题。此外，两湖地区水系发达，洞庭湖承接湘、资、沅、澧“四水”，鄱阳湖承接赣、抚、饶、信、修“五水”，可通过一定工程措施，构建内湖与外河相联、河道与大湖相通、洪可控、涝可排、枯可调、旱可灌的水网，并通过优化调度的实施，整合两湖地区的水资源调度能力，以缓解湖区日益严峻的水资源形势。

（3）建立两湖地区洪旱灾害风险基金，实现风险共担与效益共享。长期以来，洞庭湖地区为长江中下游防洪作出了重大牺牲，特别在遭遇特大洪水时作为蓄滞洪区使用。近年来，随降水减少与三峡工程运行影响，干旱频发，水资源问题成为洞庭湖地区的新挑战。三峡工程电站调度中，提高运行水位，增加发电效益的同时增加了两湖地区洪灾与旱灾风险。建议建立风险基金制度，从每年的发电效益中按一定比例缴纳风险金，用于两湖地区防洪与水资源工程建设和洪旱灾害补偿，实现增加发电效益与防灾减灾的双赢。同时，明确风险基金制度的安全目标、经济目标和生态目标，以及管理主体、内部治理及运行机制等，以实现国家和社会共同承担洪旱风险，促进防洪安全、供水安全、百姓安居、生态良好、绿色发展的良性互动。

参 考 文 献

安顺清，邢久星. 帕默尔旱度模式的修正 [J]. 气象，1985，11 (12)：17－19.

陈云峰，高歌. 近20年我国气象灾害损失的初步分析 [J]. 气象，2010，36 (2)：76－80.

邓振镛，张强，王强，等. 高原地区农作物水热指标与特点的研究进展 [J]. 冰川冻土，2012，34 (1)：177－185.

冯宝平，赵丽，宋茂斌. 灌区水资源供需系统干旱风险机制分析 [J]. 人民黄河，2012 (5)：89－91.

国家防汛抗旱总指挥部，中华人民共和国水利部. 中国水旱灾害公报 (2013) [M]. 北京：中国水利水电出版社，2014.

何永涛，李文华，李贵才，等. 黄土高原地区森林植被生态需水研究 [J]. 环境科学，2004，25 (3)：35－39.

黄崇福. 风险分析基本方法探讨 [J]. 自然灾害学报，2011 (5)：1－10.

黄崇福. 自然灾害风险分析的基本原理 [J]. 自然灾害学报，1999 (2)：21－30.

黄崇福. 综合风险评估的一个基本模式 [J]. 应用基础与工程科学学报，2008 (3)：72－82.

梁忠民，郦建强，常文娟，等. 抗旱能力研究理论框架 [J]. 南水北调与水利科技，2013，11 (1)：23－28.

刘彤，闫天池. 气象灾害损失与区域差异的实证分析 [J]. 自然灾害学报，2011，20 (1)：84－91.

刘巍巍，安顺清，刘庚山，等. 帕默尔旱度模式的进一步修正 [J]. 应用气象学报，2004 (2)：207－216.

龙贻东，梁川，景楠，等. 基于云模型和相对湿润度指数的干旱时空分布特征分析 [J]. 灌溉排水学报，2015，34 (8)：67－71.

齐述华，王长耀，牛铮. 利用温度植被旱情指数 (TVDI) 进行全国旱情监测研究 [J]. 遥感学报，2003，7 (5)：420－427.

全国抗旱规划编制工作组，中华人民共和国水利部. 全国抗旱规划 [R]. 2011.

任怡，王义民，畅建霞，等. 陕西省水资源供求指数和综合干旱指数及其时空分布 [J]. 自然资源学报，2017，32 (1)：137－151.

沈艳. 中国地面气温0.5°×0.5°格点数据集 (V2.0) 评估报告 [R]. 北京：国家气象信息中心，2012.

唐明. 旱灾风险分析的理论探讨 [J]. 中国防汛抗旱，2008，(1)：38－40.

陶辉，黄金龙，翟建青，等. 长江流域气候变化高分辨率模拟与RCP4.5情景下的预估 [J]. 气候变化研究进展，2013，9 (4)：246－251.

田国良，等. 热红外遥感 [M]. 北京：电子工业出版社，2006：288－296.

王改玲，王青杵，石生新. 山西省永定河流域林草植被生态需水研究 [J]. 自然资源学报，2013，28 (10)：1743－1753.

王劲峰. 中国自然灾害影响评价方法研究 [M]. 北京：中国科学技术出版社，1993.

王素萍，张存杰，宋连春，等. 多尺度气象干旱与土壤相对湿度的关系研究 [J]. 冰川冻土，2013，35 (4)：865－873.

王同美，吴国雄，万日金. 青藏高原的热力和动力作用对亚洲季风区环流的影响 [J]. 高原气象，2008，27 (1)：1－9.

吴杰峰，陈兴伟，高路，等. 基于标准化径流指数的区域水文干旱指数构建与识别 [J]. 山地学报，2016，34 (3)，282－289.

吴英杰，李玮，王文君，等. 基于降水量距平百分率的内蒙古地区干旱特征 [J]. 干旱区研究，2019，(4)：

943 - 952.

肖金香，穆彪，胡飞. 农业气象学 [M]. 北京：高等教育出版社，2009.

徐宗学，巩同梁，赵芳芳. 近 40 年来西藏高原气候变化特征分析 [J]. 亚热带资源与环境学报，2006，1 (1)：24 - 32.

许继军. 分布式水文模型在长江流域的应用研究 [D]. 北京：清华大学，2007.

袁文平，周广胜. 标准化降水指标与 Z 指数在我国应用的对比分析 [J]. 植物生态学报，2004，28 (4)：523 - 529.

张强，潘学标，马柱国，等. 干旱 [M]. 北京：气象出版社，2009.

赵煜飞. 中国地面降水 0.5°×0.5°格点数据集 (V2.0) 评估报告 [R]. 北京：国家气象信息中心，2012.

郑远长. 全球自然灾害概述 [J]. 中国减灾，2000，10 (1)：14 - 19.

周洪奎，武建军，李小涵，等. 基于同化数据的标准化土壤湿度指数监测农业干旱的适宜性研究 [J]. 生态学报，2019，39 (6) ：2191 - 2202.

AMS. Statement on meteorological drought [J]. Bulletin American Meteorological Society，2004，85：771 - 773.

Chang T J，Kleopa X A. A proposed method for drought monitoring [J]. Water Resources Bulletin，1991，27 (2)：275 - 281.

Chang T J，Stenson J R. Is it realistic to define a 100 - year drought for water management? [J]. JAWRA Journal of the American Water Resources Association，1990，26 (5)，823 - 829.

Clausen B，Pearson C P. Regional frequency analysis of annual maximum streamflow drought [J]. Journal of Hydrology，1995，173 (1)：111 - 130.

Cook E R，Anchukaitis K J，Buckley B M，et al. Asian Monsoon Failure and Megadrought During the Last Millennium [J]. Science，2010，328 (5977)：486 - 489.

Dracup J A，Lee K S，Paulson E G. On the statistical characteristics of drought events [J]. Water Resources research，1980，16 (2)：289 - 296.

Eltahir E A B. Drought frequency analysis of annual rainfall series in central and western Sudan [J]. Hydrological sciences journal，1992，37 (3)：185 - 199.

Frick D M，Bode D，Salas J D. Effect of drought on urban water supplies. I：Drought analysis [J]. Journal of Hydraulic Engineering，1990，116 (6)：733 - 753.

Hagemann S，Chen C，Haerter J O，et al. Impact of a statistical bias correction on the projected hydrological changes obtained from three GCMs and two hydrology models [J]. Journal of Hydrometeorology，2011，12 (4)：556 - 578.

Hayes M J，M D Svoboda，Wilhite D A，Vanyarkho O V. Monitoring the 1996 drought using the standardized precipitation index [J]. Bulletin of the American Meteorological Society，1999，80 (3)：429 - 438.

Hernandez E A，Uddameri V. Standardized precipitation evaporation index (SPEI) - based drought assessment in semi - arid south Texas [J]. Environmental Earth Sciences，2014，71 (6)：2491 - 2501.

Huang J，Yu H，Guan X，et al. Accelerated dryland expansion under climate change [J]. Nature Climate Change，2015，6 (2)：1 - 6.

Hutchinson M F. Interpolation of rainfall data with thin plate smoothing splines. Part Ⅰ：Two dimensional smoothing of data with short range correlation [J]. Journal of Geographic Information and Decision Analysis，1998，2 (2)：139 - 151.

Hutchinson M F. Interpolation of rainfall data with thin plate smoothing splines. Part Ⅱ：Analysis of topographic dependence [J]. Journal of Geographic Information and Decision Analysis，1998，2 (2)：152 - 167.

Karl T R. The sensitivity of the Palmer drought severity index and Palmer's Z index to their calibration coefficients including potential evapotranspiration [J]. Journal of Climatic Applied Meteorology, 1986, 25: 77-86.

Khalili D, Farnoud T, Jamshidi H, et al. Comparability analyses of the SPI and RDI meteorological drought indices in different climatic zones [J]. Water Resources Management, 2011, 25 (6): 1737-1757.

Kwon H J , Kim S J. Assessment of distributed hydrological drought based on hydrological unit map using SWSI drought index in South Korea [J]. KSCE Journal of Civil Engineering, 2010, 14 (6): 923-929.

Mohan S, Rangacharya N C V. A modified method for drought identification [J]. Hydrological Sciences Journal, 1991, 36 (1): 11-21.

Obasi G O P. WMO's Role in the International Decade for Natural Disaster Reduction [J]. Bulletin of American Meteorological Society Author Index, 1994, 75 (9): 1655-1661.

Palmer W C. Meteorological drought [M]. Washington, DC, USA: US Department of Commerce, Weather Bureau, 1965.

Piani C, Weedon G P, Best M, et al. Statistical bias correction of global simulated daily precipitation and temperature for the application of hydrological models [J]. Journal of Hydrology, 2010, 395 (3): 199-215.

Riahi K, Rao S, Krey V, et al. RCP 8.5: A scenario of comparatively high greenhouse gas emissions [J]. Climatic Change, 2011, 109: 33-57.

Santos M A. Regional droughts: a stochastic characterization [J]. Journal of Hydrology, 1983, 66 (1): 183-211.

Sen Z. Statistical analysis of hydrologic critical droughts [J]. Journal of the Hydraulics Division, 1980, 106 (1): 99-115.

Sheffield J, Wood E F, Roderick M L. Little change in global drought over the past 60 years [J]. Nature, 2012, 491 (7424): 435-438.

Taylor K E, Stouffer R J, Meehl G A. An overview of CMIP5 and the experiment design [J]. Bulletin of the American Meteorological Society, 2012, 93 (4): 485-498.

Thomson A M, Calvin K V, Smith S J, et al. RCP4.5: a pathway for stabilization of radiative forcing by 2100 [J]. Climatic Change, 2011, 109: 77-94.

UNISDR (United Nations International Strategy for Disaster Reduction Secretariat). Global Assessment Report on Disaster Risk Reduction-Risk and Poverty in a Changing Climate [R]. Invest Today for a Safer Tomorrow. New York, UNISDR, 2009.

VanVuuren D P, Stehfest E, den Elzen M G J, et al. RCP2.6: exploring the possibility to keep global mean temperature increase below 2℃ [J]. Climatic Change, 2011, 109: 95-116.

Vicente-Serrano S M, Beguería S, López-Moreno J I. A multiscalar drought index sensitive to global warming: the standardized precipitation evapotranspiration index [J]. Journal of Climate, 2010, 23 (7): 1696-1718.

Von Storch H. Misuses of statistical analysis in climate research [M]. In: Analysis of Climate Variability: Applications of Statistical Techniques (edit by H. Von Storch & A. Navarra), 1995, Springer-Verlag, Berlin, Germany.

Warszawski L, Frieler K, Huber V, et al. The Inter-Sectoral Impact Model Intercomparison Project (ISI-MIP): Project framework [J]. Proceedings of the National Academy of Sciences, 2014, 111 (9): 3228-3232.

Wilhite D A, Glantz M H. Understanding: the drought phenomenon: the role of definitions [J]. Water international, 1985, 10 (3): 111-120.

Yi C, Wei S, Hendrey G. Warming climate extends dryness-controlled areas of terrestrial carbon sequestration [J]. Scientific Reports, 2014, 4: 5472.

Zelenhasić E，Salvai A. A method of streamflow drought analysis [J]. Water Resources Research，1987，23 (1)：156-168.

Zhang X，Wei C H，Obringer R，et al. Gauging the Severity of the 2012 Midwestern US Drought for Agriculture [J]. Remote Sensing，2017，9 (8)：2072-4292.

Zhang B，Wu P，Zhao X，et al. A drought hazard assessment index based on the VIC-PDSI model and its application on the Loess Plateau，China [J]. Theoretical and Applied Climatology，2013，114 (1-2)：125-138.